21世纪高等学校规划教材 | 计算机应用

计算机应用技术
——技巧型教程

张健 任洪娥 黄英来 编著

清华大学出版社
北京

内容简介

Windows 和 Office 是日常办公、学习必不可少的工具。本书作为一本技巧型教程，介绍了 Windows 操作系统常用的技巧，以及 Office 办公软件中 Word 的使用技巧、Excel 的使用技巧和 PowerPoint 的使用技巧。这些技巧难易程度适中，可以满足人们日常使用过程中的基本要求。

技巧介绍具有语言简练、图文并茂、通俗易懂、重点突出等特点。

本书是作者在多年教学和实践工作基础上编写的，可以作为高等学校本科生和硕士生的普通教材，也可以作为所有使用 Windows 和 Office 办公软件人员的参考用书。

图书在版编目(CIP)数据

计算机应用技术——技巧型教程/张健，任洪娥，黄英来编著．—北京：清华大学出版社，2013
21 世纪高等学校规划教材·计算机应用
ISBN 978-7-302-32189-7

Ⅰ．①计…　Ⅱ．①张…　②任…　③黄…　Ⅲ．①电子计算机－高等学校－教材　Ⅳ．①TP3

中国版本图书馆 CIP 数据核字(2013)第 083363 号

责任编辑：郑寅堃　王冰飞
封面设计：傅瑞学
责任校对：白　蕾
责任印制：杨　艳

出版发行：清华大学出版社
网　　址：http://www.tup.com.cn，http://www.wqbook.com
地　　址：北京清华大学学研大厦 A 座　　邮　　编：100084
社 总 机：010-62770175　　邮　　购：010-62786544
投稿与读者服务：010-62776969，c-service@tup.tsinghua.edu.cn
质 量 反 馈：010-62772015，zhiliang@tup.tsinghua.edu.cn
课 件 下 载：http://www.tup.com.cn，010-62795954
印 刷 者：北京富博印刷有限公司
装 订 者：北京市密云县京文制本装订厂
经　　销：全国新华书店
开　　本：185mm×260mm　　**印　张**：18.25　　**字　　数**：437 千字
版　　次：2013 年 6 月第 1 版　　**印　　次**：2013 年 6 月第 1 次印刷
印　　数：1～2000
定　　价：33.00 元

产品编号：051261-01

出版说明

随着我国改革开放的进一步深化，高等教育也得到了快速发展，各地高校紧密结合地方经济建设发展需要，科学运用市场调节机制，加大了使用信息科学等现代科学技术提升、改造传统学科专业的投入力度，通过教育改革合理调整和配置了教育资源，优化了传统学科专业，积极为地方经济建设输送人才，为我国经济社会的快速、健康和可持续发展以及高等教育自身的改革发展做出了巨大贡献。但是，高等教育质量还需要进一步提高以适应经济社会发展的需要，不少高校的专业设置和结构不尽合理，教师队伍整体素质亟待提高，人才培养模式、教学内容和方法需要进一步转变，学生的实践能力和创新精神亟待加强。

教育部一直十分重视高等教育质量工作。2007 年 1 月，教育部下发了《关于实施高等学校本科教学质量与教学改革工程的意见》，计划实施"高等学校本科教学质量与教学改革工程"（简称"质量工程"），通过专业结构调整、课程教材建设、实践教学改革、教学团队建设等多项内容，进一步深化高等学校教学改革，提高人才培养的能力和水平，更好地满足经济社会发展对高素质人才的需要。在贯彻和落实教育部"质量工程"的过程中，各地高校发挥师资力量强、办学经验丰富、教学资源充裕等优势，对其特色专业及特色课程（群）加以规划、整理和总结，更新教学内容、改革课程体系，建设了一大批内容新、体系新、方法新、手段新的特色课程。在此基础上，经教育部相关教学指导委员会专家的指导和建议，清华大学出版社在多个领域精选各高校的特色课程，分别规划出版系列教材，以配合"质量工程"的实施，满足各高校教学质量和教学改革的需要。

为了深入贯彻落实教育部《关于加强高等学校本科教学工作，提高教学质量的若干意见》精神，紧密配合教育部已经启动的"高等学校教学质量与教学改革工程精品课程建设工作"，在有关专家、教授的倡议和有关部门的大力支持下，我们组织并成立了"清华大学出版社教材编审委员会"（以下简称"编委会"），旨在配合教育部制定精品课程教材的出版规划，讨论并实施精品课程教材的编写与出版工作。"编委会"成员皆来自全国各类高等学校教学与科研第一线的骨干教师，其中许多教师为各校相关院、系主管教学的院长或系主任。

按照教育部的要求，"编委会"一致认为，精品课程的建设工作从开始就要坚持高标准、严要求，处于一个比较高的起点上。精品课程教材应该能够反映各高校教学改革与课程建设的需要，要有特色风格、有创新性（新体系、新内容、新手段、新思路，教材的内容体系有较高的科学创新、技术创新和理念创新的含量）、先进性（对原有的学科体系有实质性的改革和发展，顺应并符合 21 世纪教学发展的规律，代表并引领课程发展的趋势和方向）、示范性（教材所体现的课程体系具有较广泛的辐射性和示范性）和一定的前瞻性。教材由个人申报或各校推荐（通过所在高校的"编委会"成员推荐），经"编委会"认真评审，最后由清华大学出版社审定出版。

目前,针对计算机类和电子信息类相关专业成立了两个“编委会”,即“清华大学出版社计算机教材编审委员会”和“清华大学出版社电子信息教材编审委员会”。推出的特色精品教材包括:

(1) 21世纪高等学校规划教材·计算机应用——高等学校各类专业,特别是非计算机专业的计算机应用类教材。

(2) 21世纪高等学校规划教材·计算机科学与技术——高等学校计算机相关专业的教材。

(3) 21世纪高等学校规划教材·电子信息——高等学校电子信息相关专业的教材。

(4) 21世纪高等学校规划教材·软件工程——高等学校软件工程相关专业的教材。

(5) 21世纪高等学校规划教材·信息管理与信息系统。

(6) 21世纪高等学校规划教材·财经管理与应用。

(7) 21世纪高等学校规划教材·电子商务。

(8) 21世纪高等学校规划教材·物联网。

清华大学出版社经过三十多年的努力,在教材尤其是计算机和电子信息类专业教材出版方面树立了权威品牌,为我国的高等教育事业做出了重要贡献。清华版教材形成了技术准确、内容严谨的独特风格,这种风格将延续并反映在特色精品教材的建设中。

清华大学出版社教材编审委员会

联系人:魏江江

E-mail:weijj@tup.tsinghua.edu.cn

前言

Windows 7 操作系统相比早期版本的 Windows XP 有了更人性化的界面、更多的实用功能，作为 Windows XP 系统的替代产品已经得到了众多用户的肯定。本书将介绍一些 Windows 7 操作过程中常用的技巧，以大幅度提高用户使用 Windows 系统的效率。

Office 办公软件，尤其是 Word、Excel 和 PowerPoint，是办公人员及计算机用户最常用的工具。通常，用户只掌握了 Office 的基本操作，如果能将 Office 的众多技巧灵活运用，可以加倍提高使用的效率。

本书所述技巧以 Office 2003 为基础，之所以选择 Office 2003，而非 Office 2010，是因为虽然 Office 2010 增加了很多功能，也更美观，但 Office 2003 作为最经典的工具已经深入人心，并且被大多数人所接受，而且目前使用 Office 2003 的用户仍然占很高比例。

本书所讲的技巧对大多数使用者都有效，无论是初学者还是经常使用 Office 的行家，本书都可以成为一本活学活用 Office 的绝佳参考用书。

本书所介绍的技巧具有内容丰富、难易程度适中、语言简练、图文并茂、通俗易懂、重点突出等特点，可以为高校师生及企事业办公人员提供很好的参考和帮助。

全书共分为 4 篇，第一篇是计算机操作技巧精选，包括第 1～2 章，分别是 Windows 7 操作技巧精选和控制面板操作技巧精选；第二篇是 Word 操作技巧精选，包括第 3～5 章，分别是 Word 文档处理技巧精选、Word 表格处理技巧精选，以及 Word 图表和图片处理技巧精选；第三篇是 Excel 操作技巧精选，包括第 6～7 章，分别是 Excel 操作基本技巧精选和 Excel 操作高级技巧精选；第四篇是 PowerPoint 操作技巧精选，包括第 8～10 章，分别是 PowerPoint 操作基本技巧精选、PowerPoint 静态效果技巧精选，以及 PowerPoint 动画设置技巧精选。

本书第二篇由张健编写，第一篇和第四篇由任洪娥编写，第三篇由黄英来编写，张健负责全书的统稿工作。

限于作者的水平和学识，书中难免存在疏漏和错误之处，敬请读者不吝赐教，以便修正，从而让更多的读者受益。

最后，谨向每一位关心和支持本书编写工作的各方面人士表示衷心的感谢！

作　者

2013 年 3 月

第一篇 计算机操作技巧精选

第 1 章 Windows 7 操作技巧精选 …… 3

技巧 1 任务栏上的学问 …… 3
技巧 2 问题步骤记录器 …… 5
技巧 3 给常用文件设置快捷方式 …… 7
技巧 4 给 Windows 7“瘦身” …… 8
技巧 5 修改注册表以提高系统运行速度 …… 10
技巧 6 实用的快捷键 …… 13
技巧 7 以幻灯片方式播放桌面背景图片 …… 14
技巧 8 特色计算器 …… 15
技巧 9 虚拟内存合理化设置 …… 16
技巧 10 查看隐藏文件及扩展名 …… 17

第 2 章 控制面板操作技巧精选 …… 19

技巧 1 系统和安全设置 …… 20
技巧 2 网络和 Internet 设置 …… 26
技巧 3 硬件和声音设置 …… 31
技巧 4 程序设置 …… 34

第二篇 Word 操作技巧精选

第 3 章 Word 文档处理技巧精选 …… 43

技巧 1 选择内容的方法 …… 43
技巧 2 查找和替换 …… 46
技巧 3 格式刷 …… 50
技巧 4 保护 Word 文件 …… 50
技巧 5 设置奇偶页页眉不同 …… 53
技巧 6 设置页眉下面的横线为双线 …… 54
技巧 7 删除页眉的横线 …… 54
技巧 8 分节符的妙用 …… 55
技巧 9 分栏 …… 58

技巧 10　快速定位与快速调整 …… 60
技巧 11　同时保存、关闭多个文档 …… 61
技巧 12　用阅读版式阅读文档 …… 62
技巧 13　为 Word 加上可更新的系统时间 …… 63
技巧 14　为汉字添加拼音 …… 64
技巧 15　将鼠标的“自动滚动”功能添加到工具栏 …… 65
技巧 16　使用大图标显示工具栏 …… 67
技巧 17　剪贴板 …… 67
技巧 18　自定义右键快捷菜单 …… 68
技巧 19　快速输入上标与下标 …… 70
技巧 20　删除换行符“↓” …… 71
技巧 21　Normal. dot 错误的解决 …… 72
技巧 22　数字的大写 …… 72
技巧 23　公式编辑器的使用 …… 73
技巧 24　公式编辑器的使用技巧 …… 73
技巧 25　字数统计的妙用 …… 74
技巧 26　批注、脚注与尾注 …… 75
技巧 27　调整空格的大小 …… 77
技巧 28　插入与合并文档 …… 77
技巧 29　为突出信息将文字上移或下移 …… 79
技巧 30　特殊字符的输入 …… 79
技巧 31　带圈字符的输入 …… 81
技巧 32　在 Word 文档中嵌入字体 …… 81
技巧 33　复制一些网页不能复制的信息 …… 83
技巧 34　水印 …… 85
技巧 35　并排比较 …… 86
技巧 36　打印技巧汇总 …… 87
技巧 37　精通项目符号和编号 …… 93
技巧 38　自定义快捷键 …… 95
技巧 39　首字下沉 …… 96
技巧 40　书签 …… 97
技巧 41　横线的设置 …… 97
技巧 42　给文档设置漂亮的边框 …… 98
技巧 43　文字的特殊效果 …… 100
技巧 44　宏的使用技巧 …… 101

第 4 章　Word 表格处理技巧精选 …… 105

技巧 1　快速创建表格 …… 105
技巧 2　快速插入或删除行、列单元格 …… 108

技巧 3　快速绘制表格的斜线表头 …… 111
技巧 4　列宽和行高的设置 …… 112
技巧 5　表格跨页的设置 …… 114
技巧 6　根据内容或窗口调整表格 …… 117
技巧 7　设置表格的边框和底纹 …… 118
技巧 8　制作具有单元格间距的表格 …… 121
技巧 9　表格中数据的排序 …… 122
技巧 10　表格与文本的转换 …… 123
技巧 11　表格中公式的运用 …… 124
技巧 12　下拉列表的制作 …… 128

第 5 章　Word 图表和图片处理技巧精选 …… 129

技巧 1　创建图表 …… 129
技巧 2　更改图表类型 …… 132
技巧 3　对图表进行详细的设置 …… 136
技巧 4　图表的排版 …… 139
技巧 5　图片的插入 …… 140
技巧 6　用艺术字来拆字 …… 145
技巧 7　“图片”工具栏 …… 146
技巧 8　插入图片的自动更新 …… 148
技巧 9　去掉绘图的默认画布 …… 149

第三篇　Excel 操作技巧精选

第 6 章　Excel 操作基本技巧精选 …… 153

技巧 1　快速实用的 Excel 基本操作 …… 153
技巧 2　查找和替换中的通配符的使用 …… 157
技巧 3　快速选定不连续单元格 …… 158
技巧 4　备份工件簿 …… 158
技巧 5　绘制斜线表头 …… 159
技巧 6　绘制自选形状单元格 …… 160
技巧 7　将文本内容导入 Excel …… 161
技巧 8　在单元格中输入 0 …… 163
技巧 9　快速输入有序文字和数字 …… 164
技巧 10　全部显示多位数字 …… 166
技巧 11　在已有的单元格中批量加入一段固定字符 …… 167
技巧 12　快速输入无序字符 …… 168
技巧 13　让不同类型的数据用不同颜色、字体显示 …… 169
技巧 14　在每一页上都打印行标题或列标题 …… 171

技巧 15　只打印工作表的特定区域 …… 173
技巧 16　将数据缩印在一页纸内 …… 176
技巧 17　打印小技巧 …… 178
技巧 18　真正实现四舍五入 …… 180
技巧 19　自动出错信息提示 …… 181

第 7 章　Excel 操作高级技巧精选 …… 183

技巧 1　数据的排序 …… 183
技巧 2　数据的筛选 …… 186
技巧 3　分类汇总 …… 191
技巧 4　数据透视表和数据透视图 …… 193
技巧 5　Excel 中的图表 …… 196
技巧 6　图表的趋势线 …… 198
技巧 7　相对地址与绝对地址 …… 200
技巧 8　公式应用中的常见错误及处理 …… 202
技巧 9　常用函数的使用方法 …… 202
技巧 10　公式的应用 …… 206
技巧 11　数组的应用 …… 211
技巧 12　自定义函数 …… 213
技巧 13　内部平均值函数 TRIMMEAN 的妙用 …… 214
技巧 14　智能成绩录入单 …… 215
技巧 15　使用模板制作抽奖系统 …… 219

第四篇　PowerPoint 操作技巧精选

第 8 章　PowerPoint 操作基本技巧精选 …… 225

技巧 1　常用的快捷键 …… 225
技巧 2　播放时的技巧 …… 226
技巧 3　将幻灯片发送到 Word 文档 …… 228
技巧 4　将幻灯片变成可执行文件自动播放 …… 229
技巧 5　增加 PowerPoint 的撤销次数 …… 231
技巧 6　项目符号和编号的技巧 …… 231
技巧 7　制作目录 …… 232
技巧 8　使插入的图片自动更新 …… 233
技巧 9　隐藏幻灯片 …… 233
技巧 10　查看统计信息 …… 234
技巧 11　超链接 …… 234
技巧 12　在窗口模式下播放 PPT …… 236
技巧 13　设置放映方式 …… 237

技巧 14　将 PPT 保存为网页 …… 238
技巧 15　PPT 编辑、放映两不误 …… 239
技巧 16　制作滚动文本 …… 239
技巧 17　制作幻灯片 LOGO …… 241

第 9 章　PowerPoint 静态效果技巧精选 …… 244

技巧 1　阴影效果 …… 244
技巧 2　填充效果 …… 245
技巧 3　艺术字的填充效果 …… 247
技巧 4　立体球效果 …… 249
技巧 5　目录的制作 …… 255

第 10 章　PowerPoint 动画设置技巧精选 …… 257

技巧 1　动画设置的介绍 …… 257
技巧 2　打字机效果 …… 258
技巧 3　滚动字幕 …… 259
技巧 4　平抛效果 …… 261
技巧 5　落叶效果 …… 262
技巧 6　电子相册 …… 264
技巧 7　自行消失的字幕 …… 268
技巧 8　让静态按钮动起来 …… 271
技巧 9　灯光照耀效果 …… 273
技巧 10　灯光移动效果 …… 277

第一篇

计算机操作技巧精选

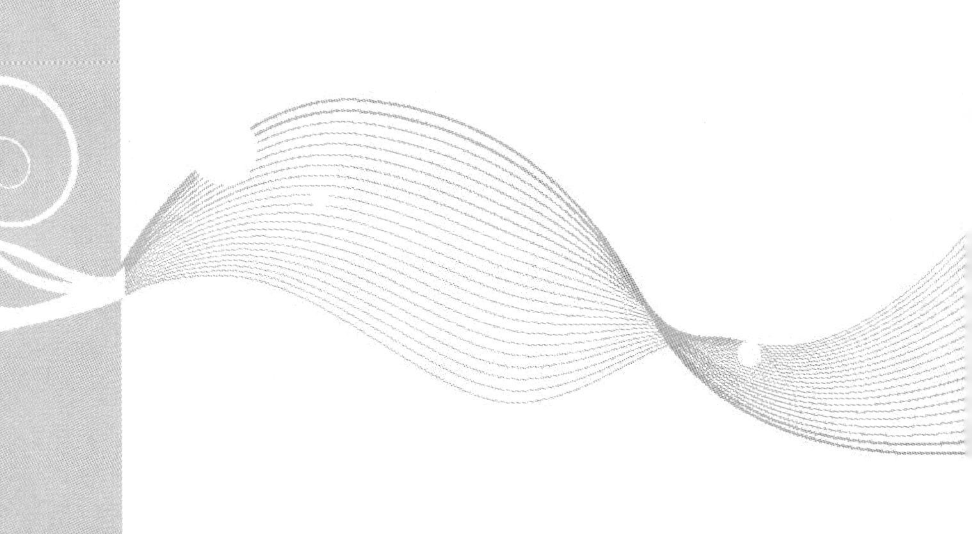

- 第1章　Windows 7操作技巧精选
- 第2章　控制面板操作技巧精选

第1章 Windows 7 操作技巧精选

Windows 7 是由微软公司(Microsoft)2010 年正式公布的操作系统,相比早期的系统 Windows XP 做了很多改进,具有易用、快速、简单、安全、特效和效率等特点,同时还增加了很多小工具。

Windows 7 在使用中有很多技巧可以提高工作效率。

技巧 1 任务栏上的学问

1. 可以移动的任务栏图标

Windows 7 可以实现任务栏图标的移动,即可以改变任务栏上图标的排列顺序。图 1-1 是某计算机的任务栏信息,按住鼠标左键不放,将“360 浏览器”移到“QQ”位置,则变成了如图 1-2 所示的任务栏。更进一步,用户可以将一些打开的文件、文件夹移到任务栏图标处,如图 1-3 所示。

图 1-1 任务栏

图 1-2 改变后的任务栏

图 1-3 进一步改变的任务栏

2. 通过快捷键方式直接打开任务栏上的图标程序或窗口

Windows 7 提供了利用快捷键方式打开任务栏上的图标程序的功能。用户只需按住 Windows 键(Windows 键就是键盘上显示 Windows 标志的按键,位于左侧的 Ctrl 键与 Alt 键之间,台式机键盘通常有左、右两个 Windows 键,笔记本键盘通常只有一个),然后按键盘上与该图标对应的序号即可。例如，在图 1-1 中，QQ 是第一个图标，那么只需按 Windows+ 1 键就可以打开 QQ，同理，按 Windows + 5 键可以切换到“Windows 技巧”文件夹。

其实，Windows 系统提供了切换任务栏任务的快捷键 Alt + Tab，即按住 Alt 键，再按一下 Tab 键，可以打开如图 1-4 所示的窗口，再按一下 Tab 键，又切换到另外一个窗口，松开 Tab 键可以打开相应的任务窗口。但使用这种方式只能切换打开的各种任务，不能切换到任务栏上的图标。

3. 显示与隐藏图标和通知

在任务栏的右侧有各种打开的图标，如“QQ”、“飞信”、“淘宝旺旺”等，这些都是即时消息，在有消息来的时候，有时候需要提示闪动，有时候“怕被领导看见”等原因不需要提示，该功能可以通过“显示与隐藏图标和通知”来实现。如图 1-5 所示，单击任务栏右侧的向上箭头，选择“自定义”命令，打开如图 1-6 所示的窗口，通过滑动条用户可以看到很多图标和行为，选择“QQ 2011”的“隐藏图标和通知”，就可以既隐藏图标又不显示通知。

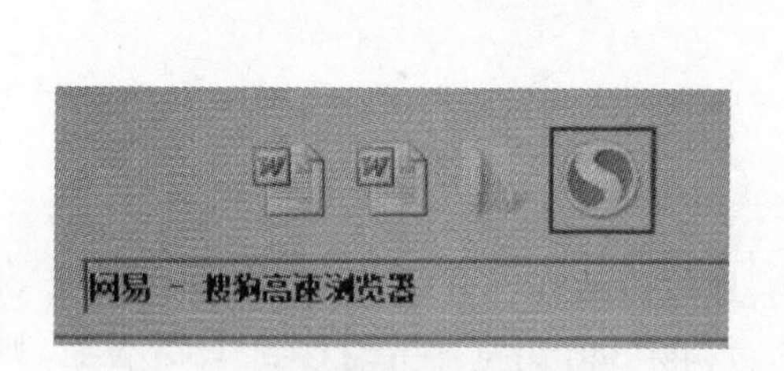

图 1-4 切换任务栏任务

图 1-5 选择“自定义”命令

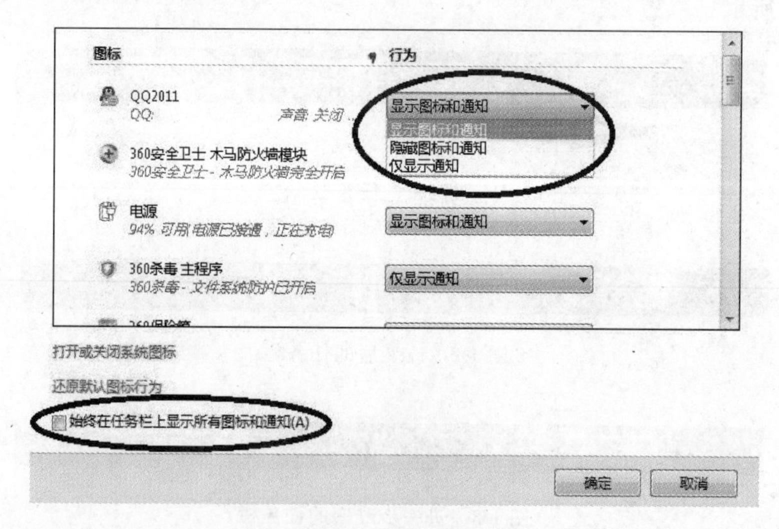

图 1-6 “通知区域图标”窗口

在图 1-6 的左下方还有一个“始终在任务栏上显示所有图标和通知”复选框，选中它，可以显示任务栏上的所有图标。

技巧 2 问题步骤记录器

在使用计算机的过程中,用户经常会遇到这样的问题:操作某程序时出错了,要请教别人;别人问你问题,你想教对方如何操作。尽管我们希望操作指导具体细致,但多数场合,因为无法面对面交流,具体的细节描述无法做到准确,使用 Windows 7 自带的问题步骤记录器可以帮助用户解决这个问题。

用户可以用两种方式打开问题步骤记录器:一种方式是单击“开始”按钮,如图 1-7(a)所示,在下面的文本框中输入“psr”(大小写均可),如图 1-7(b)所示,找到“psr. exe”,单击打开问题步骤记录器;另一种方式是在任何状态下按 Windows + R 键打开“运行”对话框,如图 1-8 所示,输入“psr”,单击“确定”按钮或者按 Enter 键,打开问题步骤记录器,如图 1-9 所示。单击其右侧的向下箭头可以进行设置,如图 1-10 所示,包括“输出位置”、“屏幕捕获”等选项,然后单击“确定”按钮。

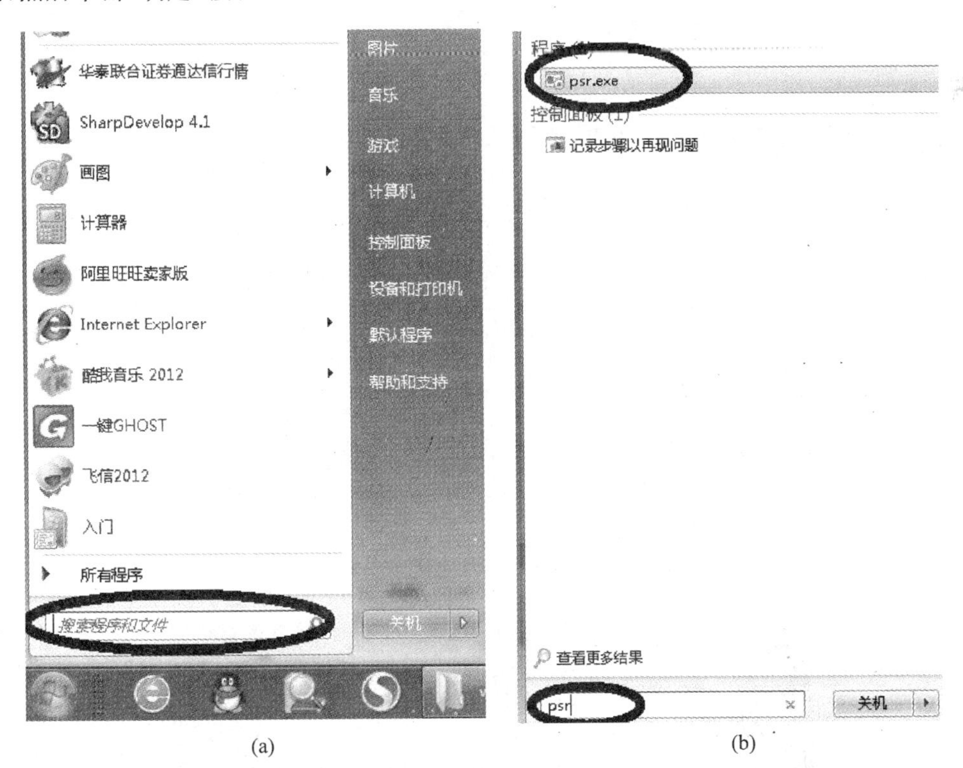

(a) (b)

图 1-7 开始菜单

例如,有一个操作,即将桌面上的“1. doc”文件拖曳到回收站中,让问题步骤记录器将其记录下来。

单击“开始记录”按钮,问题步骤记录器处于录制状态。在操作过程中,每单击一次鼠标,问题步骤记录器就会做一次截屏,并以图片的形式将其保存下来。将桌面上的“1. doc”文件拖曳到回收站中,单击“停止记录”按钮,保存为“zip”格式的文件,然后将其解压,得到一个“mht”文件,用 Windows 7 自带的 IE 浏览器打开(其他浏览器需要进行设置才能打开),得到图 1-11~图 1-13 所示的内容。图 1-11 记录了鼠标的第一个动作——“单击 1.doc 文件”;图 1-12 记录了鼠标的第二个动作——“将 1.doc 文件拖曳到回收站”;图 1-13 记录了一些具体的文字信息和错误信息。

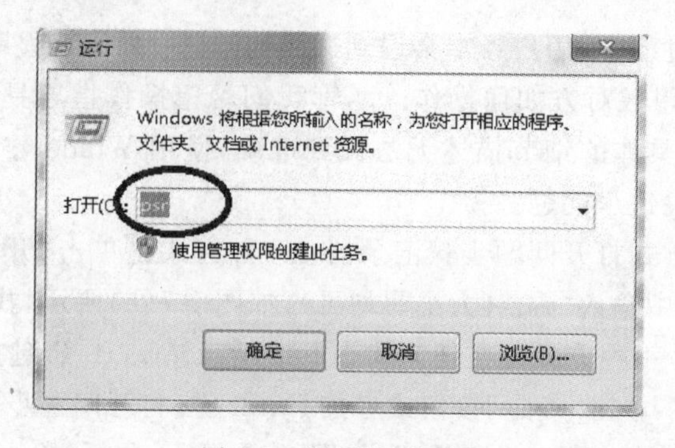

图 1-8 “运行”对话框

图 1-9 问题步骤记录器

图 1-10 设置问题步骤记录器

图 1-11 问题步骤记录器记录的第一个鼠标动作

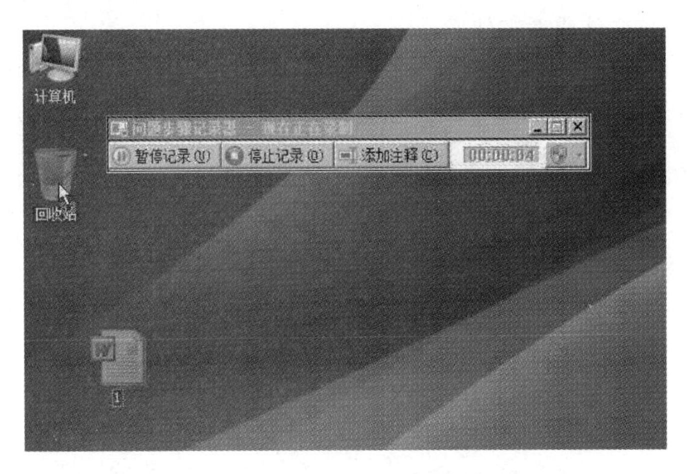

图 1-12 问题步骤记录器记录的第二个鼠标动作

其他详细信息

以下部分包含记录的其他详细信息，这些信息可以帮助找到针对您问题的解决方案。
这些详细信息帮助准确地确定记录 问题步骤时使用的程序和 UI。
此部分可能包含程序内部的文本，只有水平非常高的用户或程序员才能理解此文本。
请检查这些详细信息以确保它们不包含 您不希望其他人看到的任何信息。

正在记录会话：2012/11/19 14:44:39 - 14:44:47

问题步骤：2，丢失的步骤：0，其他错误：0

操作系统：7600.17118.x86fre.win7_gdr.120830-0334 6.1.0.0.2.1

问题步骤 1：在“1.doc (列表项目)”(位于“Program Manager”中)上用户鼠标拖动开始
程序：Windows 资源管理器，6.1.7600.16385 (win7_rtm.090713-1255)，Microsoft Corporation，EXPLORI
UI 元素：1.doc，桌面，FolderView，SysListView32，SHELLDLL_DefView，Program Manager，Progman

问题步骤 2：在“回收站 (列表项目)”(位于“Program Manager”)上用户鼠标拖动结束
程序：Windows 资源管理器，6.1.7600.16385 (win7_rtm.090713-1255)，Microsoft Corporation，EXPLORI
UI 元素：回收站，桌面，FolderView，SysListView32，SHELLDLL_DefView，Program Manager，Progman

图 1-13 问题步骤记录器记录的文字信息和错误信息

用户有了这么详细的鼠标记录，既直观又直接，方便了后续问题的解决。

为了突出某个操作或对某个操作进行说明，用户可以使用“添加注释”功能。单击问题步骤记录器中的“添加注释”按钮，此时鼠标指针会变成一个“+”字，原来的操作界面则呈现出毛玻璃效果，拖动鼠标至目标位置绘制一个矩形，目标位置将被高亮显示，同时会打开“添加注释”对话框，用户可以在此输入详细的描述信息。

技巧 3 给常用文件设置快捷方式

在日常的计算机使用中，用户经常会用到同一个目录下的某个文件或文件夹，每次进入都需要单击很多层目录，很麻烦。例如，每次学习都要进入“D:\tools\新建文件夹\学习\2012”目录，需要单击 5 次鼠标。

其实，用户可以为这个文件或者文件夹制作一个快捷方式放到桌面上，这样，只要单击桌面图标即可进入该文件或者文件夹。

进入“D:\tools\新建文件夹\学习”，在“2012”文件夹上右击，在快捷菜单中选择“发送到”|“桌面快捷方式”命令，如图 1-14 所示，这样，桌面上就多了一个快捷方式。

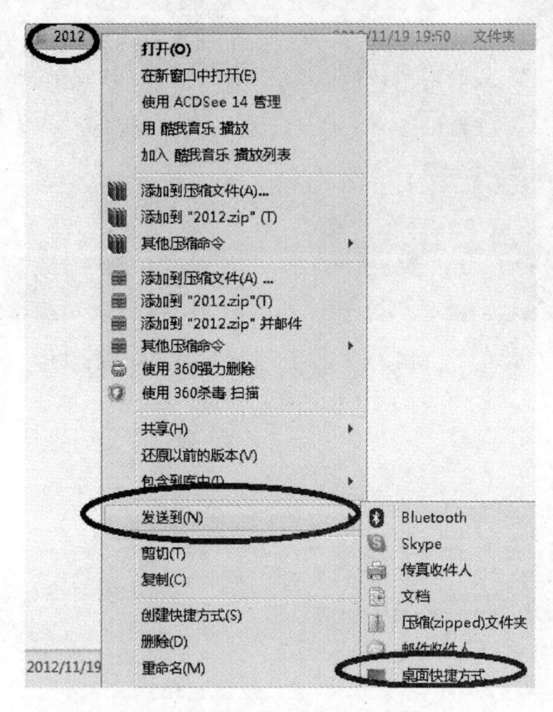

图 1-14　设置桌面快捷方式

放到桌面上的文件或者文件夹，通常是 C 盘下的文件，属于系统盘，如果系统出现严重问题，整个 C 盘上的信息可能会无法还原，从而带来严重的后果。而放在桌面上的快捷方式，只是一个链接，具体信息在其原有的目录下，不会因为 C 盘的“崩溃”而带来损失。

技巧 4　给 Windows 7“瘦身”

1. 删除休眠文件

计算机有两种低功耗运行状态，即休眠和睡眠。睡眠指计算机不用一定时间后，进入低功耗状态，工作状态保存在内存里，恢复时使用 1～2 秒就可以恢复到原工作状态。这个功能很实用，也是最常用的。然而休眠是把工作状态，即所有内存信息写入硬盘，以 2GB 内存为例，即要写入 2GB 的文件到硬盘，然后才关机。开机恢复要读取 2GB 的文件到内存，才能恢复原工作界面。2GB 文件的读/写要花费大量的时间，已经不低于正常开机了，所以现在休眠功能很不实用。

HIBERFIL. SYS 文件是用来休眠时保存内存状态的，会占用 C 盘等同内存容量的空间(以 2GB 内存为例，这个文件也为 2GB)，所以完全可以删掉，且不影响使用。

单击“所有程序”|“附件”命令，在“命令提示符”上右击，选择“以管理员身份运行”命令，

打开如图 1-15 的窗口，输入“POWERCFG -H OFF”，按 Enter 键即可删除休眠文件。如果计算机只有一个用户，即管理员账户，用户也可以直接单击“开始”按钮，在最下方的文本框中输入“CMD”，打开如图 1-15 所示的窗口进行设置。

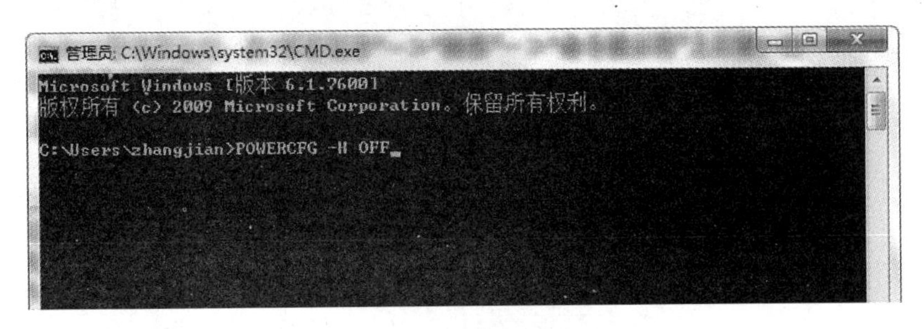

图 1-15 删除休眠文件

2. 删除多余的很多文件

在开发 Windows 7 时，开发人员考虑到不同的人群，安装了很多支持文件，但对于大多数用户来说，有很多文件是冗余的，可以将其删除。例如“C:\Windows\System32\DriverStore\FileRepository”下的所有的“mdm *. inf”文件(以 mdm 开头的文件)；所有的“prn *. inf”文件(除了 prnms001. inf、prnoc001. inf 和 prnms002. inf)。

注意：在目录中搜索文件，可以直接在窗口中用键盘输入文件的第一个字母。例如查找“prn *. inf”文件，只需输入“p”即可。

另外，用户还可以删除以下文件：

“C:\Windows\Downloaded Installations”，有一些程序在安装的时候会把安装文件解压至此文件夹里面。

“C:\Windows\Help”，帮助文件通常不需要。

“C:\Windows\IME\IMEJP10”，日文输入法(37. 8MB)。

“C:\Windows\IME\imekr8”，韩文输入法。

“C:\Windows\IME\IMETC10”，繁体中输入法。

“C:\Windows\System32\IME\IMEJP10”。

“C:\Windows\System32\IME\imekr8”。

“C:\Windows\System32\IME\IMETC10”。

“C:\Windows\winsxs\Backup”。

“C:\Users\Public(公用)”。

3. 关闭系统保护

右击“计算机”图标，选择“属性”命令，在打开的窗口中单击左侧的“系统保护”选项，打开如图 1-16 所示的对话框，然后单击“系统保护”选项卡中的“配置”按钮，在打开的“系统保护本地磁盘”对话框中选中“关闭系统保护”单选按钮，单击“确定”按钮，可以节省很多空间。

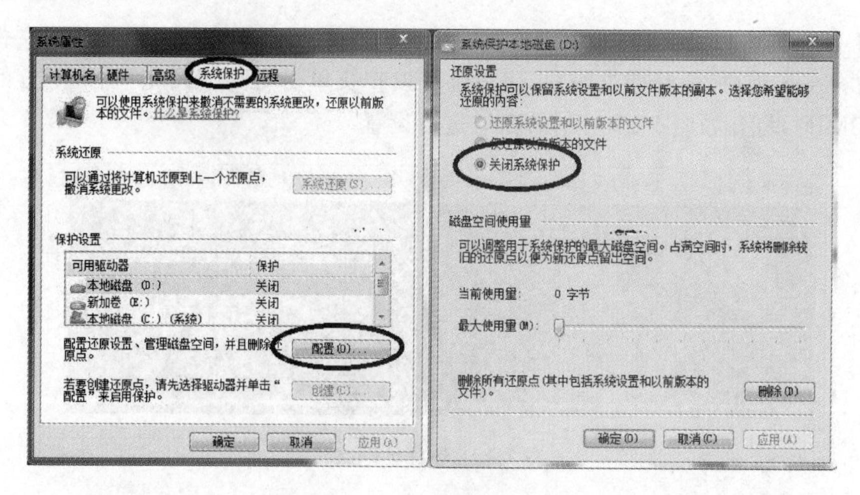

图 1-16　关闭系统保护

技巧 5　修改注册表以提高系统运行速度

注册表是 Windows 操作系统中的一个核心数据库，其中存放了各种参数，直接控制着 Windows 的启动、硬件驱动程序的装载以及一些 Windows 应用程序的运行，从而在整个系统中起着核心作用。这些作用包括软、硬件的相关配置和状态信息，例如注册表中保存有应用程序和资源管理器外壳的初始条件、首选项和卸载数据等，联网计算机的整个系统的设置和各种许可，文件扩展名与应用程序的关联，硬件部件的描述、状态和属性，性能记录和其他底层的系统状态信息，以及其他数据等。

修改注册表的通常是计算机高手，用户可以对注册表进行一些简单、必要的修改，下面介绍几个可以显著提高系统运行速度的修改方法。

在开始菜单下面的文本框中输入“regedit”，如图 1-17(a)所示，单击上面的“regedit. exe”，可能会打开如图 1-17(b)所示的提示对话框，单击“是”按钮即可打开注册表，如图 1-18 所示。

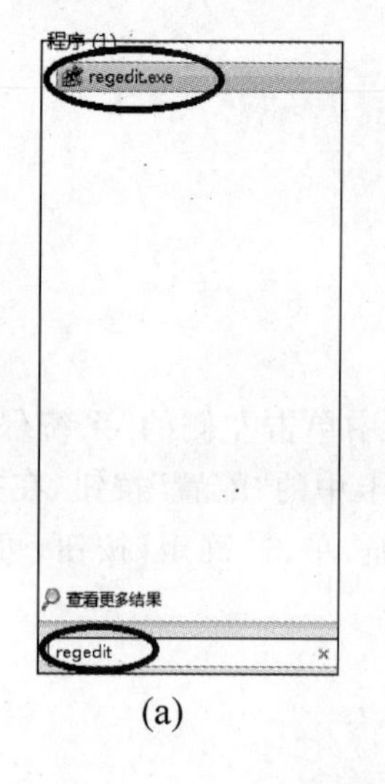

(a)

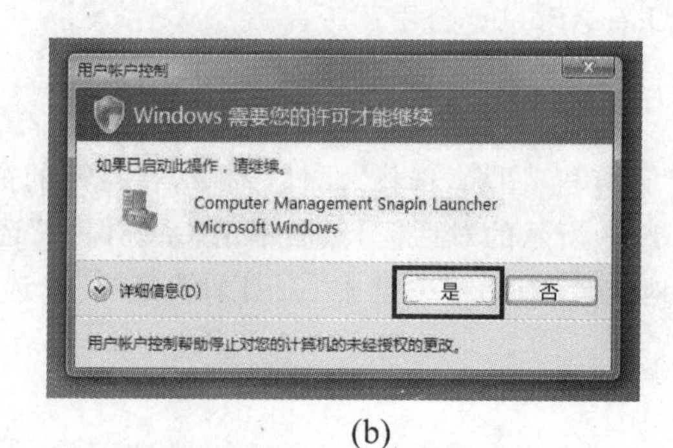

(b)

图 1-17　运行注册表

图 1-18 注册表

1. 提高 Windows 7 系统的开机速度

在注册表左侧单击 HKEY_LOCAL_MACHINE | SYSTEM | CurrentControlSet | Control | Session Manager | Memory Management | PrefetchParameters 选项，如图 1-19 所示，然后在右侧的“EnablePrefetcher”上右击，选择“修改”命令，打开如图 1-20 所示的对话框，将“数值数据”改为“0”。

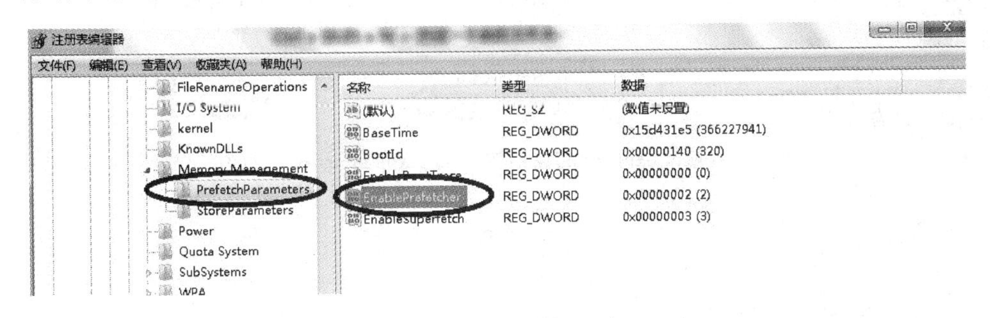

图 1-19 注册表选项

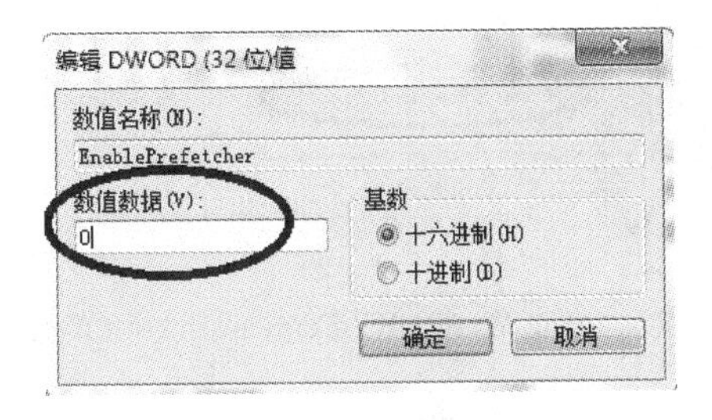

图 1-20 修改数值数据

2. 提高 Windows 7 系统的关机速度

用同样的方法，在注册表左侧单击 HKEY_CURRENT_USER | Control Panel | Desktop 选项，在右侧将“AutoEndTasks”的数值设置为“1”，将“HungAppTimeout”的数值设置为“3000”(有些 Windows 7 版本已经设置好了)，如图 1-21 所示。

然后在左侧单击 HKEY_LOCAL_MACHINE | SYSTEM | CurrentControlSet | Control 选项，在右侧将“WaitToKillServiceTimeout”的数值设置为“3000”，如图 1-22 所示。

3. 提高 Windows 7 系统的运行速度

用同样的方法，在注册表左侧单击 HKEY_CURRENT_USER | Control Panel | Desktop

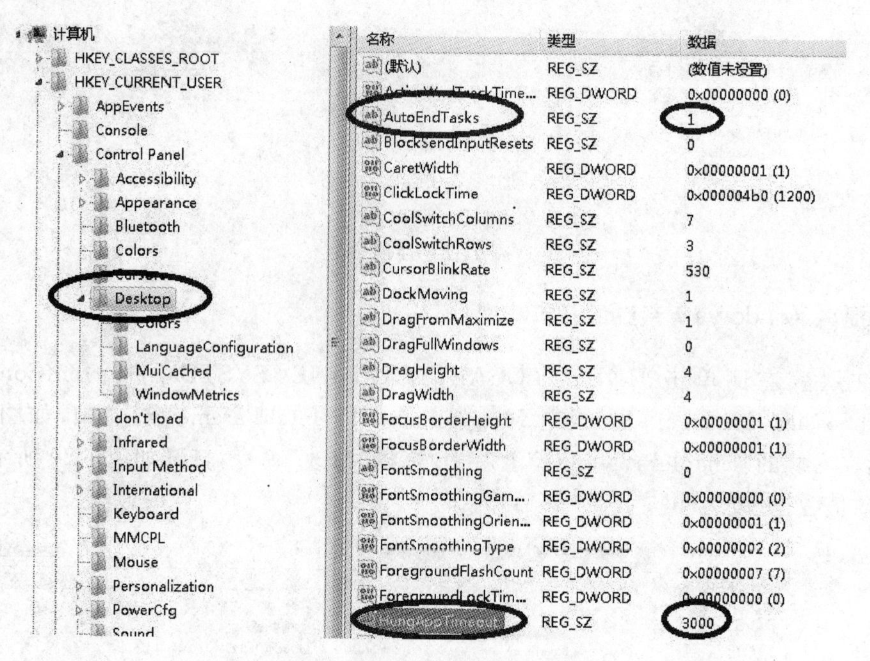

图 1-21 修改 AutoEndTasks 和 HungAppTimeout 的数值

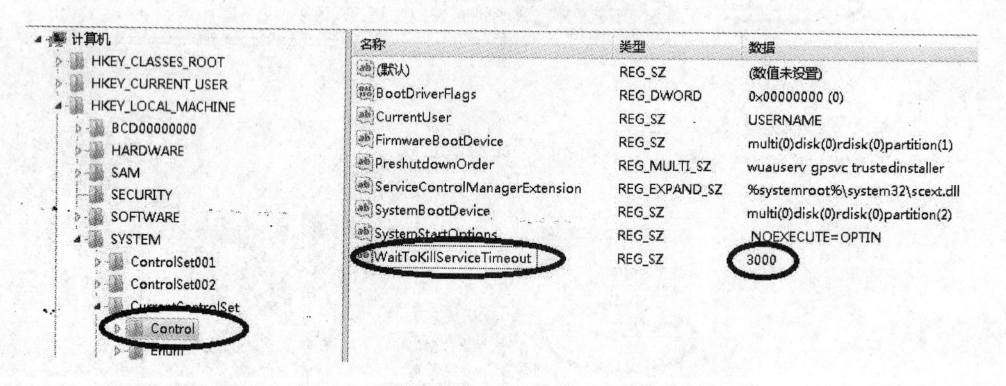

图 1-22 修改 WaitToKillServiceTimeout 的数值

选项，在右侧将“MenuShowDelay”的数值修改为“0”。

然后在同一界面下，将右侧的“WaitToKillAppTimeout”的数值修改为“1000”，这样，Windows 在发出关机指令后如果等待 1 秒仍未收到某个应用程序或进程的关闭信号，将打开相应的提示对话框，询问用户是否强行终止。

4. 提高上网速度

在注册表左侧单击 HKEY_LOCAL_MACHINE | SYSTEM | CurrenControlSet | Services | Tcpip | Parameters 选项，然后在右侧找到“GlobalmaxTcp WindowSize”。如果没有该项，在空白处右击，选择“新建”|“DWORD(32-位)值”命令，如图 1-23 所示，然后在显示的文本框中输入“GlobalmaxTcp WindowSize”，接着双击新建的“GlobalmaxTcp WindowSize”，在打开的对话框中将其数值数据设置为“256960”，并选中“十进制”单选按钮，如图 1-24 所示。

图 1-23　新建注册表字符串值

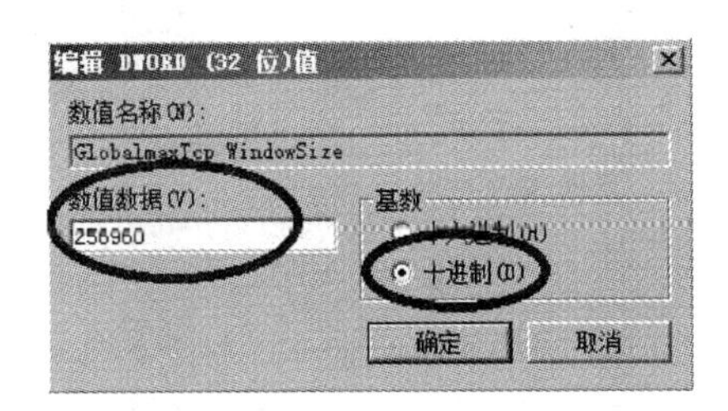

图 1-24　修改注册表数值数据

单击“确定”按钮后，关闭注册表编辑器，重新启动计算机即可。

技巧 6　实用的快捷键

以下列举了和“Windows”键有关的实用的快捷键。

Windows + D：显示桌面，最小化所有窗口。

Windows + L：锁定计算机，回到登录窗口。

Windows + M：最小化当前窗口。

Windows + E：打开资源管理器。

Windows + Home：最小化除当前窗口之外的窗口(当前窗口若最大化是看不到效果的)。

Windows + ←/→：使当前窗口靠左或靠右排列。

Windows + ↓：缩小当前窗口。

Windows + ↑：放大当前窗口。

Windows + =：放大显示当前窗口。

Windows + －：缩小放大镜。

Windows + T：其功能类似于前面“技巧 1”中提到的 Windows + 数字键，每按一次 T 键，就在任务栏中顺序选择一个窗口，按 Enter 键即可切换。

注意：用户不妨试试 Windows 键与其他键的组合，放心，不会损坏你的计算机，你还会有惊喜发现。

技巧 7　以幻灯片方式播放桌面背景图片

对于经常要更换桌面的用户来说，Windows 7 提供了一个不错的解决方案。

在桌面空白处右击，选择“个性化”命令，如图 1-25 所示，打开如图 1-26 所示的“个性化”窗口。单击下方的“桌面背景”选项，进入如图 1-27 所示的“桌面背景”窗口，通过单击“浏览”按钮选择图片的位置，在中间部分选择需要的桌面图片，可以全选，也可以部分选择（将相应图片打钩即可），然后设置间隔时间和是否无序，保存修改即可实现以幻灯片方式播放桌面背景图片。

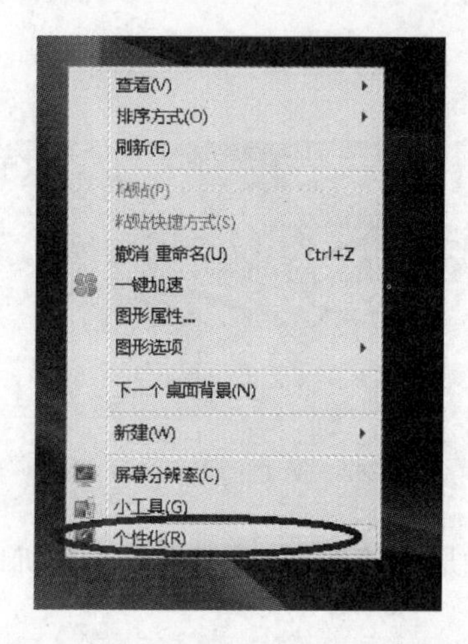

图 1-25　选择“个性化”命令

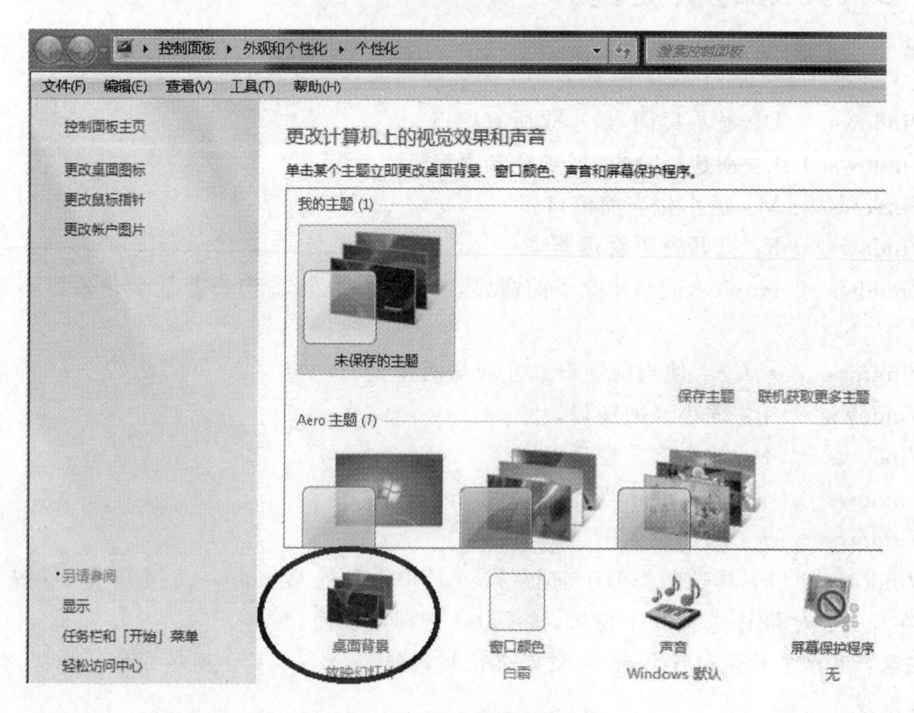

图 1-26　单击“桌面背景”选项

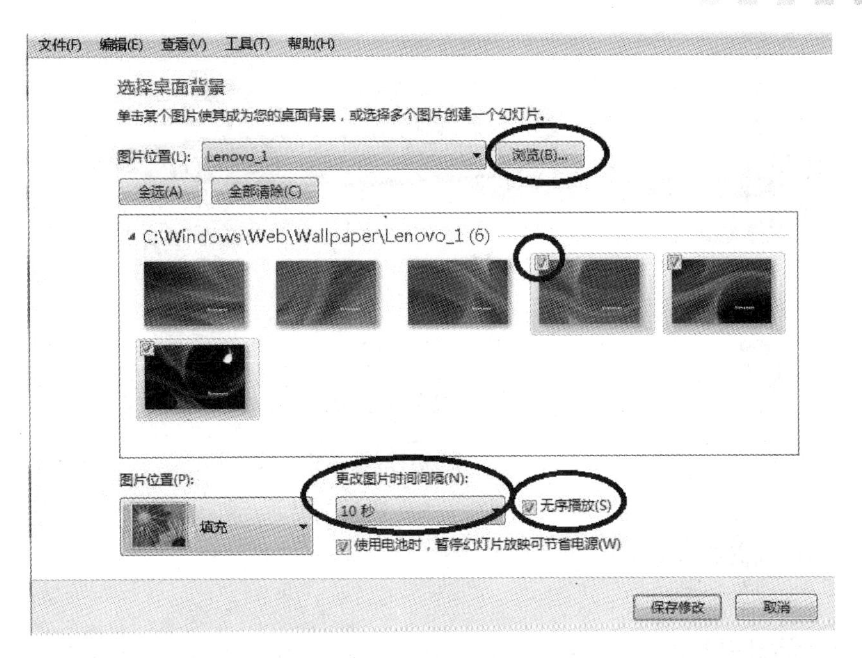

图 1-27 设置桌面背景

技巧 8 特色计算器

Windows 7 的计算器改进了很多功能，满足了众多用户的需求。

单击“开始”按钮，选择“所有程序”|“附件”|“计算器”命令，打开计算器，如图 1-28(a)所示，这是最基本的界面。单击“查看”，可以打开如图 1-28(b)所示的菜单，通过其中命令可以进行标准、科学、程序员和统计信息模式的选择，还可以进行单位转换、日期计算等换算。

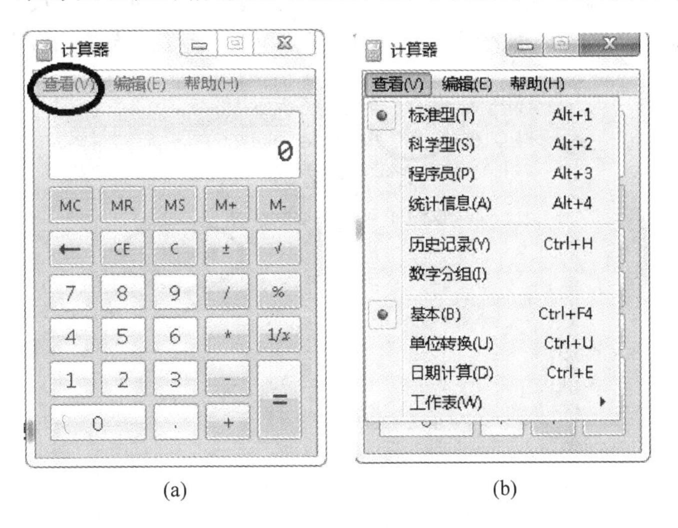

图 1-28 计算器

例如选择“标准型”，然后选择“工作表”|“抵押”命令，会打开如图 1-29 所示的界面，通过该界面可以实现一些特殊的计算。

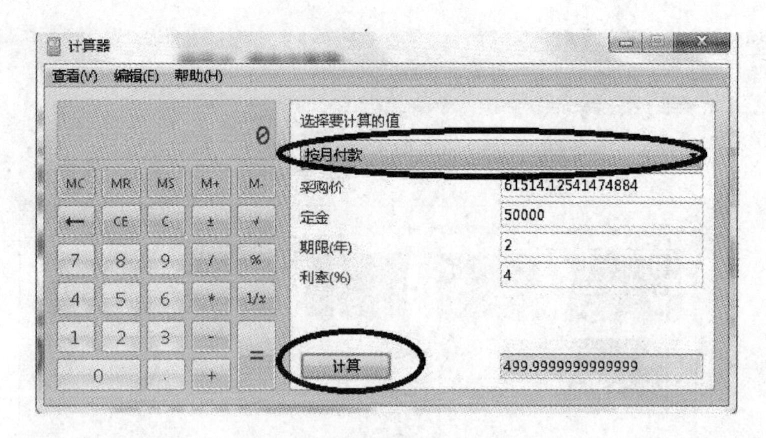

图 1-29 特殊计算器模式

技巧 9 虚拟内存合理化设置

内存在计算机中的作用很大，计算机中所有的运行程序都需要内存，如果执行的程序很大或很多，会导致内存消耗殆尽。为了解决这个问题，Windows 运用了虚拟内存技术，即拿出一部分硬盘空间来充当内存使用，这部分空间称为虚拟内存。虚拟内存只是物理内存（即通常所说的内存）不足的补充，如果物理内存过小，可以适当增加虚拟内存，如果物理内存很大，如 2GB，甚至 4GB、8GB，则无须虚拟内存。

虚拟内存的读/写性能（即硬盘的读/写速度）只有物理内存性能的几十分之一，而且高频率的读/写操作对硬盘损伤很大，容易出现硬盘坏道，因此，能不用则不用，能少用则少用。

右击“计算机”图标，选择“属性”命令，在打开窗口的左侧单击“高级系统设置”选项，打开如图 1-30 所示的对话框，单击“高级”选项卡中的“设置”按钮，打开如图 1-31 所示的对话框，单击“高级”选项卡中的“更改”按钮，打开如图 1-32 所示的“虚拟内存”对话框。

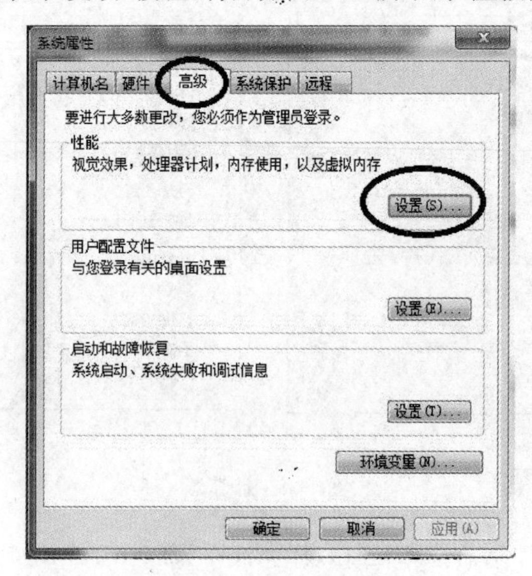

图 1-30 系统属性设置

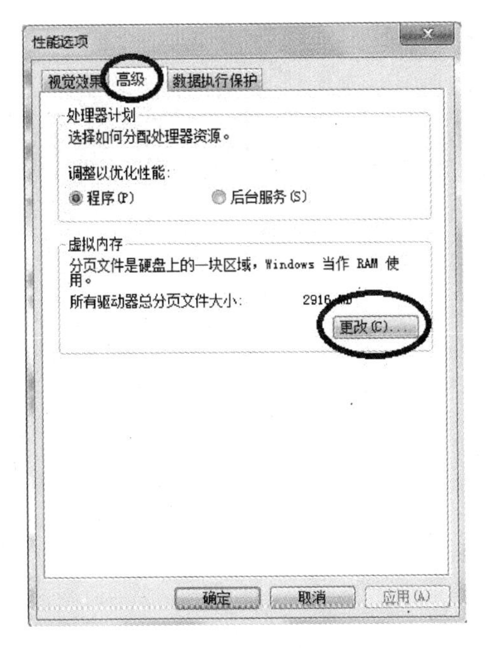

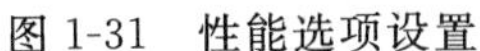
图 1-31 性能选项设置

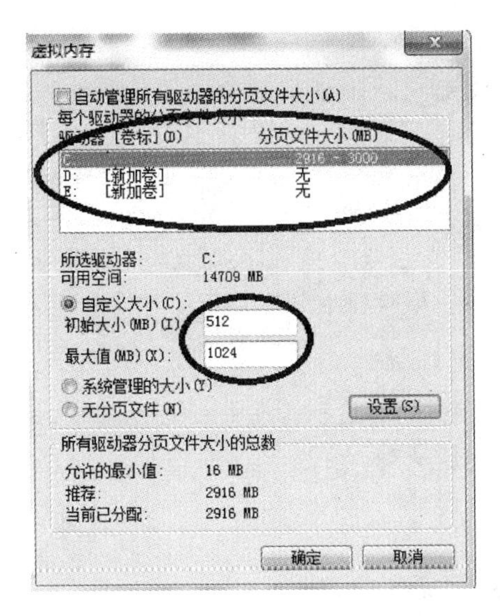

图 1-32 虚拟内存设置

如果C盘的空间不大，建议用户将“驱动器”改成D盘或者E盘。在“自定义大小”中，如果内存为“1GB”，建议将“初始大小”设置成“512”，将“最大值”设置成“1024”左右；如果内存为“2GB”，建议将“初始大小”设置成“256”，将“最大值”设置成“512”左右；如果内存为“4GB”，建议将“初始大小”设置成“128”，将“最大值”设置成“256”左右。最后单击“确定”按钮退出，重启计算机才能生效。

对于爱玩大型3D游戏、制作大幅图片、进行3D建模等需要使用大量内存的人来说，可以适当增加虚拟内存。

技巧10 查看隐藏文件及扩展名

Windows 7设置了很多文件为隐藏属性，在正常情况下用户看不到。同时，Windows 7还将文件的扩展名进行了隐藏，例如将Word文件的扩展名“.doc”、MP3文件的扩展名“.mp3”进行了隐藏，下面介绍查看这些隐藏的文件以及扩展名的方法。

首先打开任意一个文件夹，包括“计算机”，如图1-33所示。

然后单击左上角的“组织”，选择“文件夹和搜索选项”命令，打开如图1-34所示的“文件夹选项”对话框，选择“查看”选项卡，通过滑动条找到如图1-35所示的几个选项，将它们前面的勾去掉，最后单击“确定”按钮。

回到文件或者文件夹窗口，用户可以看到多出了很多隐藏的文件，并且可以看到其扩展名。

用户还可以使用控制面板来查看隐藏文件及扩展名，关于控制面板的内容，将在第2章做详细介绍。

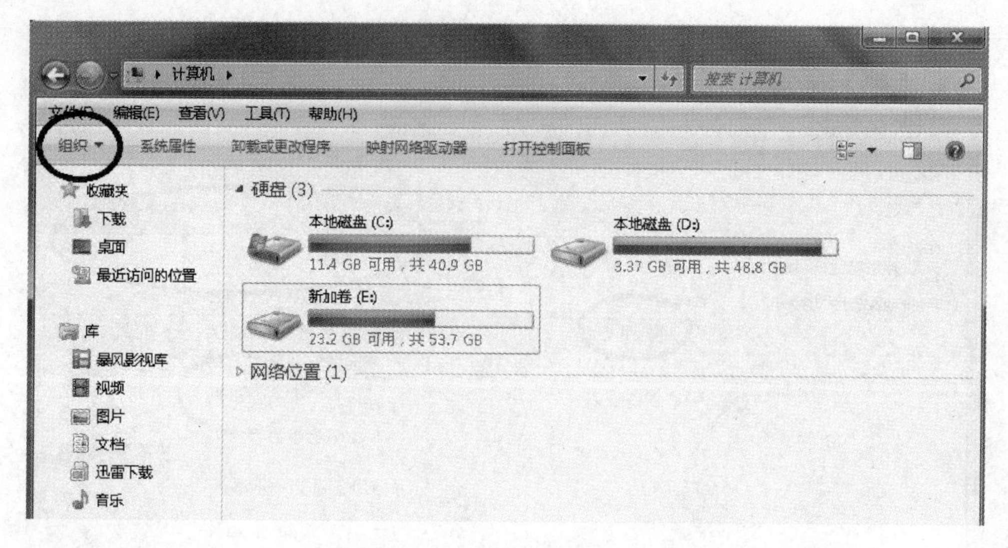

图 1-33 “计算机”窗口

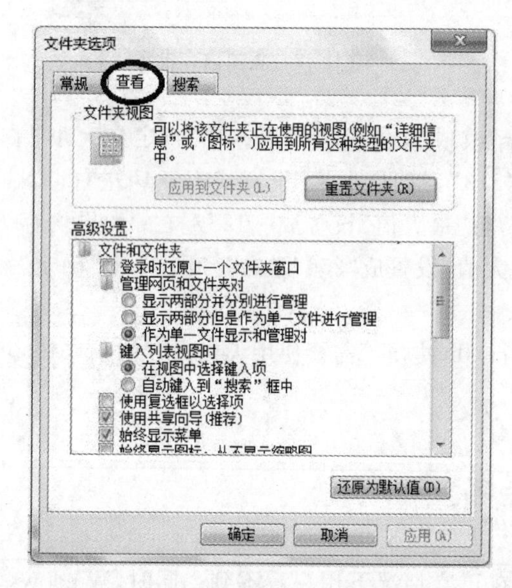

图 1-34 “文件夹选项”对话框

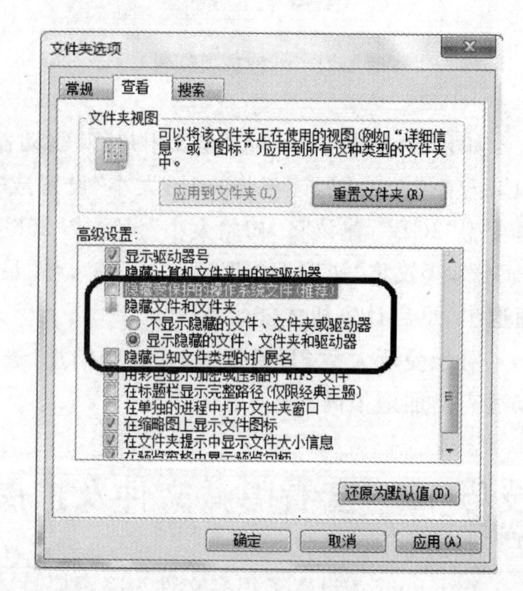

图 1-35 取消隐藏属性

第2章 控制面板操作技巧精选

Windows 7 的控制面板相对于 Windows XP 的控制面板来说，增加了很多功能，本章将介绍一些常用的、实用的控制面板操作技巧。

单击“开始”按钮，然后在开始菜单右侧单击“控制面板”选项，如图 2-1 所示，进入如图 2-2 所示的“控制面板”类别窗口。在该窗口右上角的“查看方式”中有 3 个选择，一个是“类别”，即将所有选项进行归类以方便查询；另外两个是以“大图标”或者“小图标”显示选项，小图标控制面板窗口如图 2-3 所示。

图 2-1 “控制面板”选项的位置

图 2-2 控制面板类别窗口

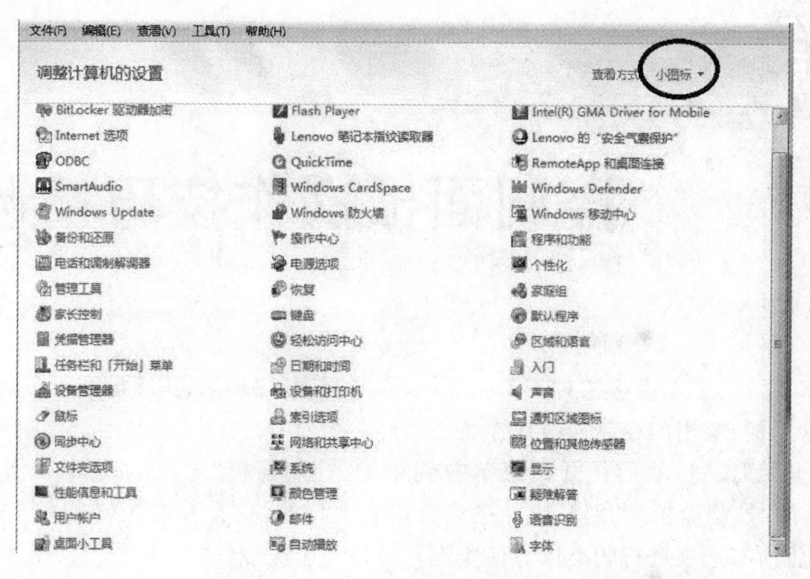

图 2-3 控制面板小图标窗口

本章以"类别"为例,介绍控制面板中的一些常用且实用的设置操作。

技巧 1 系统和安全设置

单击控制面板中的"系统和安全"选项,进入如图 2-4 所示的"系统和安全"窗口。

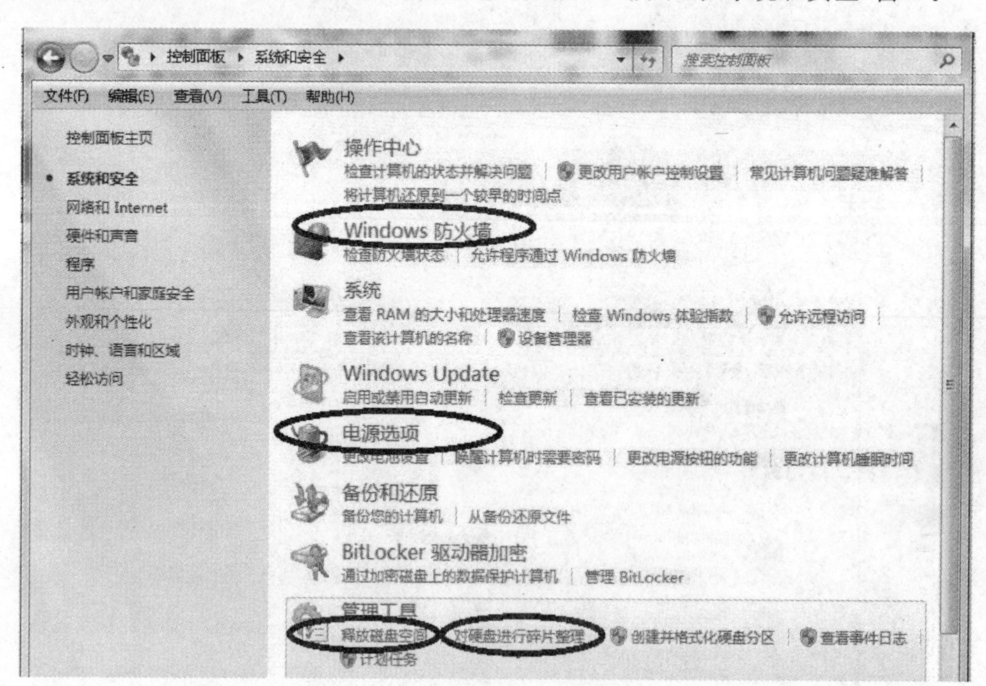

图 2-4 "系统和安全"窗口

1. 防火墙设置

单击图 2-4 中的“Windows 防火墙”选项，进入如图 2-5 所示的“Windows 防火墙”窗口。

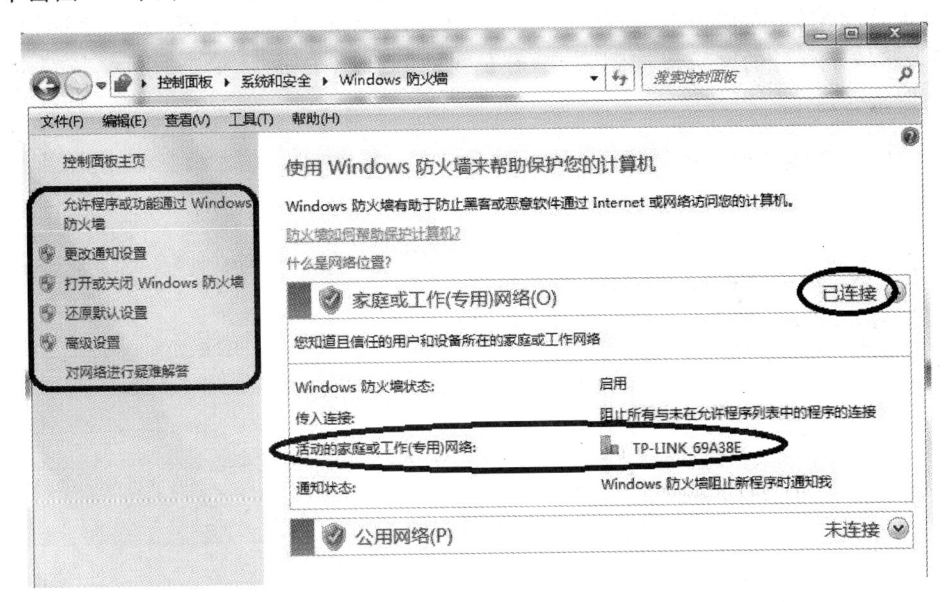

图 2-5 “Windows 防火墙”窗口

在该窗口的右侧如果用户看到“已连接”，说明计算机已经连入了 Internet 网络，连入的方式在窗口的下端显示为“TP-LINK……”，说明是采用无线路由器的方式接入网络。

单击“允许程序或功能通过 Windows 防火墙”选项，进入如图 2-6 所示的“允许的程序和功能”窗口，用户可以看到计算机已经安装的可以通过防火墙的所有程序。

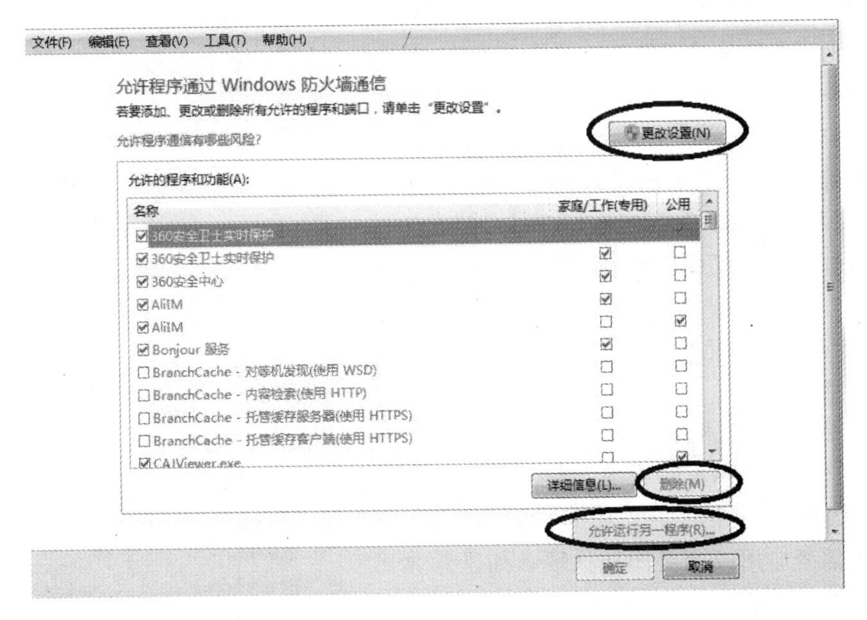

图 2-6 “允许的程序和功能”窗口

如果不想让某个程序通过防火墙，即不想让某个程序连入 Internet 网络，可以单击“更改设置”按钮，这时激活了中间的列表框。然后选择不想连接网络的程序，例如“CAJViewer. exe”，这是一个可以看“. caj”和“. kdh”文档的软件。用这个软件来查看文档并不需要连接网络，所以可以将其断网，单击左侧的小方框，将勾选去掉，然后单击“确定”按钮，或者将这个软件的网络连接删除，单击右侧的“删除”按钮，再单击“确定”按钮即可，如图 2-7 所示。

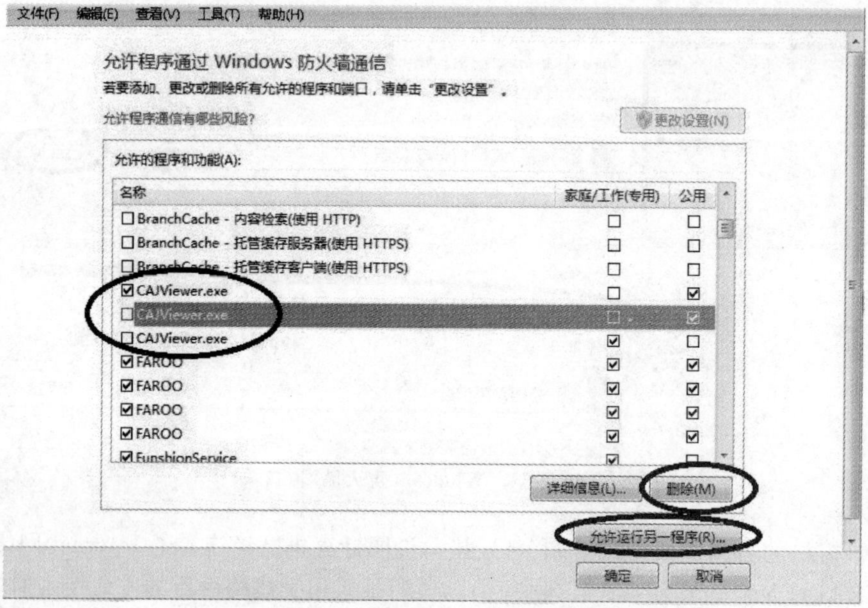

图 2-7　删除不想连接网络的程序

同理，用户可以查看其他一些软件是否有必要连接网络，若无必要，也可以将其关闭。

注意：*有些软件确实没有必要连接网络，必须将其断网，否则会出现一些问题。例如软件定期提示升级、软件本身存在的缺陷导致漏洞产生，从而给黑客带来可乘之机等。*

相反，如果想让某个程序连接网络，也可以进行设置。例如，刚才的“CAJViewer. exe”已经被删除，现在让其重新连入网络。单击“允许运行另一程序”按钮，打开如图 2-8 所示的“添加程序”对话框，在列表框中选择“CAJViewer 7. 0”，或者通过“浏览”按钮找到相应目录中的“CAJViewer. exe”，然后单击“添加”按钮即可将其连接到网络。

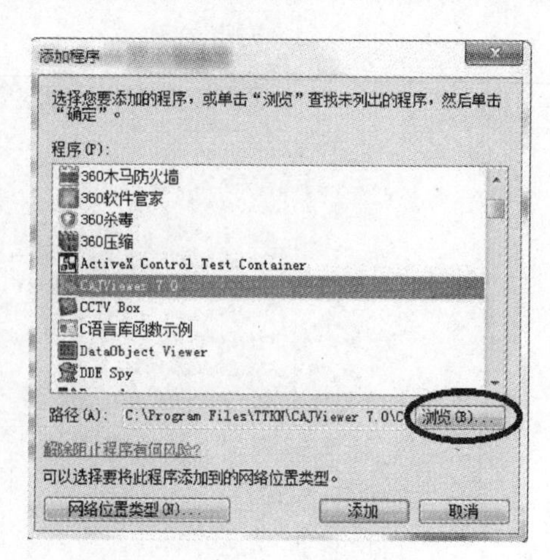

图 2-8　“添加程序”对话框

在图 2-5 中，单击左侧的“更改通知设置”和“打开或关闭 Windows 防火墙”选项，会打开同一个窗口，如图 2-9 所示。在该窗口中，用户可以根据自己的需要启用或者关闭防火墙。如果计算机没有安装其他的防火墙软件，建议启用 Windows 防火墙。

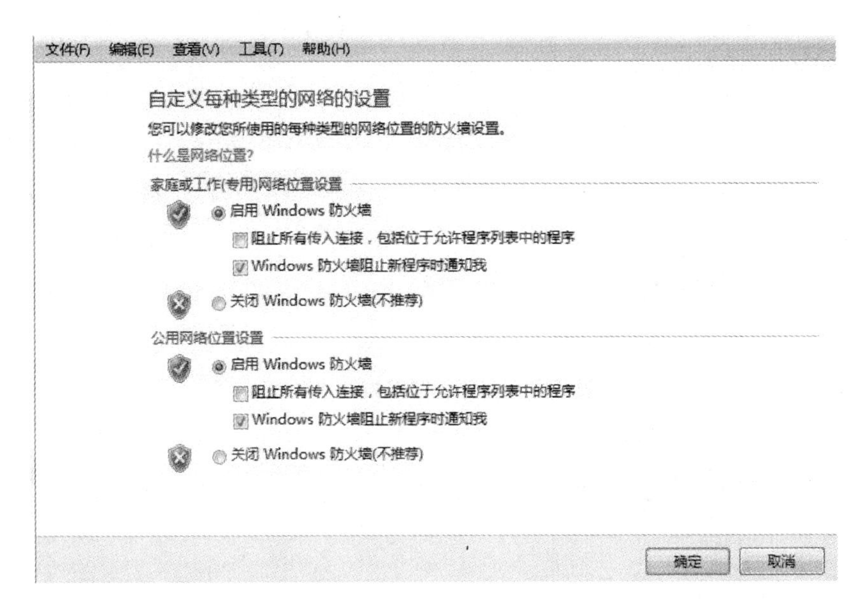

图 2-9 “自定义设置”窗口

2. 电源选项

在图 2-4 中，单击“电源选项”，进入如图 2-10 所示的“电源选项”窗口。在该窗口的最下方，用户可以通过滑块调整屏幕的亮度。

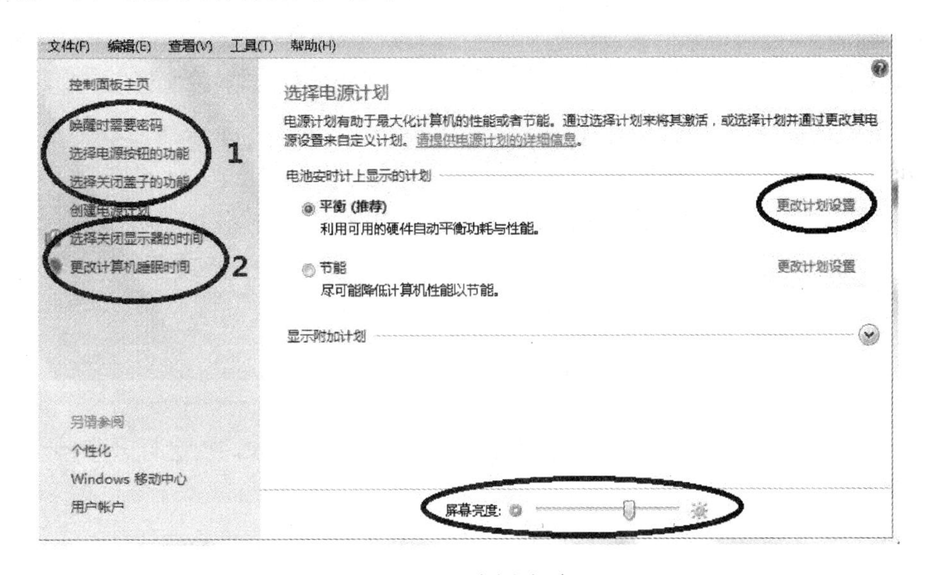

图 2-10 电源选项

如果用户使用的是笔记本电脑，可以选中“平衡”或者“节能”单选按钮，这两项对电池的使用时间是有区别的，然后在右侧单击“更改计划设置”按钮进行具体设置，其界面和在左侧单击“2”中的两个选项是一样的。

用户可以根据需要选择合适的时间，还可以单击“更改高级电源设置”选项进一步设置电源，如图 2-11 所示。

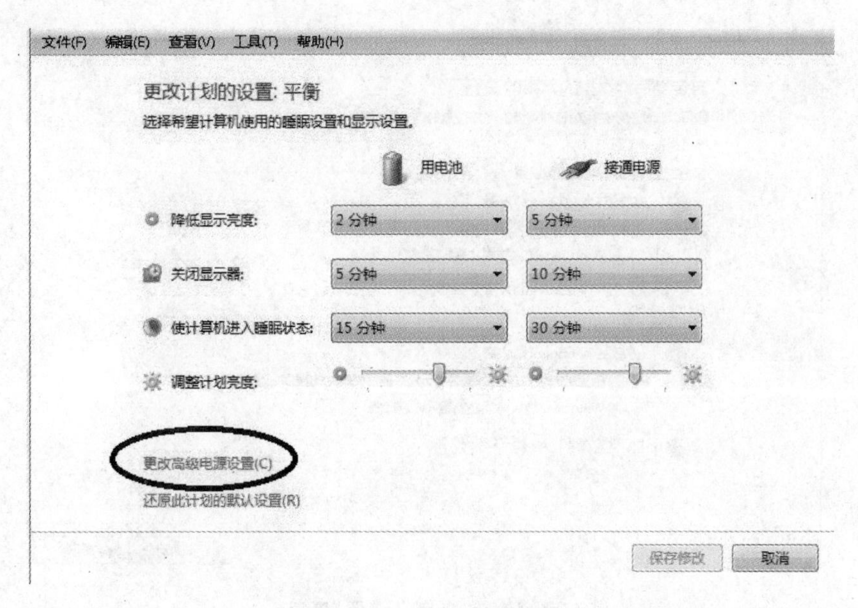

图 2-11 更改计划的设置

3. 管理工具

在图 2-4 中，单击“管理工具”中的“释放磁盘空间”选项，打开如图 2-12(a)所示的对话框，选择要清理的驱动器，单击“确定”按钮进入如图 2-12(b)所示的扫描进程对话框，扫描之后进入如图 2-13(a)所示的磁盘清理对话框。如果要查看要删除的文件，选中需要删除的文件，单击“确定”按钮，会打开如图 2-13(b)所示的对话框，单击“删除文件”按钮即可。

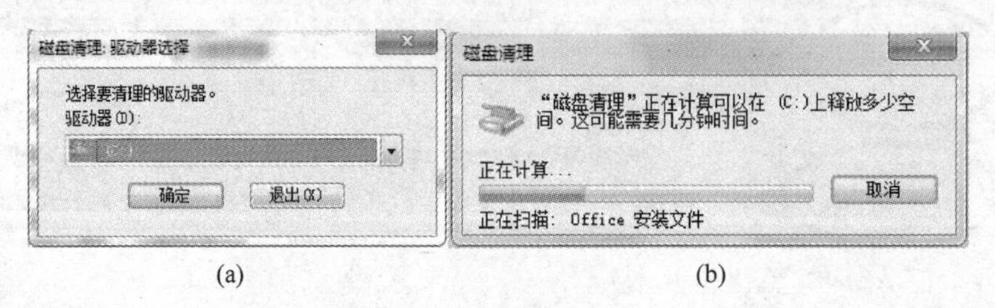

图 2-12 释放磁盘空间

在图 2-4 中，单击“管理工具”中的“对磁盘进行碎片整理”选项，会打开如图 2-14 所示的对话框。

什么是“磁盘碎片”？什么是“磁盘碎片整理”？

磁盘碎片称为文件碎片，它是因为文件被分散保存到整个磁盘的不同地方，而不是连续地保存在磁盘连续的簇中形成的。磁盘在使用一段时间后，由于反复写入和删除文件，磁盘中的空闲扇区会分散到整个磁盘中不连续的物理位置上，从而使文件不能保存在连续的扇区中。这样，在读/写文件时就需要到不同的地方去读取，增加了磁头的来回移动，降低了磁盘的访问速度。

磁盘就像屋子一样需要经常整理，要整理磁盘就要用到磁盘碎片整理工具，磁盘碎片整理，就是通过系统软件或者专业的磁盘碎片整理软件对计算机磁盘在长期使用过程中产生

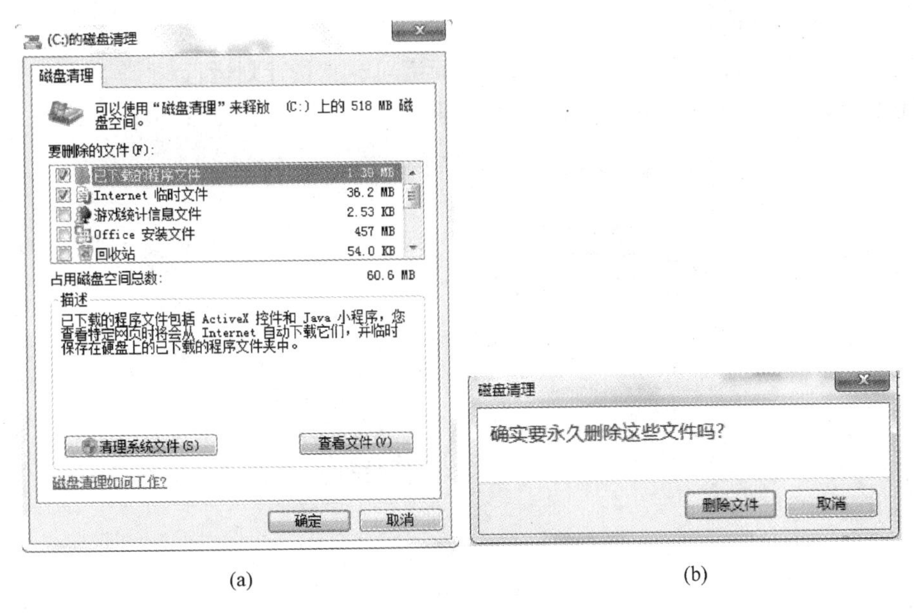

(a) (b)

图 2-13 磁盘清理

的碎片和凌乱文件重新整理，释放出更多的磁盘空间，以提高计算机的整体性能和运行速度。

在图 2-14 中，在中间选择要进行碎片整理的磁盘，然后单击"分析磁盘"按钮进行磁盘分析。在 Windows 完成磁盘分析后，用户可以在"上一次运行时间"中检查磁盘上碎片的百分比，如果数字高于"10%"，则应该对磁盘进行碎片整理，单击"磁盘碎片整理"按钮即可。

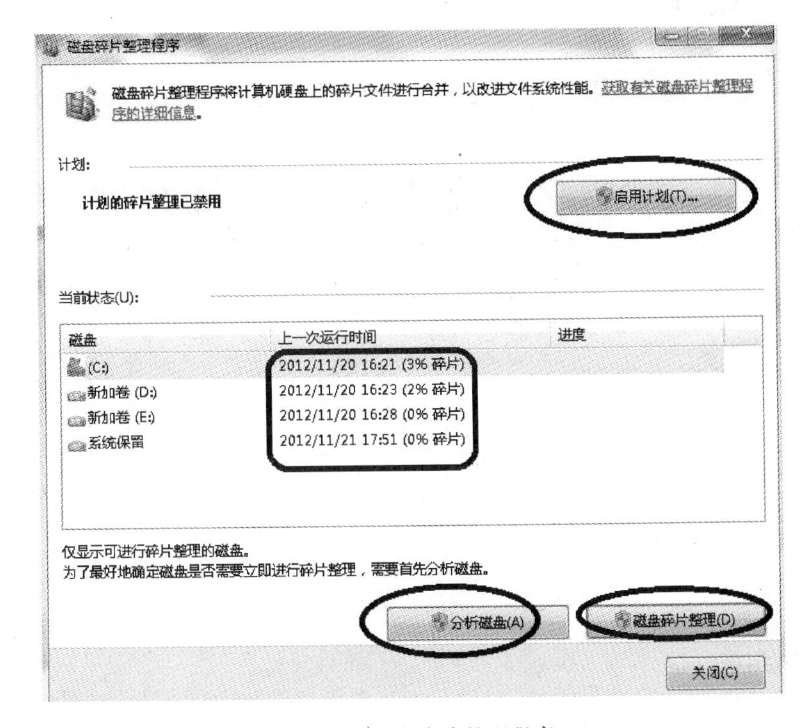

图 2-14 磁盘碎片整理程序

用户可以给计算机制定一个磁盘碎片整理计划，让系统定期自动执行。单击"启用计划"按钮，打开如图 2-15 所示的对话框，选择时间后，选中"按计划运行(推荐)"复选框，单击"确定"按钮，系统将定期自动执行磁盘碎片整理。

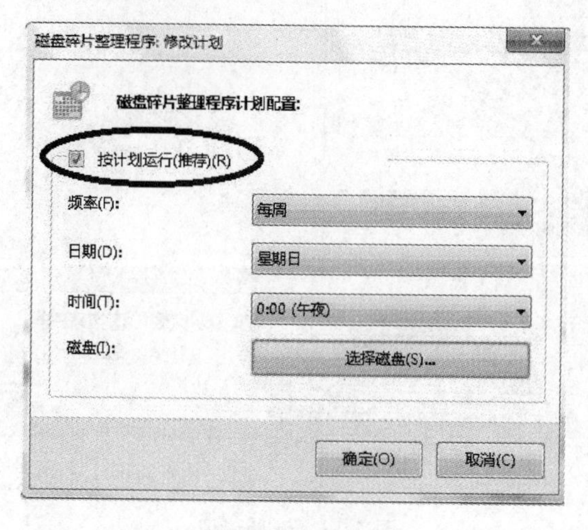

图 2-15　修改计划

注意：用 Windows 自带的磁盘碎片整理工具整理磁盘碎片，速度可能会慢一些，现在网上有很多整理软件的速度要快于 Windows 自带的工具，但 Windows 7 远远好于 Windows XP，整理速度已经提高了很多，因此建议用 Windows 7 自带的工具。

技巧 2　网络和 Internet 设置

单击图 2-2 中的"网络和 Internet"选项，进入如图 2-16 所示的窗口，在该窗口中可以查看网络的状态以及设置 Internet 参数等。

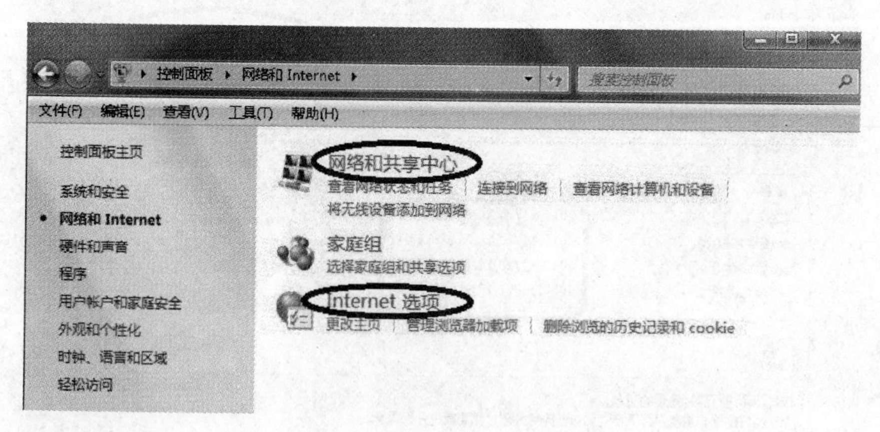

图 2-16　"网络和 Internet"窗口

1. 网络和共享中心

单击"网络和共享中心"选项，进入如图 2-17 所示的"网络和共享中心"窗口。

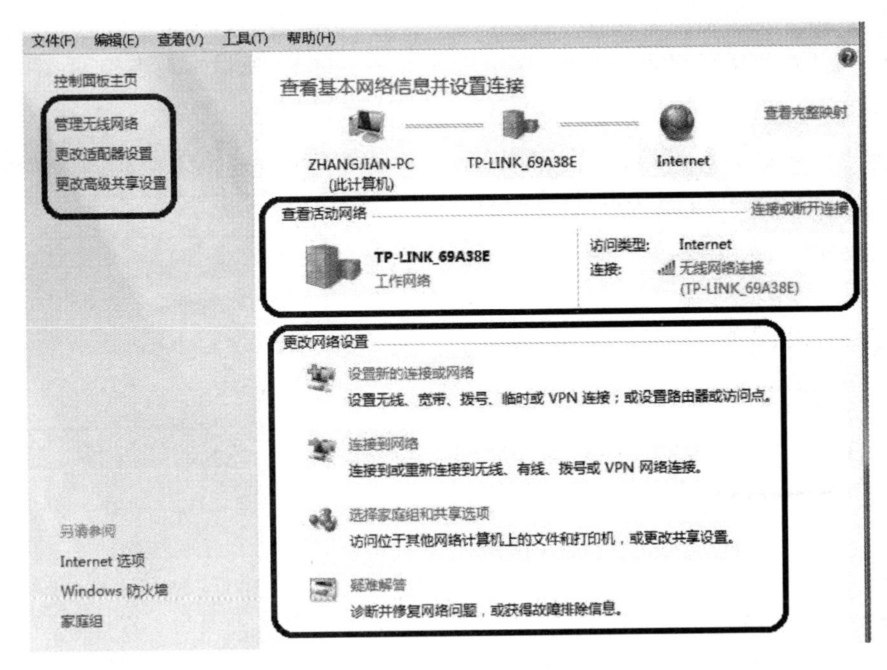

图 2-17　“网络和共享中心”窗口

通过中间的“查看活动网络”区域，用户可以看到目前使用的网络情况，如作者使用的是无线网络，网络名称是“TP-LINK_69A38E”。

单击左侧的“管理无线网络”选项，打开如图 2-18 所示的窗口，可以看到使用过的所有无线网络，共 8 个对象。

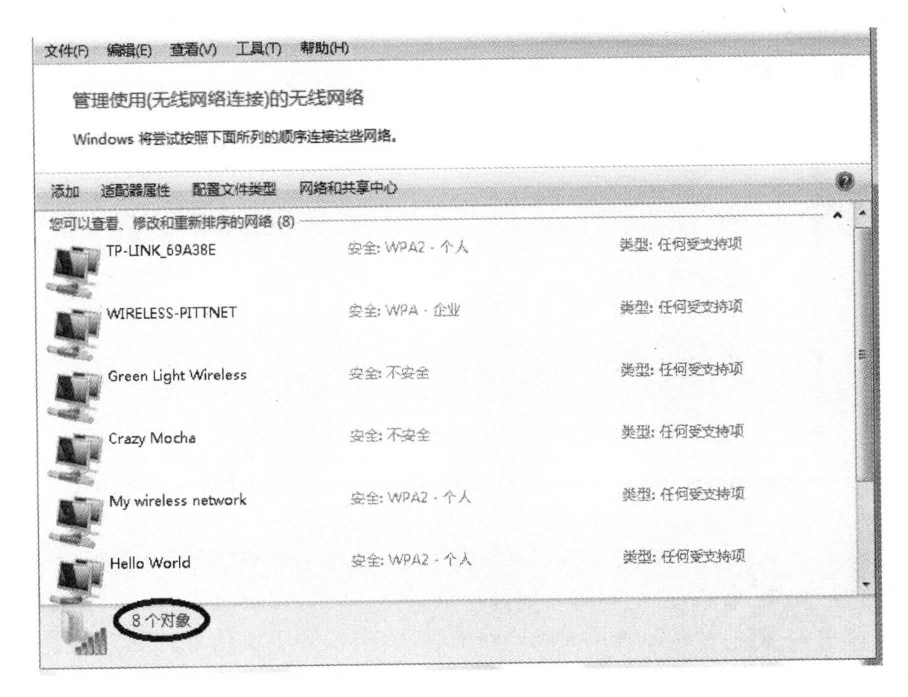

图 2-18　使用过的所有无线网络

单击左侧的“更改适配器设置”，打开如图 2-19 所示的窗口，可以看到所有的网络连接状态，包括可用的和不可用的。由于作者是通过无线上网的，所以本地连接不可用，蓝牙也没有使用。

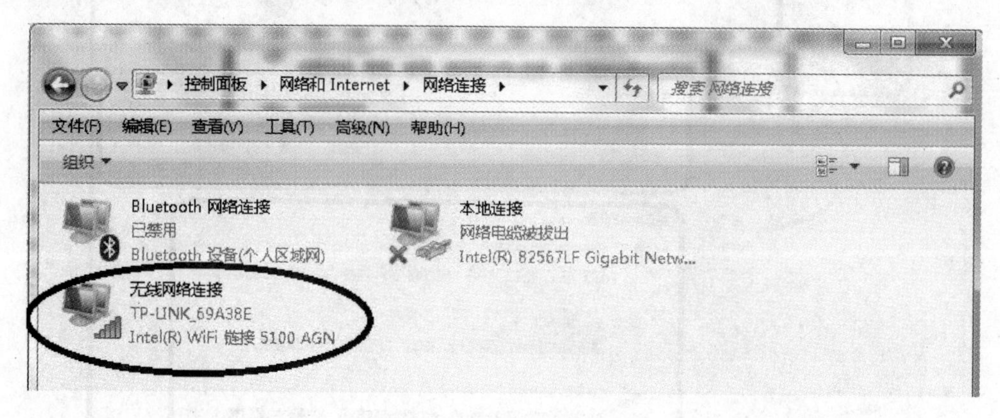

图 2-19 更改适配器设置

如果计算机还没有连接到 Internet，可以通过设置使其接入网络。在图 2-17 中，单击“更改网络设置”中的“设置新的连接和网络”选项，打开如图 2-20 所示的“设置连接或网络”对话框，选择“连接到 Internet”选项，单击“下一步”按钮，进入如图 2-21 所示的“连接到 Internet”对话框。选择连接方式，通常选择无线和宽带两种方式。

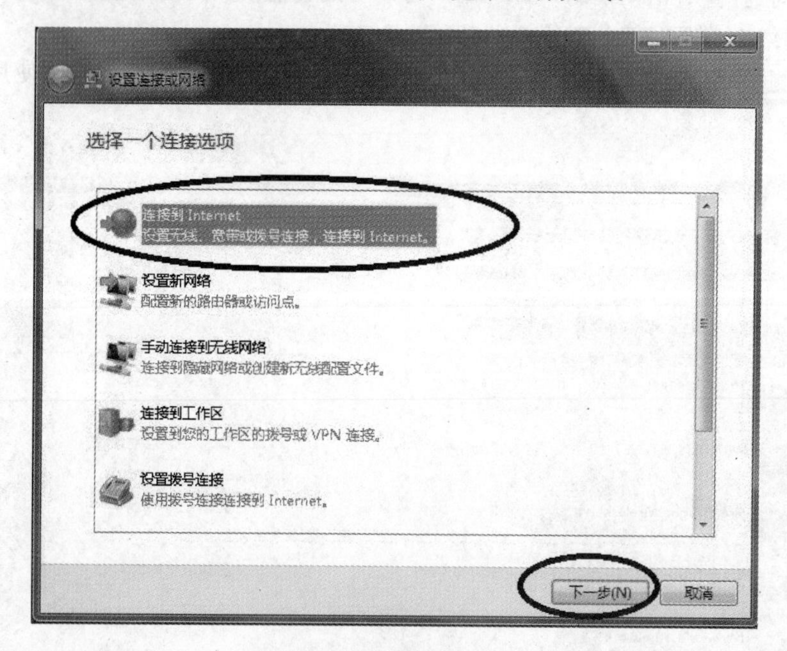

图 2-20 连接到 Internet

在此选择“无线”方式，进入如图 2-22(a)所示的对话框，用户可以看到所有可检测到的无线网络，其中，右侧的柱状图表示无线信号的强弱，类似于手机信号。单击属于自己的网络，得到如图 2-22(b)所示的对话框，单击“连接”按钮，系统会提示输入密码，输入密码进入，则连接成功。

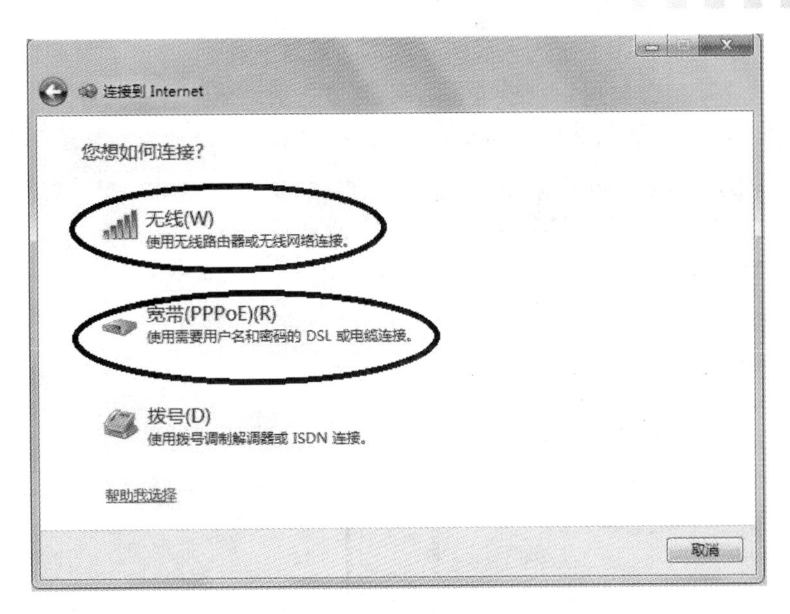

图 2-21　选择连接方式

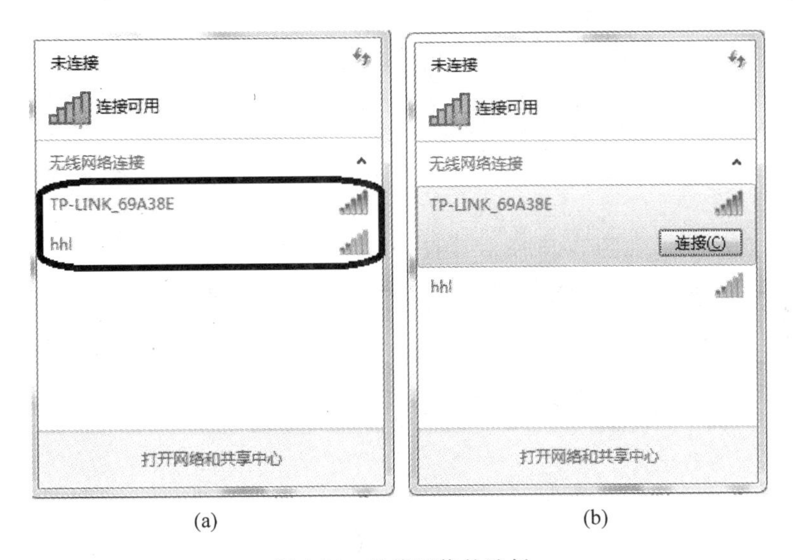

图 2-22　无线网络的选择

2. Internet 选项

在图 2-16 中，单击“Internet 选项”进入 Internet 的相关设置，如图 2-23 所示，其中包含很多 Internet 设置。

在“常规”选项卡中，即默认界面中，有主页的设置，如果想让 IE 浏览器打开时自动进入某网页，可以在此进行设置，例如将主页地址改成“http://www.sina.com.cn”，或者先进入 IE 浏览器，打开新浪网站，然后打开此设置，此时可以看到新浪网站的网址已经在上面，单击“使用当前页”按钮即可。

设置的中间部分有一个“删除”按钮，用于删除 IE 浏览器所产生的临时文件、历史记录以及保存的密码等。每当进入网站的时候，IE 都会先下载一些临时的文件，包括图片等信息，存放在计算机中，这样在下次进入的时候就不必重新下载了，节省了很多时间，但同时占用了计算机的很多空间。如果用户想节省空间，可以定期地删除这些文件。

选择“安全”选项卡，如图 2-24 所示，用户可以根据实际情况通过滑块选择安全级别。

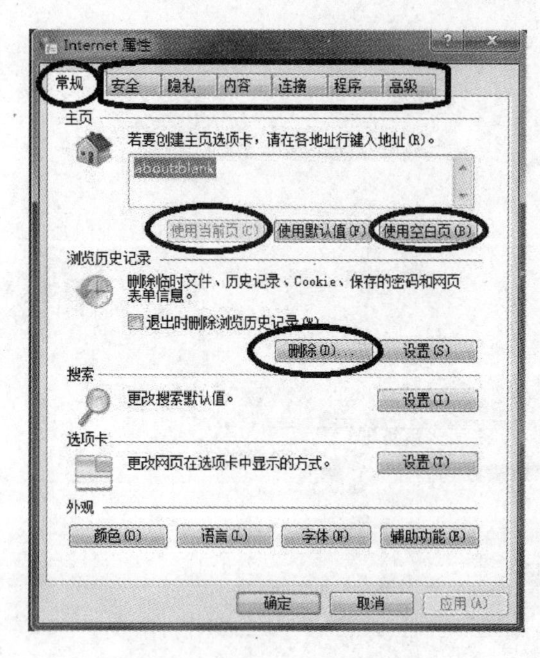

图 2-23 “Internet 属性”对话框

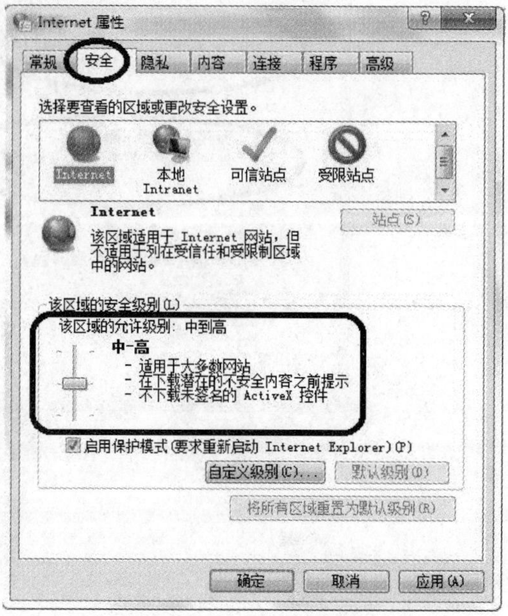

图 2-24 安全设置

选择“隐私”选项卡，如图 2-25 所示，用户可以根据实际需要通过滑块选择隐私级别，还可以选中“启用弹出窗口阻止程序”复选框，这样，在进入一些网站的时候，用户就不必为一些烦心的弹出广告等发愁了。

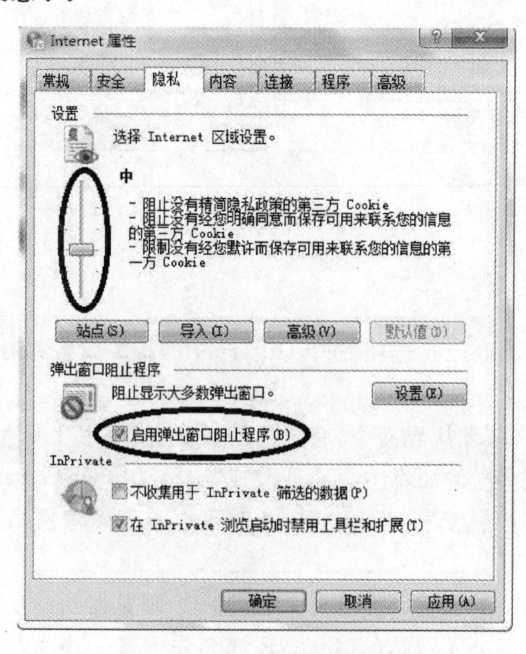

图 2-25 隐私设置

技巧3 硬件和声音设置

在图 2-2 中,单击“硬件和声音”选项,打开如图 2-26 所示的窗口。

图 2-26 “硬件和声音”窗口

1. 自动播放

在图 2-26 中,单击“自动播放”选项,进入如图 2-27 所示的窗口。在该窗口中可以修改音频、视频、图片的播放器,例如,图片选择“ACDSee”、音频选择“Windows Media Player”、视频选择“暴风影音”。

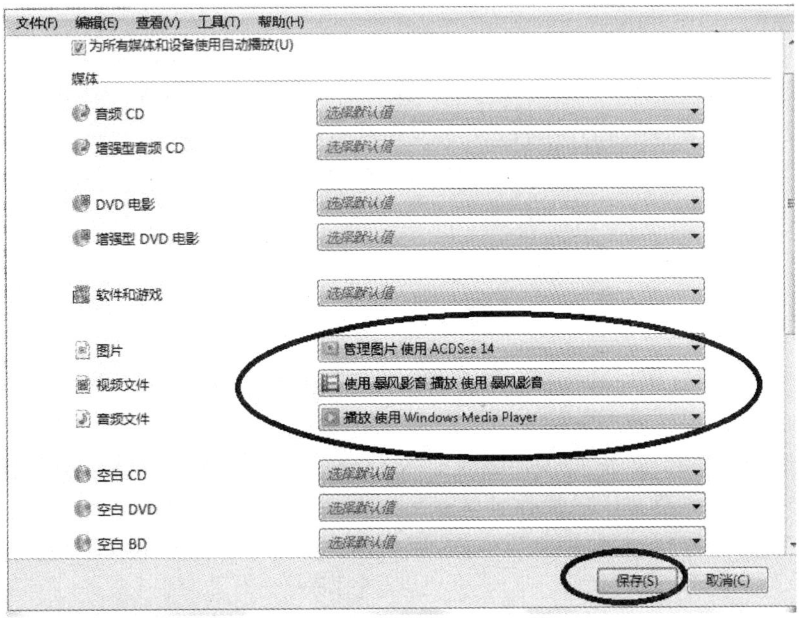

图 2-27 “自动播放”窗口

2. 声音

在图 2-26 中,单击“声音”选项,打开如图 2-28 所示的“声音”对话框。选择“声音”选项卡,然后进行 Windows 发出声音的设置,包括 Windows 启动声音、关闭声音,以及各种 Windows 的触发程序事件声音等。

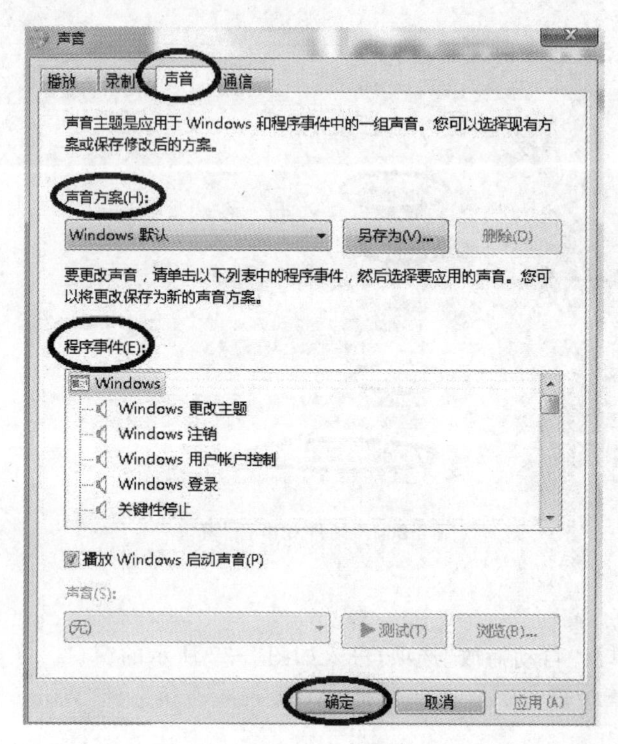

图 2-28 “声音”选项卡

在“声音方案”下拉列表中有多种方案,包括“传统”、“节日”等。在“程序事件”列表框中,可以设置所有和 Windows 系统有关的声音。例如,设置 Windows 关机的声音为一首歌曲,而不是默认的声音,在“程序事件”列表框中找到“退出 Windows”选项,单击“浏览”按钮,选择一个“.wav”格式的文件(可以将其他格式转成.wav 格式),例如选择“王菲-传奇.wav”,然后单击“确定”按钮,如图 2-29 所示,试试关机的声音。

同理,用户可以设置开机的声音,以及各种其他的声音。

3. 显示

在图 2-26 中,单击“显示”选项,进入如图 2-30 所示的窗口。在该窗口中,用户可以快速地选择屏幕文本大小,有“较小”和“中等”两个选项。

单击左侧的“调整分辨率”或者“更改显示器设置”选项,都会打开如图 2-31 所示的窗口,在该窗口中可以调整显示器的分辨率。

现在有很多用户开始使用两个显示器,那么在这个窗口中会显示双显示器,可以进行相应的设置。

单击左侧的“校准颜色”选项,系统会提示如何校准颜色,单击“下一步”按钮,按照提示

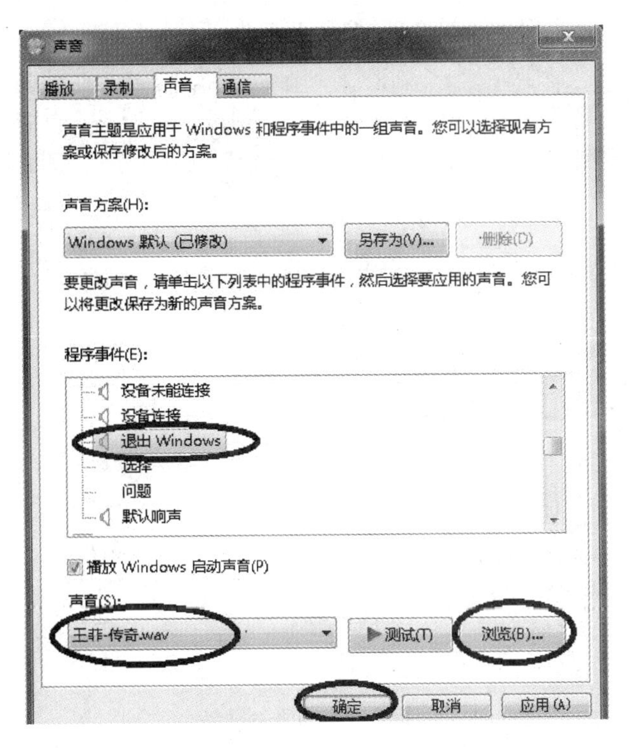

图 2-29　关机声音的选择

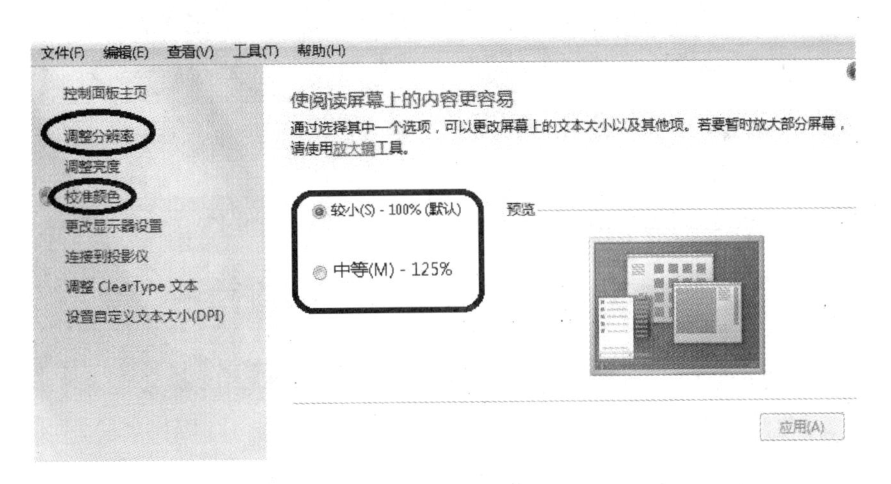

图 2-30　“显示”窗口

可以校准颜色。

4. Windows 移动中心

在图 2-26 中，单击“Windows 移动中心”选项，打开如图 2-32 所示的对话框，可以看到“亮度”、“音量”、“电池状态”以及“无线网络”等内容，用户可以对它们相应地进行调节。

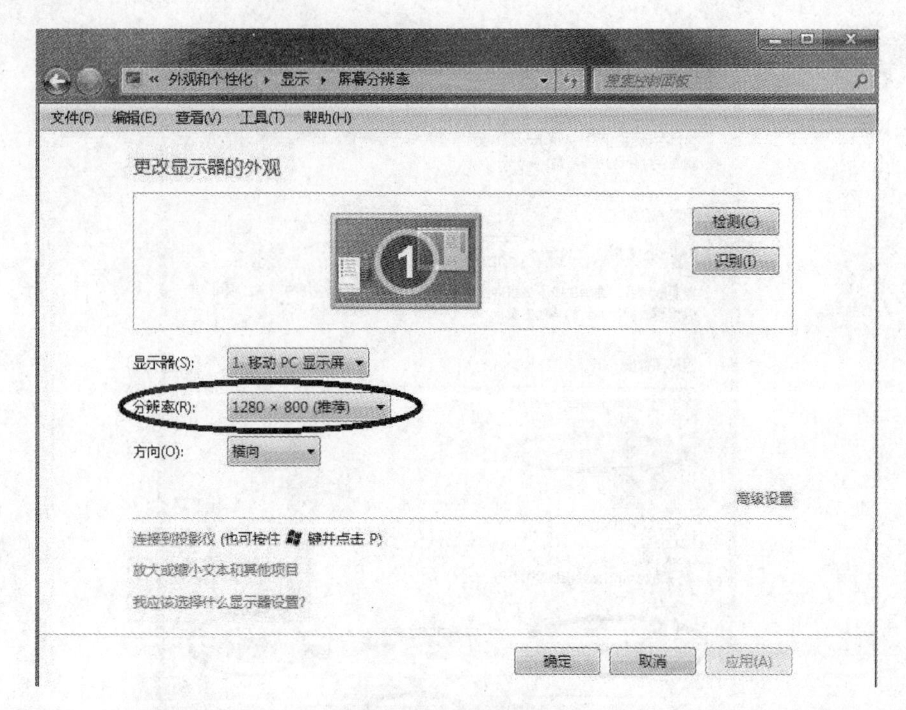

图 2-31 调整分辨率

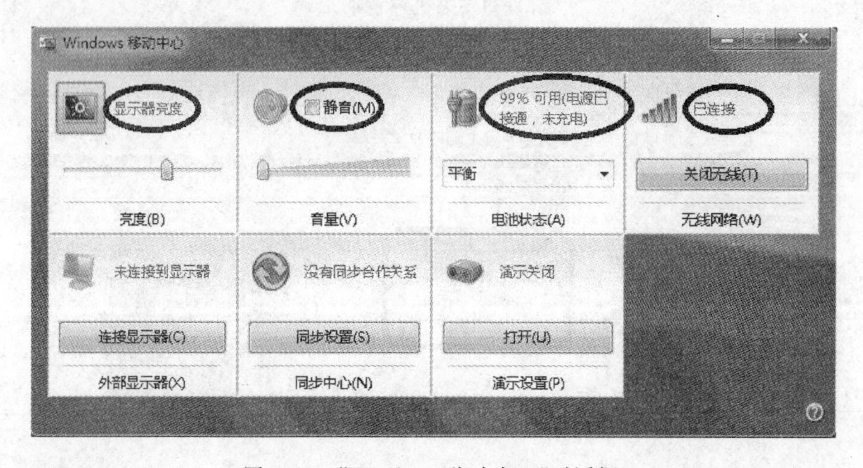

图 2-32 “Windows 移动中心”对话框

技巧 4 程序设置

在图 2-2 中，单击“程序”选项，打开如图 2-33 所示的“程序”窗口。

1. 程序和功能

在图 2-33 中，单击“程序和功能”选项，打开如图 2-34 所示的窗口，在其中可以卸载或者更改已经安装的程序。例如卸载“ACDSee 14”，单击“ACDSee 14”，在最下面可以看到有

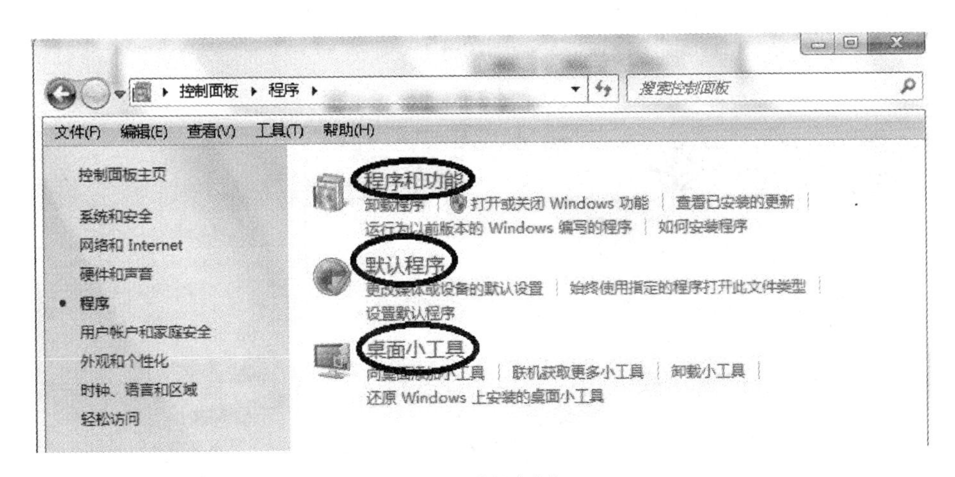

图 2-33　“程序”窗口

关它的一些简单介绍，在上面单击“卸载”按钮，会弹出一个对话框询问用户是否卸载，按要求操作即可将这个软件卸载。

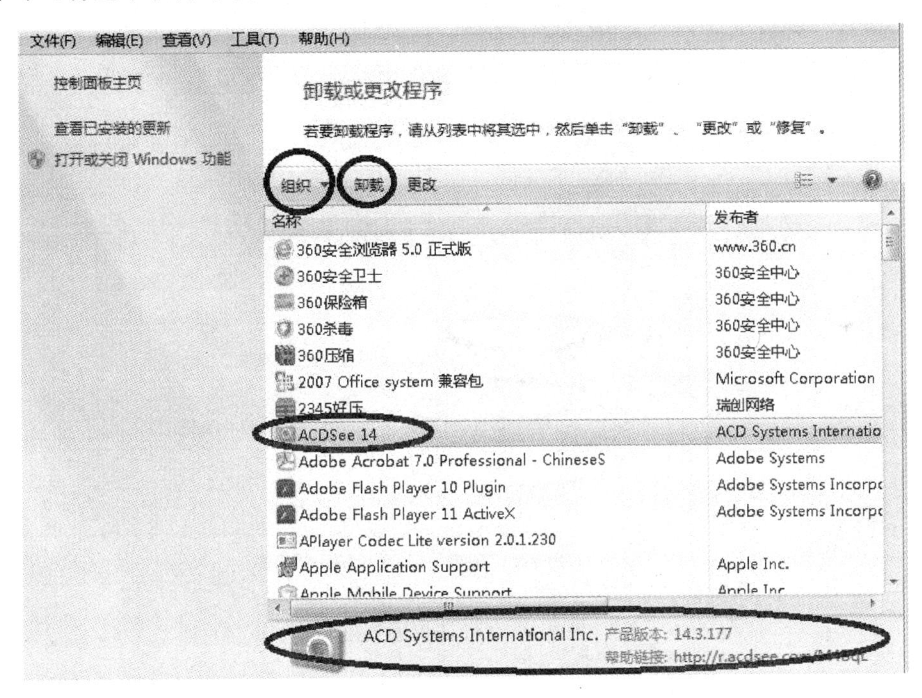

图 2-34　卸载程序

在图 2-34 中，单击“组织”，会打开如图 2-35 所示的下拉菜单，选择“文件夹和搜索选项”命令，即可打开第 1 章中图 1-34 所示的对话框，在其中可以设置查看隐藏文件及扩展名。

2. 默认程序

在图 2-33 中，单击“默认程序”选项，打开如图 2-36 所示的窗口。

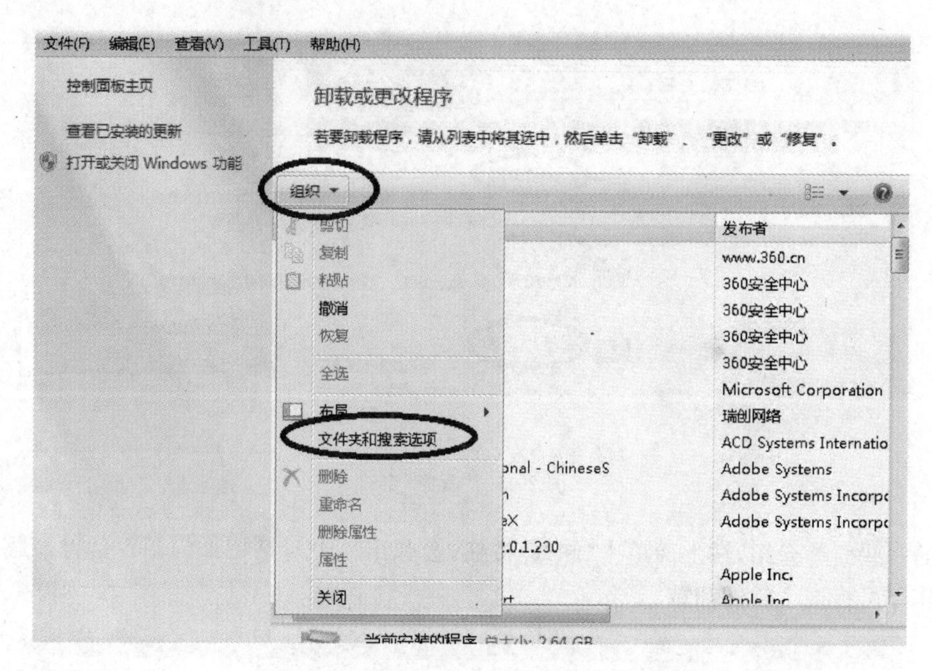

图 2-35 选择"文件夹和搜索选项"命令

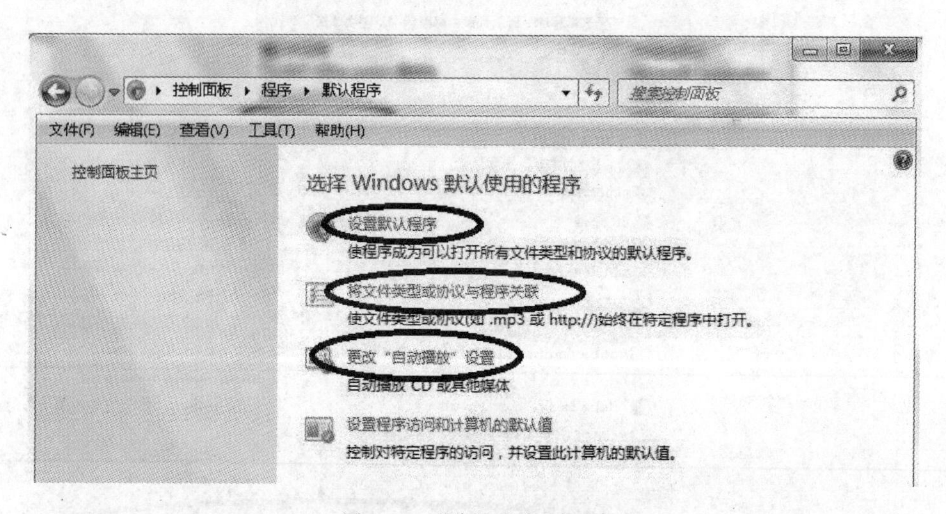

图 2-36 "默认程序"窗口

单击"设置默认程序"选项，打开如图 2-37 所示的窗口，用户可以在其左侧看到很多软件或工具，单击任意一个，可以在右侧看到关于它的介绍，以及它的若干个默认设置。单击"选择此程序的默认值"选项，打开如图 2-38 所示的窗口，可以看到"Windows 照片查看器"能打开的众多图片类型，如果想让"Windows 照片查看器"能够打开除了".bmp"格式的所有图片，选中"全选"复选框，然后将".bmp"前面的钩去掉，单击"保存"按钮即可。

这样，当用户遇到".bmp"格式的图片时，就不能用"Windows 照片查看器"打开了。

在图 2-36 中，选择"将文件类型或协议与程序关联"选项，打开如图 2-39 所示的窗口，可以看到使用过的所有文件类型以及它们的默认打开程序。如果要更改某个文件类型的打

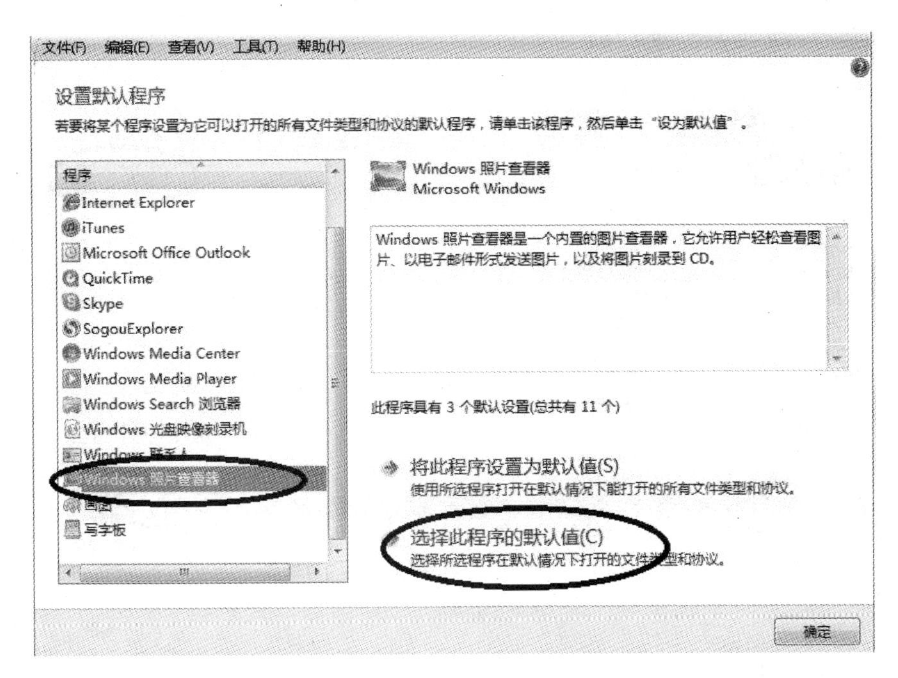

图 2-37 Windows 照片查看器默认程序

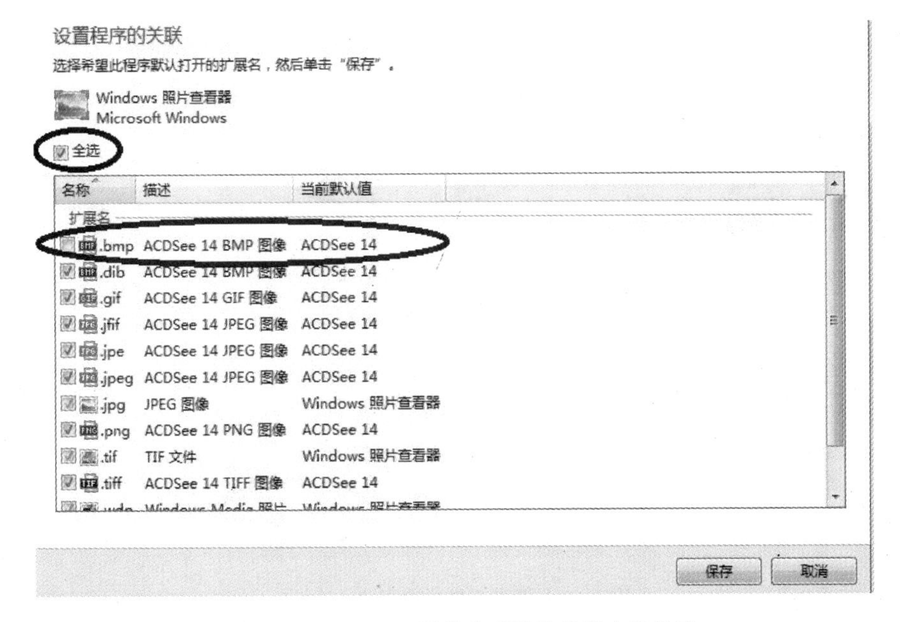

图 2-38 Windows 照片查看器的关联文件类型

开程序，例如更改“.mp3”格式音乐的打开程序，单击“.mp3”，可以看到它的默认打开程序是“千千静听”，单击“更改程序”按钮，在打开的“打开方式”的对话框中选择“gvod”选项，如图 2-40 所示，然后单击“确定”按钮即可。

在图 2-36 中，单击“更改‘自动播放’设置”选项，打开如图 2-27 所示的“自动播放”窗口，可以进行同样的设置。

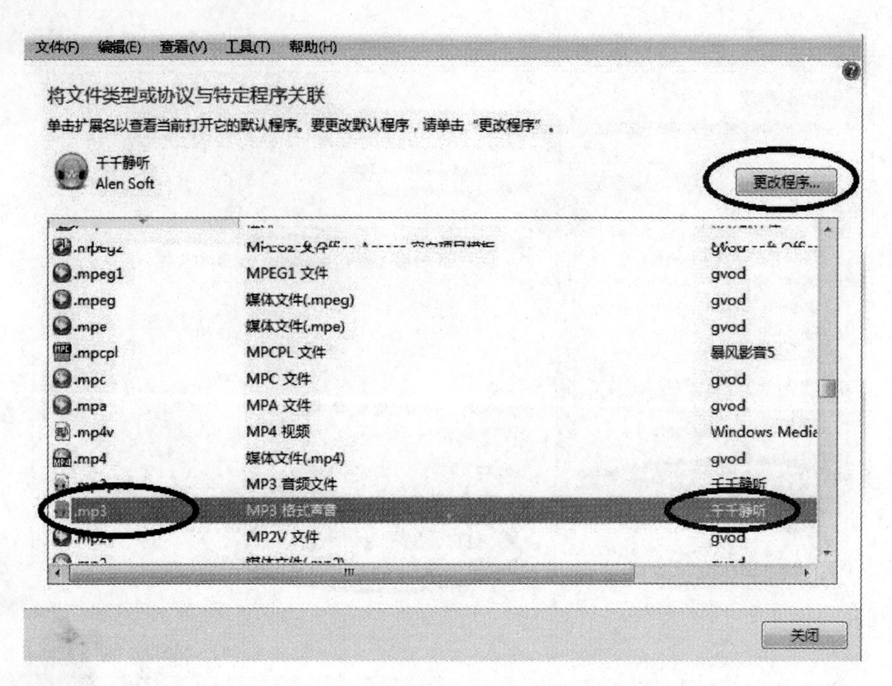

图 2-39 "将文件类型或协议与特定程序关联"窗口

图 2-40 更改文件类型的关联程序

3. 桌面小工具

在图 2-33 中，单击"桌面小工具"选项，打开如图 2-41 所示的窗口。在该窗口中提供了很多小工具，都很实用，例如双击"时钟"，会在桌面上出现一个时钟的界面，如图 2-42(a)所示。将鼠标指针放在时钟上，单击"选项"按钮，会打开如图 2-42(b)所示的对话框，可以选择不同的时钟界面，是否显示秒针等，单击"确定"按钮即可完成设置。

图 2-41 “桌面小工具”窗口

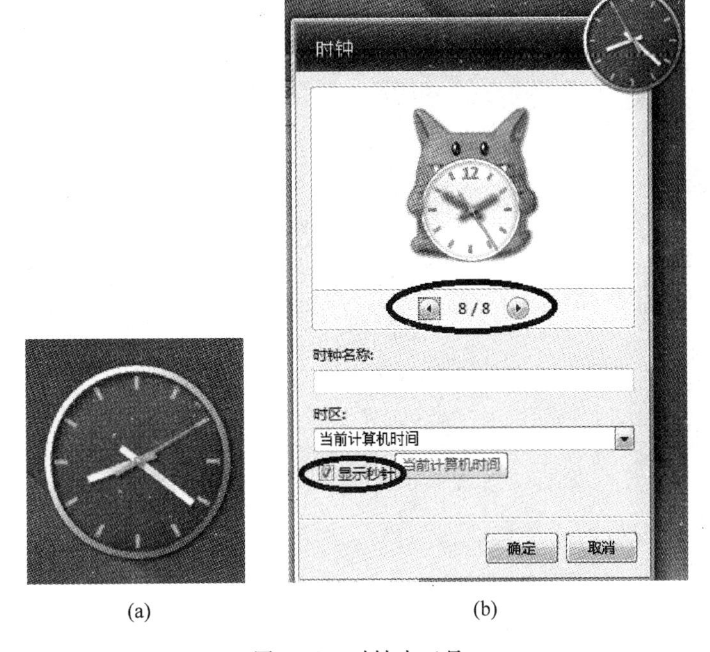

图 2-42 时钟小工具

在图 2-2 所示的控制面板中还有其他一些选项，相对比较简单，用户可以试着进行修改(放心，不会对计算机产生“破坏性”影响)。

第二篇

Word 操作技巧精选

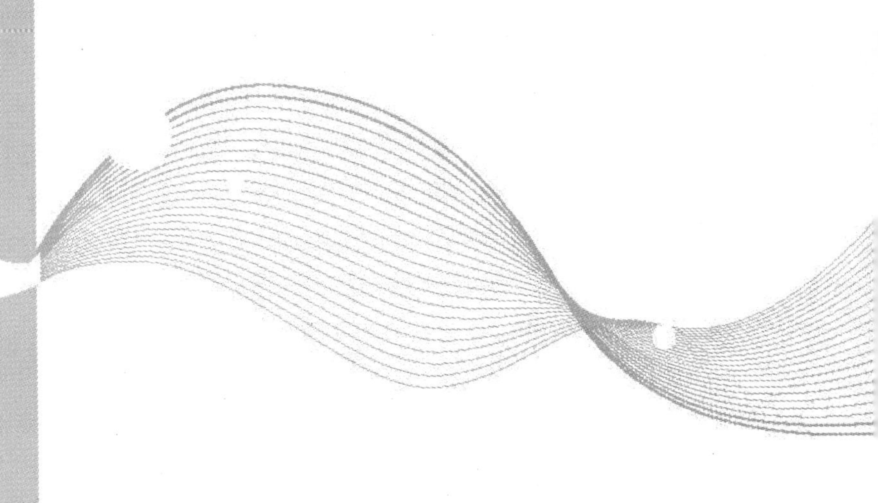

- 第 3 章　Word 文档处理技巧精选
- 第 4 章　Word 表格处理技巧精选
- 第 5 章　Word 图表和图片处理技巧精选

第3章 Word文档处理技巧精选

Word博大精深，其中包含了很多的技巧，本章将从众多技巧中精选出一些比较实用的文档处理技巧。

技巧1 选择内容的方法

在一篇长的文档中，经常要选择一些内容，有时候是一句话、一个段落、一页，甚至是几页、几十页，如果只是按住鼠标左键，从开始拖到最后，再放开鼠标左键，内容少还可以，当内容多达几十页时，显然很不方便，还容易出错。下面介绍几种快速选择内容的方法。

1. 全选

这个方法比较常用，快捷键是Ctrl＋A，就是选中文档内的所有内容，包括文字、表格、图形、图像等可见的和不可见的标记。

2. 通过Shift＋→/←/↑/↓键选择

从光标处开始，“Shift＋→”键表示向右选择文字，以字为单位；Shift＋←键表示向左选择文字；Shift＋↓键表示向下选择文字，以行为单位；Shift＋↑键表示向上选择文字。

3. 通过Shift＋Page Down/Page Up键选择

从光标处开始，Shift＋Page Down/Page Up键表示向下/向上选择一屏文档，即当前屏幕上的信息，如果将Word的显示比例调整为50%，则按Shift＋Page Down键可选择整个屏幕上能看到的所有3页(不同计算机，屏幕显示有所不同)，如图3-1所示。同理，如果将Word的显示比例调整为200%，则只选择了大约半页。

4. 通过双击或三击选择

在光标所在位置，双击可以选择光标所在位置的一个单词或词组，三击可以选择光标所在的段落。通常，双击时Word自动识别词组。

5. 通过F8键选择

这个方式不常见，但很有用。在要选择内容的起点，即光标所在位置，按F8键，然后单

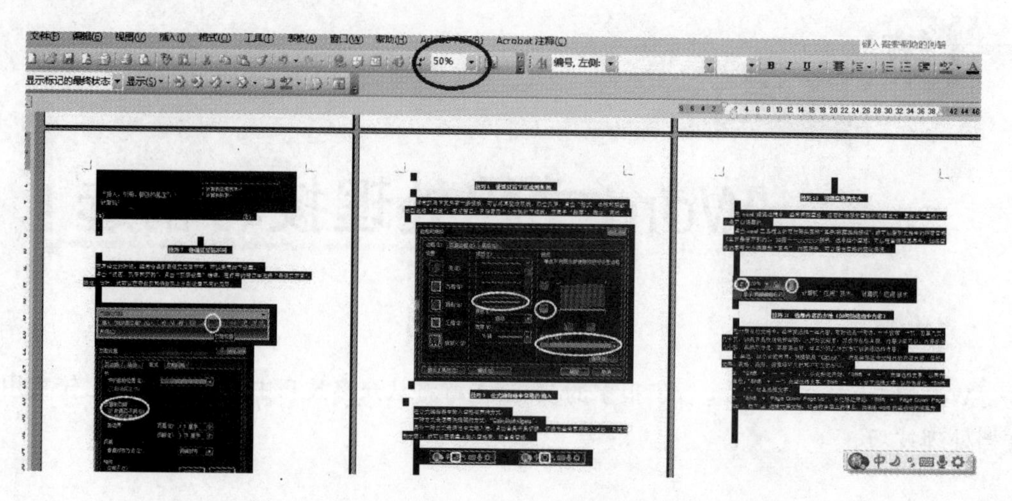

图 3-1　通过 Shift ＋ Page Down 键选择文档内容

击其他位置，即终点，如图 3-2 所示，就可以选中起点到终点之间的内容。用户可以向上单击，也可以向下单击，直到进行其他操作或者按 Esc 键结束。

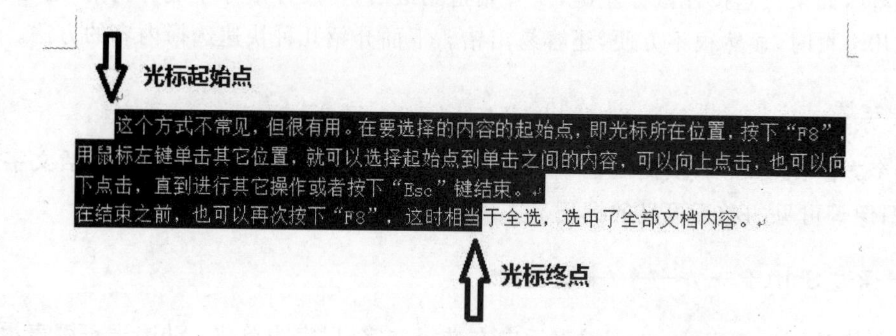

图 3-2　通过 F8 键选择文档内容

在结束之前，也可以再次按 F8 键，这时相当于全选，即选中全部文档内容。

6. 选择不连续的内容

在选择第一部分内容后，按住 Ctrl 键不放，然后选择第二部分内容，以此类推，可以选择多个不连续的内容，如图 3-3 所示。

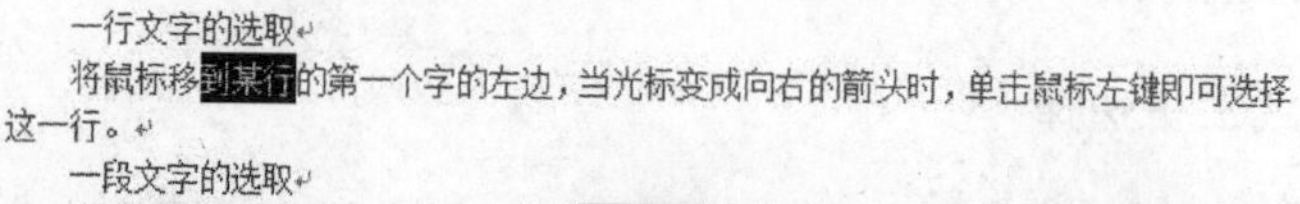

一行文字的选取
将鼠标移到某行的第一个字的左边，当光标变成向右的箭头时，单击鼠标左键即可选择这一行。
一段文字的选取
将鼠标移到某行的第一个字的左边，当光标变成向右的箭头时，双击鼠标左键即可选择这一段。
整篇文档的选取
将鼠标移到某行的第一个字的左边，当光标变成向右的箭头时，三击鼠标左键即可选择全部文档，相当于“Ctrl+A”。

图 3-3　不连续内容的选择

7. 一行文字的选取

将鼠标指针移到某行的第一个字左边大约 1 厘米的位置，当其变成向右的箭头时，单击即可选择该行。

8. 一段文字的选取

将鼠标指针移到某行的第一个字的左边，当鼠标指针变成向右的箭头时，双击即可选择这一段。

9. 整篇文档的选取

将鼠标指针移到某行的第一个字的左边，当鼠标指针变成向右的箭头时，三击即可选择全部文档，相当于按 Ctrl+A 键。

10. 利用查找来选择内容

这是一个经常被忽略的技巧。按 Ctrl+F 键或者选择“编辑”|“查找”命令，打开“查找和替换”对话框，在“查找内容”文本框中输入“技术”，选中“突出显示所有在该范围找到的项目”复选框，单击“查找全部”按钮，完成选择后，单击“关闭”按钮，如图 3-4 所示。

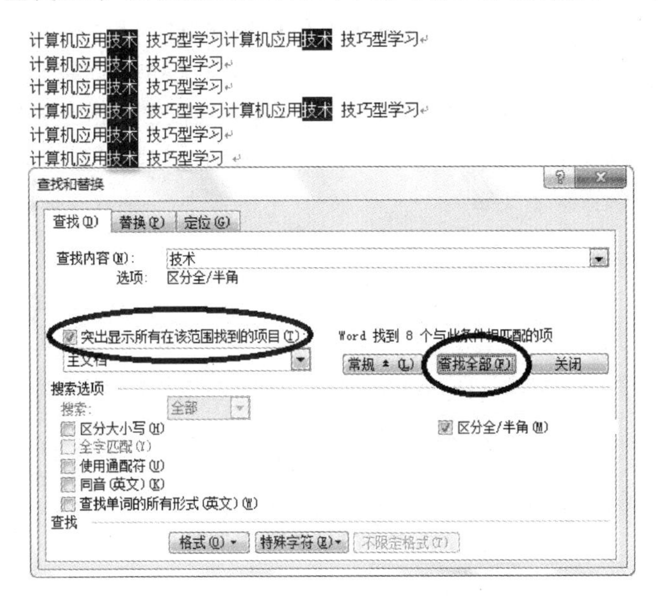

图 3-4　查找选择内容

11. 矩形内容

在选择内容的同时，按住 Alt 键不放，可以选择矩形内容，如图 3-5 所示。但这个矩形框内的内容不可以用来复制、粘贴等，只能用来查看矩形框的内容，例如比较、分析等。

12. 用快捷键选取内容

Shift+Home：从光标处开始选择，选至该行开头处的内容。

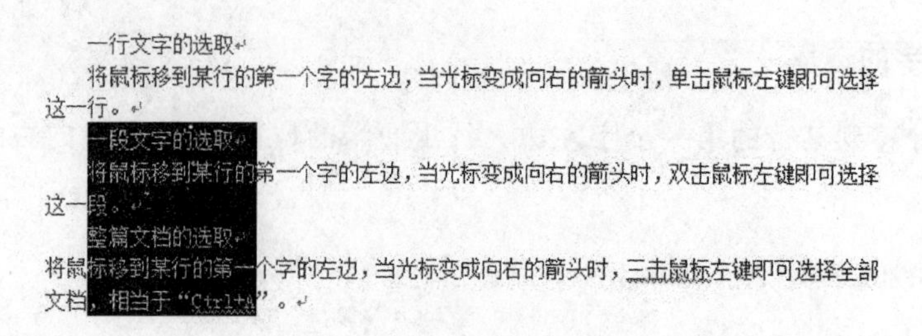

图 3-5 矩形内容的选择

Shift＋End：从光标处开始选择，选至该行结尾处的内容。

Ctrl＋Shift＋Home：从光标处开始选择，选至文档开头处的内容。

Ctrl＋Shift＋End：从光标处开始选择，选至文档结尾处的内容。

技巧 2 查找和替换

1. 通配符的使用

在 Word 编辑状态下，通过 Ctrl＋F 键可以实现查找功能，但有时候要查找的内容并不是固定的信息，而是一个模糊的信息，这就需要借助通配符"?"和"*"来实现。例如想查找"计算科学"，但忘记了具体的信息，可以在图 3-6 所示的"查找和替换"对话框中单击"高级"按钮，选中"使用通配符"复选框，在"查找内容"文本框中输入"计算？学"，如图 3-7 所示，进行查找；或者在"查找内容"文本框中输入"计*学"，进行查找。"?"和"*"区别在于："?"代表一个字符，"*"代表多个字符。

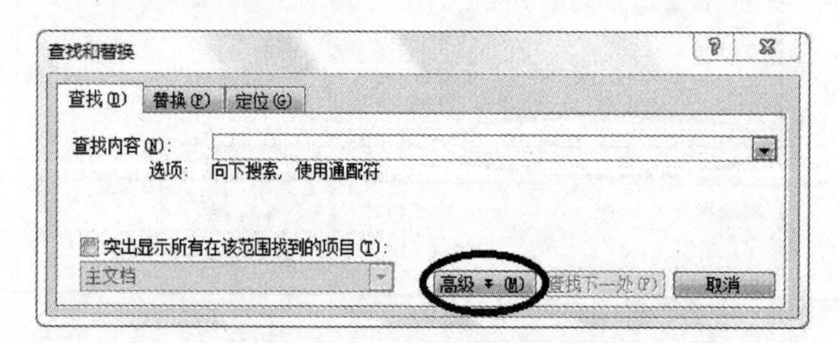

图 3-6 "查找和替换"对话框

注意："?"和"*"必须是英文状态下的符号。

2. 特殊查找

在查找中还可以进行特殊查找，如区分大小写的查找，格式中字体、段落等的查找，以及特殊字符的查找等。例如，在一篇文档中，查找属性为"小三、加粗、倾斜"的文字，可以在图 3-8 中单击"格式"按钮，选择"字体"命令，打开如图 3-9 所示的对话框，选择"小三、加粗 倾斜"选项，单击"确定"按钮，此时在"查找内容"文本框下会出现格式的内容，单击"查找下一处"按钮，可得到如图 3-10 所示的效果。

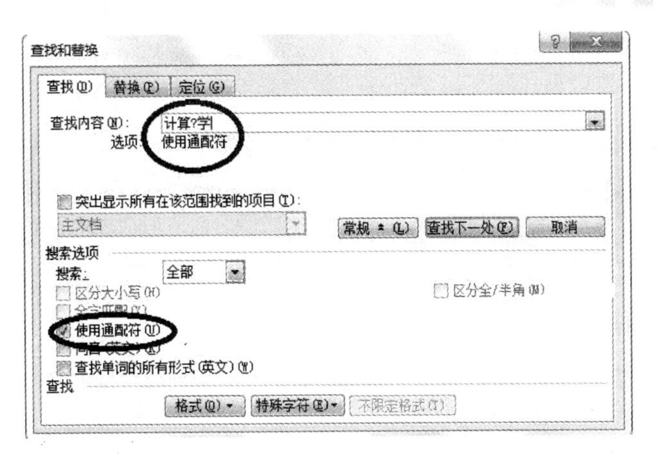

图 3-7　通配符的使用

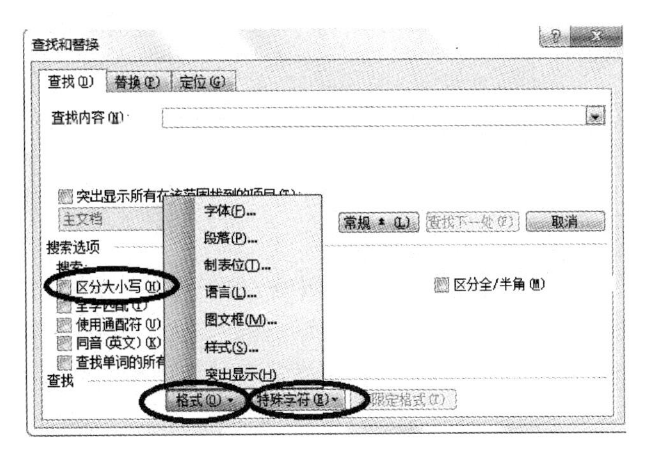

图 3-8　特殊查找

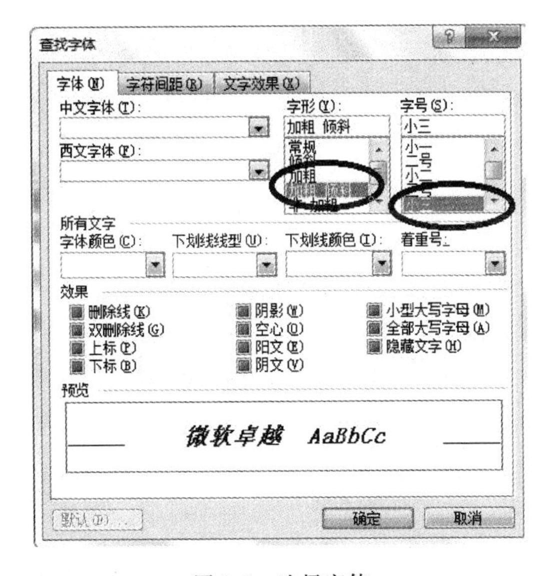

图 3-9　选择字体

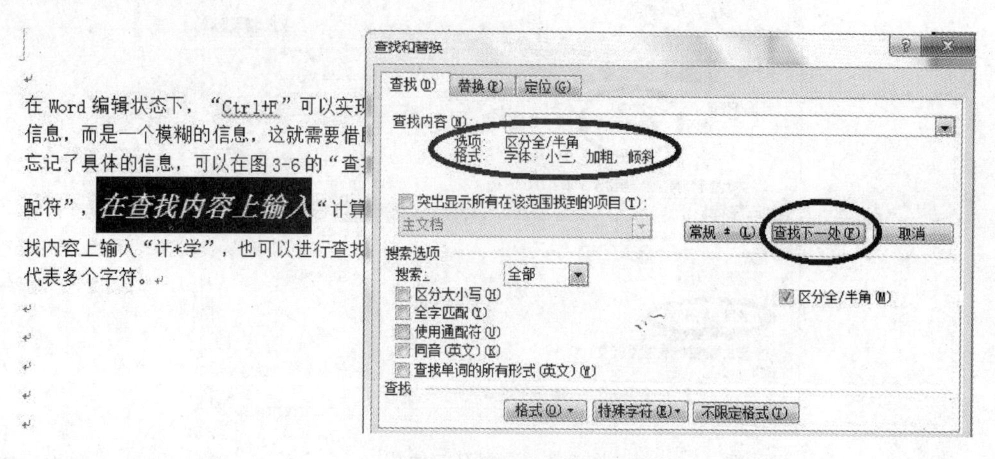

图 3-10 查找字体

3. 文字的批量删除

选择"替换"选项卡，在"查找内容"文本框中输入要删除的文字，将"替换为"文本框用空白替换，即设置替换的内容为空，就可以批量删除文字。

4. 用图像替换文字

如果要用一幅图片替换文档中的文字，例如用一幅汽车图片替换文档中的文字"应用"，在"查找内容"文本框中输入"应用"，然后找到汽车图片，将其剪切到剪贴板(即单击图像，按Ctrl+X键)，对于"替换为"文本框，单击"特殊字符"按钮，选择"'剪贴板'内容"命令，全部替换，如图 3-11 所示。替换之后的效果如图 3-12 所示。

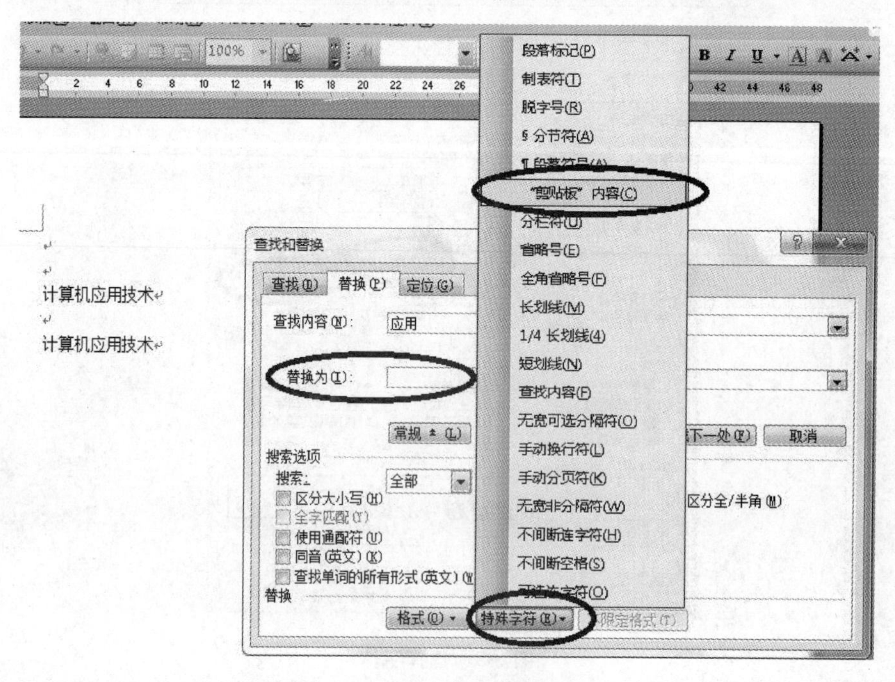

图 3-11 用剪贴板内容替换文字

图 3-12 替换后的效果

5. 合并几个段落为一个段落

当需要将若干个段落合并为一个段落时，可以在“查找内容”文本框中输入“^p”，或者单击“特殊字符”按钮，选择“段落标记”命令，用空白去替换它，如图 3-13 所示，这样即可合并几个段落为一个段落。

计算机应用技术

计算机应用技术

计算机应用技术

查找和替换

查找(D) 替换(P) 定位(G)

查找内容(N): ^p

替换为(I):

常规 ± (L) 替换(R) 全部替换(A) 查找下一处(F) 关闭

搜索选项

搜索: 全部

区分大小写(H)

全字匹配(Y)

使用通配符(U)

同音(英文)(K)

查找单词的所有形式(英文)(W)

区分全/半角(M)

查找

格式(O) 特殊字符(E) 不限定格式(T)

图 3-13 “替换”选项卡

6. 分割段落

对于一段话，当遇到句号“。”时，如果想将其分割成不同的段落，可以在“查找内容”文本框中输入“。”，在“替换为”文本框中输入“。^p”，即句号加段落标记，如图 3-14 所示，然后单击“全部替换”按钮完成替换。

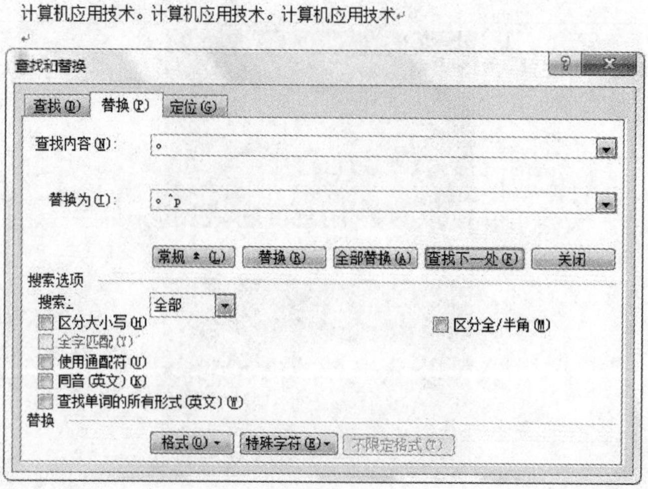

计算机应用技术。计算机应用技术。计算机应用技术

查找和替换

查找(D) 替换(P) 定位(G)

查找内容(N): 。

替换为(I): 。^p

常规 ¥(L) 替换(R) 全部替换(A) 查找下一处(F) 关闭

搜索选项

搜索: 全部

区分大小写(H)

全字匹配(Y)

使用通配符(U)

同音(英文)(K)

查找单词的所有形式(英文)(W)

区分全/半角(M)

替换

格式(O) 特殊字符(E) 不限定格式(T)

图 3-14 设置分割段落属性

技巧 3 格式刷

格式刷是 Word 中非常强大的功能之一，其工作原理是将已设定好的样本格式快速复制到文档或工作表中需设置此格式的其他部分，使之自动与样本格式一致。有了格式刷功能，Word 文档操作变得更加简单、省时。格式刷的快捷键是 Ctrl＋Shift＋C 和 Ctrl＋Shift＋V。格式刷的位置在“常用”工具栏上，如图 3-15 所示。

图 3-15 格式刷的位置

先选中文档中的某个带格式的“词”或者“段落”，然后单击“格式刷”按钮，接着单击要替换格式的“词”或“段落”，此时，这些“词”或者“段落”的格式就会与开始选择的格式相同。单击一次“格式刷”按钮，可以重复复制一次字体或段落。

如果想重复多次，可以双击“格式刷”按钮，这样就可以无限次地刷，直到再次单击“格式刷”按钮，或者按 Esc 键来关闭。

技巧 4 保护 Word 文件

对 Word 文档进行保密有 3 个层次：拒绝访问(需要密码才能访问)；可以访问，但不能修改；可以访问，部分内容能修改，部分内容不能修改。

1. 拒绝访问

用户可以使用两种方式实现密码保护。一种方式是选择“工具”|“选项”命令，打开“选项”对话框，选择“安全性”选项卡，在“打开文件时的密码”文本框中输入密码(必须在英文状

态下输入），如图3-16所示，单击“确定”按钮之后系统提示再次输入密码，再次输入一次密码即可。

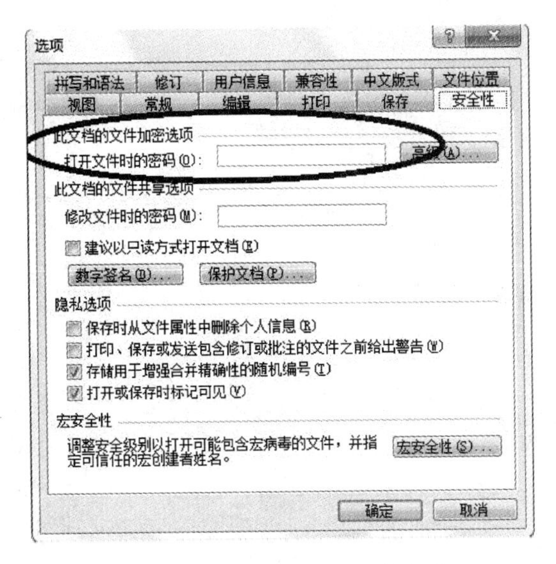

图3-16　设置打开文件时的密码

另一种方式是选择“文件”|“另存为”命令，打开“另存为”对话框，在“工具”下拉菜单中选择“安全措施选项”命令，打开“安全性”对话框，余下的步骤与第一种方式相同，如图3-17所示。

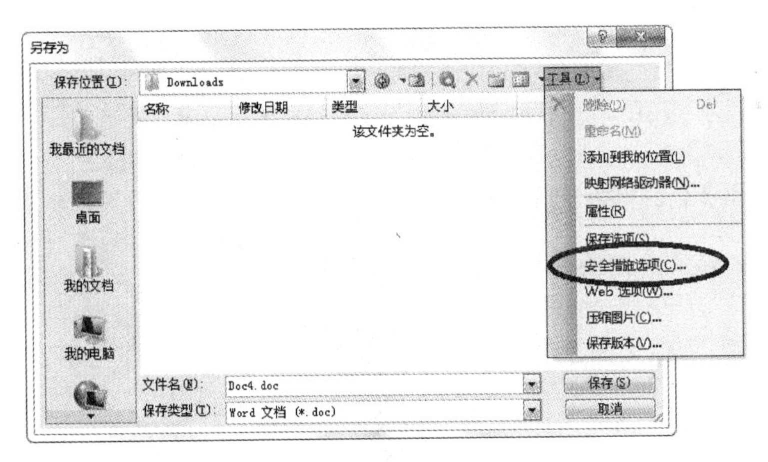

图3-17　设置Word文件的安全性

如果要删除密码，只需再次进入文档，将密码置空即可。

2．可以访问，但不能修改

对于这一层次，用户同样有两种方式进行设置。第一种方式是选择“工具”|“选项”命令，打开“选项”对话框，选择“安全性”选项卡，在“修改文件时的密码”文本框中输入密码（在英文状态下输入密码），如图3-18所示，单击“确定”按钮之后系统提示再次输入密码，再次输入一次密码即可。

另一种方式是选择“工具”|“保护文档”命令，打开“保护文档”任务窗格，在“编辑限制”中选中“仅允许在文档中进行此类编辑”复选框，然后单击“是，启动强制保护”按钮，如图 3-19 所示，输入密码即可。

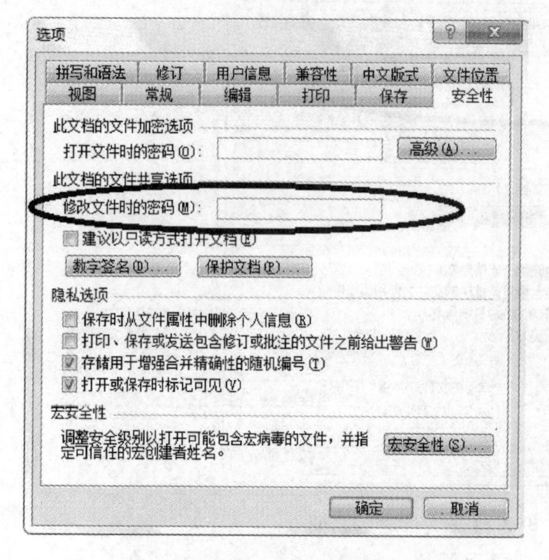

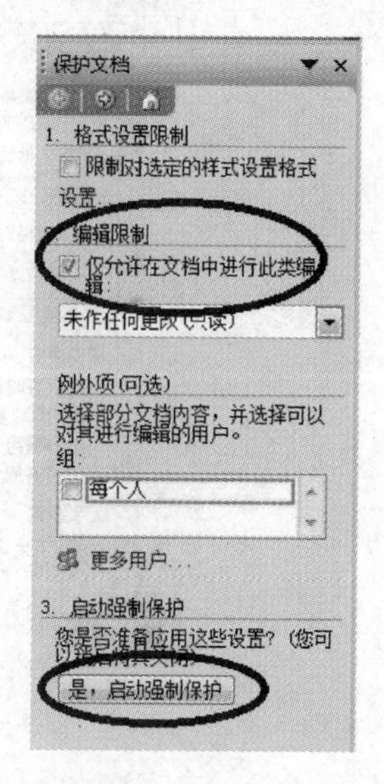

图 3-18　设置修改文件时的密码　　图 3-19　“保护文档”任务窗格

3. 可以访问，部分内容能修改，部分内容不能修改

选择“工具”|“保护文档”命令，打开“保护文档”任务窗格，在“编辑限制”中选中“仅允许在文档中进行此类编辑”复选框，然后在文档中选择可以进行更改的内容，再选择“例外项”中的“每个人”选项，如图 3-20 所示，最后单击“是，启动强制保护”按钮，输入密码。这时“保护文档”任务窗格如图 3-21 所示，当选中“突出显示可编辑的区域”复选框时，用户可以看到可编辑的区域用黄色的中括号括起来，即这部分可以修改，其余部分不能修改。

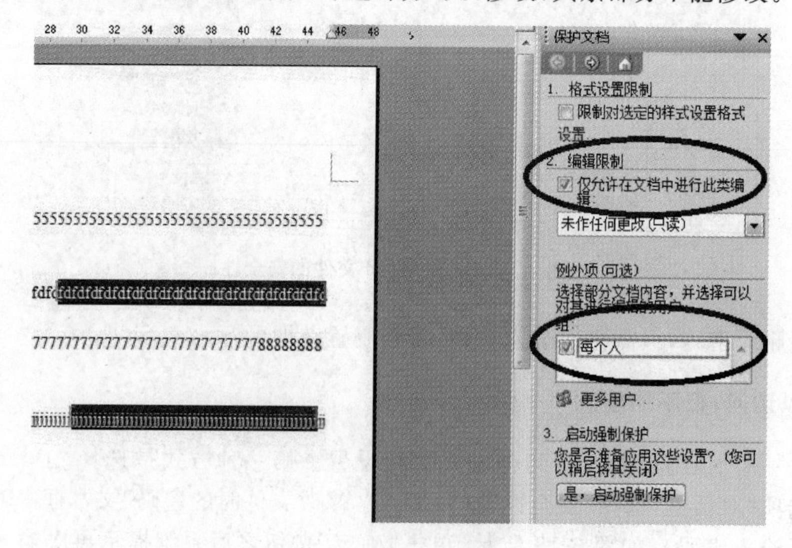

图 3-20　设置保护文档选项

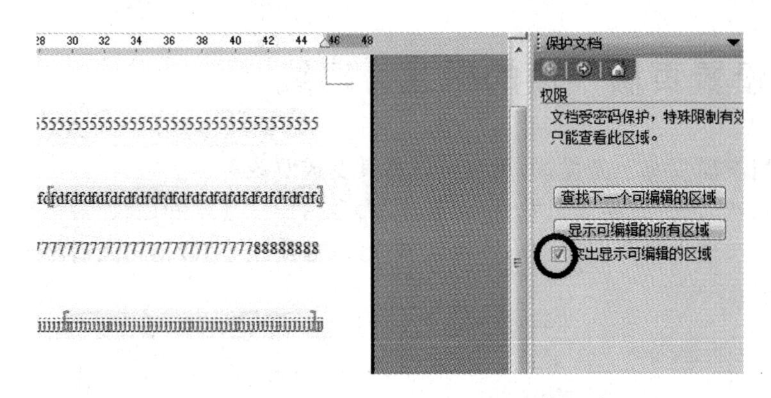

图 3-21 突出显示可编辑的区域

注意：在"例外项"中通常只有一个选项，即"每个人"，如果计算机有多个登录账户，这里会显示不同的用户，从而对每个用户进行权限设置。

技巧 5 设置奇偶页页眉不同

在写论文的时候，用户经常会遇到奇偶页页眉不同的情况，此时可以采用以下方法进行设置。

选择"视图"|"页眉和页脚"命令，在打开的工具栏中单击"页面设置"按钮，如图 3-22 所示，然后在打开的"页面设置"对话框中选中"奇偶页不同"复选框，如图 3-23 所示，单击"确定"按钮，就可以在奇数页和偶数页上分别设置不同的页眉。

图 3-22 "页眉和页脚"工具栏

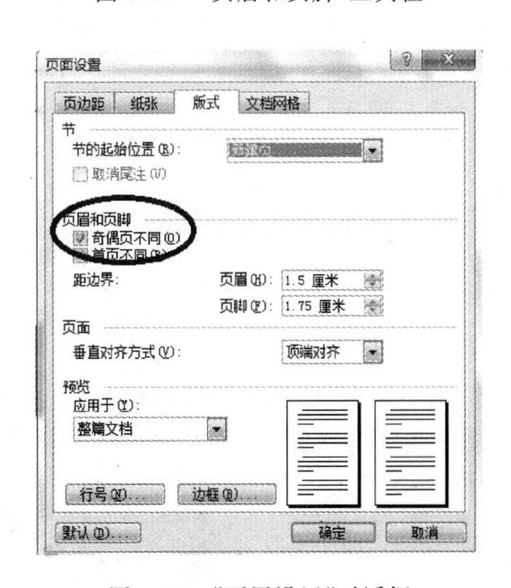

图 3-23 "页眉设置"对话框

技巧 6 设置页眉下面的横线为双线

通常，页眉下面只有一条横线，用户可以将其变成双线。

双击页眉，然后选择“格式”|“边框和底纹”命令，打开“连框和底纹”对话框，选择线型为“双线”，在预览区域中只保留 4 个小方块的下框线，并应用于“段落”，最后单击“确定”按钮，如图 3-24 所示。

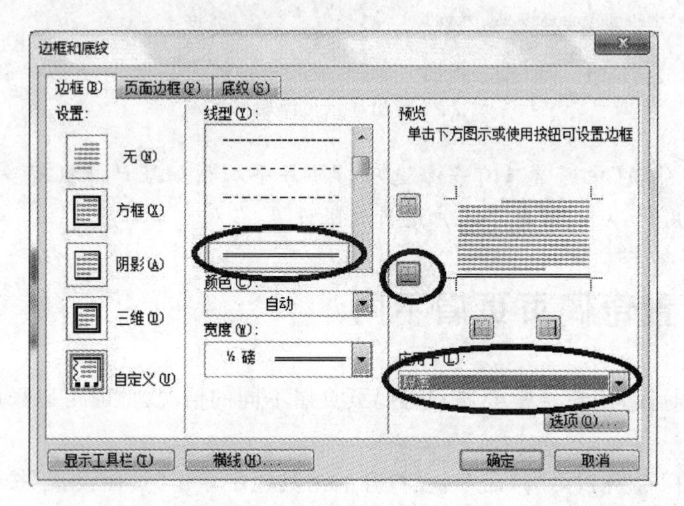

图 3-24 “边框和底纹”对话框

当然，用户也可以在“线型”列表框中选择其他线型，如三线、波浪线等。

技巧 7 删除页眉的横线

在写文章和论文的时候，用户经常会遇到页眉上有一条横线的情况，如图 3-25 所示。如果要将其删除，可以采用以下几种方法：

计算机应用技术↵

图 3-25 页眉上有横线

(1) 双击页眉，然后选择“格式”|“边框和底纹”命令，打开“边框和底纹”对话框，设置边框为“无”，应用于“段落”，如图 3-26 所示。

(2) 双击页眉，然后选择“格式”|“边框和底纹”命令，打开“边框和底纹”对话框。这时，不管边框是什么状态，只需将颜色设置成白色，如图 3-26 所示，应用于“段落”即可。其实，边框并没有删除，只不过是白色和背景色一样，看不见而已。

(3) 双击页眉，然后选择“编辑”|“清除”|“格式”命令，这时，页眉中的横线消失，只留下文字信息，但文字不再是居中显示，将文字设置成居中即可。

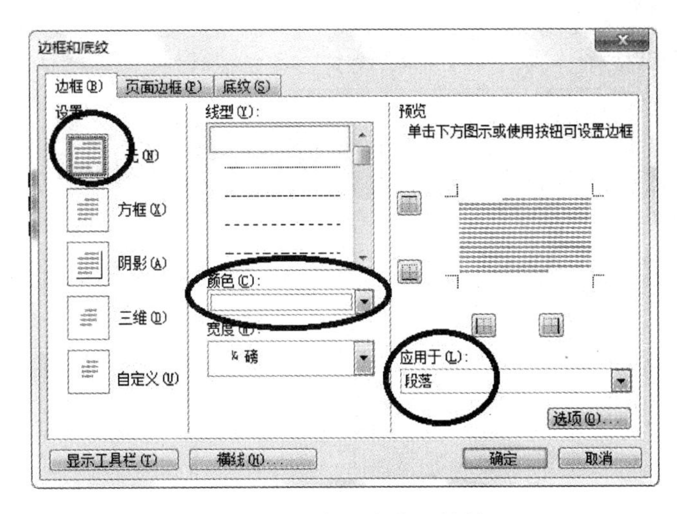

图 3-26 “边框和底纹”对话框

技巧 8 分节符的妙用

分节符是为表示节的结尾插入的标记。分节符包含节的格式设置元素，如页边距、页面的方向、页眉和页脚，以及页码的顺序。

1. 在一个文档中设置两种页码

例如要在一个 10 页的文档中，设置前 5 页的页码是“Ⅰ，Ⅱ，…，Ⅴ”，后 5 页的页码是“1，2，…，5”。

首先给这个 10 页的文档插入页码“Ⅰ，Ⅱ，…”，选择“插入”|“页码”命令，打开“页码”对话框，单击“格式”按钮，在打开的“页码格式”对话框中选择“Ⅰ，Ⅱ，Ⅲ，…”选项，如图 3-27 所示。

然后将光标放在第 5 页的末尾，选择“插入”|“分隔符”命令，打开“分隔符”对话框，在“分节符类型”选项组中选中“下一页”单选按钮，如图 3-28 所示，单击“确定”按钮。

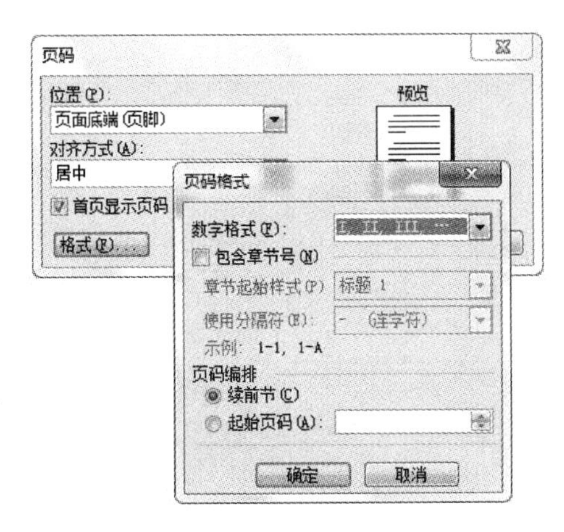

图 3-27 “页码格式”对话框

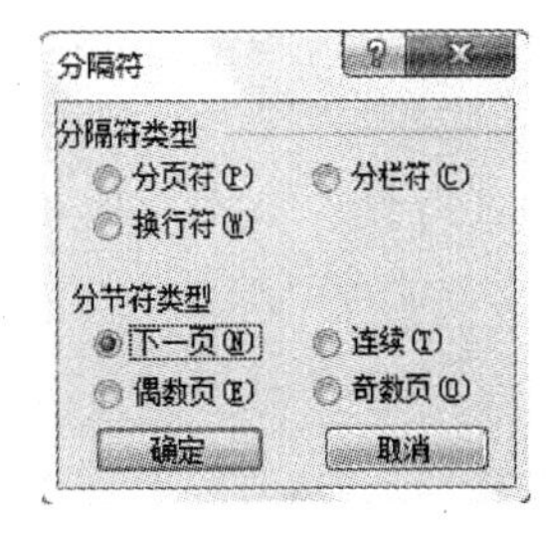

图 3-28 “分隔符”对话框

最后，在当前状态下选择"插入"|"页码"命令，打开"页码"对话框，单击"格式"按钮，在"页码格式"对话框中选择"1,2,3,…"选项，尤其要设置"起始页码"以"1"开头，如图 3-29 所示，单击"确定"按钮，这时，通常会在第 6 页上多出一行或一页，只需按 Delete 键将该行或该页删除即可。

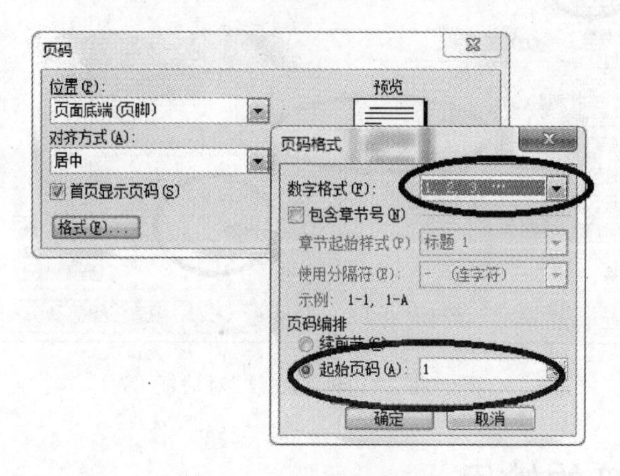

图 3-29 设置页码格式

2. 删除分节符

用户可以使用两种方法删除分节符。

方法 1：删除文档中的分节符，可以使用"替换"功能。首先按 Ctrl＋H 键打开"查找和替换"对话框的"替换"选项卡，然后将光标置于"查找内容"文本框，依次单击"高级"和"特殊字符"按钮，选择"分节符"命令，如图 3-30 所示。此时，"查找内容"文本框变成了"^b"，当然，用户也可以在"查找内容"文本框中直接输入"^b"，并使"替换为"为空，如图 3-31 所示。接着单击"查找下一处"按钮逐一删除分节符，或者直接单击"全部替换"按钮全部替换。

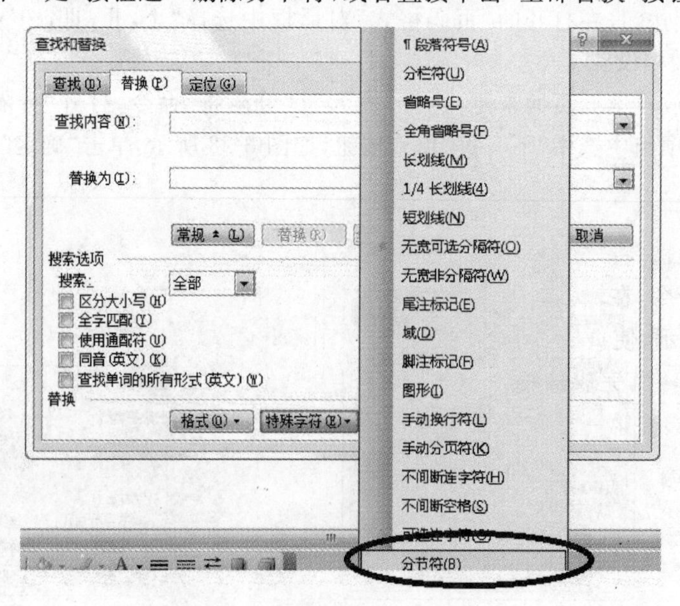

图 3-30 选择"分节符"命令

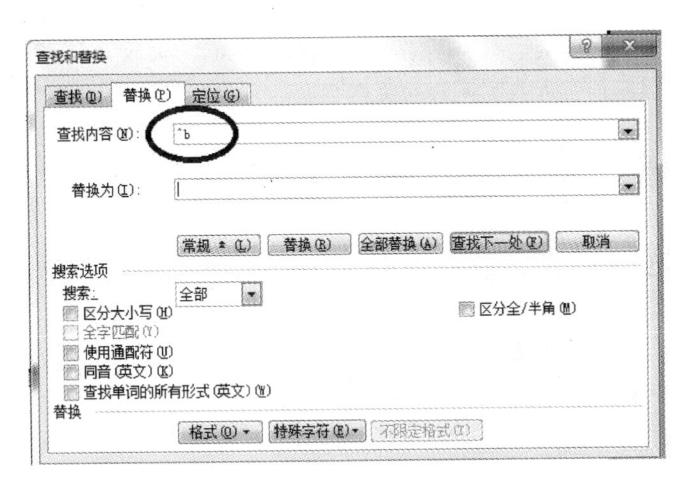

图 3-31 通过替换删除分节符

注意：在删除分节符时，该分节符前面的文字会依照分节符后面的文字版式进行重新排版。例如，在前面不同的页码设置中，如果删除分节符，前面的页码“Ⅰ，Ⅱ，…，Ⅴ”将消失，取而代之的是“1，2，…，10”。

方法 2：将光标置于文档中的任一位置，选择“视图”|“普通”命令，可以在第 5 页和第 6 页之间看到如图 3-32 所示的分节符。

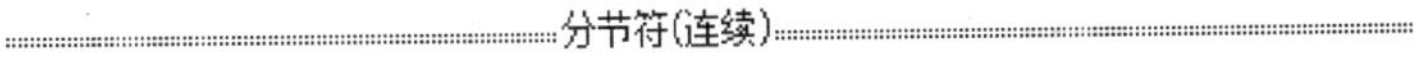

分节符(连续)

图 3-32 分节符

将光标放在这条线上面的任一位置，按键盘上的 Delete 键，即可将分节符删除。当然，该操作一次只能删除一个分节符，如果想批量删除分节符，还需采用方法 1。

3. 为多页文档设置不同的页眉

通常，毕业论文分为多个章节，每个章节用不同的页眉，下面介绍其实现方法。

首先，在文档的第一章起始页上添加页眉，选择“视图”|“页眉和页脚”命令，在页眉上输入“第一章 *******”。接下来，将光标放在第一章的末尾，选择“插入”|“分隔符”命令，打开“分隔符”对话框，将“分节符类型”设置为“下一页”，单击“确定”按钮。再次选择“视图”|“页眉和页脚”命令，在输入新的页眉之前，单击“页眉和页脚”工具栏中的“链接到前一个”按钮，如图 3-33 所示，使页眉右上方的“与上一节相同”消失，如图 3-34 所示，再输入新的页眉“第二章 *******”，完成操作。

这时，通常会在第一章和第二章之间多出一行或一页，只需按 Delete 键将该行或该页删除即可。

图 3-33 “页眉和页脚”工具栏

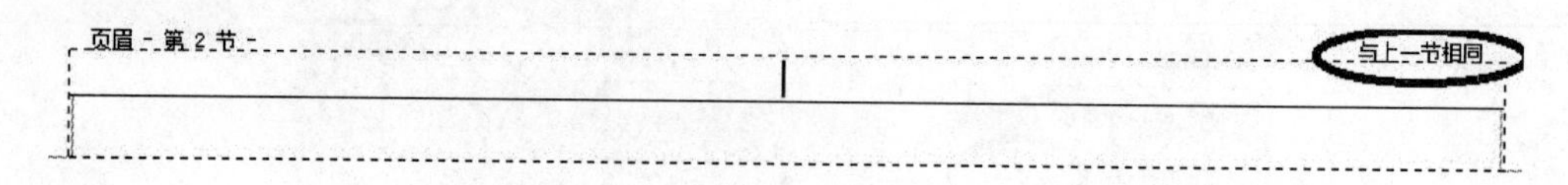

图 3-34　页眉

技巧 9　分栏

在阅读文献时，用户可以发现大多数文章采用的都是如图 3-35 所示的排版方式，即题目和摘要不分栏，正文开始分栏。

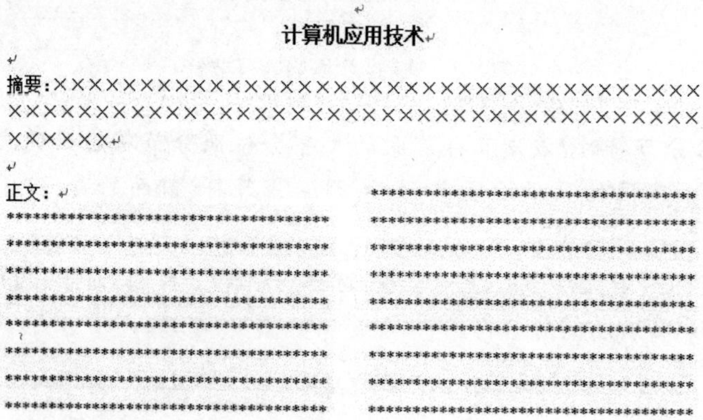

计算机应用技术

摘要：××

正文：

**　**

图 3-35　文章的排版方式

实现分栏有两种方式，一种是使用分隔符，将光标置于需要进行分栏的行首，选择“插入”|“分隔符”命令，打开“分隔符”对话框，设置“分节符类型”为“连续”，如图 3-36 所示。然后在分栏结束的地方重复这个操作，接着在中间任一位置选择“格式”|“分栏”命令，打开“分栏”对话框，设置“预设”为“两栏”、“应用于”为“本节”，如图 3-37 所示，即可完成分栏操作。

计算机应用技术

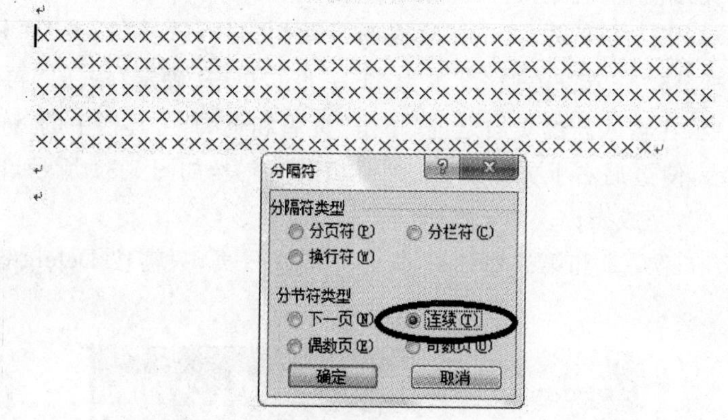

图 3-36　设置分节符类型

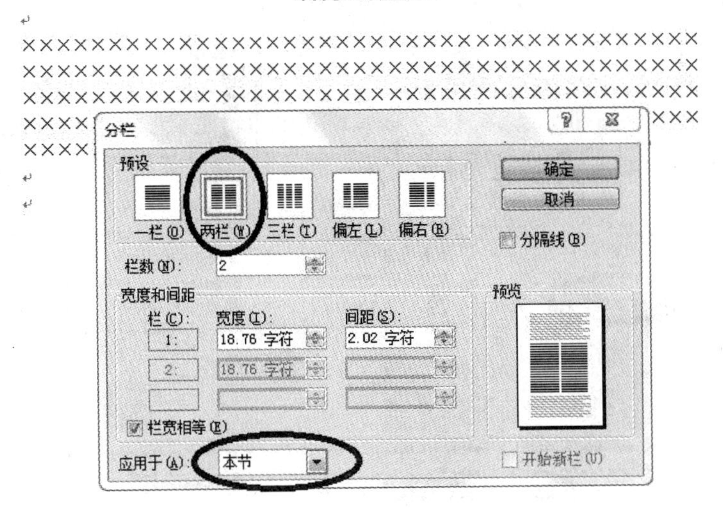

图 3-37 设置分栏属性

另一种方式是将光标置于正文所在行的起始位置，选择“格式”|“分栏”命令，打开“分栏”对话框，选择“两栏”以及“插入点之后”选项，如图 3-38 所示。默认情况下，左、右两栏宽相等，用户也可以调整宽度，还可以在左、右栏中间添加分隔线等，最后单击“确定”按钮，完成插入点后的分栏操作。

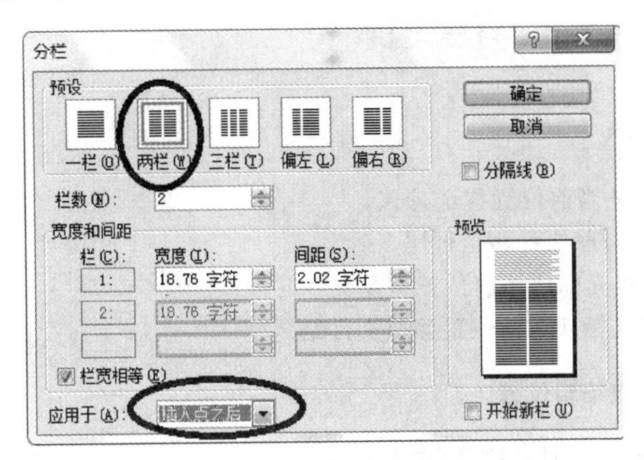

图 3-38 “分栏”对话框

有时候，在正文中需要插入一个图像或者表格，一个栏装不下，需要在分栏的内容中间进行操作，使两栏变成一栏。

首先选择要变成一栏的内容，然后选择“格式”|“分栏”命令，打开“分栏”对话框，选择“一栏”以及“所选文字”选项，如图 3-39 所示，单击“确定”按钮即可，最终效果如图 3-40 所示。

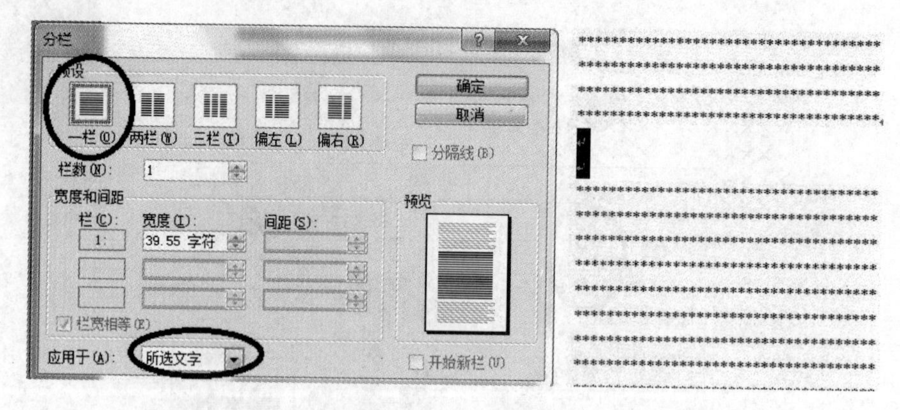

图 3-39 一栏效果

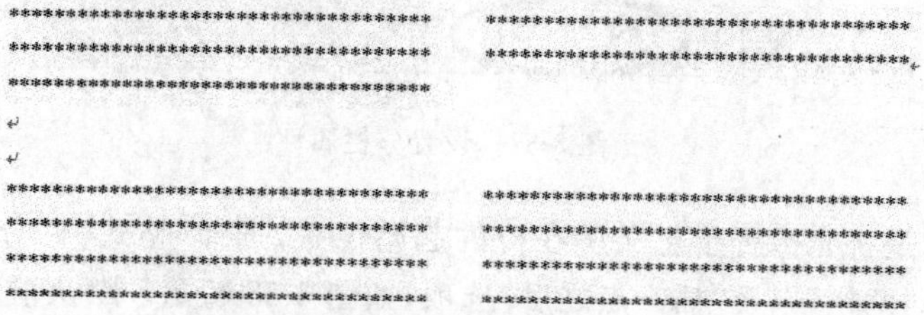

图 3-40 分栏效果

技巧 10 快速定位与快速调整

1. 快速定位光标

Home：将光标从当前位置移至行首。

End：将光标从当前位置移至行尾。

Ctrl＋Home：将光标从当前位置移至文件的行首。

Ctrl＋End：将光标从当前位置移至文件结尾处。

2. 快速定位上次编辑位置

在 Word 中编辑文件时，用户经常需要把光标快速移到上次编辑的位置，如果采用拖动滚动条的方法非常不便，可以利用快捷键进行快速定位。在需要返回到上次编辑位置时，可直接在键盘上按快捷键 Shift＋F5，并且使用该快捷键还可使光标在最后编辑过的 3 个位置间循环切换。

3. 快速调整显示比例

对于 Word 窗口的显示比例，可以通过工具栏上的“显示比例”选项进行调整，但可直接调整的比例有限，包括 10％、25％、50％、75％、100％、150％、200％、500％，如果想调整为“120％”，需要手动修改数字，很麻烦。此时可以采用快捷键的方式去调整，按住 Ctrl 键不放，调整滚动轮即可实现。

4. 快速调整字号

选择需调整的文字后，利用 Ctrl+[键缩小字号，每按一次将使字号缩小一磅；利用 Ctrl+]键可放大字号，同样，每按一次所选文字放大一磅。

5. 快速对齐段落

通过以下快捷键可以快速地对齐文字或段落。

Ctrl+E：居中段落。

Ctrl+L：左对齐。

Ctrl+R：右对齐。

Ctrl+J：两端对齐。

Ctrl+M：使左侧段落缩进。

Ctrl+Shift+M：取消左侧段落缩进。

Ctrl+T：创建悬挂缩进效果。

Ctrl+Shift+T：减小悬挂缩进量。

Ctrl+Q：删除段落格式。

Ctrl+Shift+D：分散对齐。

6. 快速调整 Word 行间距

当需要调整 Word 文件中的行间距时，选择需要更改行间距的文字，然后按 Ctrl+1 键可将行间距设置为单倍行距，按 Ctrl+2 键可将行间距设置为双倍行距，按 Ctrl+5 键可将行间距设置为 1.5 倍行距。

7. 快速设置字体

选中要修改字体的内容，按下列快捷键即可。

Ctrl+B：可以实现加粗字体。

Ctrl+I：可以实现斜体。

Ctrl+U：可以实现添加下划线。

Ctrl+Shift+W：可以实现为每个字添加下划线（尤其是字之间有空格时），如图 3-41 所示。

可以 实现 为 每个字 添加 下划线

图 3-41 为每个字添加下划线

技巧 11 同时保存、关闭多个文档

如果用户打开了多个文档，一个一个地保存、关闭会很麻烦，且浪费时间，此时可以按住 Shift 键不放，选择“文件”|“全部保存”或“全部关闭”命令，如图 3-42 所示。

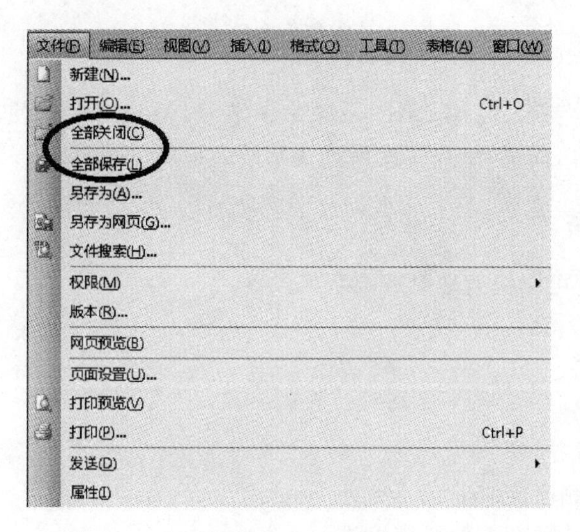

图 3-42 “文件”菜单

技巧 12 用阅读版式阅读文档

阅读版式是一个非常好的阅读模式，在该模式下，用户可以像看书一样同时看左、右两页。

在文档中，单击屏幕左下角的“阅读版式”按钮，如图 3-43 所示，可以打开阅读版式，如图 3-44 所示。这时的工具栏变成了“阅读版式”工具栏，其中包含“文档结构图”、“缩略图”等按钮，如图 3-45 所示。单击“文档结构图”按钮，可打开如图 3-46 所示的界面；单击“缩略图”按钮，可打开如图 3-47 所示的界面，它们都是非常好的阅读环境。

图 3-43 “阅读版式”按钮

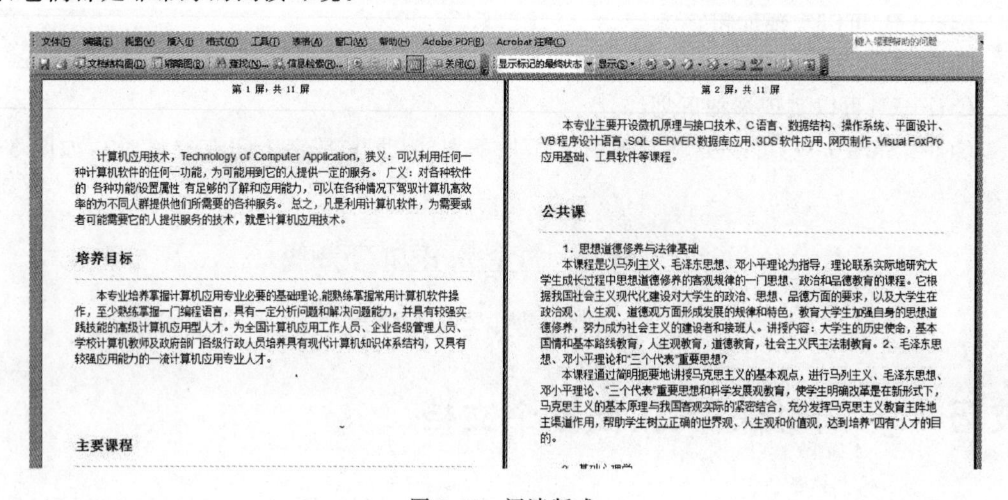

第 1 屏，共 11 屏

计算机应用技术，Technology of Computer Application，狭义：可以利用任何一种计算机软件的任何一功能，为可能用到它的人提供一定的服务。广义：对各种软件的 各种功能/设置属性 有足够的了解和应用能力，可以在各种情况下驾驭计算机高效率的为不同人群提供他们所需要的各种服务。总之，凡是利用计算机软件，为需要或者可能需要它的人提供服务的技术，就是计算机应用技术。

培养目标

本专业培养掌握计算机应用专业必要的基础理论，能熟练掌握常用计算机软件操作，至少熟练掌握一门编程语言，具有一定分析问题和解决问题能力，并具有较强实践技能的高级计算机应用型人才。为全国计算机应用工作人员、企业各级管理人员、学校计算机教师及政府部门各级行政人员培养具有现代计算机知识体系结构，又具有较强应用能力的一流计算机应用专业人才。

主要课程

第 2 屏，共 11 屏

本专业主要开设微机原理与接口技术、C 语言、数据结构、操作系统、平面设计、VB 程序设计语言、SQL SERVER 数据库应用、3DS 软件应用、网页制作、Visual FoxPro 应用基础、工具软件等课程。

公共课

1. 思想道德修养与法律基础

本课程是以马列主义、毛泽东思想、邓小平理论为指导，理论联系实际地研究大学生成长过程中思想道德修养的客观规律的一门思想、政治和品德教育的课程。它根据我国社会主义现代化建设对大学生的政治、思想、品德方面的要求，以及大学生在政治观、人生观、道德观方面形成发展的规律和特色，教育大学生加强自身的思想道德修养，努力成为社会主义的建设者和接班人。讲授内容：大学生的历史使命，基本国情和基本路线教育，人生观教育，道德教育，社会主义民主法制教育。2、毛泽东思想、邓小平理论和“三个代表”重要思想？

本课程通过简明扼要地讲授马克思主义的基本观点，进行马列主义、毛泽东思想、邓小平理论、“三个代表”重要思想和科学发展观教育，使学生明确改革是在新形式下，马克思主义的基本原理与我国客观实际的紧密结合，充分发挥马克思主义教育主阵地主渠道作用，帮助学生树立正确的世界观、人生观和价值观，达到培养“四有”人才的目的。

图 3-44 阅读版式

图 3-45 “阅读版式”工具栏

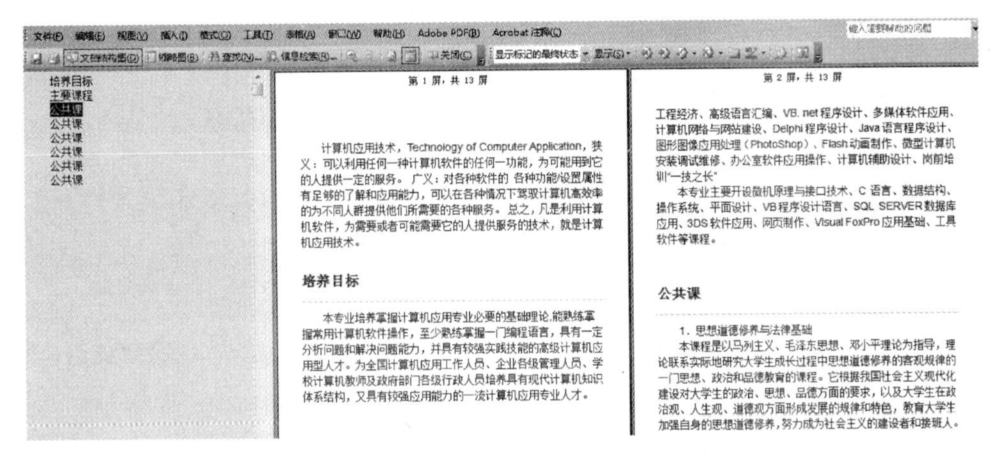

图 3-46 文档结构图界面

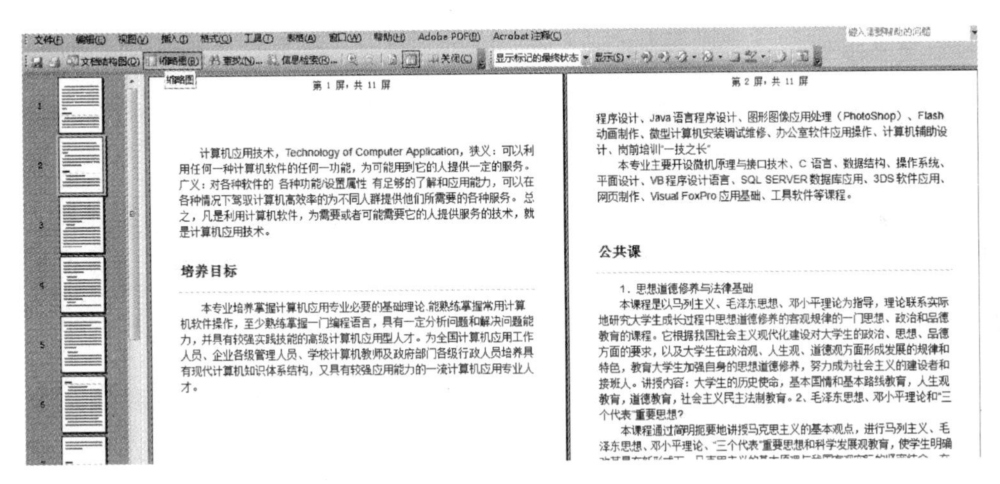

图 3-47 缩略图界面

打开阅读版式还有两种方式，其一是选择“视图”|“阅读版式”命令，其二是单击“常用”工具栏上的“阅读”按钮。

技巧 13 为 Word 加上可更新的系统时间

用户可以为 Word 加上系统时间，而且这个时间是可以自动更新的。

选择“插入”|“时期和时间”命令，打开如图 3-48 所示的对话框，选择“中文(中国)”选项，再选择一个合适的时间，然后选中“自动更新”复选框，单击“确定”按钮，可以得到如图 3-49(a)所示的时间。这个时间是可以更新的，单击这个时间，按 F9 键，会变成如图 3-49(b)所示的时

间。当关闭 Word，再重新打开的时候，这个时间会自动更新为系统的最新时间。

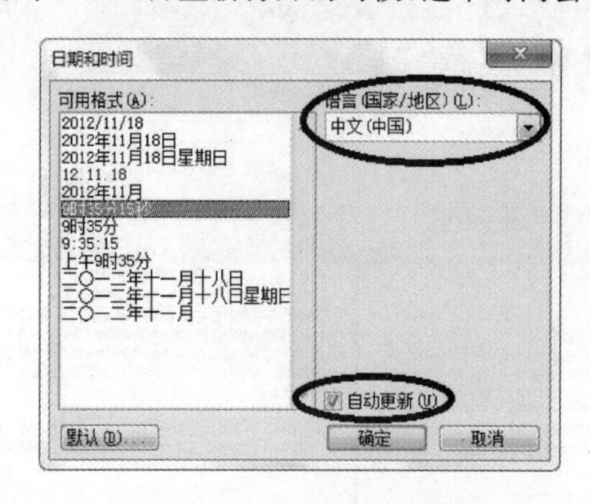

图 3-48 “日期和时间”对话框

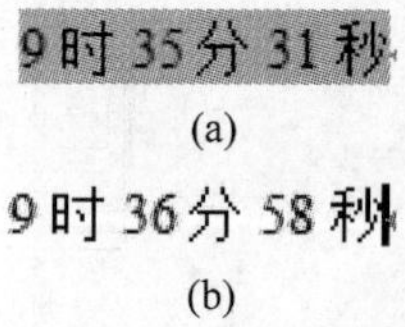

9时35分31秒

(a)

9时36分58秒

(b)

图 3-49 插入的时间

为了更清楚地表示时间，将年、月、日等具体的时间都显示出来，可以选择“英语(美国)”选项，再选择如图 3-50 所示的时间。

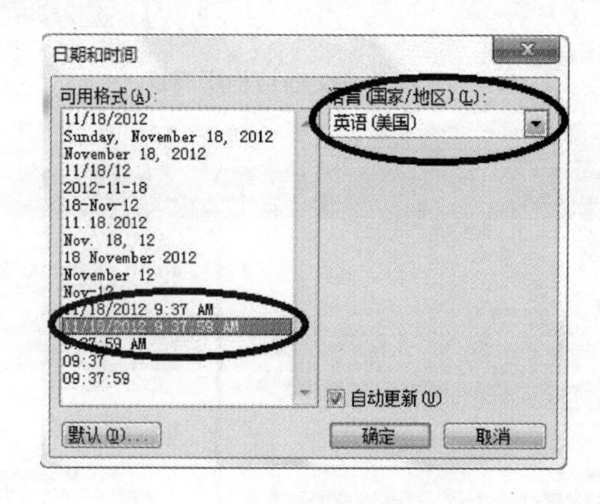

图 3-50 更清楚地表示时间

用户也可以采用快捷键的方式来插入日期和时间，按 Alt+Shift+D 键可插入日期，按 Alt+Shift+T 键可插入当前时间。

对于已经设置成自动更新的日期和时间，用户是不可以通过取消选中图 3-50 中的“自动更新”复选框来取消的。如果想取消自动更新，单击日期和时间，按 Ctrl+F11 键锁定时间和日期即可。还有一种一劳永逸的方法，就是按 Ctrl+Shift+F9 键使时间和日期变为正常的文本，这样自然就不会自动更新了。

技巧 14 为汉字添加拼音

当用户遇到不认识的汉字时，可以用“拼音指南”查看它的读音，也可以为汉字添加拼音。选中要查看读音的汉字，选择“格式”|“中文版式”|“拼音指南”命令，打开如图 3-51 所示的“拼音指南”对话框。在“基准文字”框中已显示出选定的文本，在“拼音文字”框中自动给出了每个汉字的拼音，如需对某个文字进行注释，可在其“拼音文字”框中进行添加。

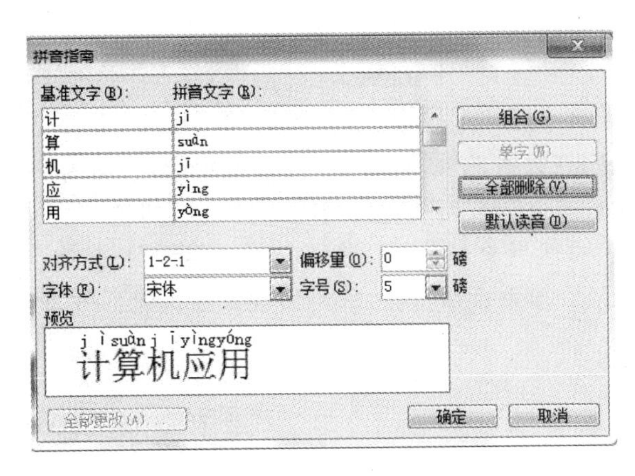

图 3-51 “拼音指南”对话框

然后打开“对齐方式”下拉列表，为基准文字和拼音选择一种对齐方式；设置“偏移量”，指定拼音和汉字间的距离；使用“字体”和“字号”下拉列表为拼音选择字体和字符大小；单击“组合”按钮，可以将几个字组合在一起显示，最后单击“确定”按钮。

使用拼音指南一次可以为 30 个汉字注音。当选定的文本在 30 个(包括 30 个，不包括段落标记)字符之内时，对话框中的“组合”按钮呈激活状态，单击可使选定的文本集中在一个“基准文字”框中。单击“单字”按钮，则一个“基准文字”框中只有一个文字。

如果需要删除拼音，可以选中带拼音的文本，然后在“拼音指南”对话框中单击“全部删除”按钮。

如果需要拼音出现在汉字的右侧，可以进行以下操作：选中带拼音的汉字，按 Ctrl+C 键复制，然后选择“编辑”|“选择性粘贴”命令，打开“选择性粘贴”对话框，选择“无格式文本”选项，如图 3-52 所示，单击“确定”按钮。

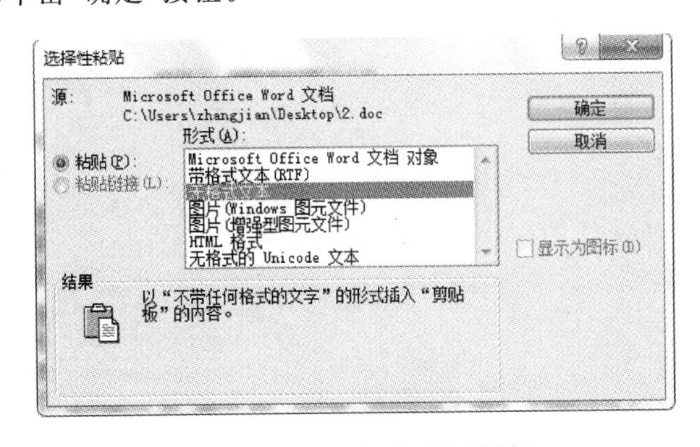

图 3-52 “选择性粘贴”对话框

技巧 15 将鼠标的“自动滚动”功能添加到工具栏

对于一个有多页的文档，为了快速移动和查找页面，可以使用鼠标中间的滚轮实现自动滚动，即按一下鼠标中间的滚轮(有的鼠标滚轮可能在侧面)，屏幕上会出现一个有上、下两个箭头方向的指示形状，这时，上下移动鼠标即可实现页面的滚动。

其实，用户可以将鼠标的这一功能放到工具栏上。

选择“工具”|“自定义”命令，打开“自定义”对话框，选择“命令”选项卡，然后单击“重排命令”按钮，如图 3-53 所示，打开“重排命令”对话框，如图 3-54 所示。接着选中“工具栏”单选按钮，单击“添加”按钮，在打开的“添加命令”对话框中选择“所有命令”和“AutoScroll”选项，如图 3-55 所示。这时，“自动滚动”就出现在工具栏中，如图 3-56 所示，通过单击“上移”或者“下移”按钮调整位置，然后单击“关闭”按钮，“自动滚动”按钮出现在“常用”工具栏中的相应位置，如图 3-57 所示。单击这个按钮，即可实现鼠标滚轮的效果，滚动的快慢就是鼠标移动的快慢。

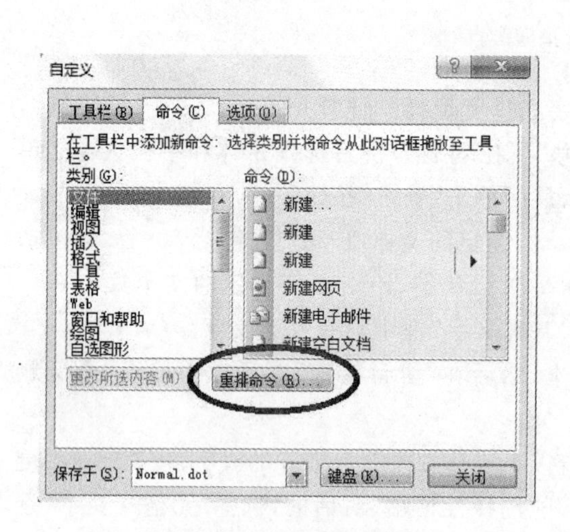

图 3-53 “自定义”对话框

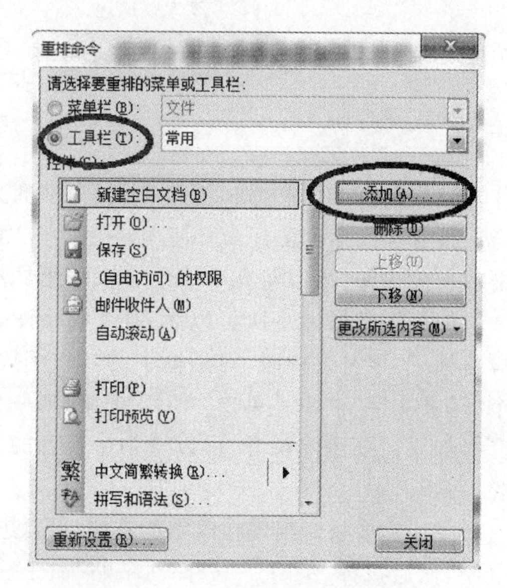

图 3-54 “重排命令”对话框

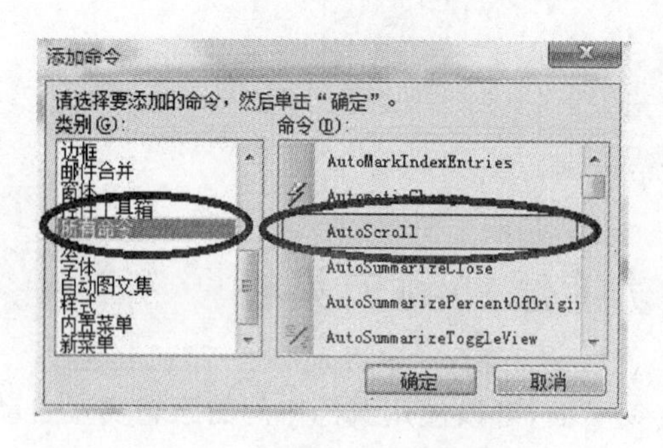

图 3-55 “添加命令”对话框

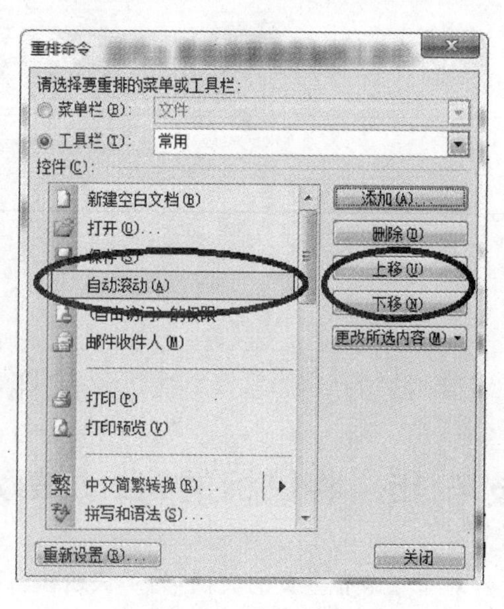

图 3-56 “重排命令”对话框

图 3-57 “常用”工具栏

如果要删除“常用”工具栏上的某个按钮，只需在图 3-54 中选中，然后单击“删除”按钮即可。

技巧 16 使用大图标显示工具栏

对于特殊人群，可能会希望 Word 中的字和工具栏上的图标大一些。对于字，只需将“常用”工具栏上的显示比例“100%”进行调整即可，可以调整为“150%”、“200%”，甚至是“500%”。用户也可以按住 Ctrl 键，直接调整鼠标滚轮，而且这种方式的放大、缩小是以“10%”为幅度的，更实用一些。

对于工具栏上的图标，可以选择“工具”|“自定义”命令，打开“自定义”对话框，选中“大图标”复选框，如图 3-58 所示，这时，工具栏上的图标就会被放大。

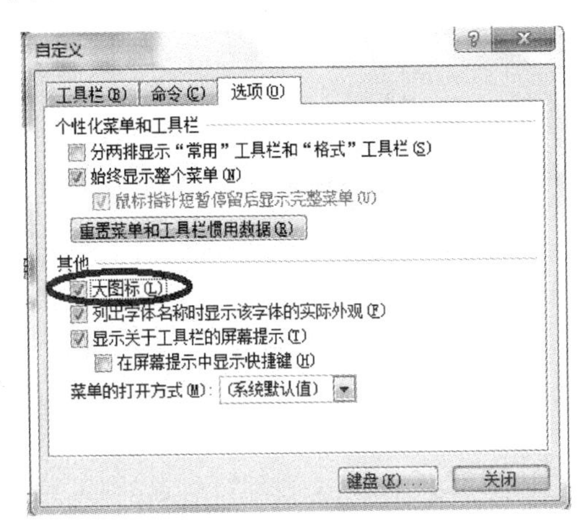

图 3-58 “自定义”对话框

技巧 17 剪贴板

在 Word 的编辑过程中，用户经常要用到复制、粘贴和剪切等功能，但是复制、粘贴只能“记忆”前一次的复制内容，不会涉及之前复制的内容，不是很方便，此时可以运用剪贴板进行操作。剪贴板最多可以剪切、保存 24 个内容，其中包括文本、表格、图形等。

用户可以通过以下几种方式打开 Word 的剪贴板：

(1) 使用快捷键。连续两次按下 Ctrl+C 键可以打开剪贴板，如图 3-59(a)所示。

(2) 选择“编辑”|“Office 剪贴板”命令也可以打开剪贴板。

(3) 选择“格式”|“样式和格式”命令，打开“样式和格式”任务窗格，在“样式和格式”下拉菜单中选择“剪贴板”命令，如图 3-59(b)所示。

在剪贴板中可以存放很多之前剪切的内容,单击任何一个可以直接粘贴到光标的相应位置。如果要删除某个剪贴板内容,可以单击该内容右边的箭头,然后选择“删除”命令。如果要删除所有剪贴板内容,可以单击“剪贴板”任务窗格中的“全部清空”按钮,如图 3-59(c)所示。

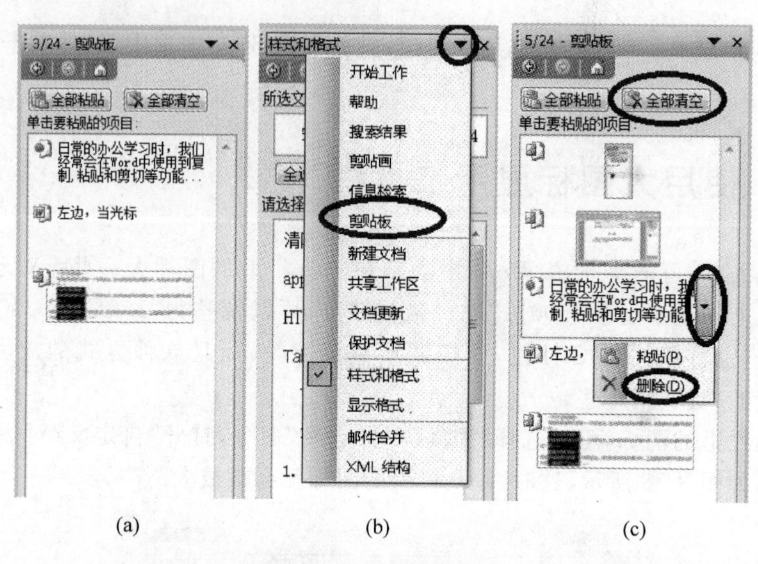

(a) (b) (c)

图 3-59 剪贴板

技巧 18 自定义右键快捷菜单

在 Word 中右击会弹出一个快捷菜单,方便使用,对于这些快捷菜单中的命令,用户可以通过自定义设置来改变。

例如,如果想在右击文档中的文字的时候,右键快捷菜单中有“打印”命令,可以进行以下设置。

选择“工具”|“自定义”命令,打开“自定义”对话框,选择“工具栏”选项卡,选中“快捷菜单”复选框,如图 3-60 所示,此时,屏幕左上角会出现“快捷菜单”工具栏,如图 3-61 所示,通过它可以对文档中的所有信息,包括文字、表格和图形进行快捷菜单设置。这里单击“文字”按钮,在弹出的菜单中选择“文字”命令,可以看到如图 3-62 所示的级联菜单,也是 Word 默认的快捷菜单,其中没有“打印”命令,下面添加它。

将“自定义”对话框切换到“命令”选项卡,选择“文件”类别,找到“打印”命令,如图 3-63 所示,然后将“打印”拖曳到刚刚弹出的快捷菜单中,选好位置后,放开左键即可,如图 3-64 所示,最后单击“关闭”按钮,任务完成。

同理,用户可以添加其他喜欢的快捷内容到快捷菜单中。

如果不想要某个快捷菜单中的内容,只需重复上面的步骤,在图 3-64 中右击某个内容,选择“删除”命令将其删除即可,如图 3-65 所示。

图 3-60　“自定义”对话框

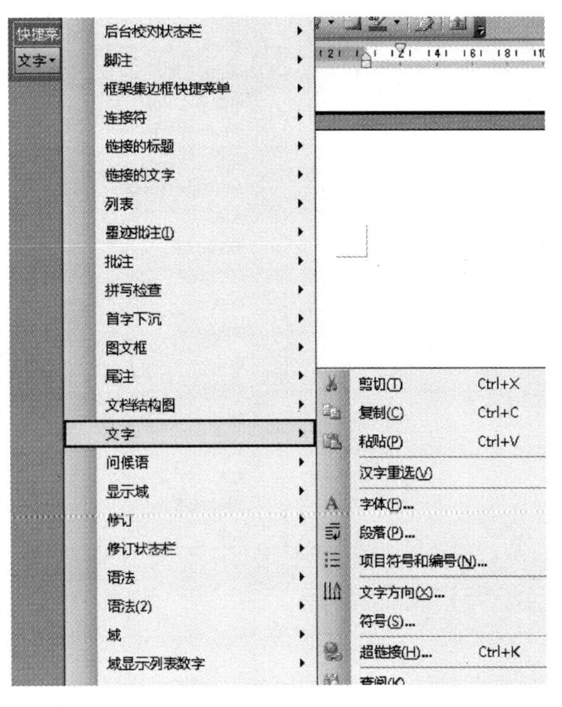

图 3-61　“快捷菜单”工具栏

图 3-62　快捷菜单

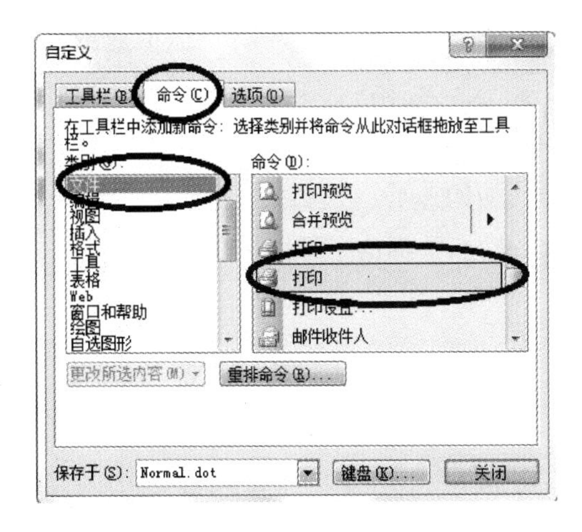

图 3-63　“命令”选项卡

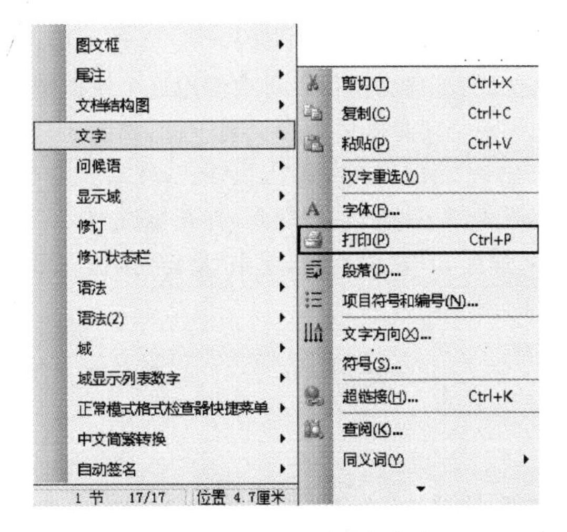

图 3-64　右击要删除的命令

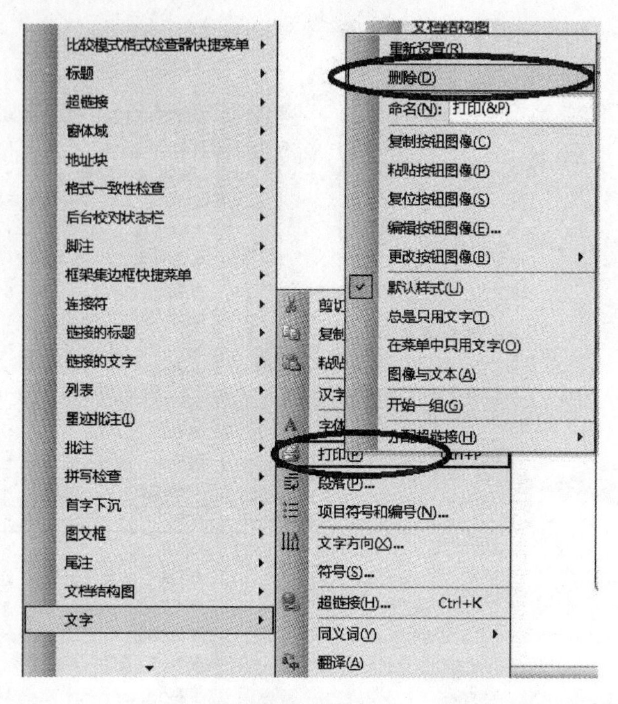

图 3-65 删除命令

技巧 19 快速输入上标与下标

如果用户需要设置某个字母或文字为上标或下标，可以采用以下两种方式。

一种方式是使用快捷键。选中字母或文字后，按 Ctrl＋＝键实现下标，按 Ctrl＋Shift＋＝键实现上标。当字母或文字已经是上标或者下标时，可以再次使用这个快捷键将其还原为正常字号。如果某个字母既要上标又要下标，如图 3-66(c)所示，可以使用“双行合一”功能。首先输入“Abc”，然后选中“bc”，选择“格式”|“中文版式”|“双行合一”命令，打开“双行合一”对话框，如图 3-67(a)所示，这时，将“bc”间空一格，如图 3-67(b)所示，单击“确定”按钮即可得到含有上、下标的字母。

A_b A^b A^b_c

(a) (b) (c)

图 3-66 上标与下标

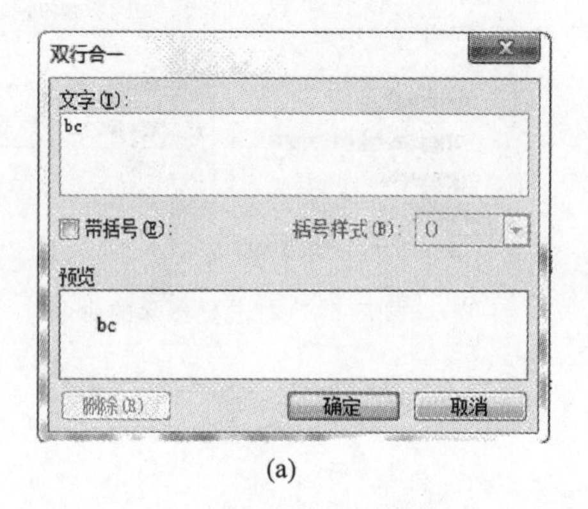

(a)

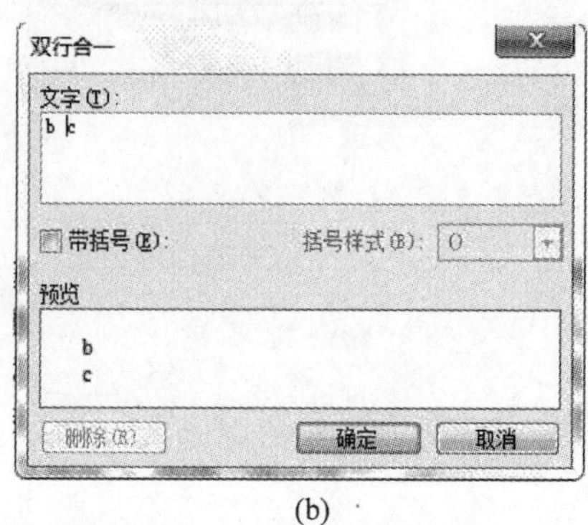

(b)

图 3-67 “双行合一”对话框

另一种方式是在“格式”工具栏上单击“上标”和“下标”按钮。如果该工具栏中未显示“上标”和“下标”按钮，单击工具栏最右侧的箭头，打开下拉菜单，选择“添加或删除按钮”|“格式”命令，找到“上标”和“下标”，如图 3-68 所示，将其拖曳到工具栏中即可。

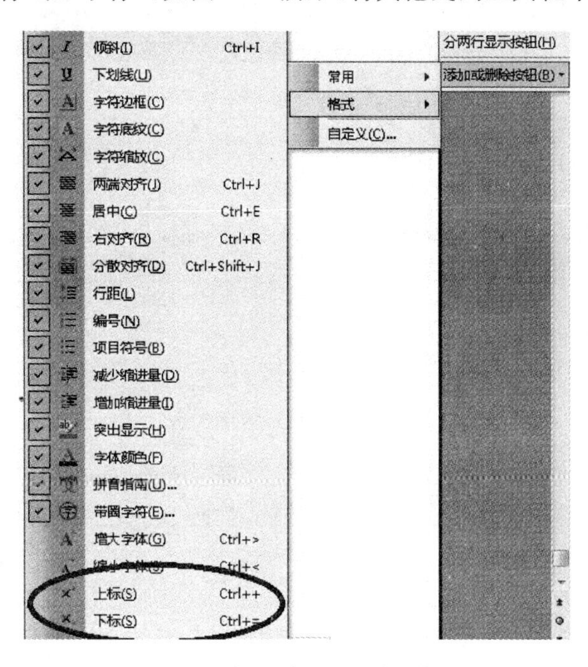

图 3-68　添加“上标”和“下标”按钮

技巧 20　删除换行符“↓”

用户从网页上复制文字到 Word 中时，在每段的结尾经常带有“↓”符号，它就是换行符，如图 3-69 所示。

“↓”是 Word 中的一种换行符，又称软回车，其功能相当于 Enter 键，通常出现在从网页上复制到 Word 的文字中。它在 Word 中的代码是 Ctrl+l(是小写字母 L，不是数字 1)，既然有代码，就可以通过替换操作进行删除。

↓
计算机应用技术↓
计算机应用技术↓
计算机应用技术↓

图 3-69　换行符

按 Ctrl+H 键打开“查找和替换”对话框中的“替换”选项卡，选中“查找内容”文本框，单击“特殊字符”按钮，选择“手动换行符”命令，然后选中“替换为”文本框，单击“特殊字符”按钮，选择“段落标记”命令，如图 3-70 所示。接着单击“全部替换”按钮，删除换行符“↓”。用户也可以直接在“查找内容”文本框中输入“^l”，在“替换为”文本框中输入“^p”，“^”代表了 Ctrl 键。

在 Word 中，“Enter”键的功能相当于换行符，Shift+Enter 键的功能相当于手动换行符。

如果要在键盘上输入特殊的箭头，如“→”、“←”、“↑”、“↓”，可以打开任何一个输入法，如谷歌拼音输入法，然后右击“软键盘”按钮，如图 3-71 所示，选择“特殊符号”命令，即可找到许多特殊字符，包括“→”、“←”、“↑”、“↓”。

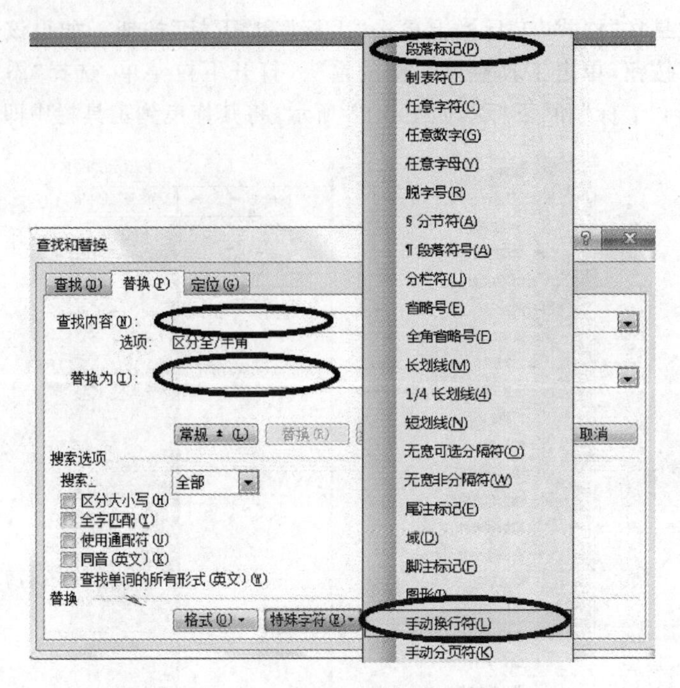

图 3-70 “查找和替换”对话框

图 3-71 右击“软键盘”按钮

技巧 21 Normal.dot 错误的解决

在使用 Word 时，用户经常会遇到 Word 无法打开，提示“Word 启动失败”或者“Normal.dot 错误”等信息的情况，这是由于 Word 模板出现错误导致的，将 Word 模板删除就可以了。

在 Windows XP 系统中，“Normal.dot”的位置是“C:\Documents and Settings\Administrator\Application Data\Microsoft\Templates”。

在 Windows 7 系统中，“Normal.dot”的位置是“C:\Users\用户名\AppData\Roaming\Microsoft\Templates”。

技巧 22 数字的大写

在文档中插入财务中的大写数字，如果一个一个地输入会很麻烦，例如要输入“112534”的大写，可以采用以下两种方法。

一种方法是选择“插入”|“数字”命令，打开“数字”对话框，在上面的文本框中输入

"112534",然后在"数字类型"列表框中选择"壹,贰,叁…"选项,如图 3-72 所示,单击"确定"按钮,得到"壹拾壹万贰仟伍佰叁拾肆"。

另一种方法是在文档中输入"112534",然后选中它们,选择"插入"|"数字"命令,打开"数字"对话框,直接选择"壹,贰,叁…"选项,单击"确定"按钮。

注意:*在这里不仅可以选择大写的数字,还可以选择"甲,乙,丙…"、"子,丑,寅…"等。*

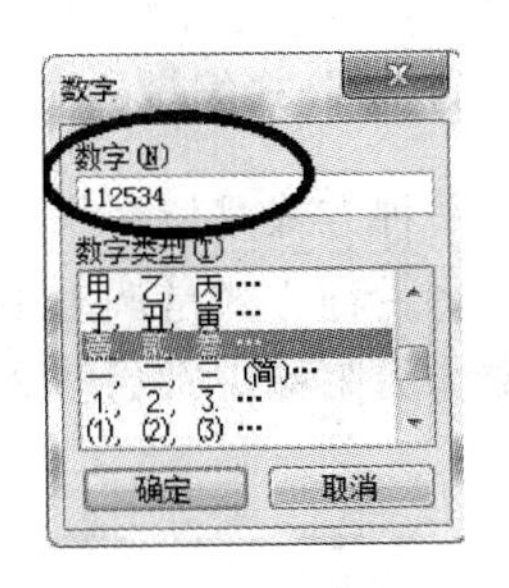

图 3-72　"数字"对话框

技巧 23　公式编辑器的使用

公式编辑器是 Word 中十分实用的组件,用户可以利用它很方便地插入各种数学公式,但它是一个可选组件,在默认状态下并没有出现在工具栏上。用户可以通过两种方法使用公式编辑器。

一种方法是选择"插入"|"对象"命令,打开"对象"对话框,选择"Microsoft 公式 3.0"选项,如图 3-73 所示,单击"确定"按钮之后,就可以进行公式的输入。输入完毕后,可以单击输入框外的任意地方退出"公式编辑器"窗口回到 Word 编辑窗口,如果需要更改公式内容,则可以双击公式打开"公式编辑器"窗口进行修改。

另一种方法是选择"工具"|"自定义"命令,打开"自定义"对话框,然后选择"命令"选项卡,选择"插入"选项,在右边找到"公式编辑器",如图 3-74 所示,将其拖曳到工具栏中,此时用户可以在工具栏中看到"公式编辑器"按钮 $\sqrt{\alpha}$,单击它就可以进行公式的输入了。

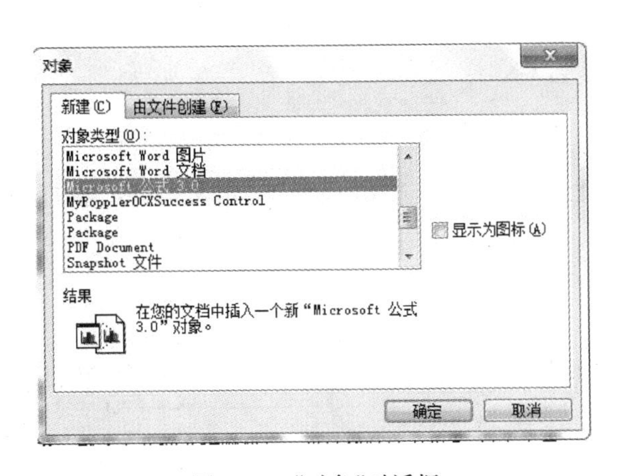

图 3-73　"对象"对话框

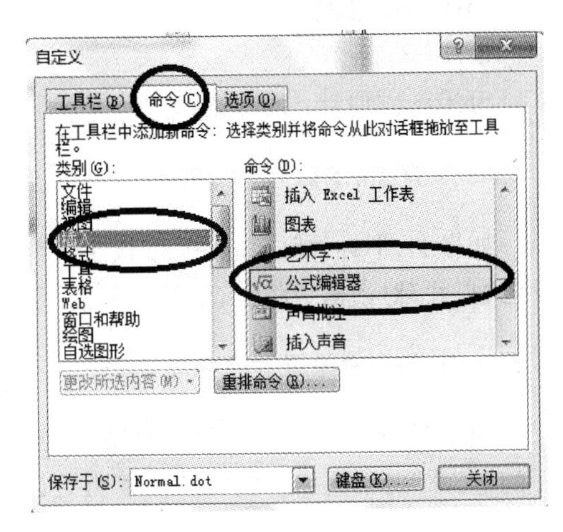

图 3-74　"自定义"对话框

技巧 24　公式编辑器的使用技巧

在使用公式编辑器的过程中有很多技巧,下面进行简单介绍。

1. 在公式编辑器中输入空格的两种方式

一种方式是使用快捷键 Ctrl＋Shift＋Space。

另一种方式是调出中文输入法，单击“全/半角”按钮，切换为全角字符输入状态(月亮标识变为太阳标识)，如图 3-75 所示，然后就可以通过键盘输入全角空格。

图 3-75 全角与半角的切换

2. 公式编辑器中最常用的几个快捷键

Ctrl＋H：输入上标。

Crtl＋L：输入下标。

Ctrl＋J：输入上、下标。

Crtl＋R：输入根号。

Ctrl＋F：输入分号。

3. 公式编辑器中通用的几个快捷键

Ctrl＋A：全选。

Ctrl＋X：剪切。

Ctrl＋C：复制。

Ctrl＋V：粘贴。

Ctrl＋B：加黑。

Ctrl＋S：保存。

Shift＋方向键：局部选择。

4. 设置上、下标

如果上、下标为汉字，会显得很小，看不清楚，此时，可以选择“尺寸”|“定义”命令，在打开的“尺寸”对话框中将上、下标设置为“8 磅”。

5. 定义公式编辑器的标准字号

如果 Word 正文选用五号字，则在“公式编辑器”窗口中选择“尺寸”|“定义”命令，在打开的“尺寸”对话框中将“标准”设置为“11 磅”。

技巧 25 字数统计的妙用

在 Word 中有一个非常实用的字数统计功能，例如要统计一个文件中的字数，直接选择“工具”|“字数统计”命令，即可得到一个详细的字数统计表，而且用户还可在文件中选中一部分内容进行该部分的字数统计。除此之外，关于字数统计还有两个技巧，下面进行简单介绍。

1. 显示“字数统计”工具栏

选择“工具”|“字数统计”命令，打开“字数统计”对话框，单击“显示工具栏”按钮，如图 3-76 所示，会打开“字数统计”工具栏，如图 3-77 所示，然后关闭“字数统计”对话框。

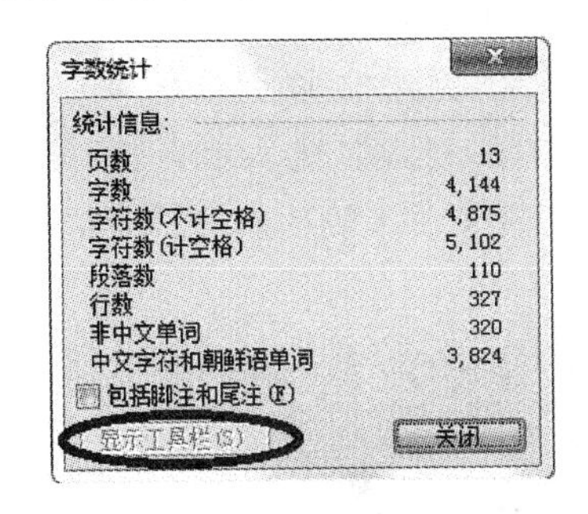

图 3-76 “字数统计”对话框

图 3-77 “字数统计”工具栏

继续编辑文档，如果文档的字数有变动，可以单击“字数统计”工具栏中的“重新计数”按钮重新统计。

2. 快速插入文件字数到文档中

有时候需要把文件字数插入到文档中，如果字数很少，可以直接用键盘输入，如果字数很多，输入会很麻烦，而且可能产生错误。

选择“插入”|“域”命令，打开“域”对话框，在“类别”下拉列表中选择“文档信息”选项，在“域名”列表框中选择“NumWords”选项，并在右侧相应列表框中设置域属性格式及域数字格式，如图 3-78 所示，然后单击“确定”按钮，即可将统计数字插入到文档中。

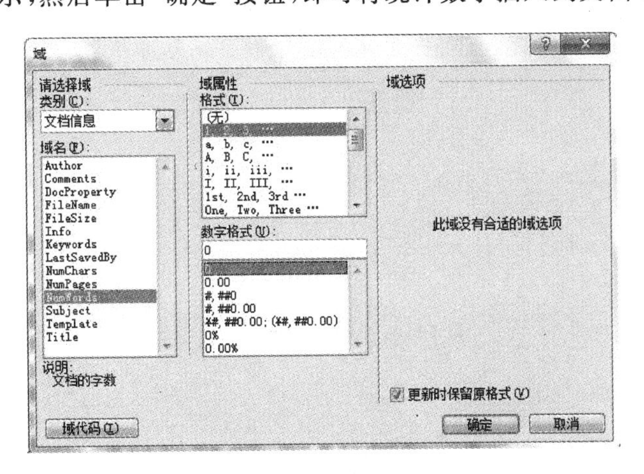

图 3-78 “域”对话框

技巧 26 批注、脚注与尾注

在日常学习和工作中，经常需要多个人共同完成一个文档，例如对于学生写好的文章，老师要提出意见等，类似于“批语”，在 Word 中可以通过批注来完成此功能。选择“插入”|

“批注”命令，进入批注状态，可以输入批注的内容，如图 3-79 所示。

图 3-79 批注状态

如果要删除批注，只需右击批注，在快捷菜单中选择“删除批注”命令即可。

如果批注很多，需要批量接受或者删除，可以单击任一批注，然后单击“审阅”工具栏上的“接受所选修订”按钮或“拒绝所选修订”按钮，选择“接受对文档所做的所有修订”命令，或者“删除文档中的所有批注”命令，如图 3-80 所示。

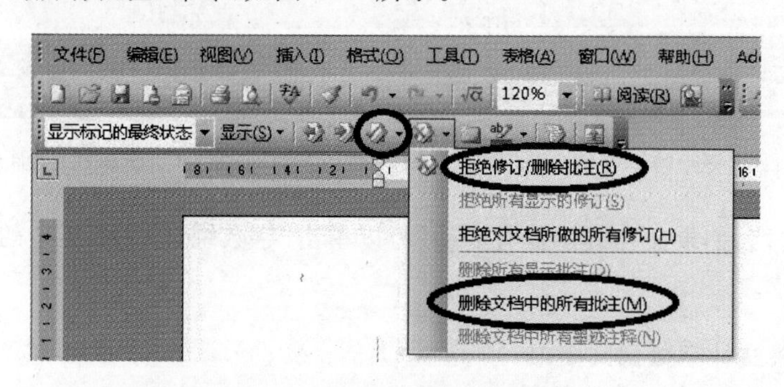

图 3-80 “拒绝所选修订”下拉菜单

当需要在文档中某页的最下边或者文档的最后插入注释的时候，可以采用“脚注和尾注”。首先选择“插入”|“引用”|“脚注和尾注”命令，打开“脚注和尾注”对话框，选择“脚注”或者“尾注”，设置编号格式、起始编号等选项，然后单击“插入”按钮即可，如图 3-81 所示。此时，在正文内容的右上角出现了编号的顺序，在页面下端出现了相应的注释，如图 3-82 所示。如果用户想删除某个注释，只需将正文的编号数字删除即可。

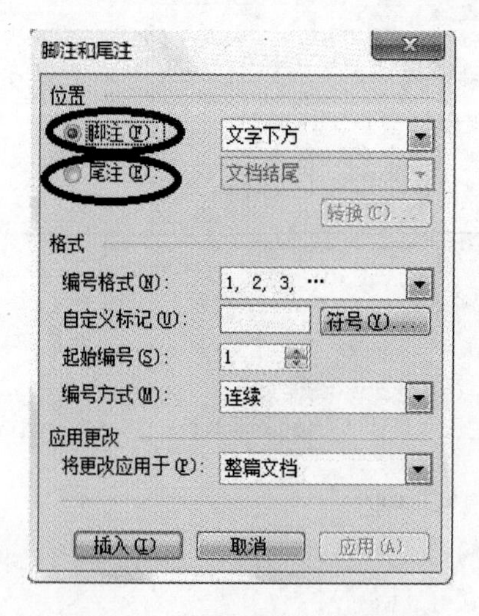

图 3-81 “脚注和尾注”对话框

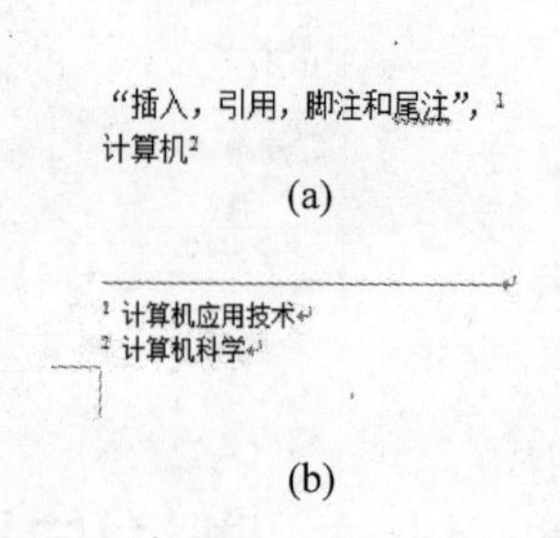

图 3-82 添加脚注和尾注

技巧 27　调整空格的大小

在 Word 编辑过程中，经常需要空格，但有时候用户感觉空格的间距过大，其实这个空格的大小是可以调整的。

单击“常用”工具栏上的“显示/隐藏编辑标记”按钮，如图 3-83 所示，就可以看到文档中的所有空格(之前是看不到的)，如图 3-84 所示。选中这个空格，可以任意调节其字号，如将空格的字号大小调整为“五号”，如图 3-85 所示，可以看出空格的变化情况。

图 3-83　“显示/隐藏编辑标记”按钮

计算机 应用 技术

图 3-84　原空格

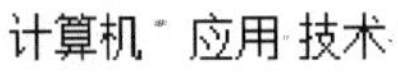

计算机 应用 技术

图 3-85　新空格

技巧 28　插入与合并文档

将一个文档插入到另一个文档中，常用的方式有以下 3 种：

(1) 最直接的方式——拖动，即将一个文档直接拖到另一个文档的相应位置。如图 3-86 所示，把桌面上的 Word 文档“技巧(2).doc”直接拖到另一个文档中，效果如图 3-87 所示。这时，新插入的内容是以图片形式插入的，双击此图片，会自动打开一个新建文档，如图 3-88 所示。在其中进行修改，修改后关闭这个文档即可，并且修改的结果不会影响原文件“技巧(2).doc”。

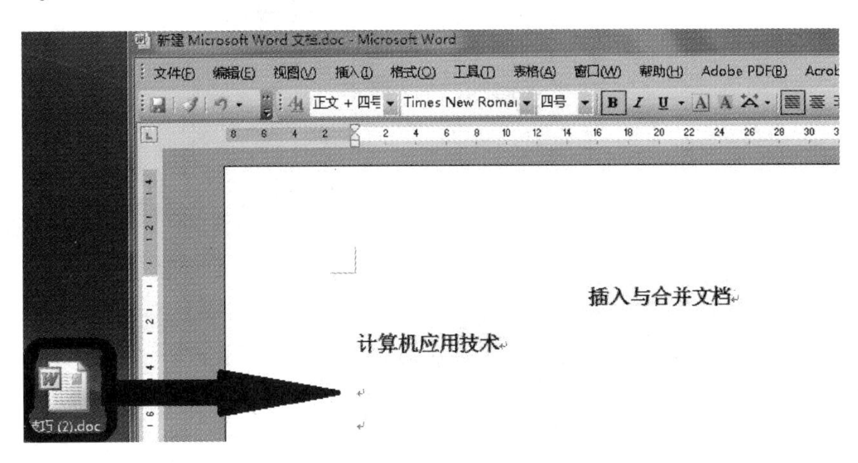

图 3-86　拖曳文件到 Word 中

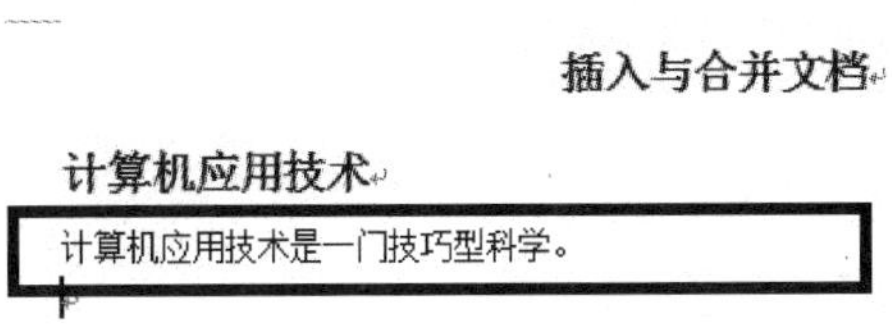

插入与合并文档

计算机应用技术

计算机应用技术是一门技巧型科学。

图 3-87　拖曳的结果

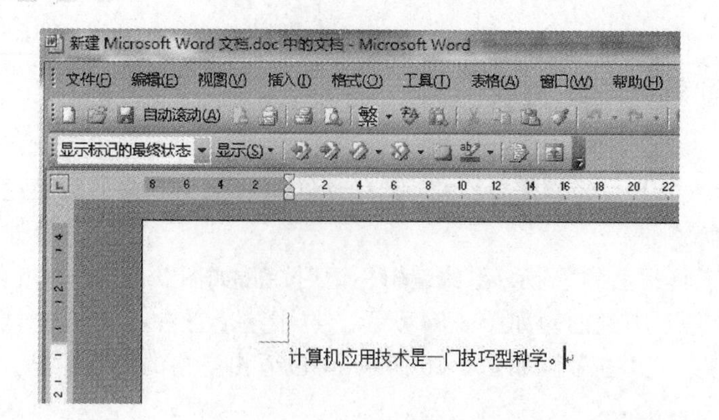

图 3-88　新建文档

(2) 插入文件的方式。选择“插入”|“文件”命令,打开“插入文件”对话框,选择需要插入的文件,单击“插入”按钮即可。这时插入的内容不再是图片形式,而是正常的文档,可以自由编辑。

(3) 插入对象的方式。选择“插入”|“对象”命令。打开“对象”对话框,选择“由文件创建”选项卡,如图 3-89 所示,单击“浏览”按钮,在打开的“插入文件”对话框中找到要插入的文件,如图 3-90 所示,单击“确定”按钮。这时插入的内容仍然是图片形式。

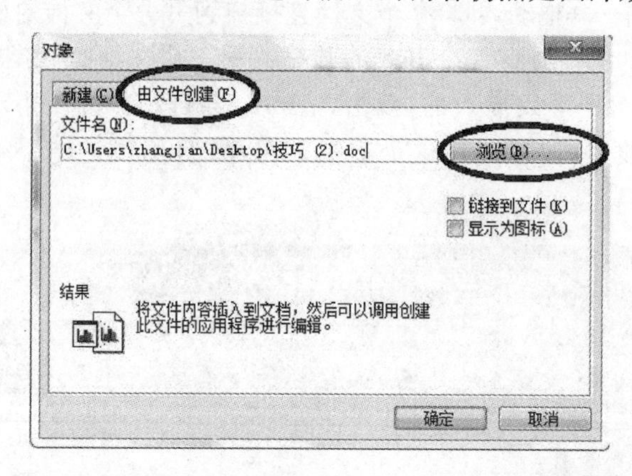

图 3-89　“对象”对话框的“由文件创建”选项卡

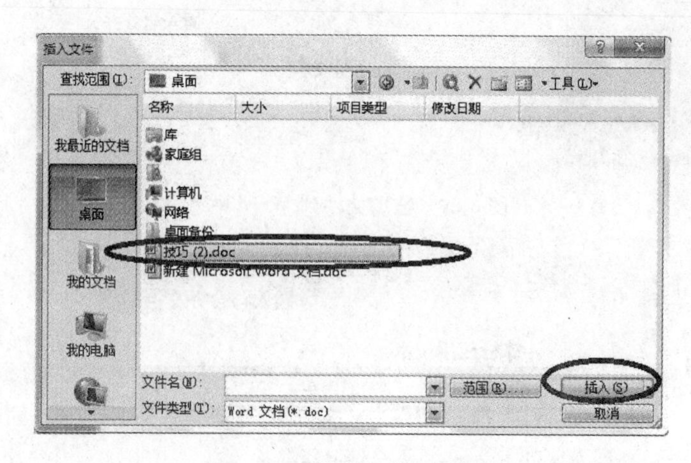

图 3-90　“插入文件”对话框

技巧 29 为突出信息将文字上移或下移

选中要突出的文字，然后选择“格式”|“字体”命令，打开“字体”对话框，选择“字符间距”选项卡，将“位置”设置为“提升”或“降低”，并设置需要提升或降低的幅度磅值，此时可以在“预览”区域中看到效果，如图 3-91 所示。单击“确定”按钮，可以得到如图 3-92 所示的效果，可见“计算机应用技术”向上提高了一点距离。

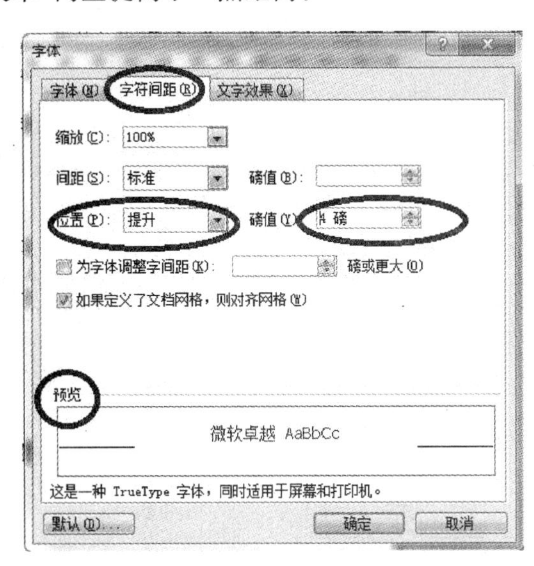

图 3-91 “字体”对话框

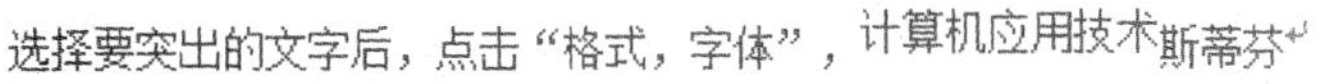

选择要突出的文字后，点击“格式，字体”，计算机应用技术斯蒂芬

图 3-92 文字提升效果

技巧 30 特殊字符的输入

如果要输入特殊字符，用户可以使用以下 3 种方式：

(1) 通过插入特殊字符输入。选择“插入”|“符号”命令，打开“符号”对话框，然后选择“符号”或“特殊字符”选项卡中的符号，如图 3-93 所示。用户也可以选择“插入”|“特殊符号”命令，打开“插入特殊符号”对话框进行选择，在其中也有很多特殊符号，包括数学符号等，如图 3-94 所示。

(2) 通过特殊字体输入。首先将字体修改为“Webwings”或“Wingdings”，如图 3-95 所示，然后在英文输入状态下输入数字、英文字母或其他一些字符，可以显示为一些特殊的符号，如图 3-96 所示。

(3) 通过输入法中的特殊字符输入。打开任何一种输入法，如谷歌拼音输入法，然后右击“软键盘”按钮，会出现很多符号库，如图 3-97 所示，选择任何一种，如选择“希腊字母”，软键盘如图 3-98 所示，在其中单击按键输入即可。

图 3-93 “符号”对话框

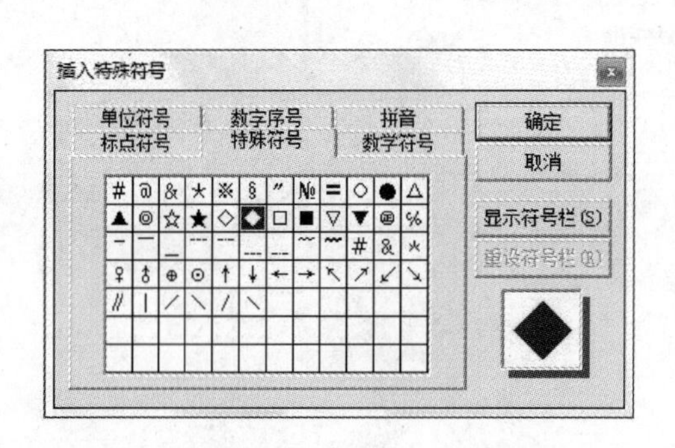

图 3-94 “插入特殊符号”对话框

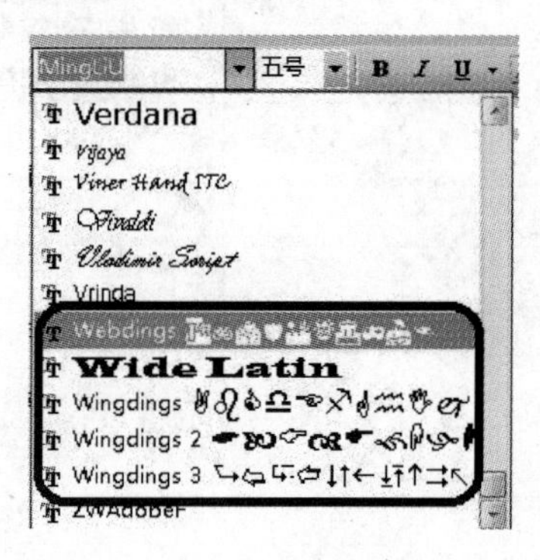

图 3-95 特殊字体

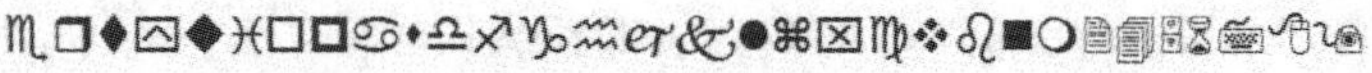

♏❒♦⌧◆♓□❑♋⬧♎♐♑♒er&●⌘⌧♍❖♌■○

图 3-96 特殊的符号

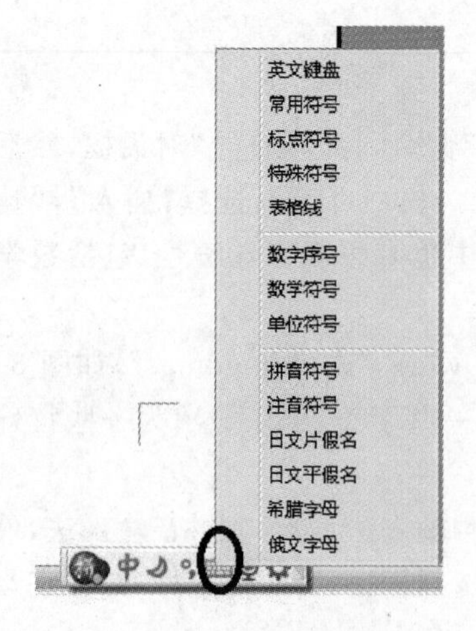

图 3-97 谷歌拼音输入法的特殊字体

图 3-98 希腊字母对应的软键盘

技巧 31 带圈字符的输入

用户在编辑 Word 文档时,有时候需要输入带圈的字符。此时,可以单击“格式”工具栏上的“带圈字符”按钮,如图 3-99 所示,打开“带圈字符”对话框,设置“样式”、“圈号”,输入文字,如图 3-100 所示。然后选择其中一些带圈字符,其结果如图 3-101 所示。

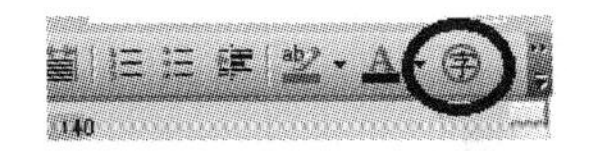

图 3-99 “格式”工具栏

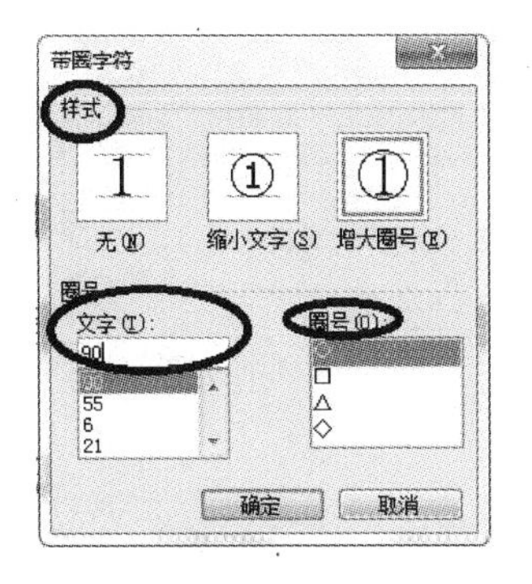

图 3-100 “带圈字符”对话框

图 3-101 带圈字符效果

技巧 32 在 Word 文档中嵌入字体

用户在日常办公中,经常需要在另一台计算机上打印本机上的 Word 文档,如果采用的是 Windows 系统默认的字体,在另一台计算机上打印当然不会有什么问题,可是如果本机采用的是另外安装的字体,而另一台计算机上未安装该字体,那么打印时就会变成宋体了。用户要想既不在另一台计算机上安装该字体,又要正确地打印出该文档,可以使用以下方法。

选择“工具”|“选项”命令,打开“选项”对话框,选择“保存”选项卡,然后选中“嵌入 TrueType 字体”复选框,如图 3-102 所示,即可把创建此文档所用的 TrueType 字体与文档保存在一起,这样,当在另一台计算机上打开此文档时,仍可用这些字体来查看和打印文档。

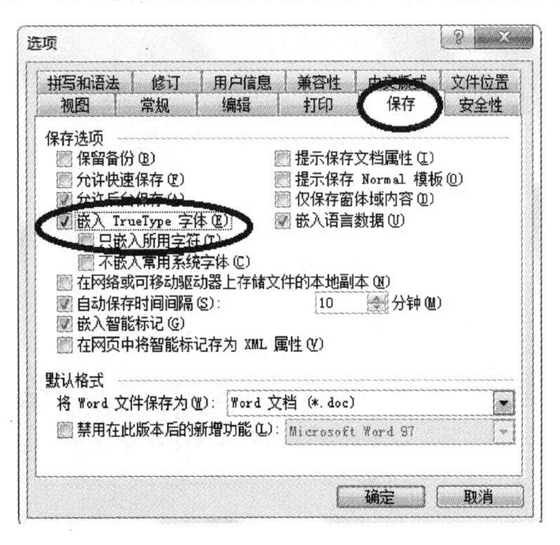

图 3-102 “选项”对话框

嵌入了 TrueType 字体的文档，其容量自然比较大，用户可以通过其文档属性进行比较，如图 3-103 和图 3-104 所示。为了减小文档的体积，可以同时选中“只嵌入所用字符”复选框，其属性如图 3-105 所示。

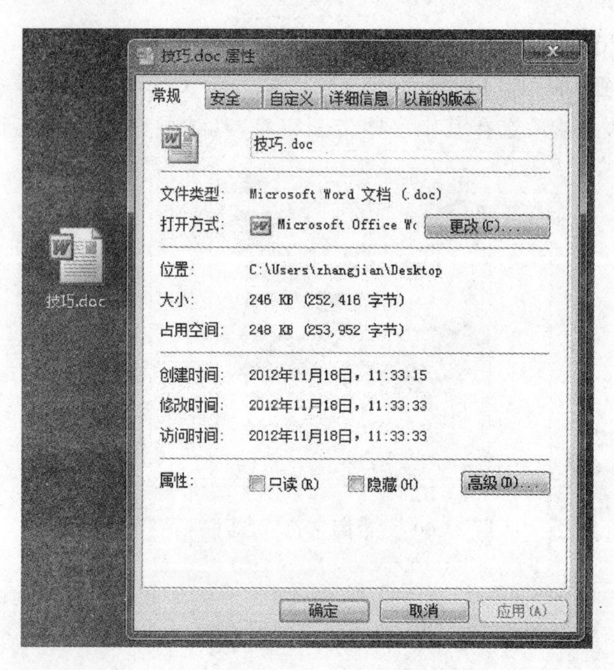

图 3-103　嵌入 TrueType 字符体前的文档属性

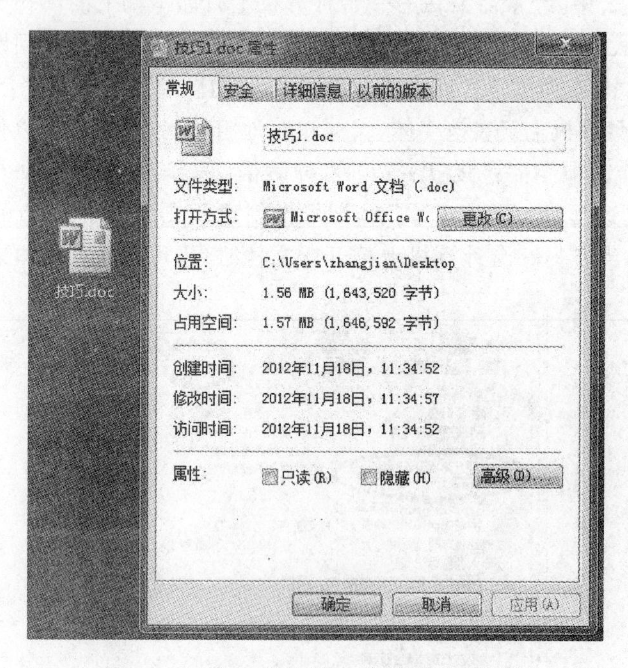

图 3-104　嵌入 TrueType 字符后文档属性

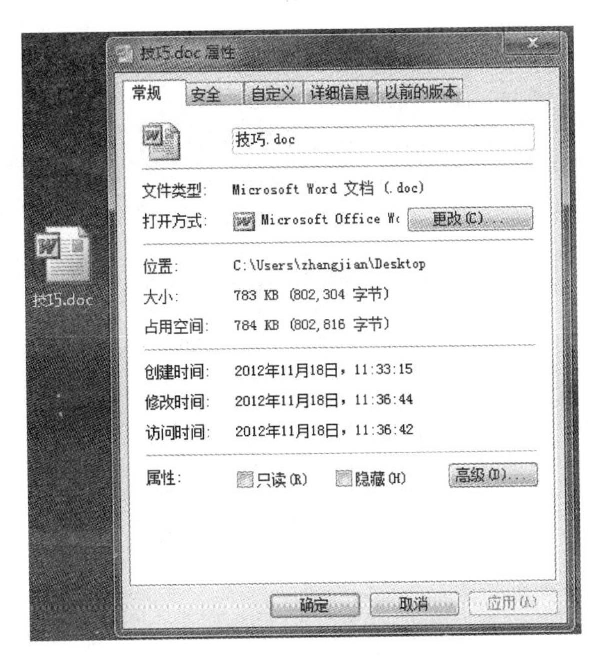

图 3-105　只嵌入所用字符时的文档属性

技巧 33　复制一些网页不能复制的信息

在浏览某些网页时，用户有时候想选取某些文本进行复制，但是按住鼠标左键拖动，无论如何也无法选中需要的文字。这是网页的设计者给网页加入了不能选中的脚本，简单防止别人复制其网页内容。遇到这种情况，可以采用以下办法解决：

(1) 在网页文字位置右击，选择“查看源文件”命令，如图 3-106 所示，或者在浏览器中选择“查看”|“查看源文件”命令，如图 3-107 所示，此时会打开一个如图 3-108 所示的新网页，在其中找到相应的内容就可以复制了。如果源文件比较大，可以通过“查找”文本框进行查找，如果页面上没有“查找”文本框，可以使用快捷键 Ctrl+F。

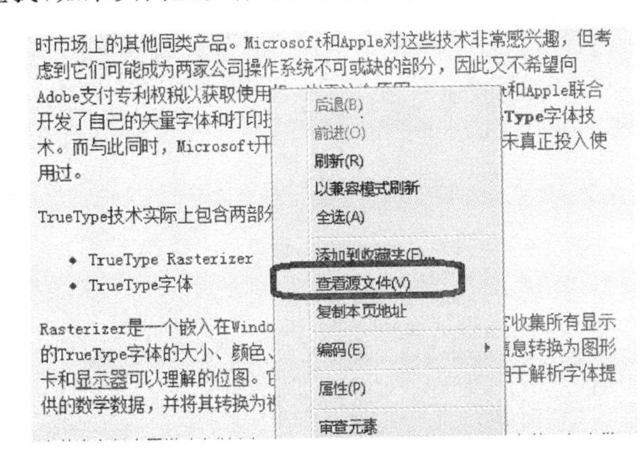

图 3-106　查看源文件

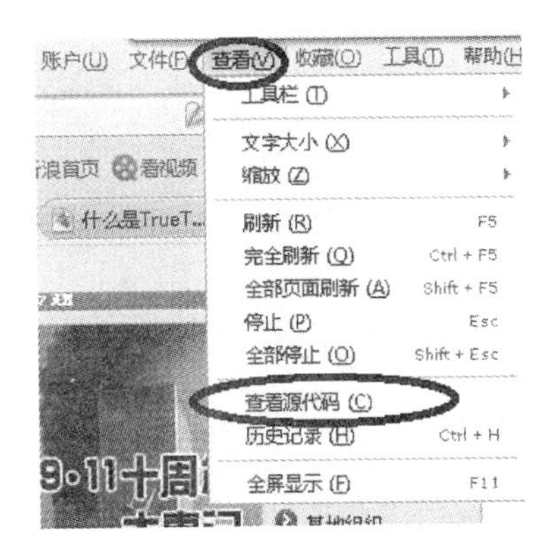

图 3-107　查看源代码

```
× 查找:              未查找  下一个  上一个  高亮
1  <!DOCTYPE html PUBLIC "-//W3C//DTD XHTML 1.0 Transitional//EN" "http://www.w3.org/TR/xhtml1/DTD/xhtml1-transitional.dtd">
2  <html xmlns="http://www.w3.org/1999/xhtml">
3  <head>
4          <title>什么是TrueType字体? 博闻网</title>
5          <link rel="shortcut icon" href="http://static.bowenwang.com.cn/zh-cn/computer/misc/favicon.ico" type="image/x-icon" />
6  <link rel="alternate" type="application/rss+xml" title="博闻网文章精选" href=" http://feeds.bowenwang.com.cn"/>
7          <link rel="meta" href="http://computer.bowenwang.com.cn/labels.rdf" type="application/rdf xml" title="ICRA labels" />
8          <meta http-equiv="imagetoolbar" content="no">
9          <meta http-equiv="pics-label" content='(pics-1.1 "http://www.icra.org/pics/vocabularyv03/" l gen true for "http://bowe
   od 0 oe 0 of 0 og 0 oh 0 c 1) gen true for "http://computer.bowenwang.com.cn" r (n 0 s 0 v 0 1 0 oa 0 ob 0 oc 0 od 0 oe 0 of 0
10         <meta http-equiv="Content-Type" content="text/html; charset=UTF-8">
11         <meta name="robots" content="noodp">
12         <meta name="keywords" content="truetype字体,矢量字体,type1,打印语言,微调代码,缩放">
13         <meta name="description" content="字体是计算机显示文本时所使用的字符样式，那么什么是TrueType字体呢？本文将给您作答。">
14 <script type="text/javascript">var _sf_startpt=(new Date()).getTime()</script>
15
16
17 <script type="text/javascript">
18
19   var _gaq = _gaq || [];
20   _gaq.push(['_setAccount', 'UA-5522342-3']);
21   _gaq.push(['_setDomainName', 'bowenwang.com.cn']);
22   _gaq.push(['_trackPageview']);
23   (function() {
24     var ga = document.createElement('script'); ga.type = 'text/javascript'; ga.async = true;
25     ga.src = ('https:' == document.location.protocol ? 'https://ssl' : 'http://www') + '.google-analytics.com/ga.js';
26     var s = document.getElementsByTagName('script')[0]; s.parentNode.insertBefore(ga, s);
27   })();
28
29 </script>       <script src="http://www.bowenwang.com.cn/js/jquery.js"></script>
30 <script src="http://www.bowenwang.com.cn/js/hswi.js"></script>  <link rel="stylesheet" type="text/css" href="http://www.bowenw
31         <link rel="stylesheet" type="text/css" href="http://www.bowenwang.com.cn/css/article.css">
```

图 3-108　源文件

(2) 选择浏览器中的“文件”|“另存为”命令，打开“保存网页”对话框，在“保存类型”下拉列表中选择“文本文件(＊.txt)”选项，但该方式不是每次都能用。

(3) 选择浏览器中的“文件”|“保存”命令，然后用 Word 或 FrontPage 编辑，再复制相关内容。

(4) 选择浏览器中的“工具”|“Internet 选项”命令，打开“Internet 属性”对话框，选择“安全”选项卡，单击“自定义级别”按钮，如图 3-109 所示。然后在打开的如图 3-110 所示的“安全设置-Internet 区域”对话框中将所有的“脚本”选项禁用，确定后按 F5 键刷新网页，就会发现那些无法选取的文字可以选取了。

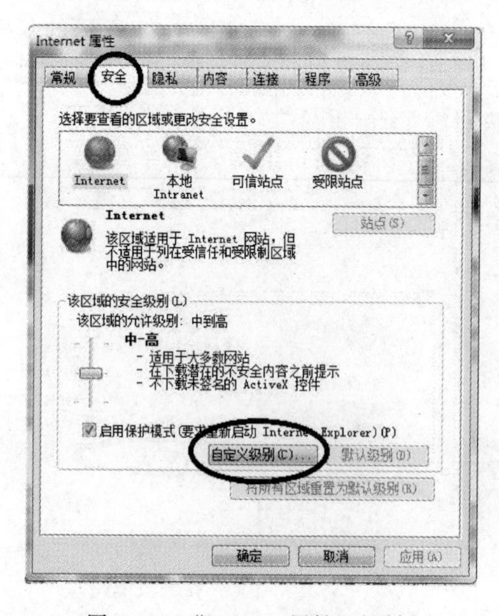

图 3-109　“Internet 属性”对话框

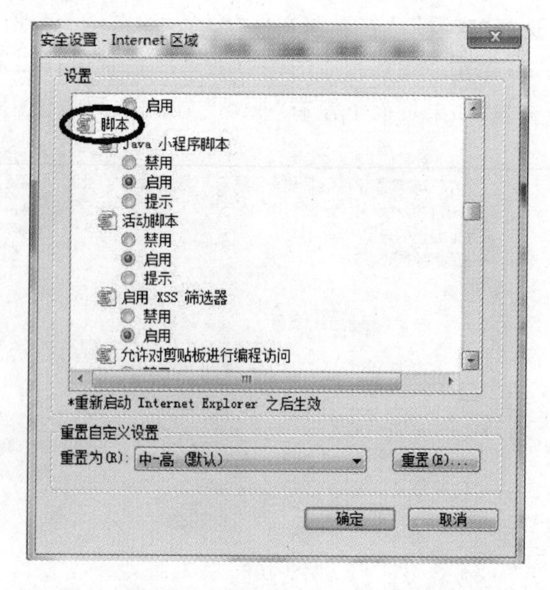

图 3-110　“安全设置-Internet 区域”对话框

注意：用户在选择自己需要的内容后，要记得给“脚本”选项解禁，否则会影响网页的游览。

(5) 利用抓图软件 SnagIt 实现。在 SnagIt 中有一个“文字捕获”功能，可以用来抓取屏幕上的文字，也可以用来抓取加密的网页文字。单击窗口中的“文字捕获”按钮，选择“捕获”|“输入”|“区域”命令，然后单击“捕获”按钮，这时光标会变成带十字的手形图标，按下鼠标左键在网页中拖动选择要复制的文本，松开鼠标后会弹出一个文本预览窗口，可以看到网页中的文字已经被复制到窗口中了。当然，用户也可以直接在这个预览窗口中编辑修改文字后保存。

(6) 使用特殊的浏览器。TouchNet Browser 浏览器具有编辑网页功能，可以用它来复制所需的文字。启动 TouchNet Browser 浏览器，选择“编辑”|“编辑模式”命令，即可对网页文字进行选取。

技巧 34 水印

在下载一些重要的真题、模拟题时，用户经常会看到 Word 的背景里有水印，下面介绍水印的添加方法。

Word 2003 具有添加文字和图片两种类型水印的功能，水印将显示在打印文档文字的后面，它是可视的，不会影响文字的显示效果。

1. 添加文字水印

选择“格式”|“背景”|“水印”命令，打开“水印”对话框，选中“文字水印”单选按钮，然后选择合适的文字、字体、颜色、透明度和版式等，如图 3-111 所示，单击“确定”按钮。

2. 添加图片水印

选中“图片水印”单选按钮，然后单击“选择图片”按钮，在打开的“插入图片”对话框中找到要作为水印图案的图片。添加后，设置图片的缩放比例，以及是否冲蚀。冲蚀的作用是让添加的图片在文字后面降低透明度显示，以免影响文字的显示效果。

若要删除水印，只需选中“无水印”单选按钮即可。

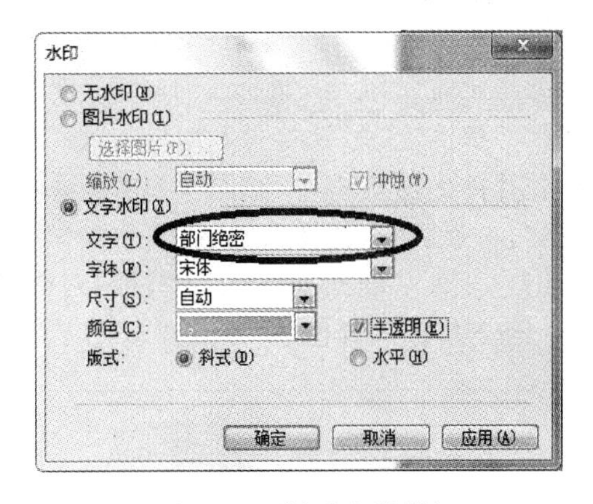

图 3-111 “水印”对话框

注意：Word 2003 只支持在一个文档中添加一种水印，如果在添加文字水印后又定义了图片水印，则文字水印会被图片水印替换，在文档内只显示最后制作的那个水印。

3. 打印水印

通常情况下，打印文档是看不到水印的，用户可以进行必要的设置以打印出水印。方法

是选择“工具”|“选项”命令，打开“选项”对话框，选择“打印”选项卡，在“打印文档的附加信息”选项组中选中“背景色和图像”复选框，如图 3-112 所示。

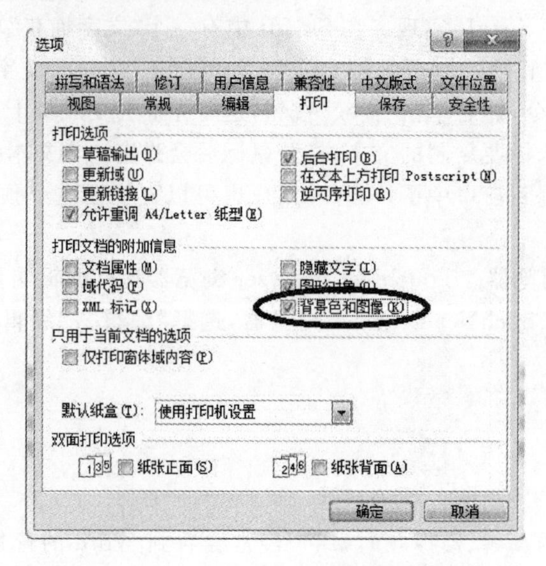

图 3-112 “选项”对话框

技巧 35 并排比较

很多时候会同时比较两个文档，例如学生将写好的文章拿给老师看，老师修改了部分内容，这时，如果想清晰地比较修改前后的异同，可以使用 Word 的“并排比较”功能。

如果只打开了两个 Word 文档，单击“窗口”，在下拉菜单中会出现“与…….doc 并排比较”的命令，如图 3-113 所示；如果打开了多个 Word 文档，单击“窗口”，在下拉菜单中会出现“并排比较”的命令，如图 3-114 所示。在此打开了 3 个文档，选中一个文档后，选择“窗口”|“并排比较”命令，会打开如图 3-115 所示的对话框，选择任一文档，单击“确定”按钮，会弹出“并排比较”工具栏，如图 3-116 所示。在这个工具栏中有两个图标按钮，一个是“同步滚动”，一个是“重置窗口位置”。单击“重置窗口位置”按钮，可将两个文档并排显示，如图 3-117 所示；单击“同步滚动”按钮，两个文档会随着鼠标移动或者和滚轮同步。

比较结束后，在图 3-116 中单击“关闭并排比较”按钮即可。

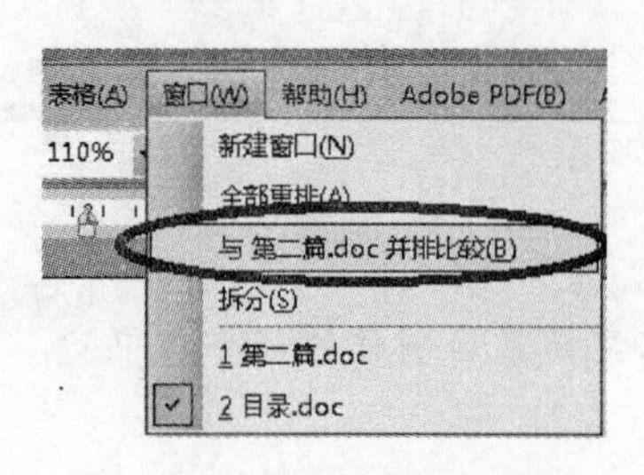

图 3-113 打开两个文档时的“窗口”菜单

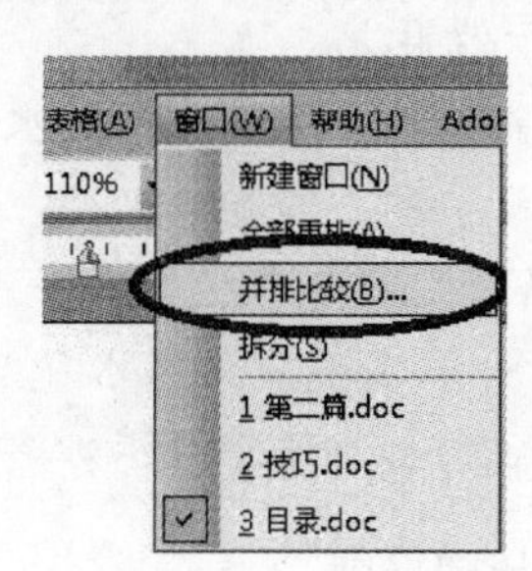

图 3-114 打开多个文档时的“窗口”菜单

图 3-115 “并排比较”对话框

图 3-116 “并排比较”工具栏

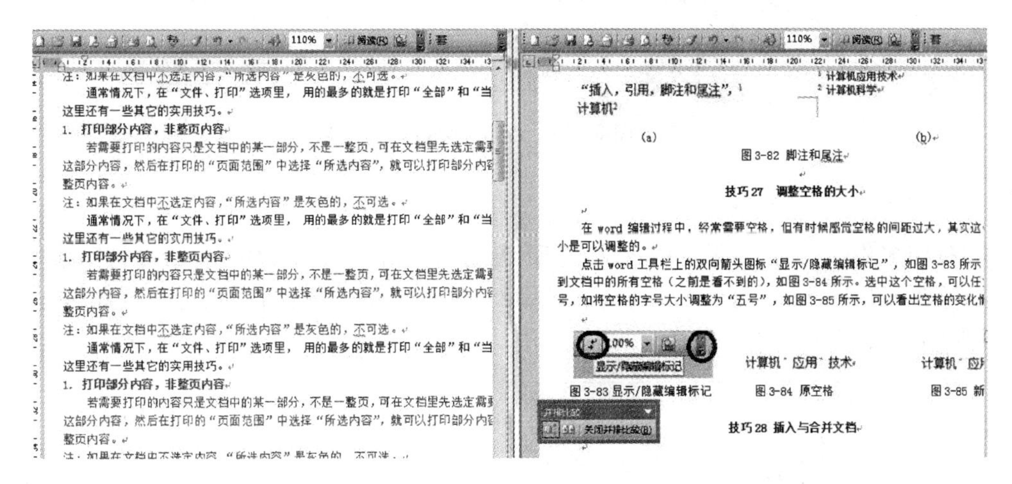

图 3-117 并排比较内容

技巧 36 打印技巧汇总

通常情况下，在打印 Word 文档时，用得最多的打印选项是“全部”和“当前页”，下面介绍一些其他的实用技巧。

1. 打印部分内容，而非整页内容

如果需要打印的内容只是文档中的某一部分，而不是一整页，可以在文档中先选定需要打印的该部分内容，然后在打印的“页面范围”中选择“所选内容”，这样就可以打印部分内容了，而非整页内容，如图 3-118 所示。

注意：如果在文档中不选定内容，“所选内容”单选按钮是灰色的，不可选。

2. 打印部分页面，而非整个文档

如果需要打印的内容只是文档中的某些页面，而不是整个文档，如只打印 1、3、5、6、7、8 页，可以在“页码范围”文本框中输入“1,3,5-8”。即非连续的页面用逗号隔开，连续的页面用连字符相连。

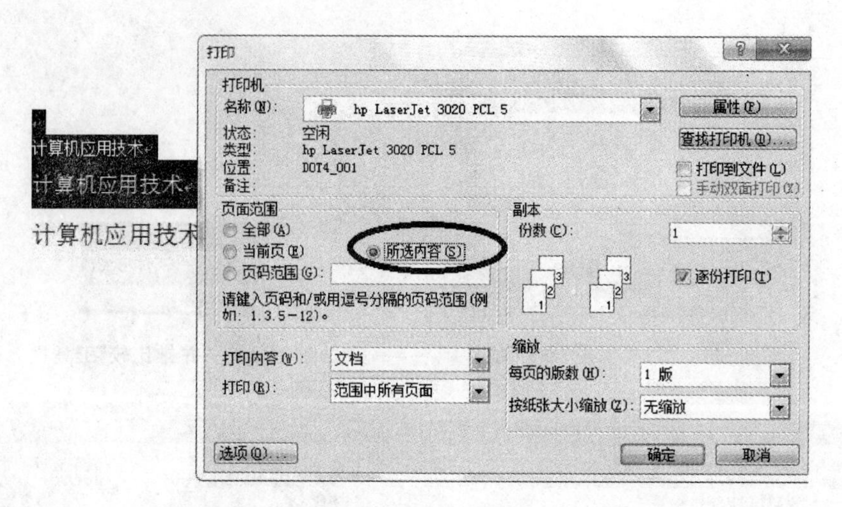

图 3-118 打印部分内容

3. 逐份打印

在打印多份文档时,如果选中“逐份打印”复选框,如图 3-119 所示,将依次打印第 1 页、第 2 页直到最后一页,再打印另一份。如果取消选中该复选框,结果是连续打印多张第 1 页,多张第 2 页。

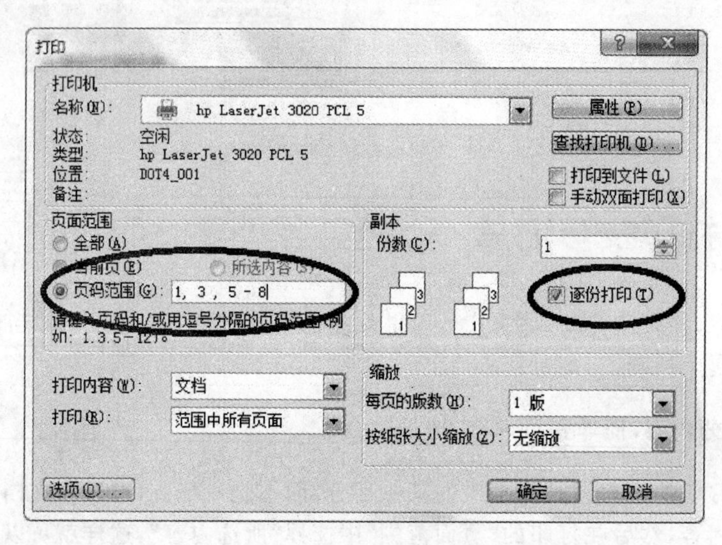

图 3-119 “打印”对话框

4. 逆页序打印

在 Word 中打印多页文档时,Word 总是从第一页打印至最后一页,在打印完后第一页在最下面,最后一页在上面。通过逆页序打印,可以把第一页放在最上面。单击“打印”对话框中的“选项”按钮,在打开的对话框中选中“逆页序打印”复选框,如图 3-120 所示,即可在打印时按逆页序从最后一页打印到第一页。

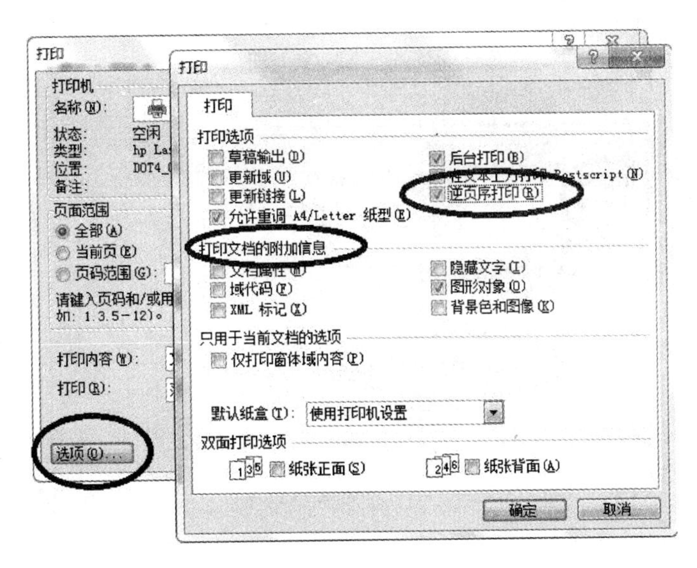

图 3-120　逆页序打印

5. 打印附加信息

如果在打印时,用户想把一些文档的附加信息也打印上,如批注、隐藏文字、域代码、背景色等,可以选中"打印文档的附加信息"选项组中的相应复选框,如图 3-120 所示。

6. 双面打印

所谓双面打印,就是指在纸的正反两面打印,以节省纸张。"打印"对话框提供了"手动双面打印"方式,但是使用这种方式容易出现问题,不太好把握,下面介绍使用另外一种方式来实现双面打印。

在"打印"对话框中,"页面范围"保留默认值"全部",在"打印"下拉列表中选择"奇数页"选项,如图 3-121 所示。奇数页打印好之后,不改变顺序,直接将它们放进纸盒中(拿出打印好奇数页的文档,直接将它们翻过去放进纸盒中)。

这时有两种情况,一种是文档在排版时最后一页刚好是偶数页,那么在"打印"下拉列表中选择"偶数页"选项,并且单击"选项"按钮,在打开的对话框中选中"逆页序打印"复选框,如图 3-122 所示,单击"确定"按钮后就可以开始打印了。另一种情况是最后一页是奇数页,此时只需将奇数页的最后一页取出来(即少放进纸盒中一页),然后设置"偶数页"和"逆页序打印"打印其余页即可。

7. 打印到文档

如果需要打印文档,但打印机出现故障或者计算机没有配备打印机,可以先将文档打印成打印机文件,然后在有打印机的计算机上直接进行打印。

在"打印"对话框中选中"打印到文件"复选框,如图 3-123 所示,单击"确定"按钮,然后在打开的"打印到文件"对话框中输入文件名,即可生成一个扩展名为".prn"的打印机文件。在其他配备打印机的计算机上用这个打印机文件即可将文档进行打印,即使那台计算机上没有安装 Word 也可以打印。

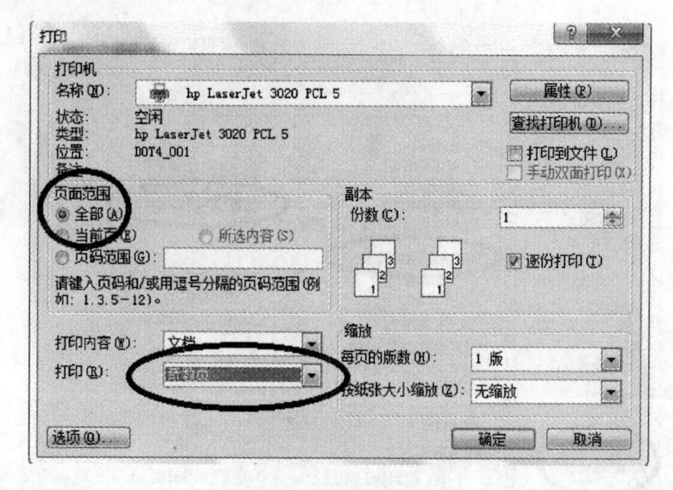

图 3-121 奇数页打印

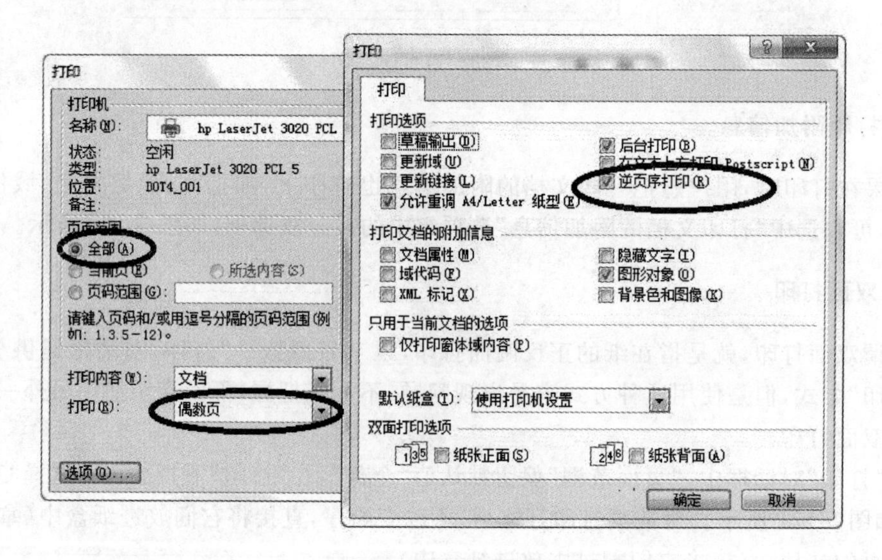

图 3-122 偶数页打印

8. 不关闭打印预览进行文档编辑

在打印文件前,用户通常先单击“打印预览”按钮,以查看文档的打印效果。如果发现有需要修改的地方,通常关闭“打印预览”进行修改,其实,不关闭“打印预览”也可以进行修改。在单击“打印预览”按钮后,可以通过“显示比例”下拉列表进行视图显示比例的放大与缩小,然后单击“放大镜”按钮,如图 3-124 所示,即可对文档进行修改编辑。

9. 按照纸张大小打印

Word 默认的打印纸张是 A4,即正常编辑状态下是 A4 纸,但有时候打印机里没有 A4 纸或者其他情况,此时可以按照纸张去选择打印。

选择“文件”|“打印”命令,打开“打印”对话框,在“按纸张大小缩放”下拉列表中选择合适的纸张进行打印即可,如图 3-125 所示。

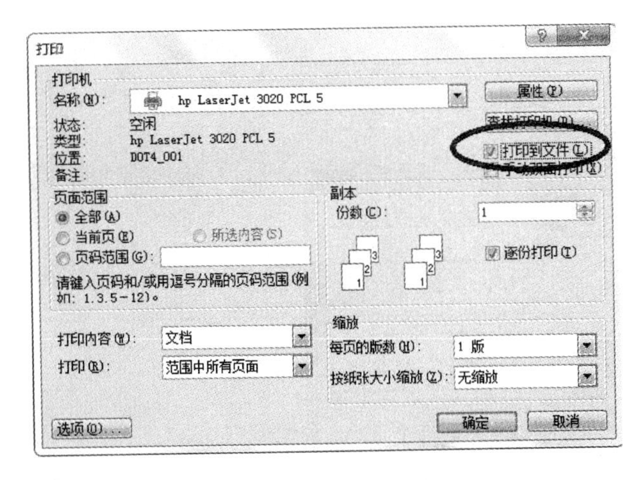

图 3-123　打印到文件

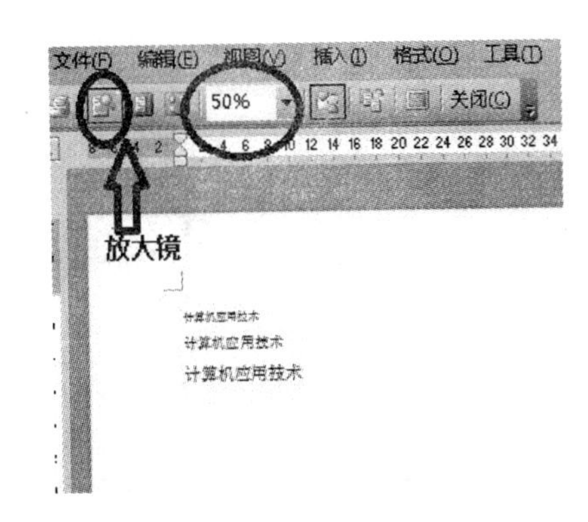

图 3-124　打印预览

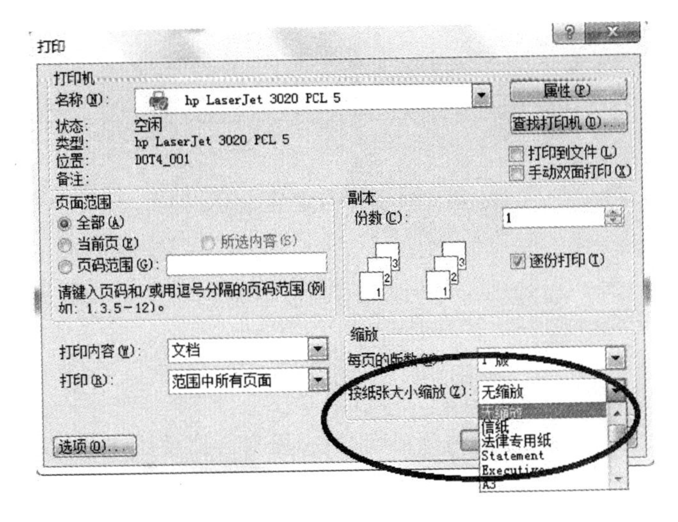

图 3-125　按纸张大小缩放

10. 孤行控制

在编辑和打印文档时，用户经常会遇到这样的情况：最后一页只有寥寥几行甚至几个字，却仍需要占用一整页的空间，不仅浪费纸张，而且版面也不好看。怎么样才能把多余的这部分文字均匀地放入前面页面？或者将这个孤行变成几行呢？下面进行介绍。

例如，当前文档的最后一页如图 3-126 所示，只有一行，通过设置段落格式，可以将其串到上一页，或者使其不再是一行。选择“格式”|“段落”命令，打开“段落”对话框，选择“换行和分页”选项卡，选中“孤行控制”复选框，如图 3-127 所示，单击“确定”按钮，即可得到如图 3-128 所示的效果。由于本文档前面只有一页，而且都是文字，所以无法向上串行，如果前面页数很多，且图文结合，即可将其串至上页。

11. 省墨打印

省墨打印其实算不上技巧，但却是经常被忽略的问题。

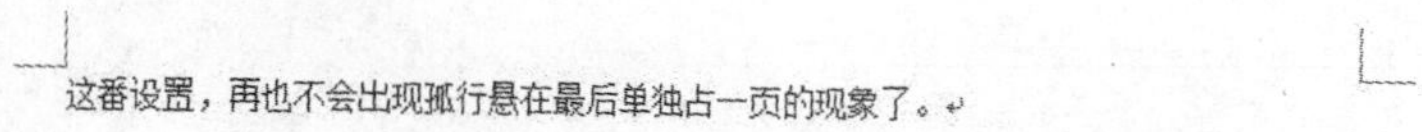

这番设置，再也不会出现孤行悬在最后单独占一页的现象了。↵

图 3-126 文档的最后一页

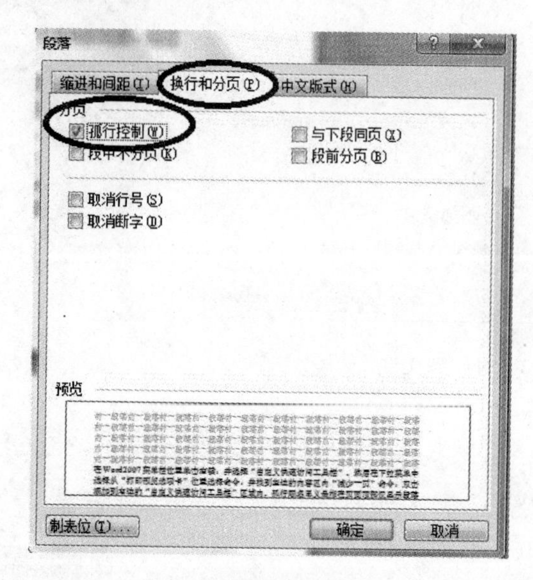

图 3-127 孤行控制设置

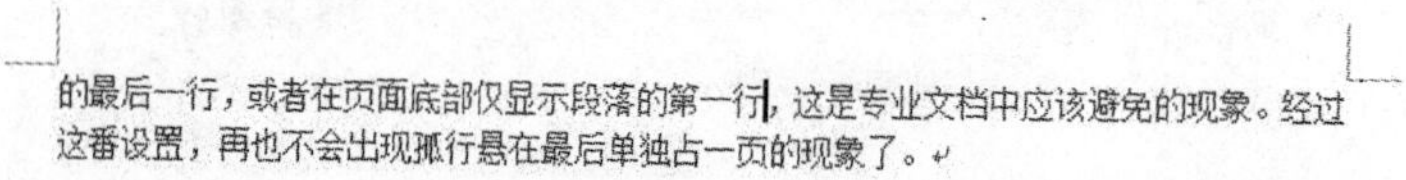

的最后一行，或者在页面底部仅显示段落的第一行，这是专业文档中应该避免的现象。经过
这番设置，再也不会出现孤行悬在最后单独占一页的现象了。↵

图 3-128 孤行控制效果

大多数打印文档都不要求极高的分辨率，所以没有必要使用很高的精度打印，因为打印精度越高，速度越慢，墨耗越高。

选择“文件”|“打印”命令，打开如图 3-129 所示的对话框，单击“属性”按钮，会打开一个对话框，在其中设置“省墨模式”或者“打印质量(即分辨率)”的选项即可。

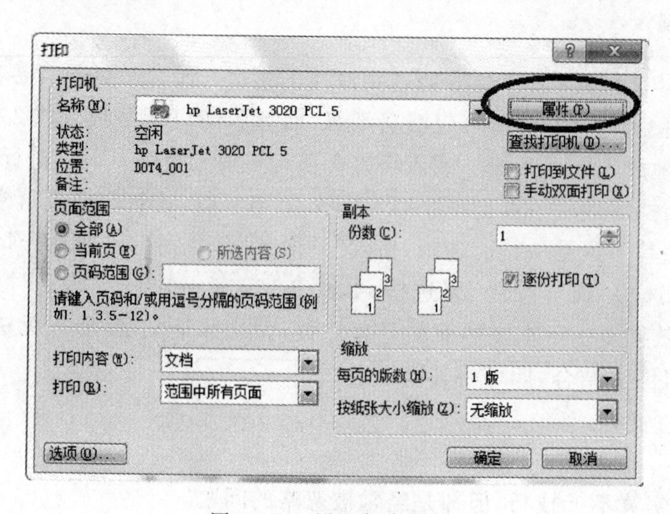

图 3-129 设置打印属性

技巧 37　精通项目符号和编号

使用项目编号可使文档条理清楚、重点突出，从而提高文档的编辑速度，因而项目符号在 Word 编辑过程中经常被使用。但在使用过程中，项目符号给大家带来方便的同时，有时也带来了麻烦。下面介绍一些有关项目编号的技巧。

1. 应用项目符号和编号

应用项目符号和编号有两种方法：手工和自动。前者即通过“项目符号和编号”对话框进行添加；后者则通过“自动更正”对话框添加，即选择“键入时自动套用格式”选项卡，选中“自动编号列表”复选框，如图 3-130 所示。

当在段首输入数学序号(一、二；㈠、㈡；1、2；(1)、(2)等)，或大写字母(A、B 等)和某些标点符号(如全角的“，”、“。”，半角的“.”)，或制表符，并插入正文，按 Enter 键输入后续段落内容时，Word 即自动将其转化为编号列表。

打开“项目符号和编号”对话框，用户可以选择“项目符号”中的一个样式，如图 3-131 所示；也可以选择“编号”中的一个样式，如图 3-132 所示。如果觉得这些样式都不合适，在选中一个样式后，还可以单击“自定义”按钮，打开如图 3-133 所示的对话框，选择其他字符和图片样式。

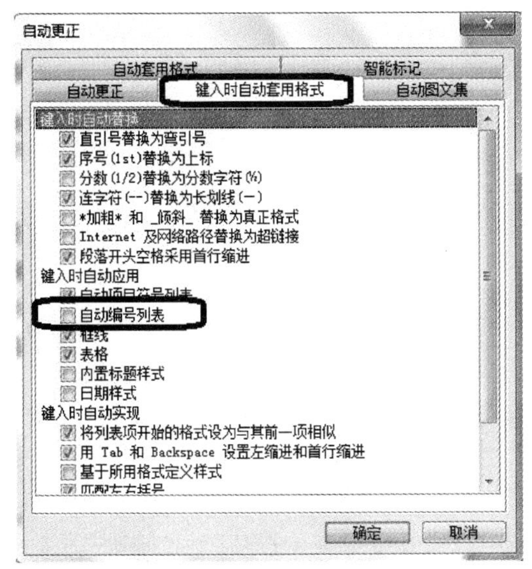

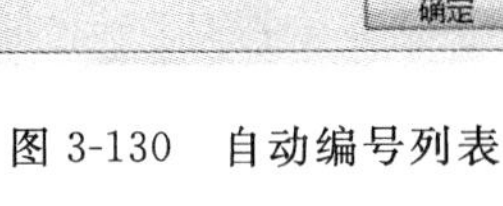

图 3-130　自动编号列表

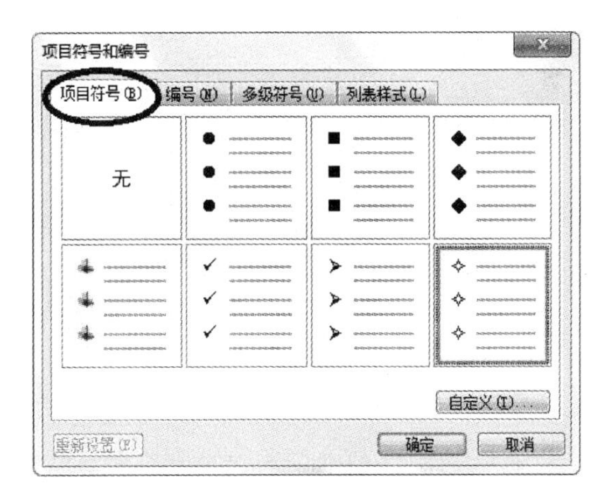

图 3-131　项目符号样式

2. 中断、删除、追加编号

如果用户要删除(取消)文档中的编号，可以采用下列方法：

第一种方法是按两次 Enter 键，此时后续段落会自动取消编号(不过同时会插入两个多余的空行)。

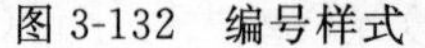
图 3-132 编号样式

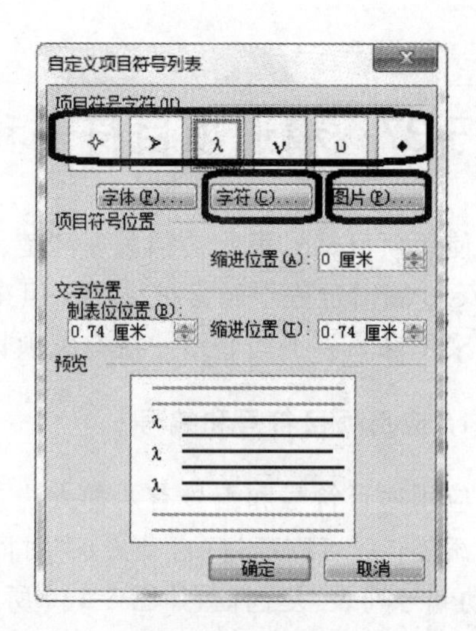

图 3-133 “自定义项目符号列表”对话框

第二种方法是将光标移到编号和正文之间，按 Backspace 键删除行首编号。

第三种方法是选定(或将光标移到)要取消编号的一个或多个段落，然后单击“编号”按钮。

以上方法都可用于中断编号列表，可根据需要进行选用。但如果要删除多个编号，只能用第三种方法。而且，如果为编号定义了快捷键，无论追加还是删除编号，此方法都最快。

将光标移到包含编号的段尾按 Enter 键，即可在下一段插入一个编号，且原有后续编号会自动调整。

3. 多种多样的编号格式

在 Word 中虽然只提供了 13 种编号样式，但用户可以自定义出不计其数的样式。例如选择图 3-132 中的第三种编号样式，打开“自定义编号列表”对话框，如图 3-134(a)所示，在汉字“一”前后添加文字变成“第一章”，如图 3-134(b)所示，即可构成新的样式。

4. 将编号转换为数字

编号具有方便、快速等特点，但用户在复制、改变编号样式等操作中有些不方便，此时可将编号转换为真正的文字编号。首先选中带编号的段落，按 Ctrl+C 键，然后选择“编辑”|“选择性粘贴”命令，按“无格式文本”将其粘贴到新位置，编号就转换为正文了。

5. 取消“一段一个编号”的固定模式

通常情况下，Word 按段落编号，即在每个段落(不管该段有多少行)开始位置处添加一个编号，但许多文档往往要将多个段落放在同一个编号内，此时可以通过以下方法来实现。

第一种方法：在第一段结束时按 Shift+Enter 键插入一个分行符，然后在下一行输入新内容就不会自动添加编号(实际和前面的内容仍然属一段)。

第二种方法：在某个编号内的第一段结束后，按两次以上 Enter 键插入需要的空段(此时编号会中断)，然后将光标移到需要接着编号的段落中，单击“编号”按钮，此时 Word 通常会接着前面的列表编号，再将光标移到前面的空段中输入内容。

第三种方法：中断编号并输入多段后，选定中断前任一带编号的文本，然后单击(或双

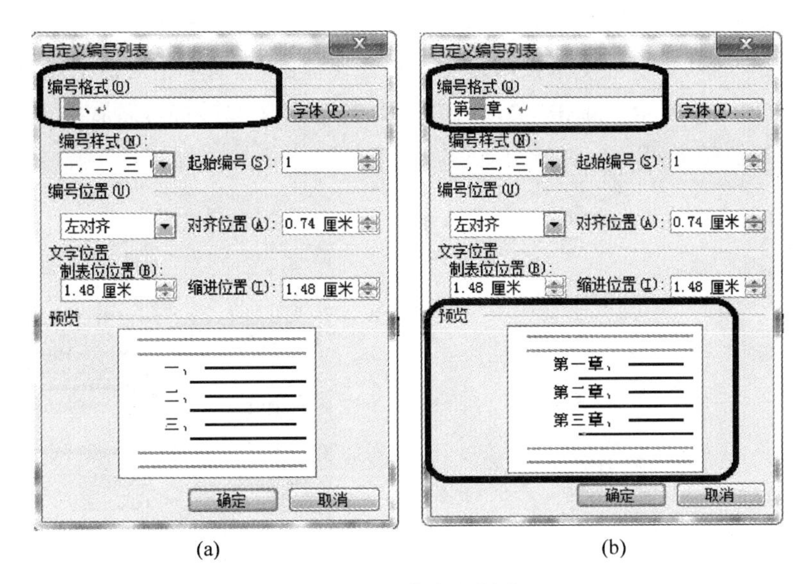

(a) (b)

图 3-134 自定义样式

击)“格式刷”按钮，再单击要接着编号的段落，即可接着编号(如果使用键盘，则先按 Ctrl+Shift+C 键复制格式，再按 Ctrl+Shift+V 键粘贴格式)。

第四种方法：中断编号并输入多段后，选定需接着编号的段落，打开“项目符号和编号”对话框，选择和上一段相同的编号样式，然后选中“继续前一列表”单选按钮。

不难发现，后 3 种方法其实都是通过中断编号来插入多段，即在一个编号内插入多段后再设法继续编号。相比之下，第一种方法要方便一些，但后续行的一些格式必须通过特殊的方法处理(如行首的缩进只能通过输入空格代替)，从而看起来是另一段。下面介绍一种快速且极其有效的方法——“多级符号”法。

首先打开“项目符号和编号”对话框，将段落编号设为“多级符号”中的一种，然后单击“自定义”按钮，将当前级别(通常为 1)的“编号样式”设成想要的样式，将下一级别(通常为 2)的“编号格式”中的所有内容删除(即无内容)。假设现在要输入 3 段文字，其中，1、3 段带编号，2 段无编号，只需将 1 段级别设为 1，它就会带编号；由于 2 段不要编号，按 Enter 键再按 Tab 键，将下一段的级别降为 2，完成，现在将 2 段内容输入；按 Enter 键输入 3 段时先按 Shift+Tab 键将该段级别升一级为 1，此时编号又出现了。

技巧 38 自定义快捷键

Word 提供了很多快捷键，有的过于麻烦记不住，有的是用户不知道的，其实用户可以自己定义快捷键。例如为上一个技巧“项目符号和编号”定义快捷键 Alt+B。

选择“工具”|“自定义”命令，打开“自定义”对话框，单击右下角的“键盘”按钮，如图 3-135 所示，打开“自定义键盘”对话框。

在“自定义键盘”对话框中，单击“类别”列表框中的“格式”选项，然后在“命令”列表框中选择“FormatBulletDefault”命令，该命令的意思是“根据当前默认值创建项目符号列表”。

用户可以为该命令指定新的快捷键，例如 Alt+B 键是一个不错的选择。当按下 Alt+B 键时，在“请按新快捷键”下方的文本框中就会出现该快捷键，然后单击对话框左下角的“指定”按钮即可，如图 3-136 所示。单击“关闭”按钮回到“自定义”对话框，然后单击“关闭”按钮，这样就完成了快捷键的定义。

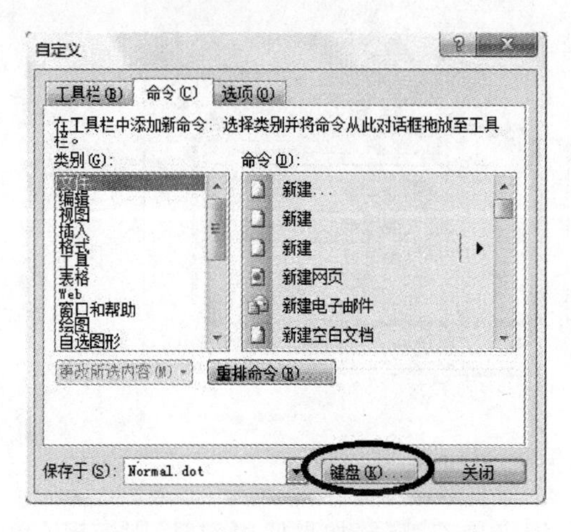

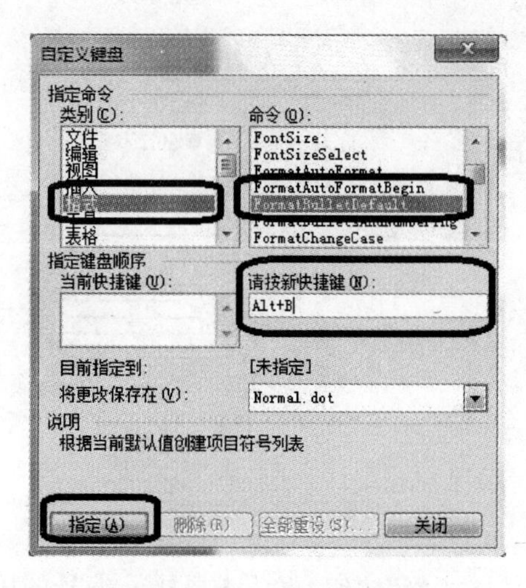

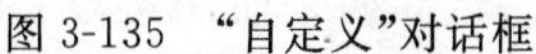

图 3-135 “自定义”对话框

图 3-136 自定义键盘

返回到 Word 编辑界面，按 Alt+B 键，看一下效果。

如果要定义一组快捷键，使得可以为某段落快速应用编号列表，只需在“命令”列表框中选择 FormatNumberDefault，新的快捷键推荐使用 Alt+N。

“命令”列表框中都是英文显示，如果用户不清楚，可以通过“百度”、“谷歌”等搜索引擎去查看，这些命令好多都是很实用的。

技巧 39 首字下沉

经常在报纸或者杂志上看到某行的第一个字是下沉的，下面介绍这种效果的设置方法。

选取内容后，选择“格式”|“首字下沉”命令，打开如图 3-137 所示的“首字下沉”对话框，设置“位置”、“字体”、“下沉行数”以及“距正文”的距离，单击“确定”按钮，效果如图 3-138 所示。

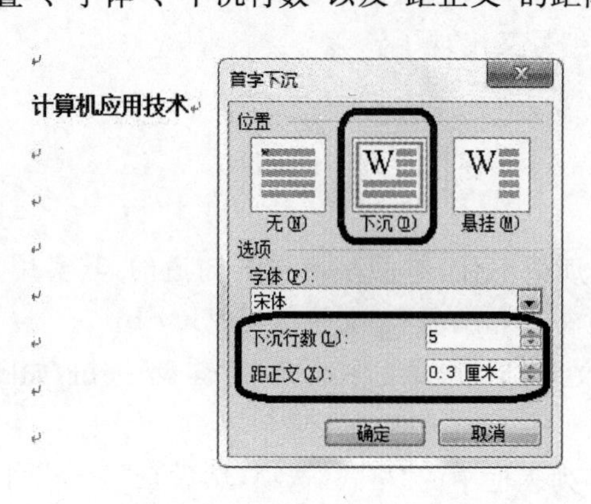

图 3-137 “首字下沉”对话框

图 3-138 首字下沉效果

技巧 40　书签

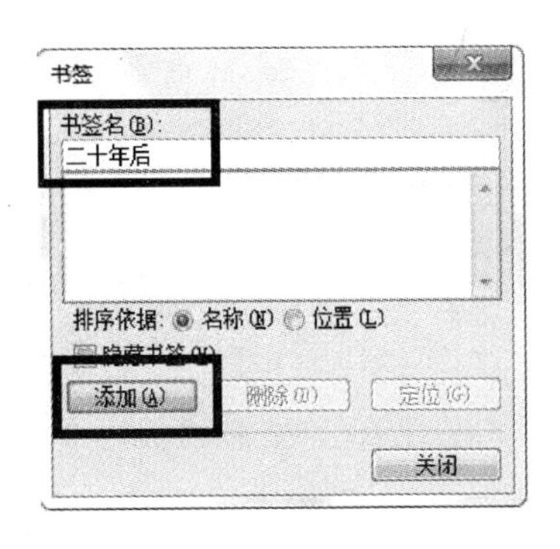

图 3-139　添加书签

当我们在编辑一个很长的 Word 文档时，文档中的导航是非常棘手的问题。例如，我们要返回到某个特定的位置进行编辑，要在很长的文档中找到这个位置是非常不容易的，往往要花上不少的时间去寻找。

Word 提供了一种书签功能，可以让用户对文档中特定的部分加上书签，这样一来，就可以非常轻松、快速地定位到特定的位置了。

方法是在要插入书签的光标位置，选择“插入”|“书签”命令，打开如图 3-139 所示的“书签”对话框，设置“书签名”，注意，只能以英文字母和汉字开头，不能以数字开头，然后单击“添加”按钮完成。

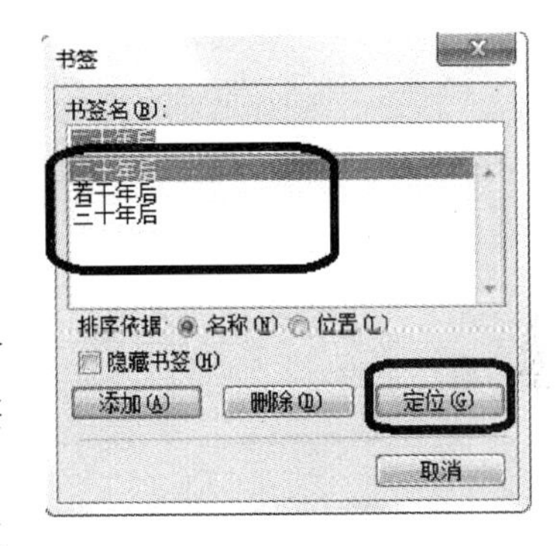

图 3-140　定位书签

当要查看这个书签位置的时候，选择“插入”|“书签”命令，打开如图 3-140 所示的“书签”对话框，找到需要的书签位置，然后单击“定位”按钮即可。

如果要删除书签，只需在图 3-140 中单击“删除”按钮即可。

技巧 41　横线的设置

在编辑 Word 文档时，为了美观，经常要设置很多横线。

选择“格式”|“边框和底纹”命令，打开如图 3-141 所示的对话框，然后单击下端的“横线”按钮，打开如图 3-142 所示的“横线”对话框，选择合适的横线，单击“确定”按钮，效果如图 3-143 所示。

图 3-141　“边框和底纹”对话框

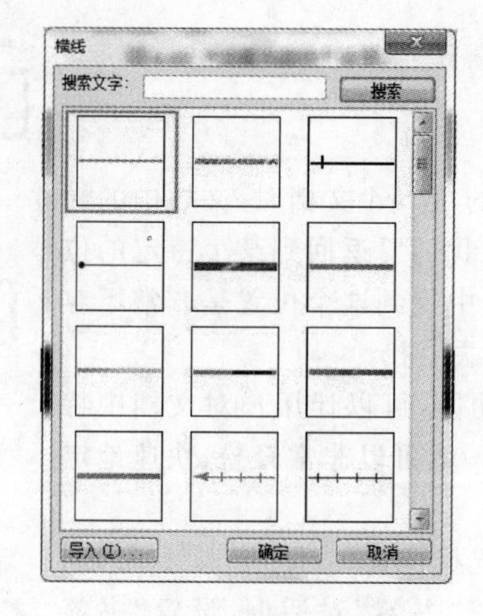

图 3-142 “横线”对话框

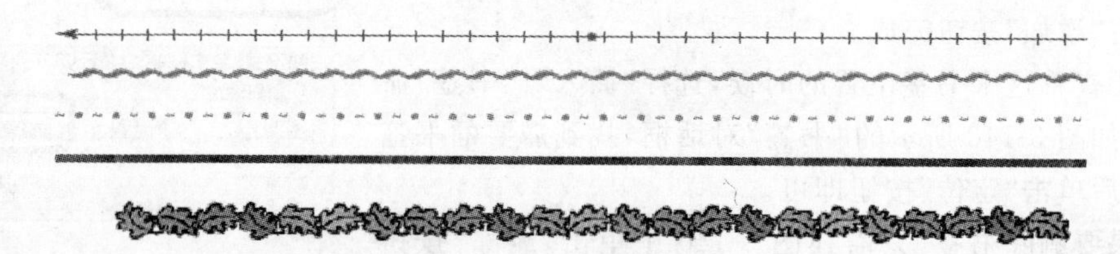

图 3-143 横线效果

技巧 42 给文档设置漂亮的边框

在 Word 文档中，除了能给表格设置漂亮的边框外，还能给整个文档(即整个页面)设置边框。

选择“格式”|“边框和底纹”命令，打开“边框和底纹”对话框，选择“页面边框”选项卡，按照图 3-144 进行设置，得到如图 3-145 所示的效果。

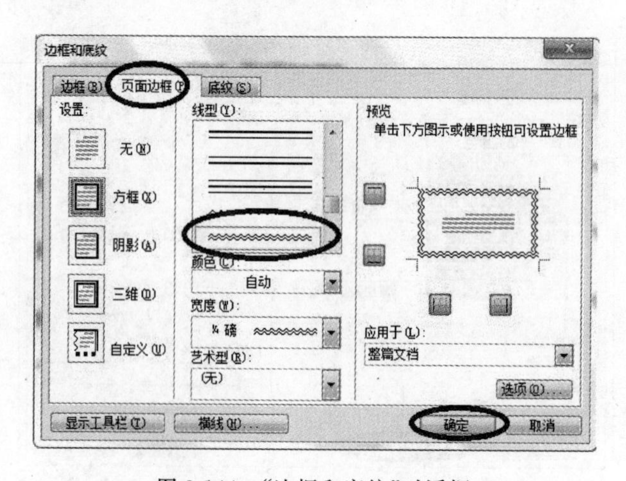

图 3-144 “边框和底纹”对话框

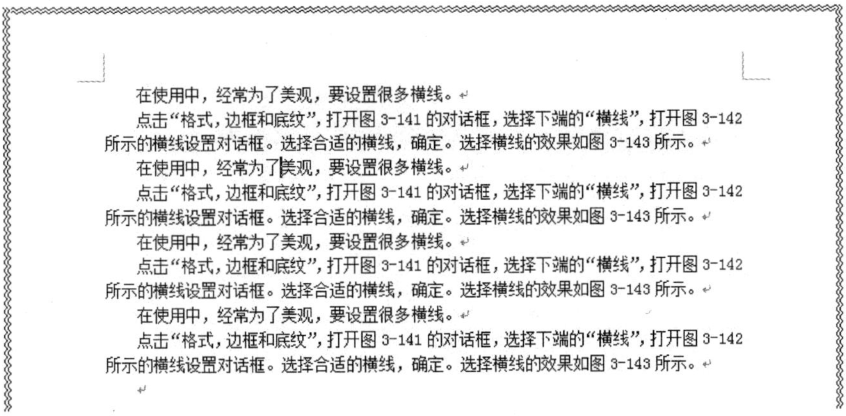

在使用中，经常为了美观，要设置很多横线。
点击“格式，边框和底纹”，打开图 3-141 的对话框，选择下端的“横线”，打开图 3-142 所示的横线设置对话框。选择合适的横线，确定。选择横线的效果如图 3-143 所示。
在使用中，经常为了美观，要设置很多横线。
点击“格式，边框和底纹”，打开图 3-141 的对话框，选择下端的“横线”，打开图 3-142 所示的横线设置对话框。选择合适的横线，确定。选择横线的效果如图 3-143 所示。
在使用中，经常为了美观，要设置很多横线。
点击“格式，边框和底纹”，打开图 3-141 的对话框，选择下端的“横线”，打开图 3-142 所示的横线设置对话框。选择合适的横线，确定。选择横线的效果如图 3-143 所示。
在使用中，经常为了美观，要设置很多横线。
点击“格式，边框和底纹”，打开图 3-141 的对话框，选择下端的“横线”，打开图 3-142 所示的横线设置对话框。选择合适的横线，确定。选择横线的效果如图 3-143 所示。

图 3-145 “边框和底纹”效果

在图 3-144 中，继续进行设置，如图 3-146 所示，得到如图 3-147 所示的效果。

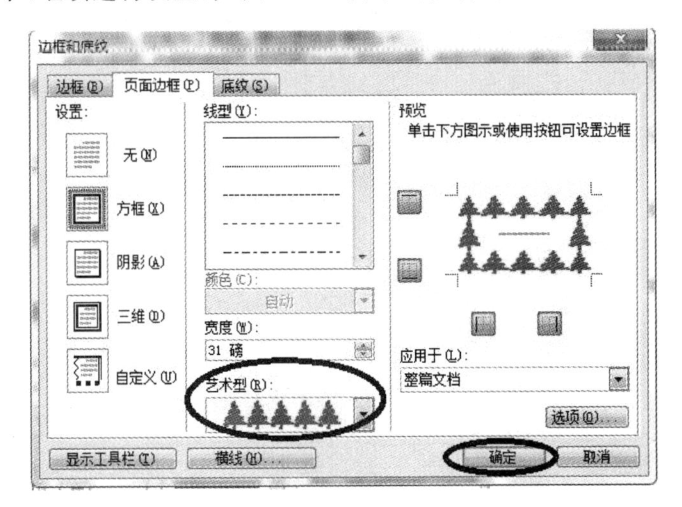

图 3-146 设置艺术型选项

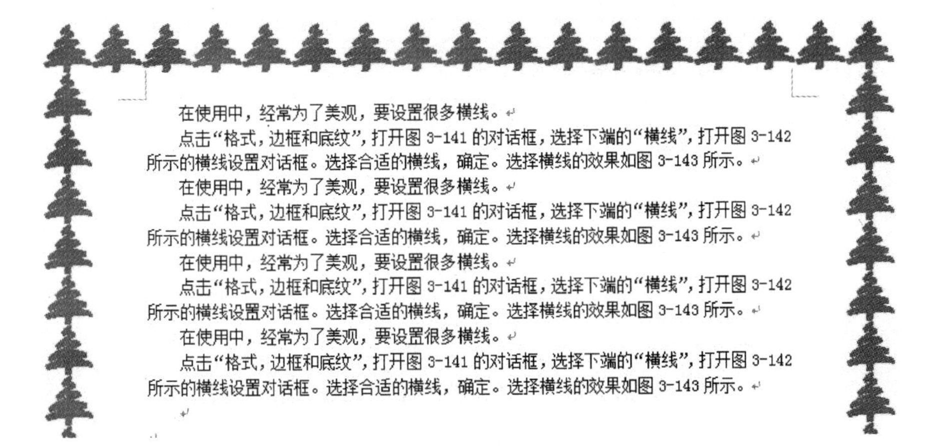
在使用中，经常为了美观，要设置很多横线。
点击“格式，边框和底纹”，打开图 3-141 的对话框，选择下端的“横线”，打开图 3-142 所示的横线设置对话框。选择合适的横线，确定。选择横线的效果如图 3-143 所示。
在使用中，经常为了美观，要设置很多横线。
点击“格式，边框和底纹”，打开图 3-141 的对话框，选择下端的“横线”，打开图 3-142 所示的横线设置对话框。选择合适的横线，确定。选择横线的效果如图 3-143 所示。
在使用中，经常为了美观，要设置很多横线。
点击“格式，边框和底纹”，打开图 3-141 的对话框，选择下端的“横线”，打开图 3-142 所示的横线设置对话框。选择合适的横线，确定。选择横线的效果如图 3-143 所示。
在使用中，经常为了美观，要设置很多横线。
点击“格式，边框和底纹”，打开图 3-141 的对话框，选择下端的“横线”，打开图 3-142 所示的横线设置对话框。选择合适的横线，确定。选择横线的效果如图 3-143 所示。

图 3-147 艺术型效果

技巧 43　文字的特殊效果

Word 允许对字体进行特殊设置，如阴影、空心、动态效果等。

选中文字后，选择“格式”|“字体”命令，打开“字体”对话框，如图 3-148 所示，根据需要选中“阴影”、“空心”、“阳文”、“双删除线”等复选框，可以得到如图 3-149 所示的效果。

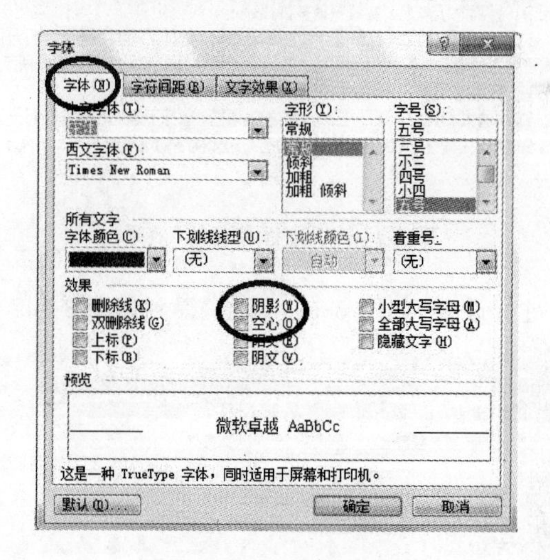

图 3-148　“字体”对话框

特殊效果　特殊效果　特殊效果　特殊效果

图 3-149　特殊效果

在图 3-148 中选择“文字效果”选项卡，对话框如图 3-150 所示，在其中选择一种动态效果，可以得到如图 3-151 所示的效果。

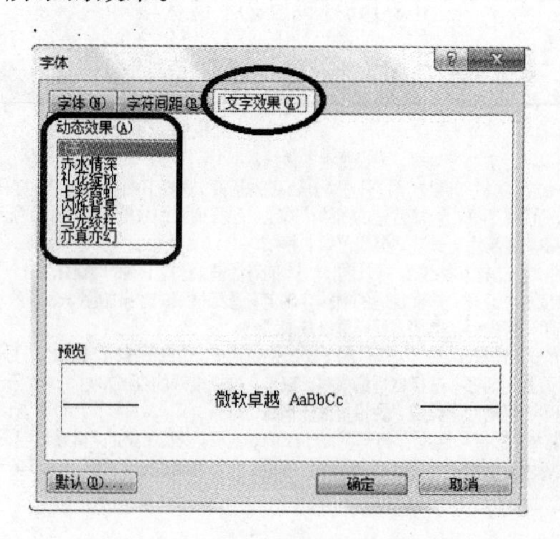

图 3-150　“文字效果”选项卡

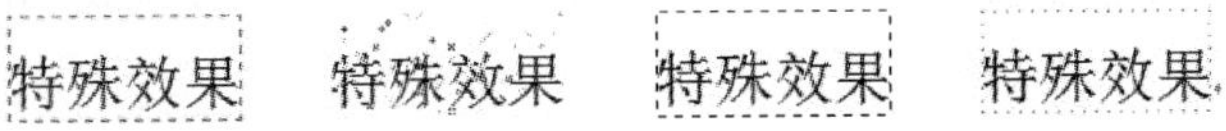

特殊效果　特殊效果　特殊效果　特殊效果

图 3-151　文字动态效果

技巧 44　宏的使用技巧

宏是一个批处理程序命令，正确地运用它可以提高工作效率。在 Word 中，一个简单的操作，例如单击，可以完成多项任务。又如将从网上复制的网页内容粘贴到 Word 中可能会产生很多空行，有的行距又很大，手工去除空行、改行距、进行页面设置等较麻烦，如果录制一个宏，用户只要按一下设定的快捷键，一切工作就能自动完成了。另外，在家经常使用的一些功能也在不知不觉地使用宏，例如 Word 的稿纸功能实际上是已经设置好的“页眉和页脚”的一个宏。宏是一系列 Word 命令和指令，这些命令和指令组合在一起，形成了一个单独的命令，以实现任务执行的自动化。所以，如果用户在 Word 中反复执行某项任务，可以使用宏自动执行该任务。

下面通过介绍几个具体的实例来讲解宏的制作过程。

1．自动加密文件

如果不希望编辑好的 Word 文件被别人看见，可以对文件进行加密，但是这样的文件很多，如果每个文件都进行加密会很麻烦，此时可以利用 Word 的宏功能自动给 Word 文件进行加密。

打开 Word，选择“工具”|“宏”|“录制新宏”命令，打开“录制宏”对话框，如图 3-152 所示。在“宏名”文本框中输入一个名称，如“自动加密”，然后在“将宏保存在”下拉列表中选择“所有文档(Normal. dot)”选项，并将宏指定到“工具栏”，此时会打开如图 3-153 所示的对话框，选择“命令”选项卡，在“命令”列表框中会出现“Normal. NewMacros. 自动加密”，将其拖到“常用”工具栏上，如图 3-154 所示。

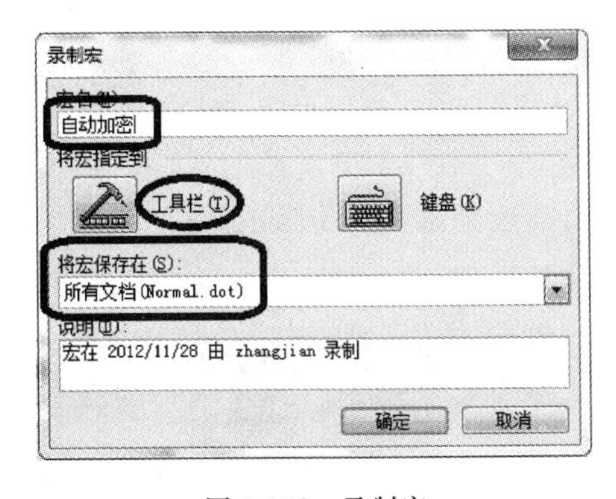

图 3-152　录制宏

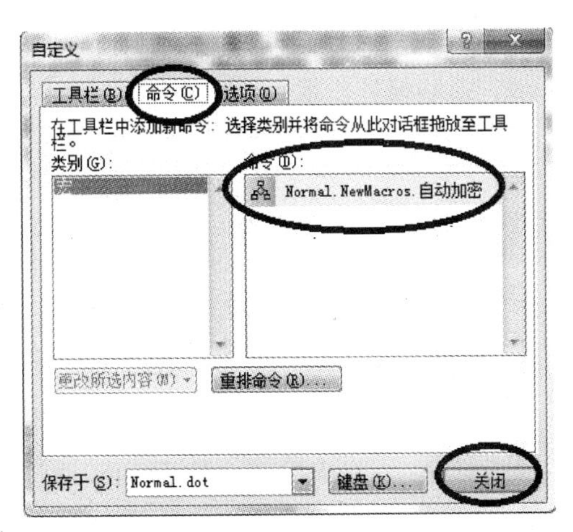

图 3-153　“自定义”对话框

单击“关闭”按钮，会弹出一个小的浮动工具栏，如图 3-155 所示，此工具栏上有两个按钮，左边是“停止录制”按钮，右边是“暂停录制”按钮。

图 3-154 自动加密按钮

图 3-155 浮动工具栏

选择“工具”|“选项”命令，打开“选项”对话框，在“安全性”选项卡中设置打开文件时的密码，如图 3-156 所示，完成后单击“确定”按钮。

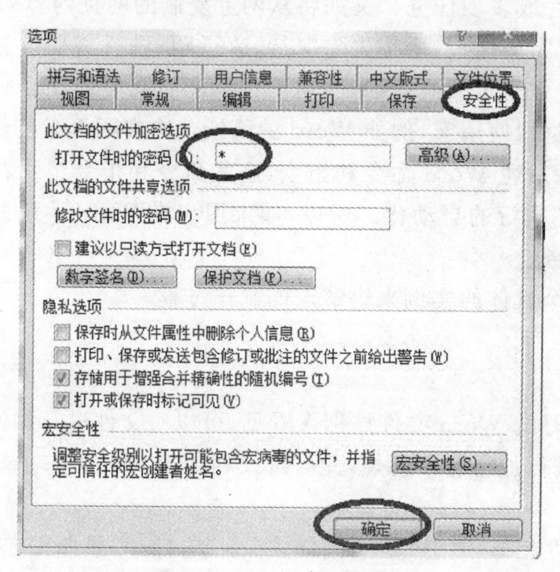

图 3-156 “选项”对话框

单击如图 3-155 所示的浮动工具栏中的“停止录制”按钮，完成宏的录制。

以后用户在使用 Word 时，只要单击“常用”工具栏中的“Normal. NewMacros. 自动加密”按钮就可以自动进行加密。

2. 自动格式设置

由于工作和学习的需要，大家经常在网上阅读大量的信息，但由于网上的文字格式不一；需要将内容保存下来，并且用 Word 打开，精心设置其格式、字体后再阅读。但是每次阅读都重新设置一番，非常麻烦，此时可以通过宏来实现。

打开一篇文档，用鼠标任选一段文字。然后按照前述录制宏的步骤，将图 3-152 中的“宏名”改成“阅读”，这时“常用”工具栏上出现了如图 3-157 所示的按钮。

图 3-157 阅读按钮

接着开始录制宏，选择“格式”|“字体”，打开“字体”对话框进行字体设置，如图3-158所示。最后停止录制宏完成自动格式设置，即自定义阅读模式结束。

以后在使用Word时，只要单击“常用”工具栏上的“Normal. NewMacros.阅读”按钮就可以自动更改阅读格式。

3. 打印多个Word文档中的同一页

有时候用户需要打印某些文档，但不是所有页，只是打印某页，如文件夹中有10个Word文档，只打印每个文档的第2页，此时可以通过创建宏的代码来实现。

选择“工具”|“宏”|“宏”命令，打开“宏”对话框，如图3-159所示。在“宏名”文本框中输入名称，如“打印第2页”，然后单击“创建”按钮，打开VB语言的宏编辑区，如图3-160所示。

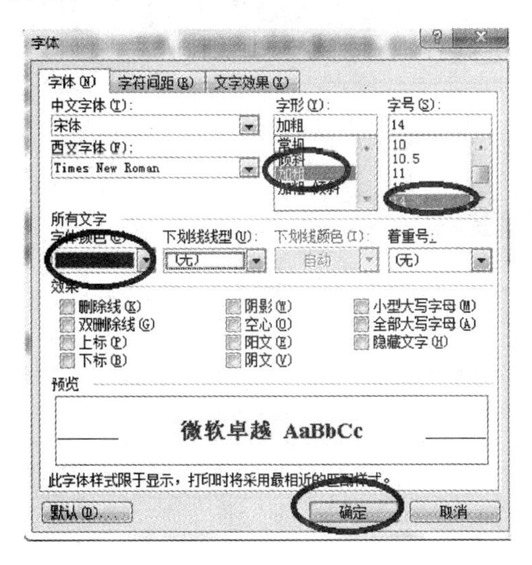

图3-158 字体设置

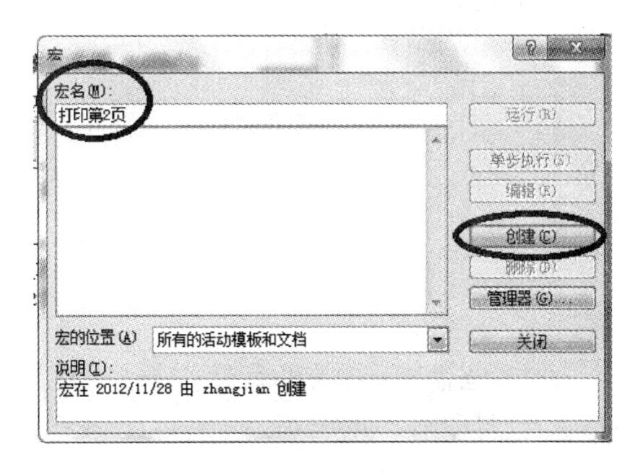

图3-159 创建宏

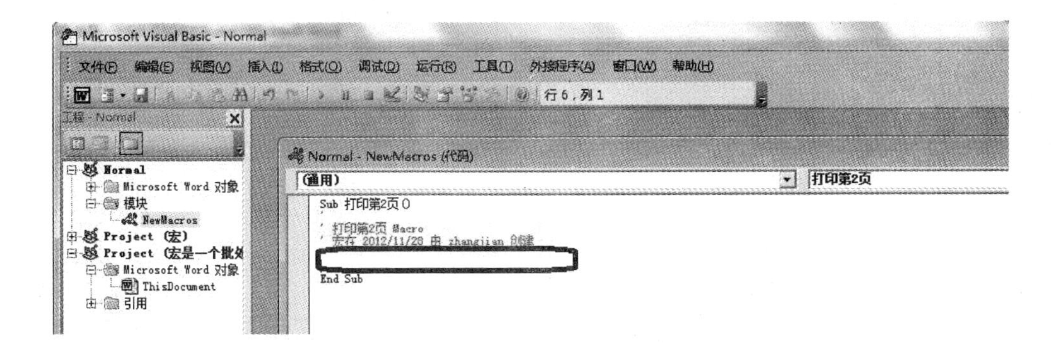

图3-160 打开VB语言的宏编辑区

在默认鼠标位置输入以下代码：

```
On Error Resume Next
'本例代码将批量打印本文档所在文件夹中所有doc文档的第2页
```

```
'请将需要批量打印的文档置于本文档相同的文件夹中
'From 为该打印文档的起始页,To 为截止页
adoc = Dir("*.DOC")
Do While adoc <> ""
    Application.PrintOut FileName:= adoc, Range:= wdPrintFromTo, From:= "2",   To:=
"2"
    adoc = Dir()
Loop
```

将以上代码输入,如图 3-161 所示,关闭该窗口。

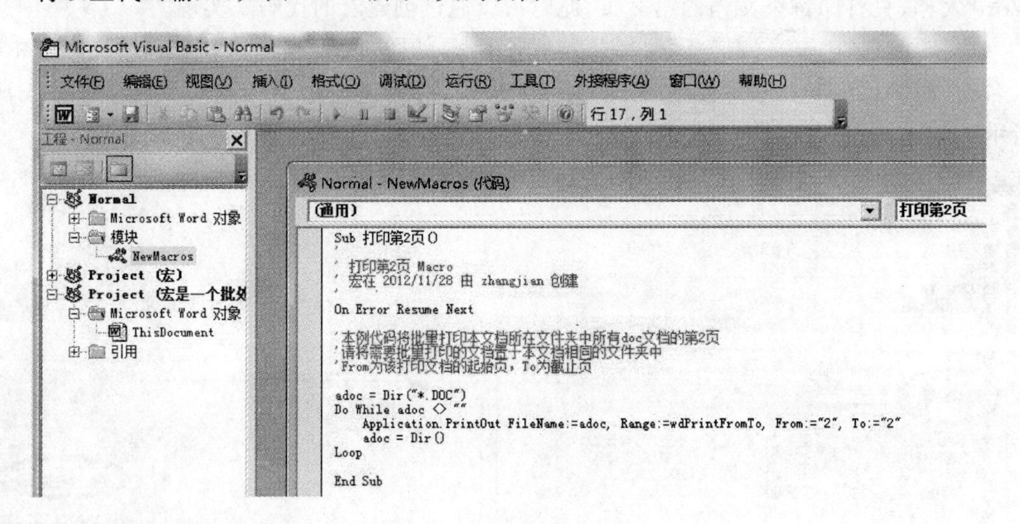

图 3-161　编辑宏代码

此后,当需要打印第 2 页时,选择“工具”|“宏”|“宏”命令,打开如图 3-162 所示的对话框,选择“打印第 2 页”选项,单击“运行”按钮即可。

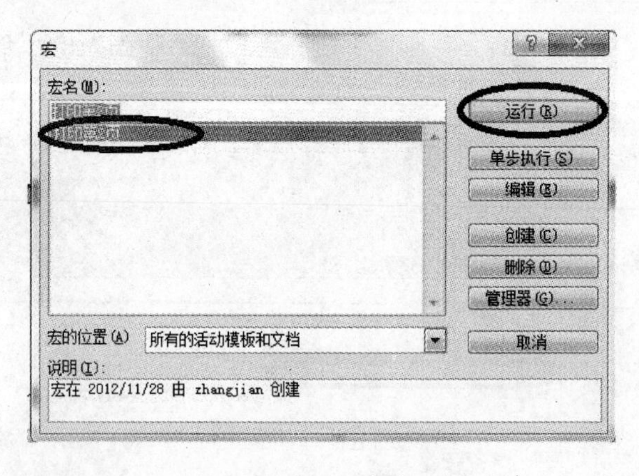

图 3-162　运行宏

如果想打印第 3 页,只需将代码“From:="2", To:="2"”中的数字修改成“3”即可;如果想打印 2～5 页,只需将代码“From:="2", To:="2"”修改成“From:="2", To:="5"”即可。

第4章 Word表格处理技巧精选

表格是Word中常用的功能，通过绘制表格，可以更加直观、方便地体现数据和文本之间的关系。本章精选出一些有关表格的处理技巧，包括如何快速创建表格，表格中公式的运用等，下面进行介绍。

技巧1　快速创建表格

创建表格有以下几种方式。

1. 使用“插入表格”按钮创建表格

在“常用”工具栏上单击“插入表格”按钮，如图4-1所示，选择需要的行、列数，再次单击，这时就会在文档中出现一个表格(在Word 2003中可以选择的表格大小为1×1至4×5)。例如，选择3×4表格，得到如图4-2所示的表格。

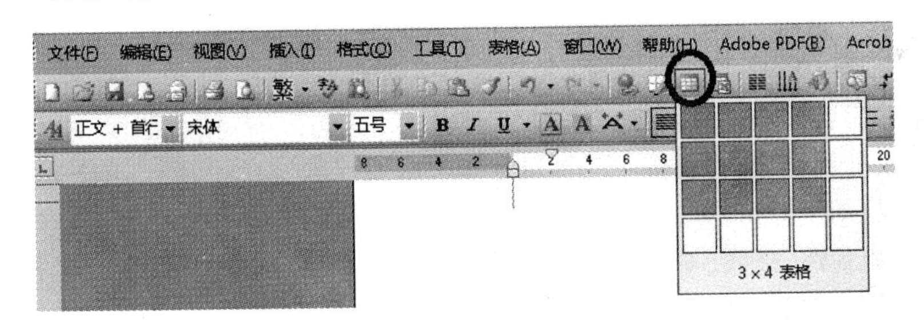

图4-1　使用“插入表格”按钮创建表格

↵	↵	↵	↵
↵	↵	↵	↵
↵	↵	↵	↵

图4-2　创建的表格

2. 使用“表格”命令创建表格

选择“表格”|“插入”|“表格”命令，打开“插入表格”对话框。在“列数”和“行数”输入框中输入表格的行数和列数，行数可以无限大，但列数介于1～63。在此设置“列数”为4、“行数”为3，如图4-3所示，同样可以得到如图4-2所示的表格。

3. 使用“表格自动套用格式”命令创建表格

选择“表格”|“表格自动套用格式”命令，打开“表格自动套用格式”对话框，如图 4-4 所示，选择合适的“表格样式”，在“预览”中查看效果，然后单击“应用”按钮打开如图 4-3 所示的对话框，选择行、列数即可。

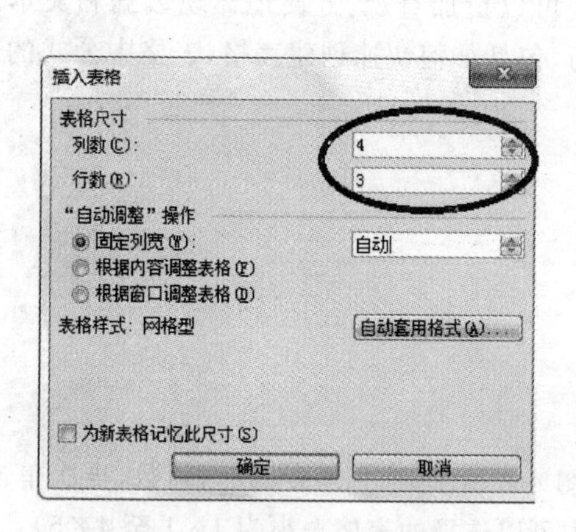

图 4-3 “插入表格”对话框

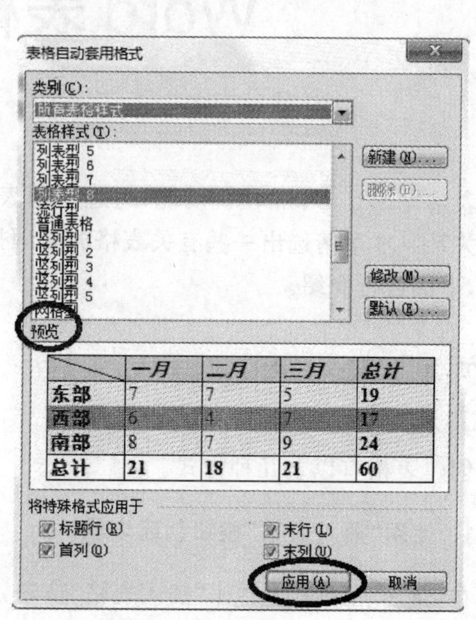

图 4-4 “表格自动套用格式”对话框

4. 使用“表格和边框”按钮创建表格

在“常用”工具栏上单击“表格和边框”按钮，如图 4-5 所示，打开如图 4-6 所示的“表格和边框”工具栏。单击“绘制表格”按钮，鼠标指针将变成笔形，将其移到文本区中，从要创建的表格的一角拖动至对角，可以确定表格的外围边框。在创建的外框或已有表格中，可以利用笔形指针绘制横线、竖线、斜线，从而绘制表格的单元格。

图 4-5 使用“表格和边框”按钮创建表格

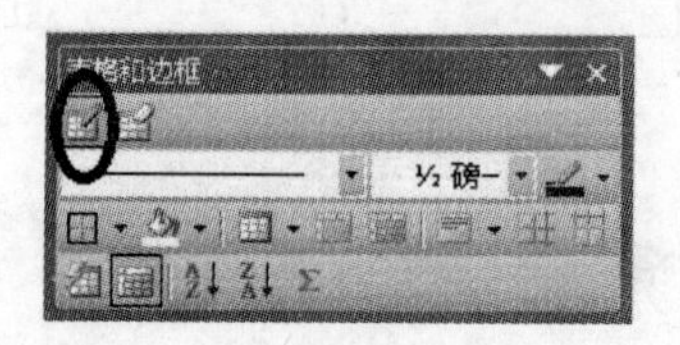

图 4-6 “表格和边框”工具栏

5. 使用键盘创建表格

在使用此方法前，用户要确定是否打开了此功能。

选择"工具"|"自动更正选项"命令，打开如图 4-7 所示的"自动更正"对话框，选择"键入时自动套用格式"选项卡，在"键入时自动应用"选项组中选中"表格"复选框，单击"确定"按钮。

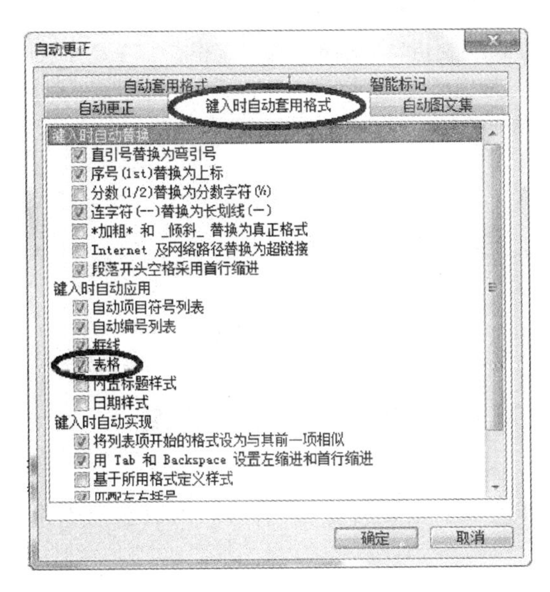

图 4-7　"自动更正"对话框

在要插入表格的起始位置输入"加号(＋)"，即表格的第一个单元格，然后输入"空格"，"空格"的多少决定了单元格的宽度，确定好空格数量后，再输入"加号(＋)"，然后输入"空格"，最后以"加号(＋)"结束，按 Enter 键，即可产生一行表格，如图 4-8 所示。

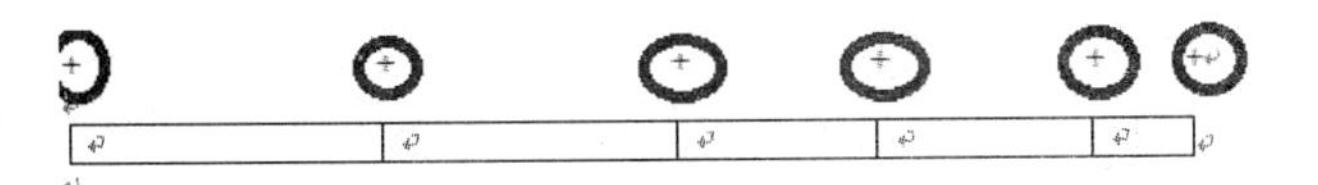

图 4-8　用加号(＋)产生表格

如果要产生多行表格，只需将光标移到最后一个单元格内，按 Tab 键，此时可得到同样的表格。

6. 使用"插入 Microsoft Excel 工作表"按钮创建表格

在"常用"工具栏上单击"插入 Microsoft Excel 工作表"按钮，如图 4-9 所示，选择需要的行、列数，得到如图 4-10(a)所示的 Excel 表格编辑区，在其中任一单元格中输入数据，然后在编辑区外单击，可以得到如图 4-10(b)所示的表格。若要对其进行修改，双击该表格进入其编辑区修改即可。

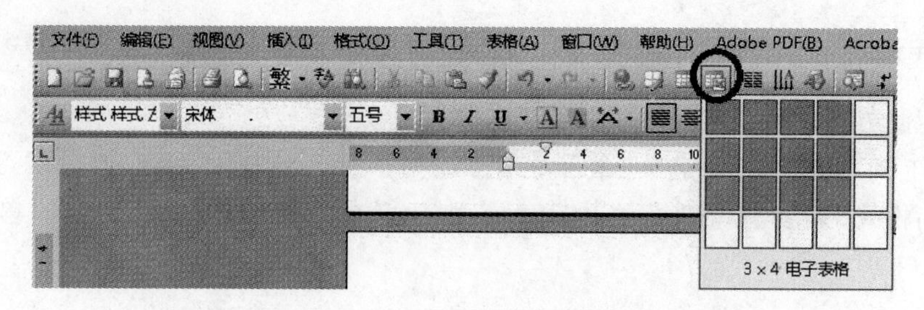

图 4-9 使用“Microsoft Excel 工作表”按钮创建表格

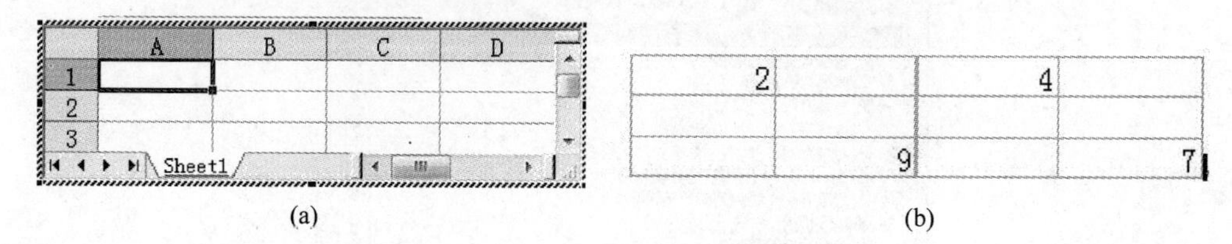

(a) (b)

图 4-10 创建表格

技巧 2 快速插入或删除行、列单元格

用户可以对已经制作好的表格进行修改，例如插入或删除表格的行、列及单元格，合并或拆分单元格等。

如果要在表格中插入、删除行或列，可以使用键盘、菜单命令或工具按钮的方法。下面以图 4-11 所示的表格为例介绍插入和删除行、列及单元格的方法。

1	2	3	4
5	6	7	8
9	10	11	12

图 4-11 表格实例

1. 插入行或列

给一个表格插入行常用的方法有以下 5 种：

(1) 如果要在表格的任一行后面插入一行，可将光标移到某行的最右边(表格外面)，然后按 Enter 键，在当前行的下面插入一行，如图 4-12(a)所示。

(2) 如果要在表格的最后一行后面插入一行，可将光标移到该表格最后一行的最后一个单元格里面，然后按 Tab 键，如图 4-12(b)所示。

(3) 如果要在表格的任一行后面插入一行，可将光标移到某行的最右边(表格外面)，然后选择“表格”|“插入”|“行(在下方)”命令，在末尾插入一行，如图 4-12(b)所示。

(4) 如果要在表格的某行后面插入几行，例如在图 4-11 所示的表格末尾插入两行，先选中最后两行，然后选择“表格”|“插入”|“行(在下方)”命令，即可在末尾插入两行，如图 4-12(c)所示。当然，也可选中其他连续的行，然后将新插入的行插入在选中行的下面。

(5) 如果要插入行或列，也可以通过“表格和边框”工具栏中的“插入表格”下拉菜单中的命令，如图 4-13(a)所示。

对于列的操作，用户可以参考对行的操作。

1	2	3	4
5	6	7	8
9	10	11	12

(a)

1	2	3	4
5	6	7	8
9	10	11	12

(b)

1	2	3	4
5	6	7	8
9	10	11	12

(c)

图 4-12 插入行

2. 删除行或列

(1) 将光标放在某个单元格中，选择“表格”|“删除”|“行”或“列”命令，即可删除光标所在的行或列。

(2) 将光标放在某个单元格中，右击选择“删除单元格”命令，打开如图 4-13(b)所示的对话框，选中“删除整行”或者“删除整列”单选按钮，然后单击“确定”按钮即可删除光标所在的行或列。

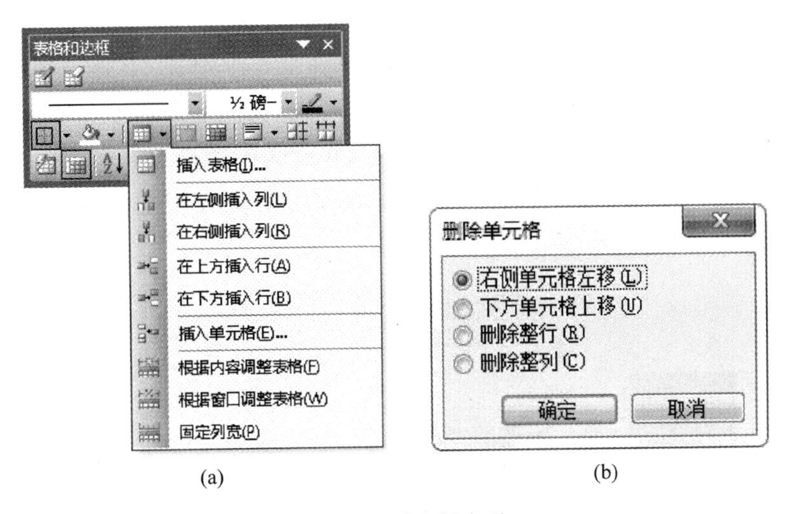

(a) (b)

图 4-13 删除行或列

(3) 当要删除行时，可以选中要删除的行，按 Backspace 键，打开如图 4-13(b)所示的对话框进行设置；当要删除列时，选中要删除的列，按 Backspace 键，不打开如图 4-13(b)所示的对话框，直接删除该列。

3. 合并和拆分表格

如果需要将几个表格合并为一个表格，只要删除上、下两个表格之间的内容或回车符即可，如图 4-14 所示。

1	2	4
5	6	8
9	10	12

45454545454545

1	2	4	
5	6	8	
9	10	12	

1	2	4	
5	6	8	
9	10	12	
1	2	4	
5	6	8	
9	10	12	

图 4-14　合并表格

如果要将一个表格拆分为上、下两个表格，先将光标置于拆分的第二个表格上，然后选择“表格”|“拆分表格”命令，或者按 Ctrl＋Shift＋Enter 键，就可以拆分表格了，如图 4-15 所示。

1	2	4	
5	6	8	
9	10	12	
1	2	4	
5	6	8	
9	10	12	

1	2	4
5	6	8
9	10	12

1	2	4	
5	6	8	
9	10	12	

图 4-15　上下拆分表格

如果要将一个表格拆分为左、右两个表格，首先使表格下方至少有两个空行，即两个回车符，如图 4-16(a)所示。然后选中要拆分的表格，用鼠标左键将其拖到表格下方第二个回车符处，如图 4-16(b)所示。最后拖住表格左上角的标记，将表格拖曳到上半部表格的右侧，如图 4-16(c)所示。

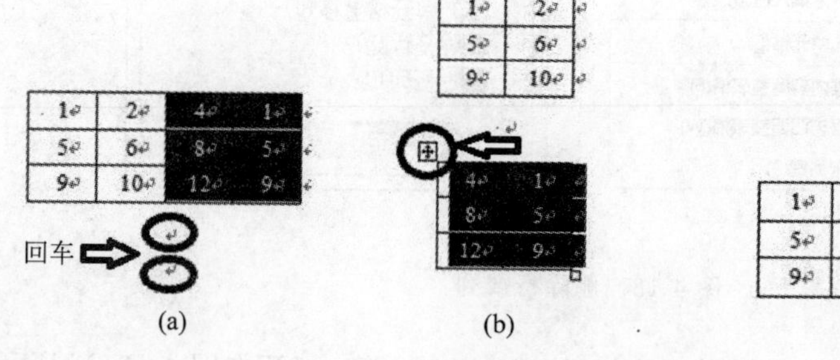

1	2
5	6
9	10

4	1
8	5
12	9

(c)

图 4-16　左右拆分表格

4. 合并和拆分单元格

如果要合并单元格，首先选择需要合并的单元格，然后选择“表格”|“合并单元格”命令，即可将多个单元格合并在一起。

用户也可以选择需要合并的单元格，然后右击，在快捷菜单中选择“合并单元格”命令合并单元格。

当然，也可以在“表格和边框”工具栏中单击“合并单元格”按钮，得到同样的效果。

如果要拆分单元格，先将光标放到要拆分的单元格中，如图 4-17(a)所示，然后选择“表格”|“拆分单元格”命令，打开“拆分单元格”对话框，如图 4-17(b)所示，选择需要的行、列数，单击“确定”按钮，得到如图 4-17(c)所示的效果。

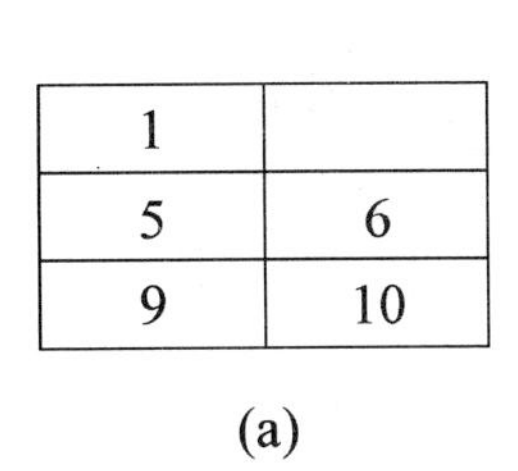

1	
5	6
9	10

(a)

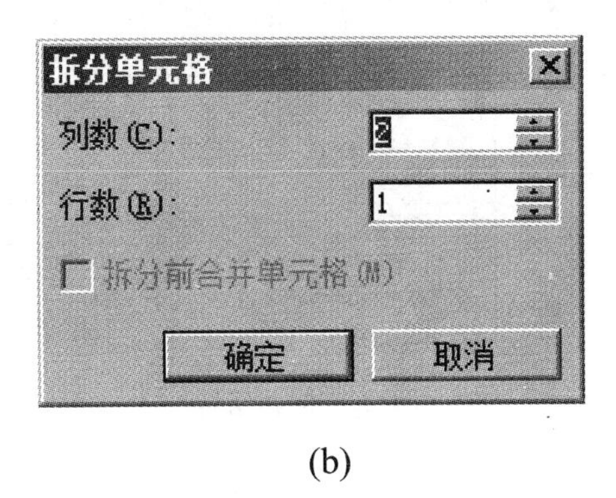

(b)

1		
5	6	
9	10	

(c)

图 4-17　拆分单元格

当然，拆分单元格也可以通过右击，选择“拆分单元格”命令进行，或者单击“表格和边框”工具栏中的“拆分单元格”按钮进行。

技巧 3　快速绘制表格的斜线表头

斜线表头是复杂表格经常用到的一种格式，Word 的表格具有自动绘制斜线表头的功能。

表格的斜线表头一般在表格的第一行第一列。在设置表格的斜线表头前，要先将该斜线表头的单元格拖动到足够大，然后执行以下操作：

(1) 将插入点定位在要绘制斜线表头的单元格中。

(2) 选择“表格”|“绘制斜线表头”命令，打开如图 4-18 所示的对话框，在“表头样式”下拉列表中选择一种样式(共有 5 种可选择)，在“字体大小”下拉列表中选择表头的字体，然后分别在“行标题一”、“行标题二”和“列标题”上输入名称，单击“确定”按钮得到如图 4-19 所示的表格。

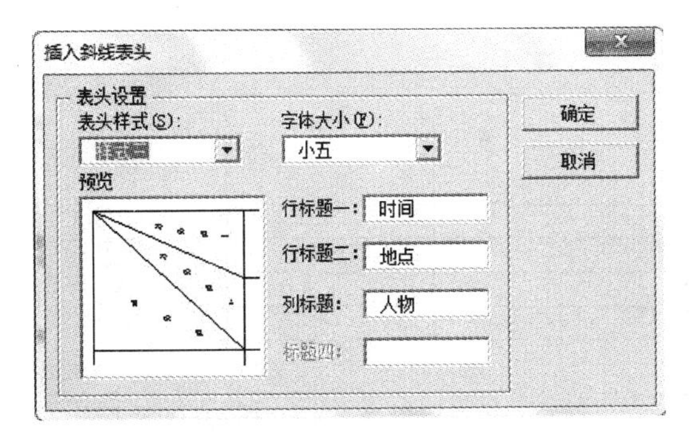

图 4-18　“插入斜线表头”对话框

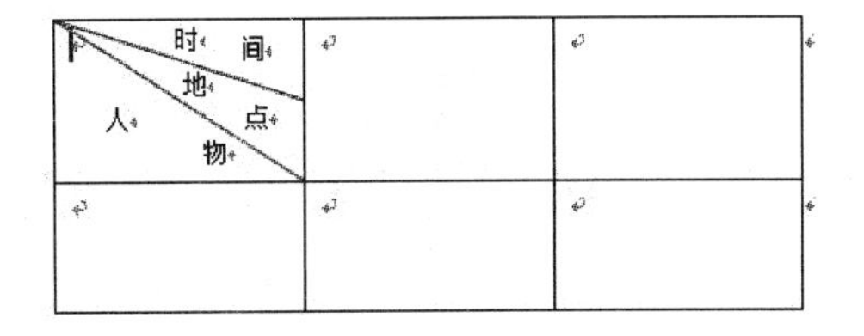

图 4-19　斜线表头表格

(3) 如果用户对生成的斜线表头不满意，可以进行调整。将光标放到斜线表头中，当出现"十字花"形状时，右击选择"组合"|"取消组合"命令，如图 4-20 所示，得到如图 4-21 所示的效果，这时，即可对斜线表头部分的所有文本框和斜线进行调整。

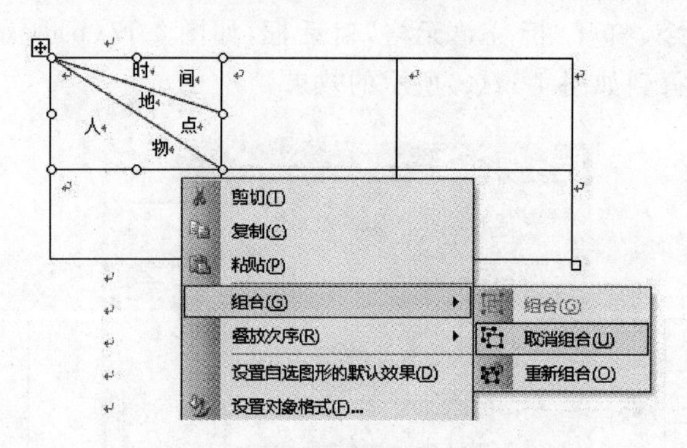

图 4-20 取消组合

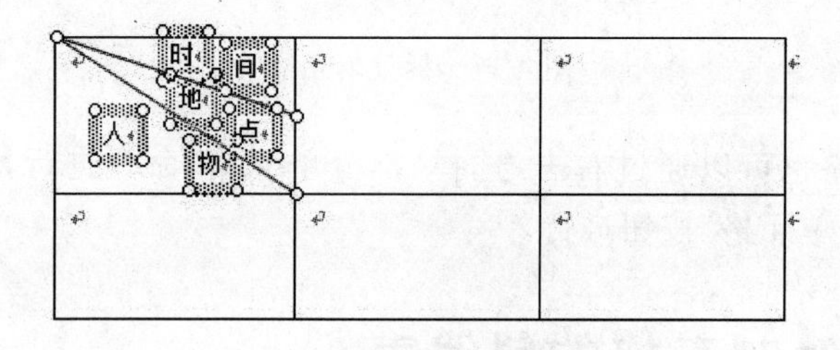

图 4-21 取消组合后的结果

技巧 4 列宽和行高的设置

Word 把表格的每一个单元格看作一个独立的文档，而将表格的每一列看作是一个分栏。用户可以根据每一栏的需要，设置栏宽、列间距与行高。

1. 使用鼠标改变列宽与行高

将光标精确地定位于表格的列或行单元格线上，这时鼠标指针会变成带箭头的两条靠近的平行线形状，此时，按住鼠标左键拖动网格线至想要的位置，如图 4-22 所示，松开鼠标右键，网格线会被重新定位。

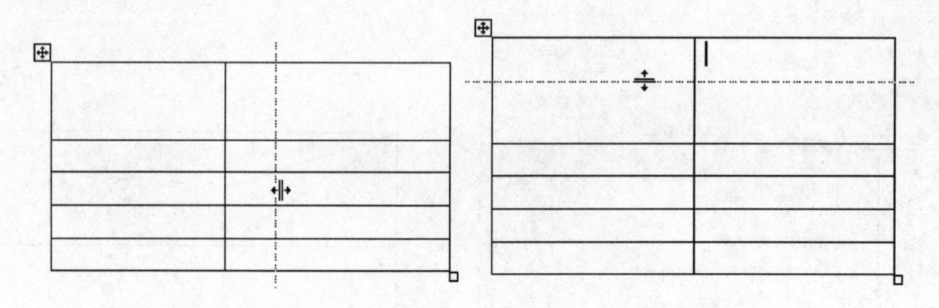

图 4-22 按住鼠标左键拖动网格线至想要的位置

在使用网格线更改列宽时，表格的总宽度保持不变，Word 会相应地增大或减小相邻列的宽度（这与使用标尺更改列宽正好相反）。但是，如果在按下 Shift 键的同时拖动，则整个表格的宽度会改变，而此时其他列宽将保持不变。如果在按下 Alt 键的同时将该列向右或向左拖动，则在移动网格线时，用户可以在标尺上看到以英寸显示的精确列宽。当同时使用这两个键时，可同时实现这两种效果。

2. 使用标尺改变列宽与行高

选择“视图”|“标尺”命令，显示 Word 的标尺。把光标定位在表格的内部，选中表格，然后按住鼠标拖动想要移动网格线相应的水平标尺上的暗色区，如图 4-23 所示（在页面的上部和左侧）。继续按下鼠标左键，将暗色区（及相应的网格线）拖向期望的位置，松开鼠标左键，这样网格线就被重新定位。

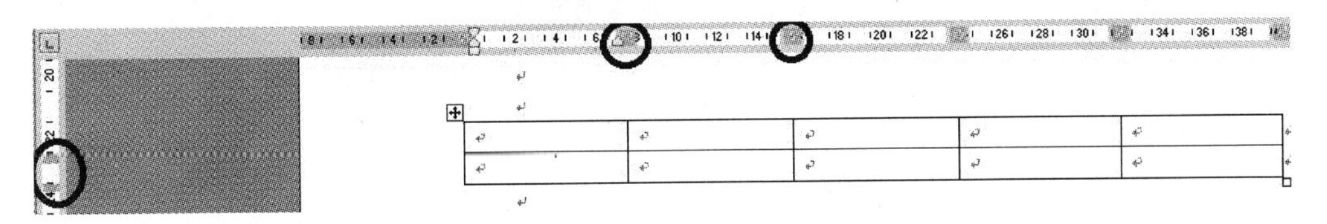

图 4-23　使用标尺更改表格的列宽与行高

当使用 Word 的标尺来更改列宽时，表格的总宽度会相应的扩展或是压缩（这与使用网格线更改列宽正好相反）。但是，如果在按下 Shift 键的同时拖动，则表格的整个宽度保持不变，且 Word 仅调整与所选列相邻的列，以便再次更改。如果在按下 Alt 键的同时向右或向左拖动该列，则在移动网格时，会在标尺上以英寸显示精确的列宽。同时按这两个键可产生两种效果。

3. 使用“表格属性”命令改变列宽与行高

选定需调整宽度的一列或多列，如果只有一列，只需把插入点置于该列中。然后选择“表格”|“表格属性”命令，打开“表格属性”对话框，或者右击打开“表格属性”对话框。

选择“行”或“列”选项卡，选中“指定高度”复选框，在后面的微调框中指定行高或列宽的值，然后在“行高值是”右边的下拉列表中选定单位（或在“列宽单位”右边的下拉列表中选定单位），可以选择“最小值”或“固定值”。如要设置其他列的宽度，可以单击“上一行”（“前一列”）或“下一行”（“后一列”）按钮，如图 4-24 所示，最后单击“确定”按钮完成。

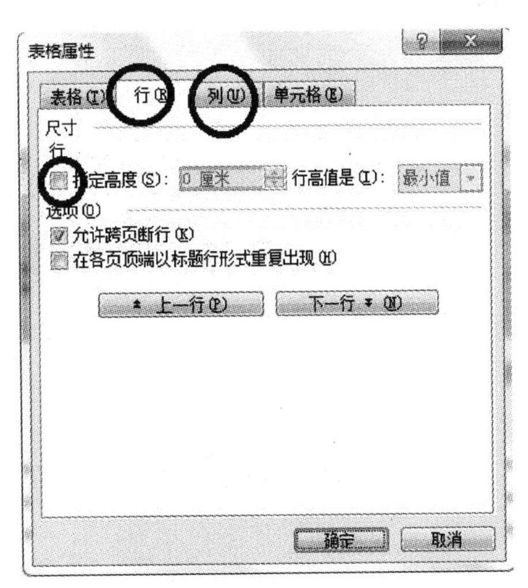

图 4-24　“表格属性”对话框

技巧 5 表格跨页的设置

通常情况下，Word 允许表格中的文字进行跨页拆分，这就可能导致表格内容会被拆分到不同的页面上，从而影响文档的阅读效果，此时，用户可以通过设置来防止表格跨页断行。

选定需要处理的表格，选择"表格"|"表格属性"命令，打开"表格属性"对话框。然后选择"行"选项卡，取消选中"允许跨页断行"复选框，单击"确定"按钮。之后，Word 表格中的文字就不会出现跨页断行的情况了，方便了用户的阅读。

在制作表格时，为了说明表格的作用或内容，经常需要制作一个表头。如果一个表格的行数很多，可能横跨多页，需要在后继各页重复表格标题。对于此种情况，使用复制、粘贴的方法虽然可以给每一页都加上相同的表头，但显然不是最佳选择，因为一旦调整页面设置，粘贴的表头位置就不一定合适了，另外，表头的修改也相当麻烦。

解决这个问题的方法很简单。对于图 4-25 所示的表来说，选择表头的第一行，然后选择"表格"|"标题行重复"命令即可使每页都有表头，如图 4-26 所示。

时间	地点	人物	事件	备注

图 4-25 跨页表格

时间	地点	人物	事件	备注

时间	地点	人物	事件	备注

图 4-26 跨页表格的表头设置

注意：只有第一页上的表头可以修改，并且第一页上的表头修改后，其余页的表头是自动修改的。

对于跨页表头的设置，还有两种情况需要说明。

一种情况是，如果要在每页表头上再加一个题目，如图4-27所示，应如何设置？

首先需要在原表头前插入一行，可以将光标放在第一行中的任一位置，然后选择“表格”|“插入”|“行(在上方)”命令，接着选中第一行，右击选择“合并单元格”命令，如图4-28所示。将光标放在第一行，选择“格式”|“边框和底纹”命令，打开如图4-29所示的对话框，将边框设置成只有最下边的线，应用于“单元格”，即可得到一个边框为灰色的标题表头，表示打印时无法看到边框。在上面输入标题，居中，即可得到如图4-27所示的效果。

总结报告

时间	地点	人物	事件	备注

总结报告

时间	地点	人物	事件	备注

图4-27 有标题的表头

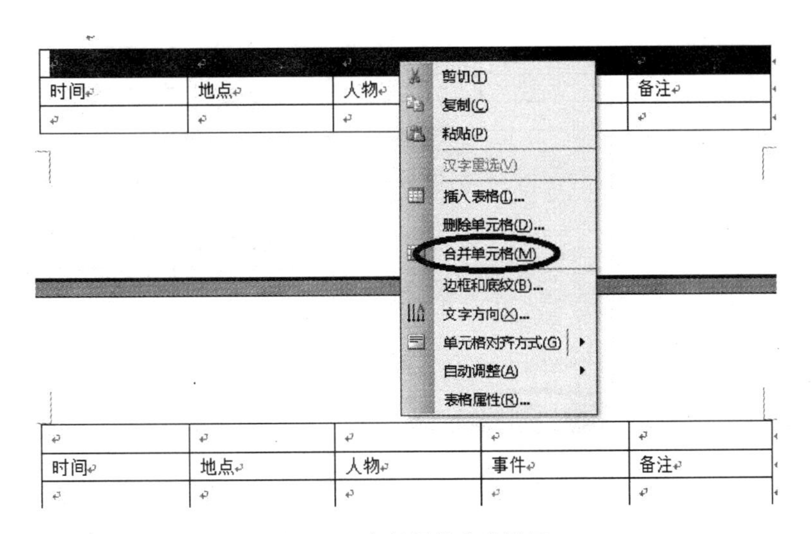

图4-28 有标题的表头设置

另外一种情况是，有时候某页表格的最后一行文字过多，被分布在上、下两页中，不美观，如图4-30所示，应如何设置？

将光标放在表格中的任一位置，选择“表格”|“表格属性”命令，或者右击选择“表格属

性"命令，打开如图 4-31 所示的对话框，取消选中"允许跨页断行"复选框，即可得到如图 4-32 所示的效果。这时文字可能在第 1 页，也可能在第 2 页。

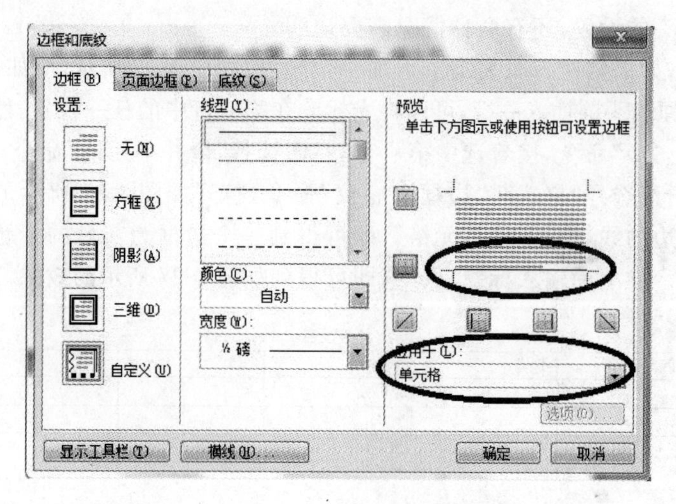

图 4-29　边框和底纹设置

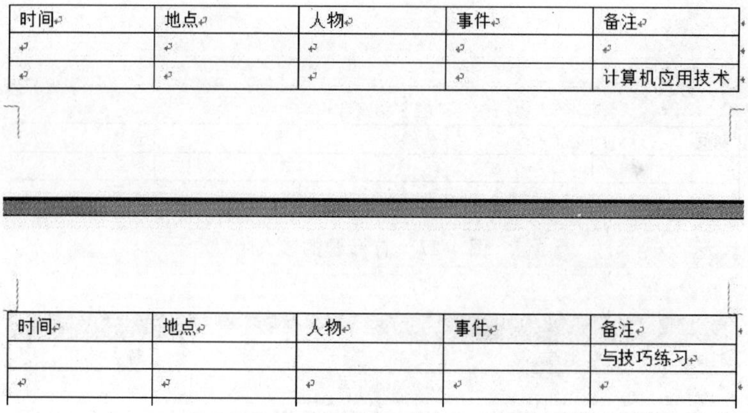

时间	地点	人物	事件	备注
				计算机应用技术

时间	地点	人物	事件	备注
				与技巧练习

图 4-30　一行分两页显示

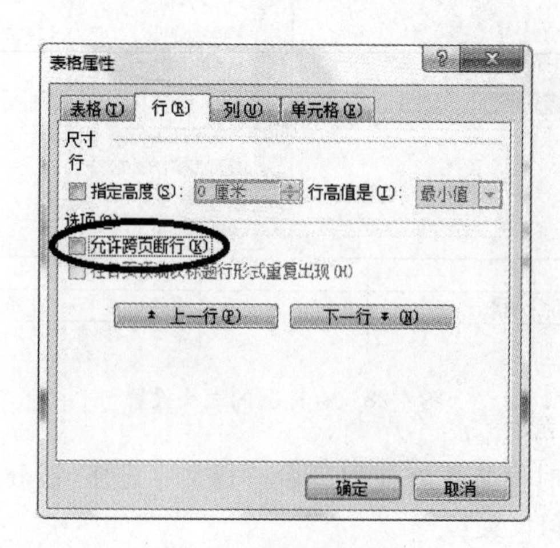

图 4-31　表格属性设置

时间	地点	人物	事件	备注

时间	地点	人物	事件	备注
				计算机应用技术与技巧练习

图 4-32 文字在一页显示

技巧 6 根据内容或窗口调整表格

用户在向表格中输入文字的时候，可能会注意到，当输入的某行文字比较长时(最典型的是网站的地址等)，表格的列宽会自动调整。默认情况下，这一功能是打开的。如果用户发现自己的表格没有这一功能，可以在选定表格的情况下，选择“表格”|“自动调整”|“根据内容调整表格”命令进行调整。

有了这一功能，无须用户手动调节，Word 就可以自动调节以文字内容为主的表格，使表格的栏宽和行高达到最佳配置。图 4-33 所示为没有调整前的表格，图 4-34 所示为根据内容调整的表格。

计算机应用技术	Windows 技巧	Word 技巧	Excel 技巧	PowerPoint 技巧
计算机应用技术	Windows 技巧	Word 技巧	Excel 技巧	PowerPoint 技巧

图 4-33 根据内容调整前的表格

计算机应用技术	Windows 技巧	Word 技巧	Excel 技巧	PowerPoint 技巧
计算机应用技术	Windows 技巧	Word 技巧	Excel 技巧	PowerPoint 技巧

图 4-34 根据内容调整后的表格

如果选择“根据窗口调整表格”命令，则表格的内容就会和文档窗口具有同样的宽度，当表格超出了页面宽度时，会缩至页面一样的大小。

如果选择“固定列宽”命令，可以指定表格的宽度。

如果选择“平均分布各行”命令，则会自动调整表格各行具有相同的高度，变化前后的效果如图 4-35 和图 4-36 所示。

计算机应用技术是一本技巧型教程	Windows 技巧	Word 技巧	Excel 技巧	PowerPoint 技巧
计算机应用技术	Windows 技巧	Word 技巧	Excel 技巧	PowerPoint 技巧

图 4-35　平均分布各行前的表格

计算机应用技术是一本技巧型教程	Windows 技巧	Word 技巧	Excel 技巧	PowerPoint 技巧
计算机应用技术	Windows 技巧	Word 技巧	Excel 技巧	PowerPoint 技巧

图 4-36　平均分布各行后的表格

如果选择"平均分布各列"命令，则会自动调整表格各列具有相同的宽度，变化前后的效果如图 4-37 和图 4-38 所示。

计算机应用技术	Windows 技巧	Word 技巧	Excel 技巧	PowerPoint 技巧
计算机应用技术	Windows 技巧	Word 技巧	Excel 技巧	PowerPoint 技巧

图 4-37　平均分布各列前的表格

计算机应用技术	Windows 技巧	Word 技巧	Excel 技巧	PowerPoint 技巧
计算机应用技术	Windows 技巧	Word 技巧	Excel 技巧	PowerPoint 技巧

图 4-38　平均分布各列前的表格

技巧 7　设置表格的边框和底纹

利用边框、底纹和图形填充功能可以为表格添加效果，以美化表格和页面，引起浏览者对文档不同部分的兴趣和注意。

用户可以把边框添加到页面、文本、表格和表格的单元格、图形对象、图片和 Web 框架中，还可以为段落和文本添加底纹，为图形对象应用颜色或纹理填充。

设置表格边框和底纹颜色的方法有许多，但都是在选中表格的全部或部分单元格之后进行的。

第一种方法是选择"格式"|"边框和底纹"命令；第二种方法是右击，在快捷菜单中选择"边框和底纹"命令；第三种方法是选择"表格"|"表格属性"命令，打开"表格属性"对话框，选择"表格"选项卡，单击"边框和底纹"按钮。无论使用哪一种方法，都可以打开"边框和底纹"对话框，在其中根据需要进行设置即可。

1. 表格边框设置

(1) 选定要设置格式的表格。将鼠标指针移到表格的左上角，当表格左上角出现⊞标记时，单击即可选定整个表格。如果需要选定某一个单元格，可以将鼠标指针移到该单元格的左边框外，当鼠标指针变成形状时单击，选择单独一个单元格。

(2) 在选定的表格上右击，然后在弹出的快捷菜单中选择“边框和底纹”命令，打开如图 4-39 所示的“边框和底纹”对话框。

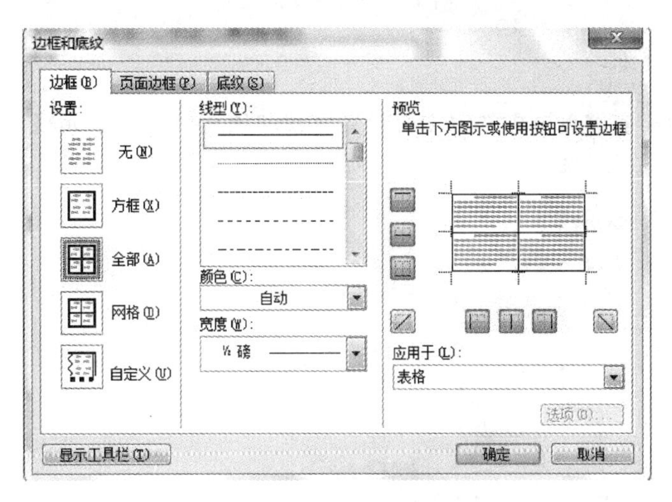

图 4-39 “边框和底纹”对话框

(3) 选择“边框”选项卡，在“设置”区域中有 5 个选项，用来设置表格四周的边框(边框格式采用当前所选线条的“线型”、“颜色”和“宽度”设置)，它们是“无”、“方框”、“全部”、“网格”和“自定义”，用户可以根据需要选择。

(4) 在“线型”列表框中选择边框的线型，在“颜色”下拉列表中选择表格边框的线条颜色，在“宽度”下拉列表中选择表格线的磅值大小。

(5) 在“预览”区域中有几个按钮，单击它们就会产生相应位置的边框，再次单击则取消相应位置的边框。

(6)在“应用于”下拉列表中选择应用边框类型或底纹格式的范围。

例如，按照图 4-40 设置边框，得到如图 4-41 所示的效果。

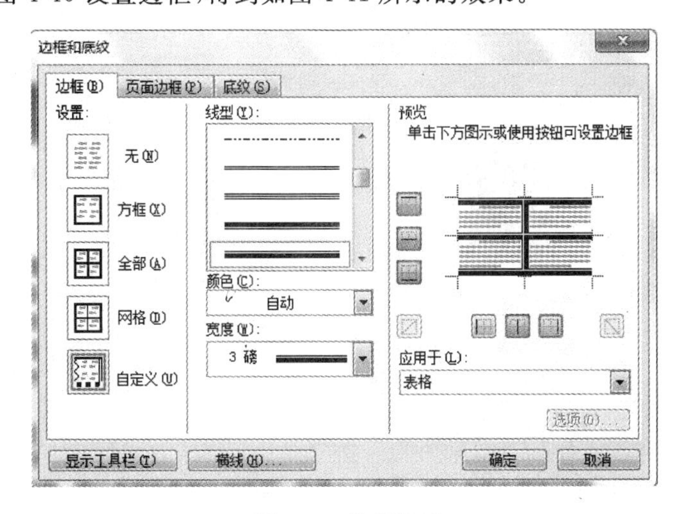

图 4-40 边框设置

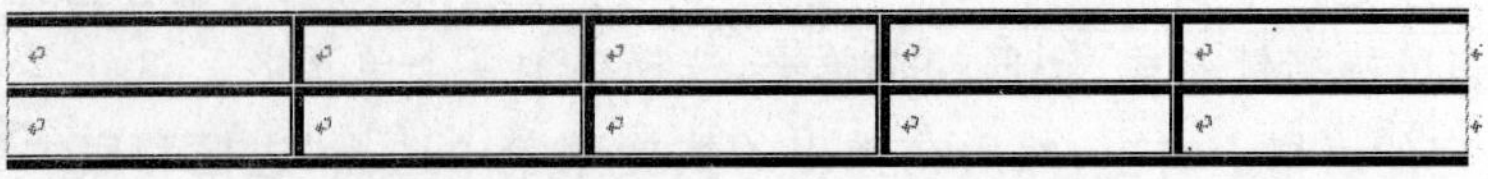

图 4-41　边框设置效果

2. 表格底纹设置

同样,设置表格底纹也要先选定需要设置底纹和填充颜色的单元格,然后在"边框和底纹"对话框中选择"底纹"选项卡,如图 4-42 所示。

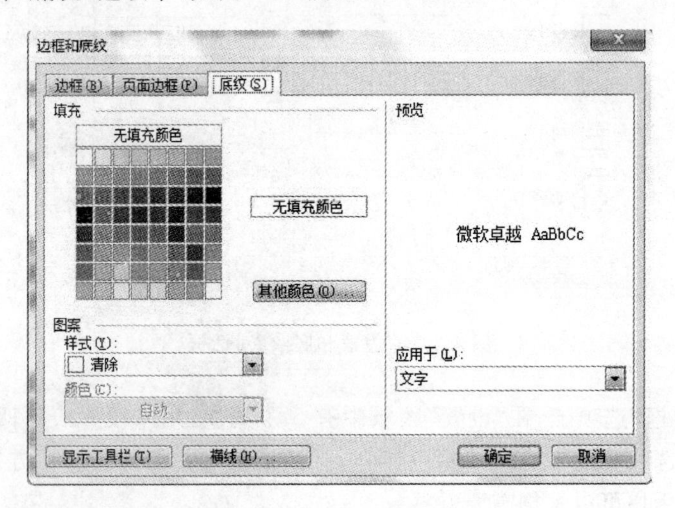

图 4-42　"底纹"选项卡

在"填充"下面的颜色表中选择填充颜色,如果选择"无填充颜色",则删除底纹颜色; 在"图案"区域中选择图案的"样式"和"颜色"选项; 在"应用于"下拉列表中选择要应用底纹格式的范围。

例如,按照图 4-43 设置边框,得到如图 4-44 所示的效果。

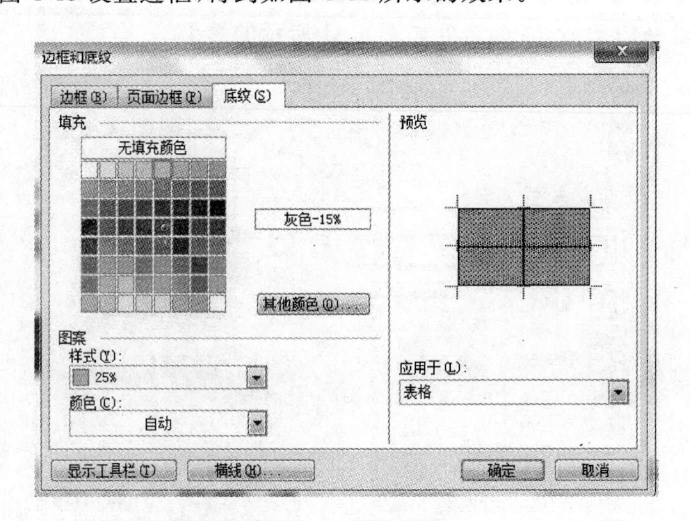

图 4-43　底纹设置

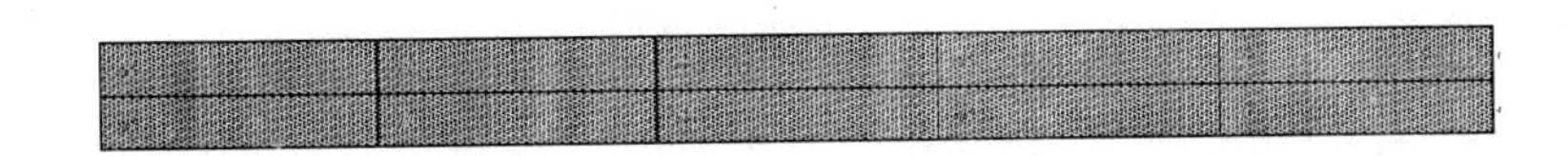

图 4-44　底纹设置效果

技巧8　制作具有单元格间距的表格

设置单元格间距，就是使两个单元格之间不再是简单的一条线，而是有一些间距。例如，对于如图 4-45 所示的表格，设置单元格间距后的效果如图 4-46 所示。

计算机应用	Windows 技巧	Word 技巧	Excel 技巧	PowerPoint 技巧
计算机应用	Windows 技巧	Word 技巧	Excel 技巧	PowerPoint 技巧
计算机应用	Windows 技巧	Word 技巧	Excel 技巧	PowerPoint 技巧
计算机应用	Windows 技巧	Word 技巧	Excel 技巧	PowerPoint 技巧

图 4-45　原始表格

计算机应用	Windows 技巧	Word 技巧	Excel 技巧	PowerPoint技巧
计算机应用	Windows 技巧	Word 技巧	Excel 技巧	PowerPoint技巧
计算机应用	Windows 技巧	Word 技巧	Excel 技巧	PowerPoint技巧
计算机应用	Windows 技巧	Word 技巧	Excel 技巧	PowerPoint技巧

图 4-46　设置单元格间距后的表格

首先将光标置于表格的任意位置上，选择"表格"|"表格属性"命令，打开"表格属性"对话框，选择"表格"选项卡，单击下方的"选项"按钮，如图 4-47 所示，打开"表格选项"对话框。选中"允许调整单元格间距"复选框，并在右侧的微调框中输入需要的数值，例如 0.15 厘米，如图 4-48 所示，单击"确定"按钮，可得到如图 4-46 所示的效果。

图 4-47　"表格属性"对话框

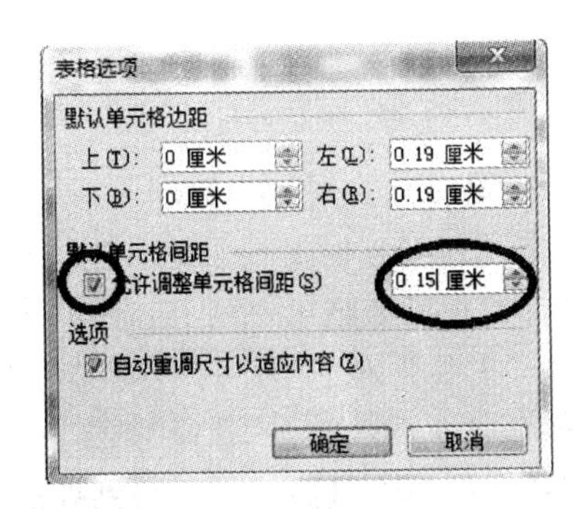

图 4-48　"表格选项"对话框

技巧 9　表格中数据的排序

在编辑表格的文档中，经常要用到排序功能，Word 提供了较强的对表格进行处理的各种功能，包括表格的计算、排序，由表格中的数据生成各类图表等。

Word 提供了列数据排序功能，但是不能对行单元格的数据进行横向排序。数据的排序有升序和降序两种。

图 4-49(a)是原始表格，图 4-49(b)是第 1 列排序后的表格。具体操作方法如下：

将光标定位到表格中要排序的列上，选择“表格”|“排序”命令，打开如图 4-50 所示的“排序”对话框，可以看到“主要关键字”显示“列 1”，也可以通过下拉列表选择其他列，“类型”可以选择“数字”、“日期”和“拼音”等，选中“升序”或者“降序”单选按钮，单击“确定”按钮，得到如图 4-49(b)所示的效果。

对于简单排序，如果表格列中的内容是纯中文，默认按笔画顺序排序；如果表格列中的内容是中文、英文和数字的组合，默认的排序顺序是数字、英文、中文。

100	4	6
20	5	8
38	78	1
49	23	2

(a)

20	5	8
38	78	1
49	23	2
100	4	6

(b)

图 4-49　排序前后的效果

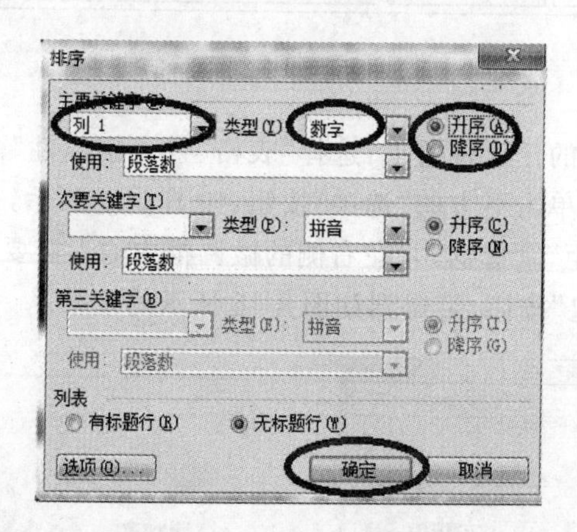

图 4-50　“排序”对话框

图 4-50 是对某一列进行排序，如果要根据某一列对其他列进行排序，例如，图 4-51(a)是原始表格，图 4-51(b)是根据姓名进行排序后的表格，具体操作方法如下：

将光标定位到表格第一列上，选择“表格”|“排序”命令，打开如图 4-52 所示的“排序”对话框，设置“主要关键字”为“列 1”，“类型”选择“拼音”(对文字排序默认是拼音)等，选中“升序”单选按钮，“次要关键字”选择“数学”，“类型”选择“数字”，“第三关键字”选择“数学”，“类型”选择“数字”，单击“确定”按钮得到如图 4-51(b)所示的效果，即按照人名排序，同时相应的分数也随之移动。

	数学	语文
王明	97	78
李刚	94	45
李力	45	90
王蒙	78	100

(a)

	数学	语文
李刚	94	45
李力	45	90
王蒙	78	100
王明	97	78

(b)

图 4-51　排序前后的效果

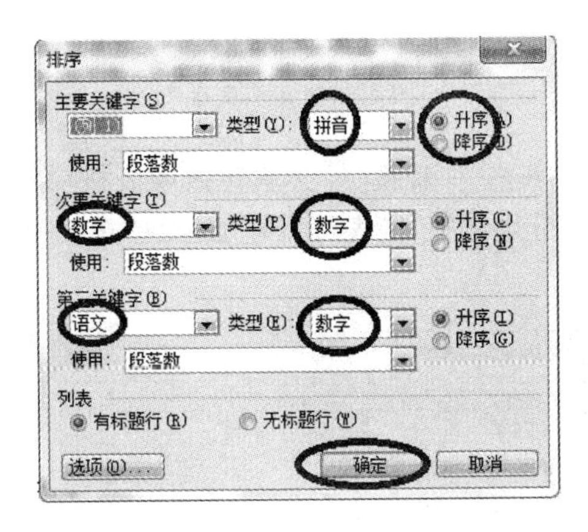

图 4-52　“排序”对话框

技巧 10　表格与文本的转换

在 Word 中，用户可以将表格中的文本转换为纯文本，相反，也可以将已存在的文本转换为表格。

1. 将普通表格文字转换为文本文字

如果要将已有表格的文字转换为文本文字，首先选定要转换成文本的表格，可以是表格的一部分，也可以是整个表格，如图 4-53(a)所示，然后选择“表格”|“转换”|“表格转换成文本”命令，打开“表格转换成文本”对话框，如图 4-53(b)所示。其中有 4 个单选按钮：“段落标记”是将每个单元格按一个独立的段落表示；“制表符”相当于插入若干个空格；“逗号”是插入逗号。在此选中“制表符”单选按钮，单击“确定”按钮后得到如图 4-53(c)所示的效果。

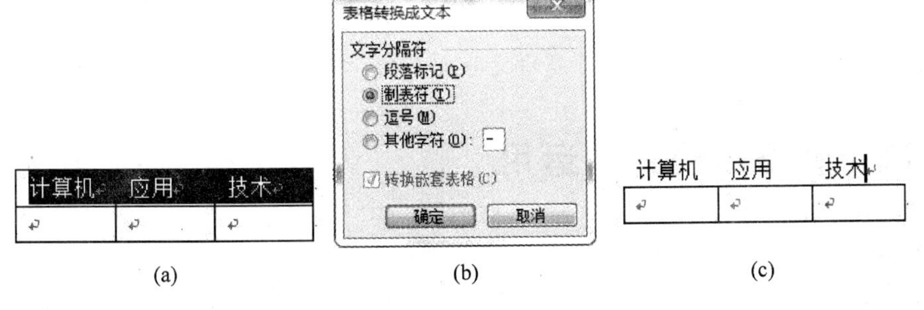

(a)　(b)　(c)

图 4-53　表格转换为文本

2. 将文本文字转换为表格

利用 Word“表格”菜单中的“文字转换成表格”命令可以方便地将具有常规分隔符的文字转换为表格。

文字可以有很多种格式，例如文字间有空格，如图 4-54(a)所示，或者文字间有逗号(英文状态下)，如图 4-54(b)所示。

计算机　应用　技术　　　计算机,应用,技术

(a)　　　　　　　　(b)

图 4-54　文本文字

选中这些文字后，选择“表格”|“转换”|“文本转换成表格”命令，打开“将文本转换成表格”对话框，如图 4-55 所示，分别选中“制表符”和“逗号”单选按钮，得到如图 4-56 和图 4-57 所示的表格。

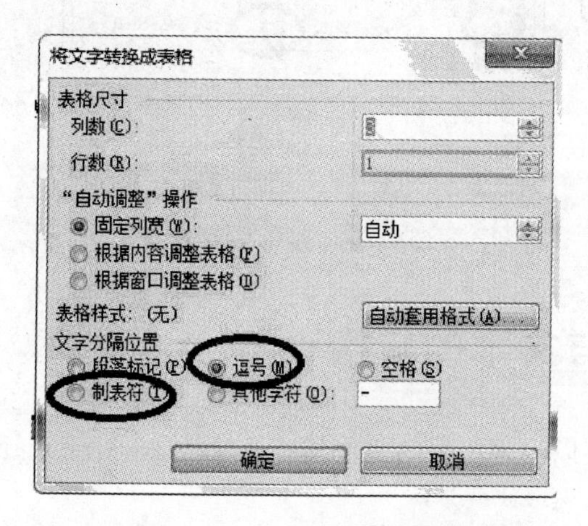

图 4-55　“将文本转换成表格”对话框

计算机	应用	技术

图 4-56　选中“制表符”时的效果

计算机	应用	技术

图 4-57　选中“逗号”时的效果

注意：在图 4-54(b)中，如果逗号是中文状态下的，那么图 4-57 就变成了一列。

技巧 11　表格中公式的运用

在 Word 的表格中，可以进行比较简单的四则运算和函数运算。Word 的表格计算功能在表格项的定义方式、公式的定义方法、有关函数的格式及参数、表格的运算方式等方面都

与 Excel 基本一致，任何一个用过 Excel 的用户都可以很方便地利用“域”功能在 Word 中进行必要的表格运算。

一般的计算公式可用引用单元格的形式，如某单元格＝(A2＋B2)＊3 即表示第一列的第二行加第二列的第二行然后乘 3，表格中的列数可用 A、B、C、……来表示，行数用 1、2、3、……来表示。利用函数可使公式更为简单，如＝SUM(A2:A80)即表示求出从第一列第 2 行到第一列第 80 行之间的数值总和。

公式是由等号、运算符号、函数以及数字、单元格地址所表示的数值、单元格地址所表示的数值范围、指代数字的书签、结果为数字的域的任意组合组成的表达式。该表达式可引用表格中的数值和函数的返回值。

1. 单元格间的简单运算

使用表格公式的方法是，将光标定位在要记录结果的单元格中，如图 4-58(a)的最后一个单元格，然后选择“表格”|“公式”命令，打开如图 4-59 所示的“公式”对话框，在等号后面输入运算公式“＝A2＋B2”，单击“确定”按钮后得到如图 4-58(b)所示的效果。

234	5656	23
454	6767	

(a)

234	5656	23
454	6767	7221

(b)

图 4-58 公式的计算

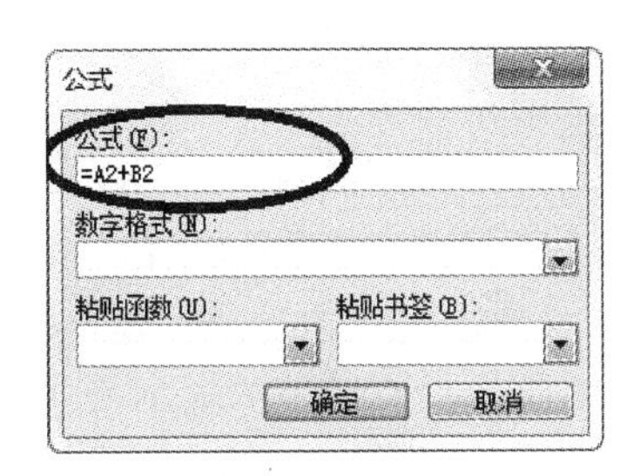

图 4-59 “公式”对话框

在 Word 中，用户可使用的公式运算符号如表 4-1 所示。

表 4-1 公式运算符号表

运算符号	意义	运算符号	意义
＋	加	＝	等于
－	减	<	小于
＊	乘	<＝	小于等于
/	除	>	大于
%	百分比	>＝	大于等于
^	乘方和开方	<>	不等于

在图 4-59 所示的“公式”对话框中，用户除了可以自己输入运算符号外，还可以选择 Word 自带的很多函数，如表 4-2 所示。

表 4-2 公式函数表

函 数	返 回 结 果
ABS(x)	返回公式或数字的正数值,不论它是正数还是负数
AND(x,y)	如果逻辑表达式 x 和 y 同时为真,则返回值为 1,如果有一个表达式为假,则返回 0
AVERAGE()	返回一组数值的平均数
COUNT()	返回列表中的项目数
DEFINED(x)	如果表达式 x 是合法的,则返回值为 1,如果无法计算表达式,则返回值为 0
FALSE	返回 0
INT(x)	返回数值或公式 x 中小数点左边的数值
MIN( )	返回一列数中的最小值
MAX( )	返回一列数中的最大值
MOD(x,y)	返回数值 x 被 y 除得的余数
NOT(x)	如果逻辑表达式 x 为真,则返回 0(假),如果表达式为假,则返回 1(真)
OR(x,y)	如果逻辑表达式 x 和 y 中的一个为真或两个同时为真,则返回 1(真),如果表达式全部为假,则返回 0(假)
PRODUCT( )	返回一组值的乘积,例如,函数{=PRODUCT(1,3,7,9)}返回的值为 189
ROUND(x,y)	返回数值 x 保留指定的 y 位小数后的数值,x 可以是数值或公式的结果
SIGN(x)	如果 x 是正数,则返回值为 1,如果 x 是负值,则返回值为−1
SUM( )	返回一列数值或公式的和
TRUE	返回数值 1

2. 单元格间的求和运算

单元格间的求和运算包括对列单元格和行单元格进行求和。在此以图 4-60(a)所示的表格为例,介绍使用“公式”对话框进行“行”求和的方法,操作步骤如下:

(1) 将光标定位到需要用公式的单元格中(最右端单元格)。

(2) 选择“表格”|“公式”命令,打开“公式”对话框,如图 4-61 所示。

(3) 在“公式”文本框中输入正确的公式,或者在“粘贴函数”下拉列表中选择所需的函数,在此选择函数为“SUM”,输入参数后公式为“=SUM(LEFT)”。

(4) 在“数字格式”下拉列表中选择计算结果的表示格式(如果结果需要保留 3 位小数,则选择“0.000”,如果全部是整数,则不用选择任何格式)。

(5) 单击“确定”按钮,在选定的单元格中即可得到计算的结果,如图 4-60(b)所示。

5	6	7	8	
11	12	13	14	
23	98	12	13	
33	7	34	16	

(a)

5	6	7	8	26
11	12	13	14	
23	98	12	13	
33	7	34	16	

(b)

图 4-60 函数的使用

仍然以图 4-60(a)所示的表格为例,介绍使用“公式”对话框进行“列”求和的方法,操作步骤如下:

(1) 将光标定位到需要用公式的单元格中(最下端单元格)。

(2) 选择“表格”|“公式”命令,打开“公式”对话框,如图 4-61 所示。

(3) 在“公式”文本框中输入正确的公式，或者在“粘贴函数”下拉列表中选择所需的函数，在此选择函数为“SUM”，输入参数后公式为“＝SUM(ABOVE)”。

(4) 在“数字格式”下拉列表中选择计算结果的表示格式(如果结果需要保留3位小数，则选择“0.000”，如果全部是整数，则不用选择任何格式)。

(5) 单击“确定”按钮，在选定的单元格中即可得到计算的结果，如图4-62所示。

图4-61 “公式”对话框

5	6	7	8	26
11	12	13	14	
23	98	12	13	
33	7	34	16	
72				

图4-62 列求和计算结果

3. 函数COUNT的使用

用户从表4-2中可以看到，“COUNT”返回列中的项目数。在此以图4-63(a)为例进行说明，操作步骤如下：

(1) 将光标定位到需要用公式的单元格中(最右端单元格)。

(2) 选择“表格”|“公式”命令，打开“公式”对话框，如图4-64所示。

(3) 在“公式”文本框中输入正确的公式，或者在“粘贴函数”下拉列表中选择所需的函数，在此选择函数为“COUNT”，输入参数后公式为“＝COUNT(LEFT)”。

(4) 在“数字格式”下拉列表中选择计算结果的表示格式(如果结果需要保留3位小数，则选择“0.000”，如果全部是整数，则不用选择任何格式)。

(5) 单击“确定”按钮，在选定的单元格中即可得到计算的结果，如图4-63(b)所示。

如果用户想计算列的个数，只需将第(3)步的公式改成“＝COUNT(ABOVE)”，即可得到如图4-65所示的结果。

1	2	3	4	
2				
3				

(a)

1	2	3	4	4
2				
3				

(b)

图4-63 函数的使用

图4-64 “公式”对话框

1	2	3	4	4
2				
3				
3				

图4-65 公式计算结果

技巧12 下拉列表的制作

在表格中添加下拉列表可以使用户有选择性地选择需要的内容，制作方法如下：

将光标定位到表格需要制作下拉列表的单元格中，选择“视图”|“工具栏”|“窗体”，打开“窗体”工具栏，如图4-66所示。单击“下拉型窗体域”按钮，打开如图4-67所示的对话框，在“下拉项”文本框中输入内容，单击“添加”按钮，即可将下拉内容添加到“下拉列表中的项目”中。

图4-66 “窗体”工具栏

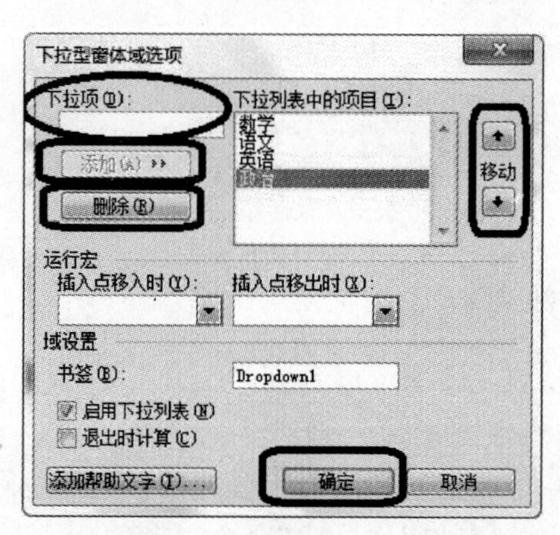

图4-67 “下拉型窗体域选项”对话框

对于“下拉列表中的项目”内容可以删除，可以上下移动，输入完所有的内容确定后，单击图4-66中的“保护窗体”按钮，即“小锁头”，得到如图4-68所示的表格，可以通过下拉列表选择内容。选好内容后，再次单击“保护窗体”按钮。

同理，再制作一个下拉列表单元格，得到如图4-69所示的表格。

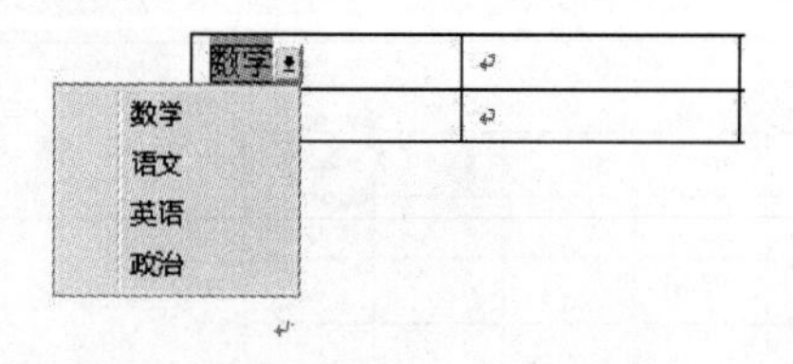

图4-68 制作一个下拉列表单元格

数学	男	

图4-69 带有下拉列表的表格

Word图表和图片处理技巧精选

图表是Word具有的很实用的工具之一，可以将数据和图形形象地整合在一起，并有多种图形表示方法。图片是Word常用的处理对象，Word也提供了很强大的图片处理技术。本章将精选出一些实用的图表与图片处理技巧。

技巧1 创建图表

在Word中创建图表有多种方式。选择“插入”|“图片”|“图表”命令，可以快速启动图表编辑环境。

1. 通过“对象类型”插入图表

选择“插入”|“对象”命令，打开“对象”对话框，选择“新建”选项卡，在“对象类型”列表框中选择“Microsoft Graph图表”选项，如图5-1所示，然后单击“确定”按钮，可以打开一个新的图表以及如图5-2所示的图表编辑界面，在其中对表格中的数据进行编辑，图表会自动地相应调整。

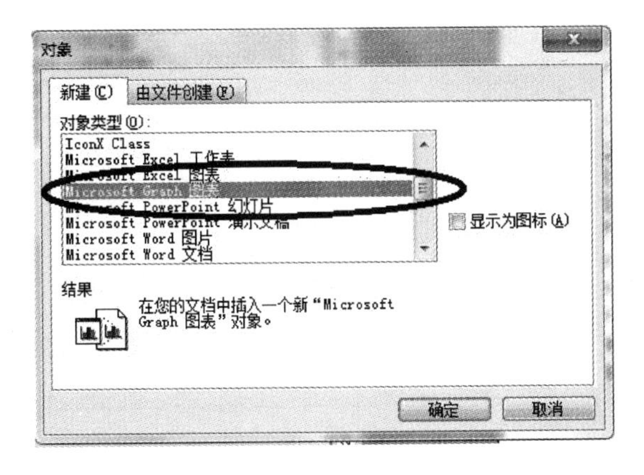

图5-1 通过“对象类型”插入图表

2. 打开已经存在的图表进行编辑

对于已经存在的一个图表，双击它即可进入图表的编辑环境。

无论使用哪种方法，进入图表编辑环境后，在“常用”工具栏中都会出现图表编辑选项，如图5-3所示。

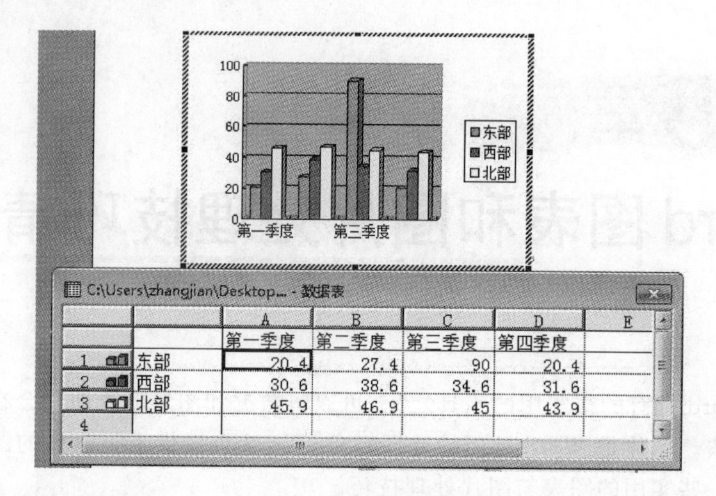

图 5-2 图表编辑界面

图 5-3 图表编辑选项

3. 使用已有数据创建图表

如果已在文档中创建了一个数据表格，可以使用下列方法创建图表：

(1) 选取文档中的部分或全部表格数据，图 5-4 是一个原始数据表格，将全部内容选中。

(2) 选择"插入"|"图片"|"图表"命令。

(3) 进入图表编辑环境，此时已有的数据就会显示在该数据图表中，如图 5-5 所示。

计算机	Word	Excel	PowerPoint	Access
45	8	89	78	56
6	7	66	89	88

图 5-4 原始数据

(4) 在数据表中继续编辑和更改图表的选项。

(5) 双击数据表外的任意位置，退出图表编辑环境，得到如图 5-5 上半部分所示的图表。

4. 导入其他文件创建图表

用户也可以导入其他文件创建图表，特别是导入 Excel 工作表数据来创建图表，导入的 Excel 工作表可达 4000 行×4000 列之多，但在图表中最多能同时显示 255 个数据系列。导入 Excel 工作表创建图表或其他文件的操作方法如下：

(1) 双击要导入 Excel 工作表的图表，激活数据图表。

(2) 选择"编辑"|"导入文件"命令，或者单击"常用"工具栏中的"导入文件"按钮。

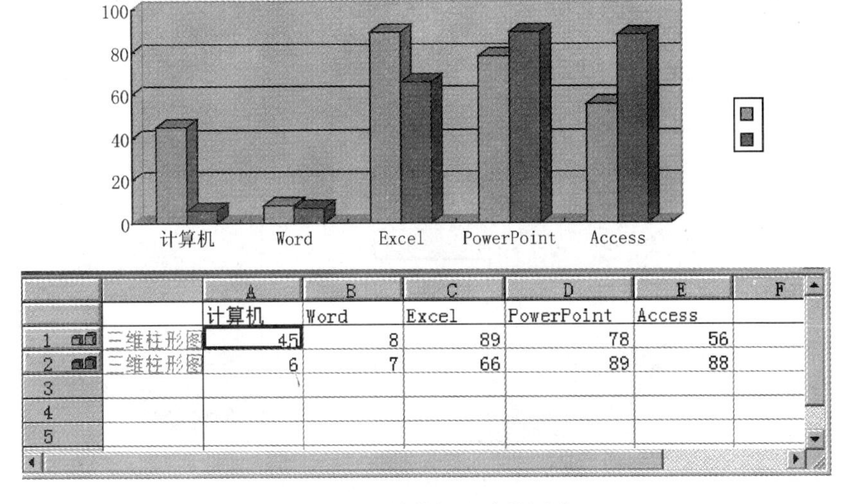

		A	B	C	D	E	F
		计算机	Word	Excel	PowerPoint	Access	
1	三维柱形图	45	8	89	78	56	
2	三维柱形图	6	7	66	89	88	
3							
4							
5							

图 5-5　原始数据生成的图表

(3) 在“导入文件”对话框中单击要导入文件所在的驱动器、文件夹位置。

(4) 若要打开用其他应用程序创建的文件，则在“文件类型”下拉列表中选择所需的文件格式，也可在“文件名”文本框中输入文件扩展名，例如输入“ *. xls”或“ *. txt”可查找 Excel 文件。在文件夹列表中，双击文件所在的文件夹。

(5) 双击要导入的文件(注意，只能导入一张工作表)，打开如图 5-6(a)所示的“导入数据选项”对话框。如果要导入文本文件，此时将出现如图 5-6(b)所示的“文本导入向导”对话框，在此以图 5-6(a)为例进行说明。

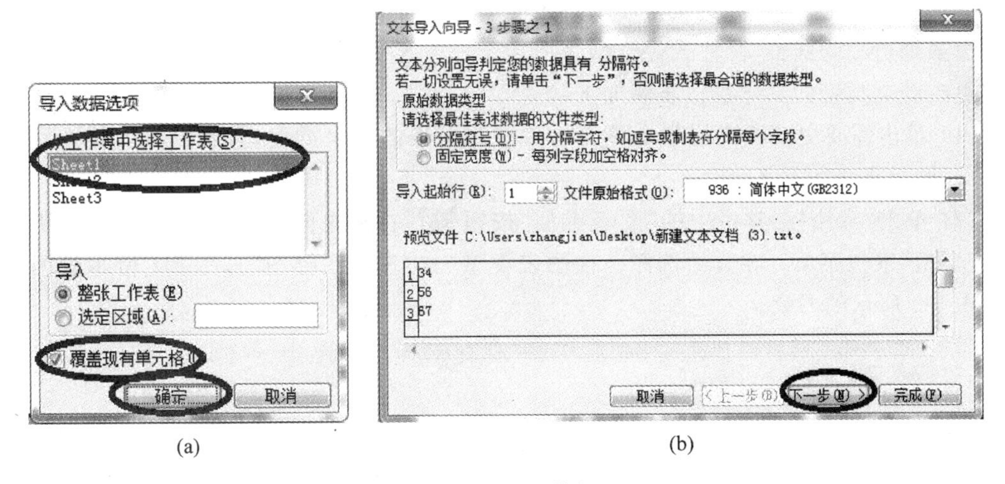

(a)　　　　(b)

图 5-6　导入数据

(6) 在导入 Excel 工作表时，如果选中了“覆盖现有单元格”复选框，导入的数据将取代数据表上所有的现存数据。

(7) 在导入 Excel 工作表时，默认情况下，导入的数据放置的起始位置在数据表的左上角单元格。如果希望所导入的数据从其他位置开始放置，则应选定相应的单元格。

(8) 若要导入工作表上的所有数据，则选中“导入”选项组中的“整张工作表”单选按钮。

(9) 若要导入工作表上的部分数据，则选中“导入”选项组中的“选定区域”单选按钮，然后在其右边的文本框中输入所需的数据区域。例如，若要导入从 A1 到 B5 的单元格，则在“选定区域”文本框中输入“A1:B5”。

经过上述步骤，得到如图 5-7 所示的图表。

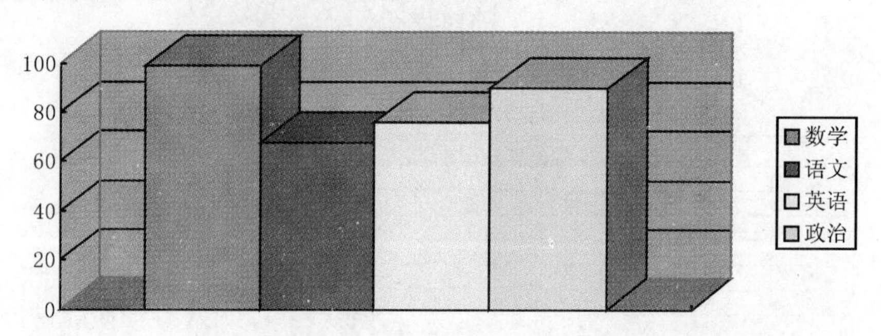

图 5-7 导入数据生成的图表

技巧 2 更改图表类型

Microsoft Graph 的默认图表类型是柱形图。如果用户需要经常性地创建其他类型的图表，例如折线图，可以更改默认图表类型。如果已有包含所需图表类型、图表项和格式的图表，则可将该图表作为默认图表类型。

对于绝大多数二维图表，既可以单独更改某一数据系列的图表类型，也可以同时更改整张图表的类型。对于 XY(散点)图和气泡图，只能同时更改整张图表的类型。对于绝大多数三维图表，对图表类型的更改将影响整张图表。但对于三维条形图和柱形图，可以将单独的数据系列更改为圆锥、圆柱或棱锥型。

更改图表类型的具体操作步骤如下：

(1) 单击需要更改图表的某个单元格或整张图表的图表类型，若要更改数据系列的图表类型，则单击该数据系列。

(2) 单击“常用”工具栏中的“图表类型”按钮右侧的下三角，弹出如图 5-8 所示的“图表类型”下拉菜单。在其中选择一种图表类型(如“三维圆锥图”)，图 5-7 所示的图表会变成图 5-9 所示的图表。

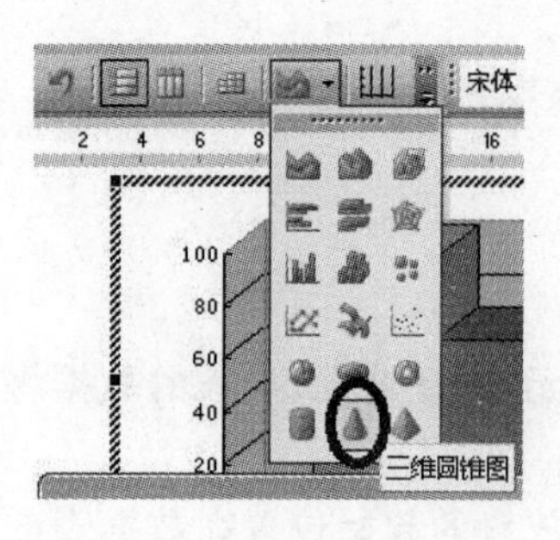

图 5-8 “图表类型”下拉菜单

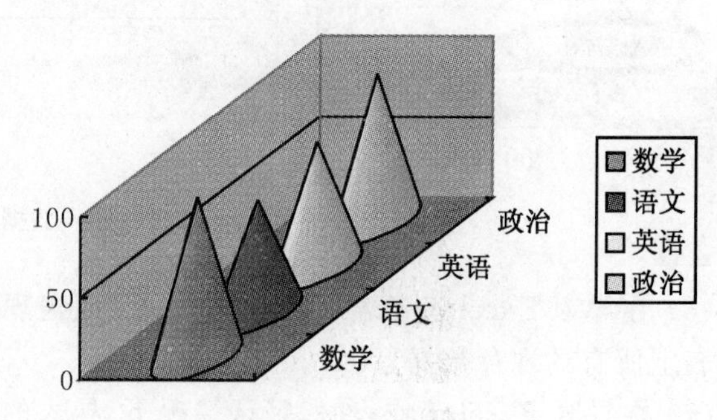

图 5-9 三维圆锥图

如果用户对这个三维圆锥图的排列形状不满意，可以进一步的进行修改。

(3) 双击如图 5-9 所示的图表，右击选择“图表类型”命令，如图 5-10 所示，打开如图 5-11 所示的对话框，在圆锥形的“子图表类型”中选择一个合适的类型，单击“确定”按钮后得到如图 5-12 所示的三维圆锥图。

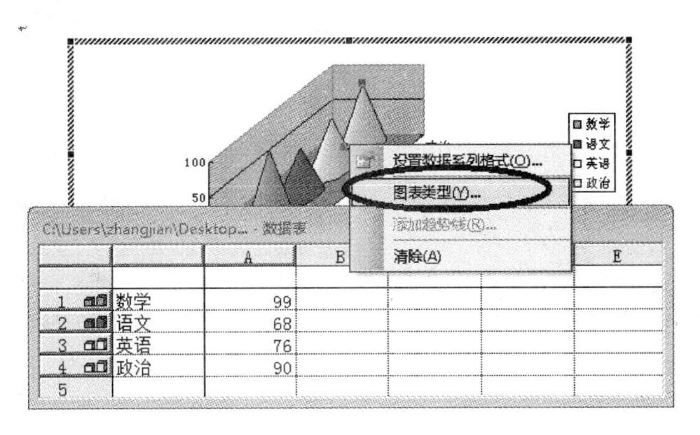

图 5-10 图表类型

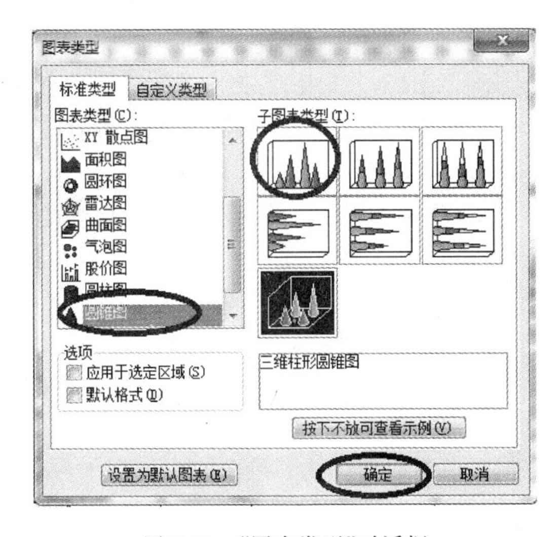

图 5-11 “图表类型”对话框

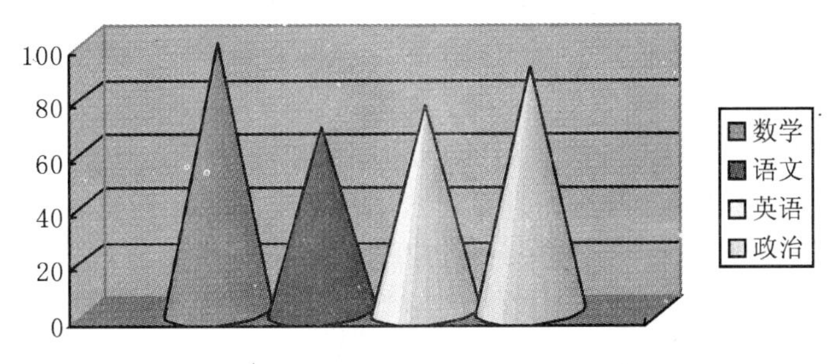

图 5-12 修改后的三维圆锥图

在图5-11所示的“图表类型”对话框中，有多种图形可以选择。

- 圆锥图、圆柱图和棱锥图：圆锥图、圆柱图和棱锥图的数据标志为三维柱形图和条形图添加了生动的效果。
- 条形图：条形图显示了各个项目之间的比较情况。其中，纵轴表示分类，横轴表示值，主要强调各个值之间的比较而并不太关心时间。堆积条形图显示了单个项目与整体的关系。
- 柱形图：柱形图用于显示一段时间内的数据变化或说明项目之间的比较结果。通过水平组织分类、垂直组织值，可以强调说明一段时间内的变化情况。堆积柱形图显示了单个项目与整体间的关系。三维透视系数柱形图则在两个轴上对数据点进行比较。
- 折线图：折线图的间距显示了数据的预测趋势。
- 面积图：面积图强调随时间的变化量。通过显示所绘制值的总和，面积图显示了部分与整体的关系。
- XY散点图：XY散点图显示了多个数据系列的数值间的关系，同时还可以将两组数字绘制成XY坐标系中的一个数据系列。XY散点图显示了数据的不规则间隔（或簇），常用于科学数据。排列数据时，用户可在某一行或列上放置X值，然后在相邻的行或列中输入相应的Y值。
- 气泡图：气泡图是一种XY（散点）图，数据标志的大小反映了第3个变量的大小。若要排列数据，则将X值放在一行或一列中，并在相邻的行或列中输入对应的Y值和气泡大小。气泡图要求每个数据点至少有两个值。
- 饼图：饼图显示了组成数据系列的项目相对于项目总数的比例大小。饼图仅显示一个数据系列，当需要强调某个重要元素时非常有用。为使小的扇区易于查看，用户可以在某个饼图中将这些小扇区组织成一个项目，然后在主图表附近的较小的饼图或条形图中将该项目细分进行显示。
- 圆环图：和饼图一样，圆环图也显示了部分与整体的关系，但圆环图可以包含多个数据系列。圆环图的每一个环都代表一个数据系列。
- 股价图：股价图常用来说明股票价格。该图表也可用于科学数据，例如用来指示温度的变化。用户必须以正确的顺序组织数据才能创建股价图。衡量交易量的股价图具有两个数值轴，一个是衡量交易量的列，另一个是股票价格。
- 曲面图：当要得到两组数据间的最佳组合时，曲面图很有用。例如，在地形图上，颜色和图案表示具有相同取值范围的地区。该图表显示了产生相同抗张强度的温度和时间的不同组合。
- 雷达图：在雷达图中，每个分类都有自己的数值轴，它们由中心点辐射出去，同一系列中的值则是通过折线连接的。雷达图用于比较大量数据系列的总计数据。

选择上述任意一种类型后，可以在其“子图表类型”中进行详细的选择。如果在图表中选择了部分区域，则可以在“选项”选项组中选中“应用于选定区域”复选框，也就是将当前选择的设置仅仅应用于所选的区域。如果选中“默认格式”复选框，则可以恢复到默认状态的图表类型。

在“图表类型”对话框中还提供了类似预览的功能，单击“按下不放可查看示例”按钮并停留一会儿，可以放大查看当前的图表类型，如图 5-13 所示。

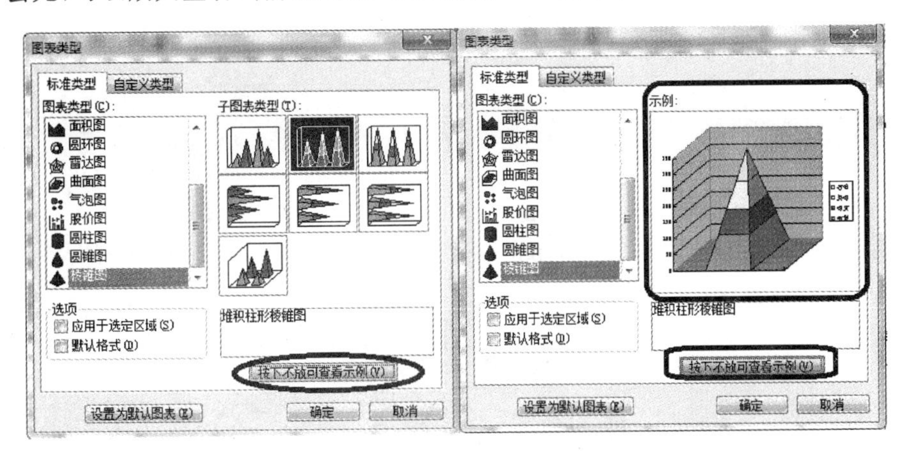

图 5-13 预览功能

除了这些标准类型之外，Word 还提供了自定义类型。

如果用户要使用自定义图表类型，可以从内置的自定义图表类型中选择一种图表类型或自己创建一种图表类型。内置的自定义图表类型 Microsoft Graph 提供了多种基于标准图表类型的内置图表类型，其中新增了一些格式和选项，包括适合各种图表项的图例、网格线、数据标签、次坐标轴、颜色、图案、填充和位置选择。这些图表类型可在“图表类型”对话框的“自定义类型”选项卡中找到，如图 5-14 所示。

首先在“选自”选项组中选中“自定义”或“内部”单选按钮，这时在“图表类型”列表框中就会有相应的变化，选择其中一种图表类型后，在“示例”区域中就可以看到所选类型的样式及说明。如果在“选自”选项组中选中“自定义”单选按钮，可以进行自定义图表类型的操作。用户通过创建自己的图表类型，可以与其他用户共享这些自定义图表类型。例如，如果希望公司的所有图表都显示相同的标题，可以先创建一个具有此标题的图表，接着将其作为用户自定义图表保存，这样就可以像使用模板一样在公司内与其他人共享图表了。

在此选中“内部”单选按钮，得到如图 5-15 所示的效果。

图 5-14 自定义图表类型

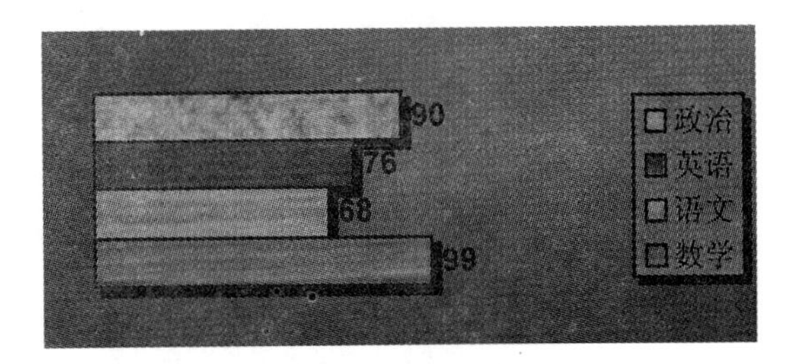

图 5-15 “自然条形图”效果

技巧 3 对图表进行详细的设置

Word 对图表的处理，除了显示图表之外，还有一些特殊的功能设置，包括设置标题、坐标轴、标签等。

在此以图 5-16 所示的柱状图为例进行说明。双击柱状图，然后右击选择“图表选项”命令，如图 5-17 所示，打开如图 5-18 所示的对话框，在“标题”选项卡中依次输入“成绩单”、“科目”、“成绩”，单击“确定”按钮得到如图 5-19 所示的效果。

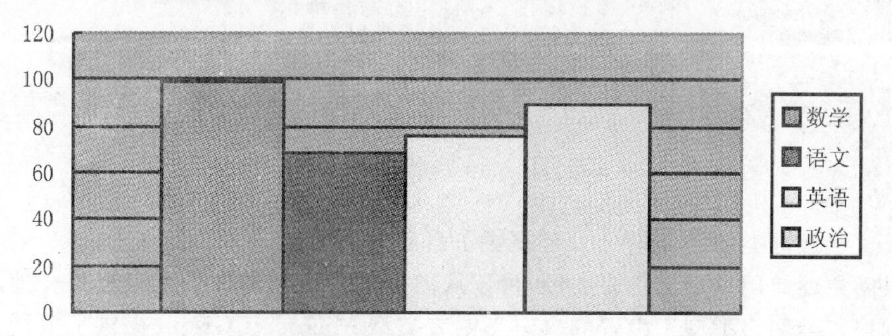

图 5-16 “柱状图”效果

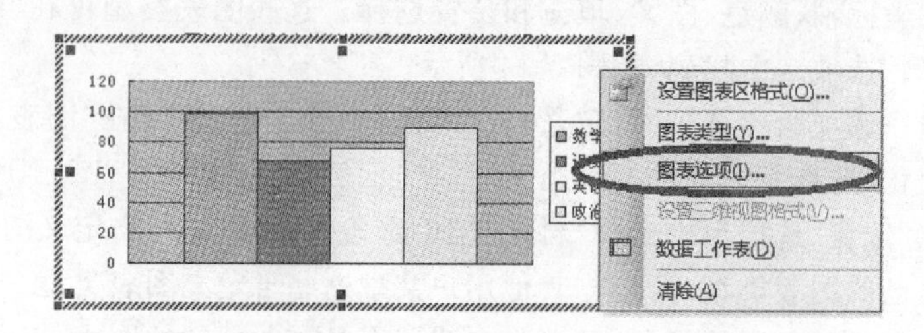

图 5-17 “图表选项”命令

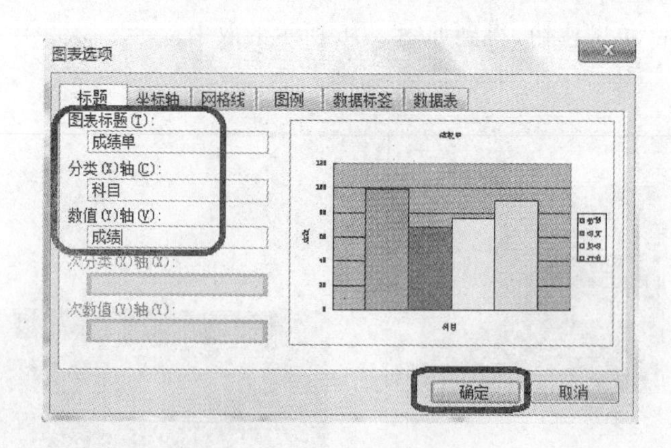

图 5-18 “图表选项”对话框

在如图 5-18 所示的对话框中选择“网格线”选项卡，取消选中所有复选框，即不要任何网格线，如图 5-20 所示，单击“确定”按钮得到如图 5-21 所示的效果。

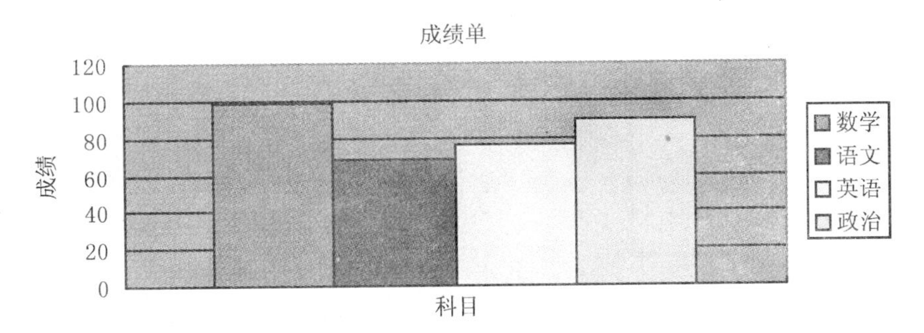

图 5-19　标题效果

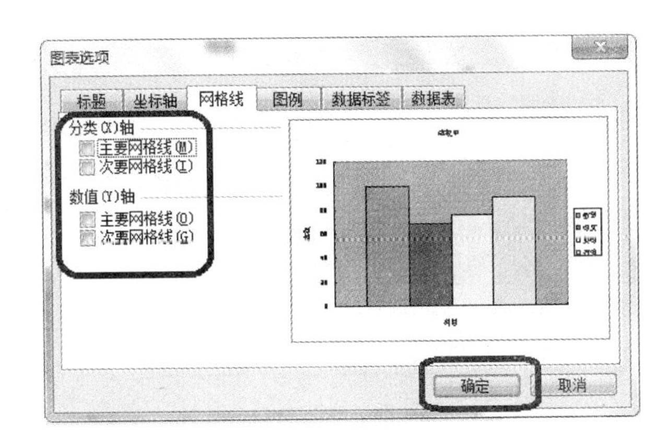

图 5-20　“网格线”选项卡

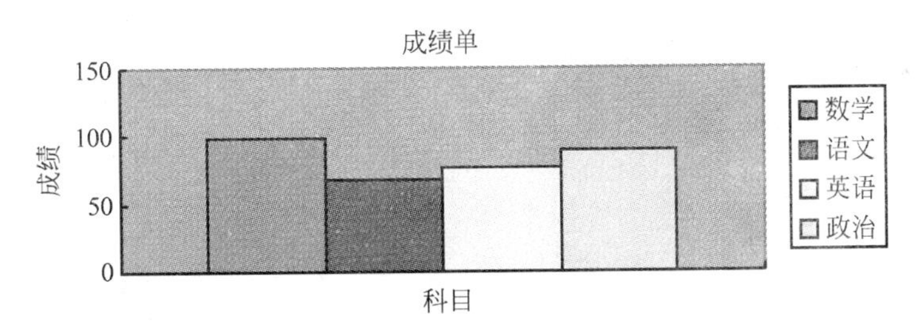

图 5-21　取消网格线效果

在如图 5-18 所示的对话框中选择“图例”选项卡，选中“显示图例”复选框，然后选择一个位置，如图 5-22 所示，单击“确定”按钮得到如图 5-23 所示的效果。

对于柱形图、饼图等类型的图表，可以在图形旁设置数据标志，以更清晰地表现图表，并且可以通过拖动某个数据标签来改变它的位置。在二维条形图、柱形图、折线图、二维饼图和三维饼图、散点图和气泡图中，还可以将一个数据系列的所有标签放置在其数据标记附近的标准位置上。

在如图 5-18 所示的对话框中选择“数据标签”选项卡，打开如图 5-24 所示的对话框，选择任一数据标签，如“系列名称”，得到如图 5-25 所示的效果；选择“值”，得到如图 5-26 所示的效果。

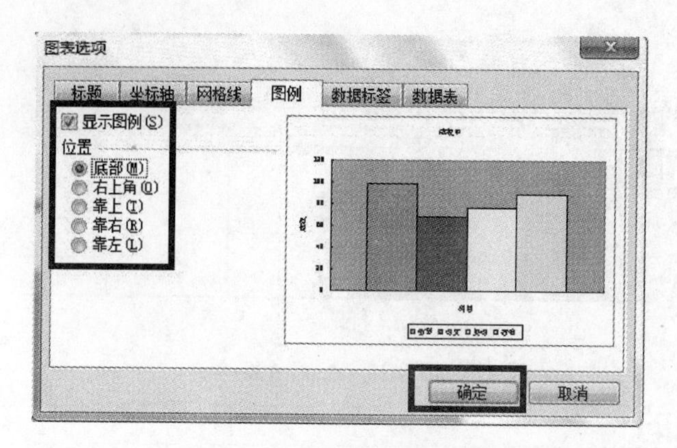

图 5-22 “图例”选项卡

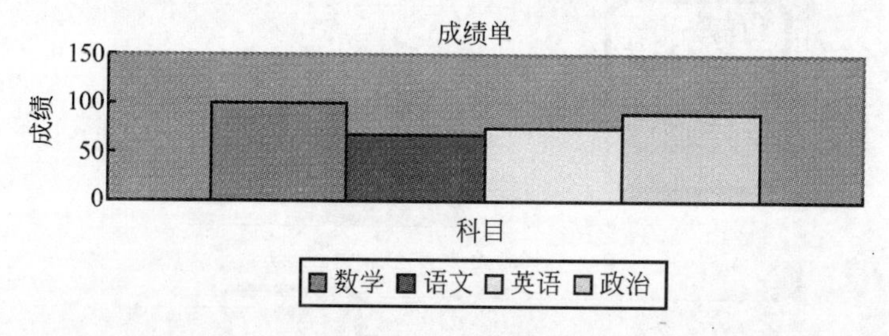

图 5-23 图例效果

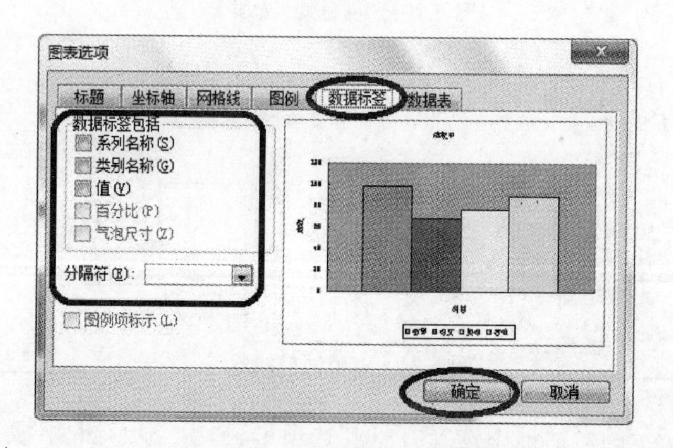

图 5-24 “数据标签”选项卡

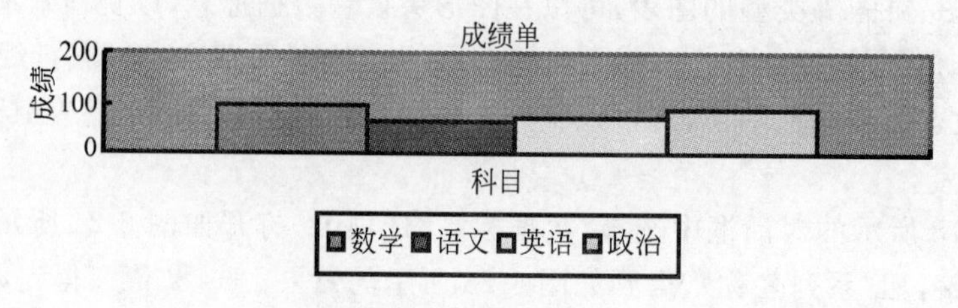

图 5-25 数据标签效果 1

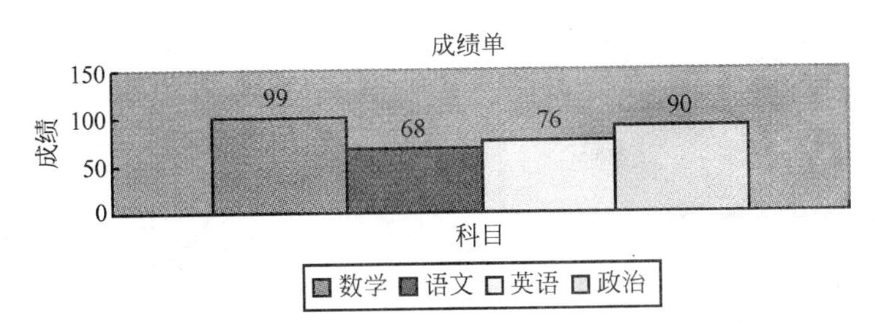

图 5-26　数据标签效果 2

技巧 4　图表的排版

在编辑完一个图表后，单击文档中除图表外的任意位置，就可以退出图表编辑环境，返回到文档中，这时可以对图表进行文档中的排版操作。其方法是，右击该图表，在弹出的快捷菜单中选择“设置对象格式”命令，打开“设置对象格式”对话框，然后在此对话框中选择相应选项卡，再设置相应的内容。如在“版式”选项卡中，可以设置图表的各种环绕方式。

1. 调整图表大小

当选定某个对象后，在选择矩形的拐角和边缘上将出现尺寸柄。此时可以用鼠标拖动对象的尺寸柄来改变选定对象的大小，或者通过设定对象的高度和宽度比，更加精确地设置对象的大小。

(1) 调整对象的大小。选定某个对象后，通过拖动对象的 8 个控制点可以调整对象的大小。

在“设置对象格式”对话框中选择“大小”选项卡，可以按特定百分比或指定尺寸调整对象大小。

如果在“大小”选项卡中选中了“锁定纵横比”复选框，则在调整对象大小时将保持其长宽比例。

(2) 裁剪对象。在 Word 中，除了可以裁剪图表以外，还可以裁剪其他对象，例如照片、位图或剪贴画。裁剪，就是修整图片的垂直或水平边框，以吸引用户的注意。对于裁剪操作，可以通过如图 5-27 所示的对话框中的“图片”选项卡中的“上”、“下”、“左”、“右”微调框进行，也可以使用“图片”工具栏中的“裁剪”按钮进行操作。

(3) 还原对象。还原对象指还原被裁剪或调整过大小的图片，无论图片经过多少次更改，Microsoft Graph 始终保持图片最初被插入图表时的原始大小。还原对象的方法是，在“设置对象格式”对话框的“大小”选项卡中单击“重新设置”按钮。

2. 调整图表版式

在“设置对象格式”对话框的“版式”选项卡中，可以选择 5 种环绕方式，如选择“四周型”，如图 5-28 所示，单击“确定”按钮可以得到如图 5-29 所示的效果。

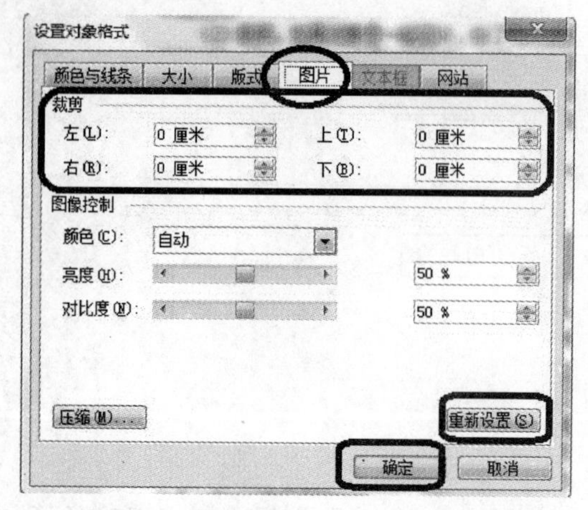

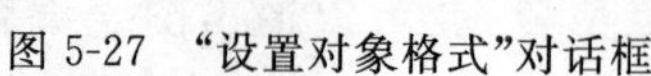
图 5-27 “设置对象格式”对话框

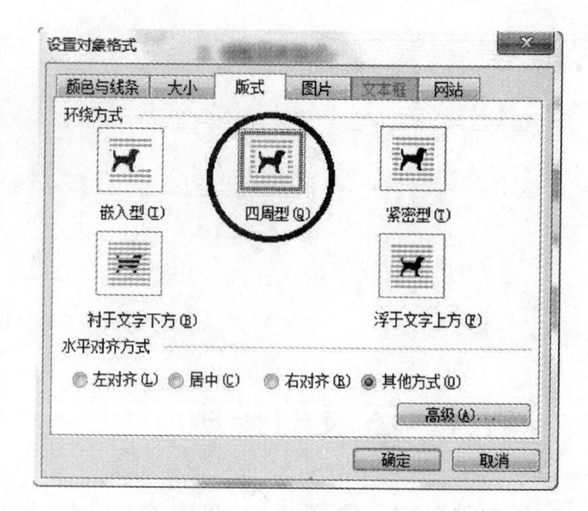

图 5-28 “版式”选项卡

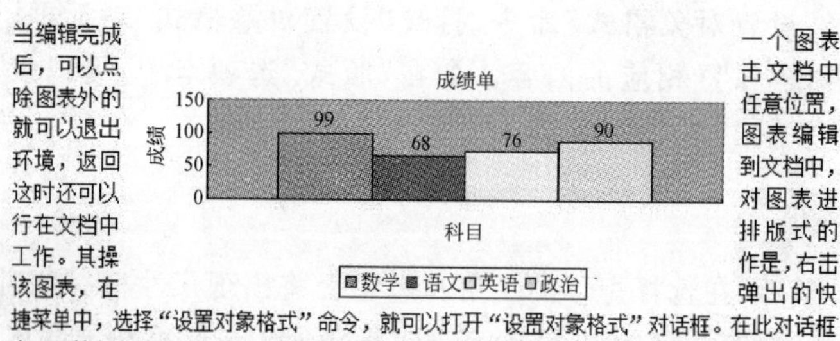

图 5-29 环绕效果

技巧 5 图片的插入

在 Word 中，提供的图片插入方式有很多，包括如图 5-30 所示的 7 种方式，当然也包括前面介绍的“图表”，下面分别介绍这几种方式。

1. 剪贴画

“剪贴画”功能经常被人们忽略，其实，Word 中自带的很多小图片(即“剪贴画”)都是很经典的，可以用来装饰或者说明问题，尤其是用在 PowerPoint 文档的制作上。

选择“剪贴画”命令，在右侧窗口中会出现“剪贴画”任务窗格，在“搜索文字”文本框中输入要搜索的内容，在此分别输入“人”、“动物”、“车”，如图 5-31 所示。单击“搜索”按钮，搜索完成后，单击任一图片即可完成图片的插入，如图 5-32 所示。

2. 来自文件

“来自文件”的应用最为广泛，主要是在 Word 中插入已经存在于计算机硬盘中的图片，选择该命令后会打开“插入图片”对话框，如图 5-33 所示。

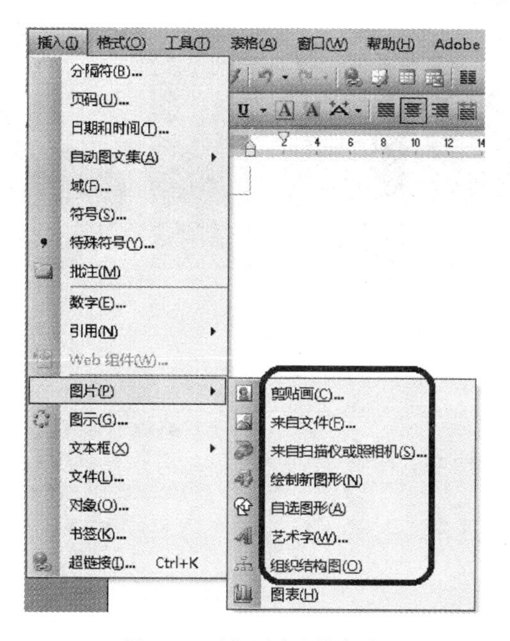

图 5-30 插入图片的方式

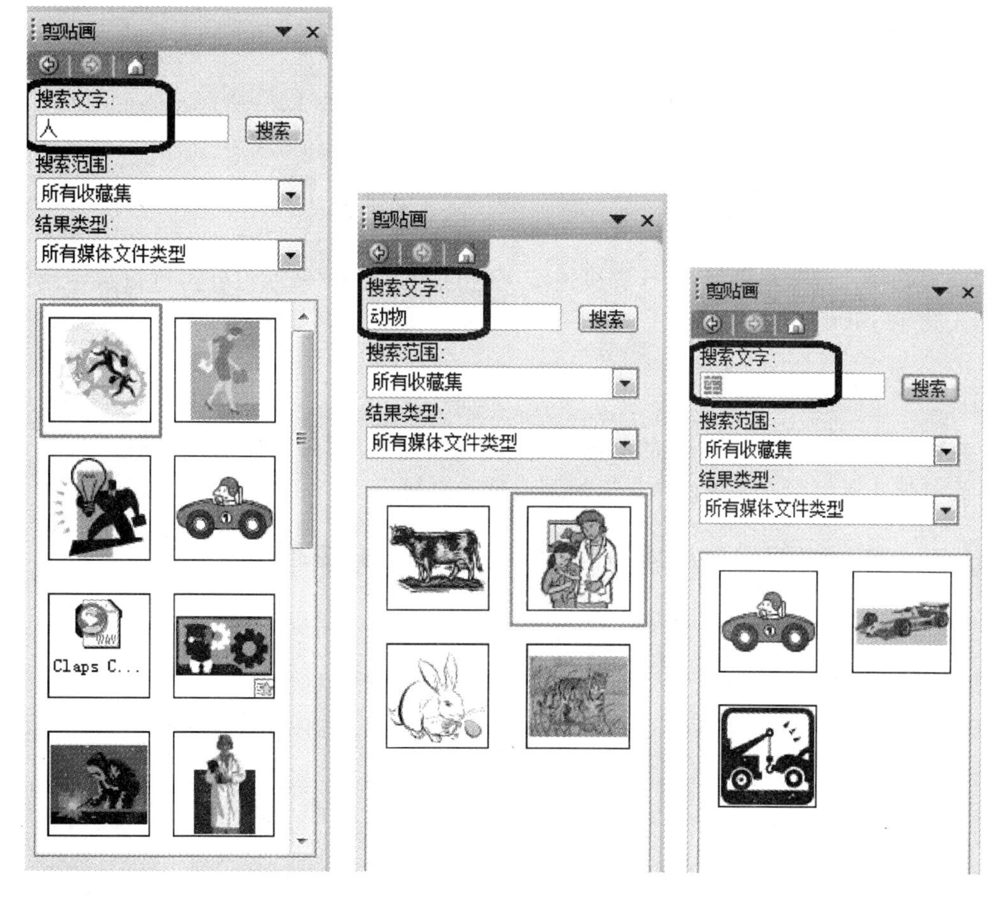

图 5-31 输入要搜索的内容

图 5-32　插入剪贴画

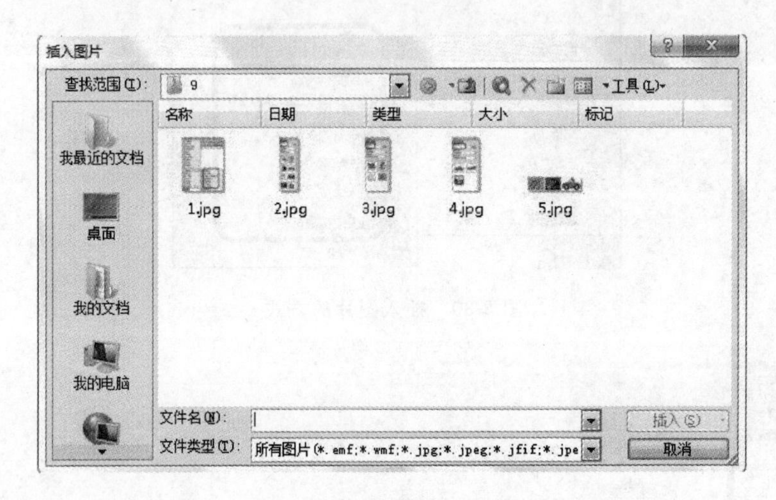

图 5-33　“插入图片”对话框

3. 来自扫描仪或照相机

“来自扫描仪或照相机”指当计算机连接了“扫描仪”或者“照相机”时，可以从中读取图片，插入到 Word 中。

4. 绘制新图形

“绘制新图形”是打开 Word 的绘图功能，即在页面底端打开“绘图”工具栏，如图 5-34 所示，通过该工具栏用户可以选择合适的图形进行绘制。

图 5-34　“绘图”工具栏

例如，在“基本形状”中选择几个图形，绘制如图 5-35 所示的图形。

注意：在这些图形中有椭圆，但是没有圆形，如果需要绘制圆形，需要借助快捷键。选择“椭圆”图形后，按住 Shift 键绘制，则绘制出来的是圆形。

同样，在这些图形中也没有正方形，如果需要绘制正方形，选择“矩形”图形后，按住 Shift 键绘制，这时绘制出来的就是正方形，如图 5-36 所示。

当按住 Shift 键绘制直线、线段、箭头等时，这些线是以“15 度”为单位进行变化的，也就是说，只能绘制 0、15、30、45、60、75、90、105、120、135、150、165、180 度的线。

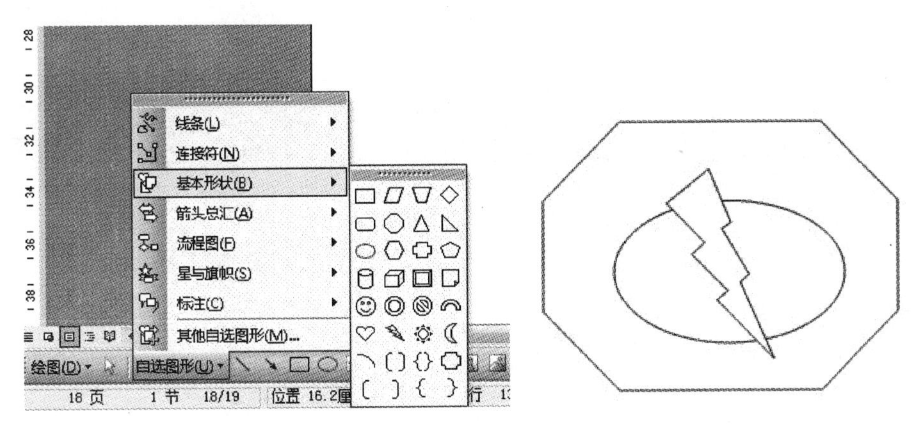

图 5-35 绘图效果

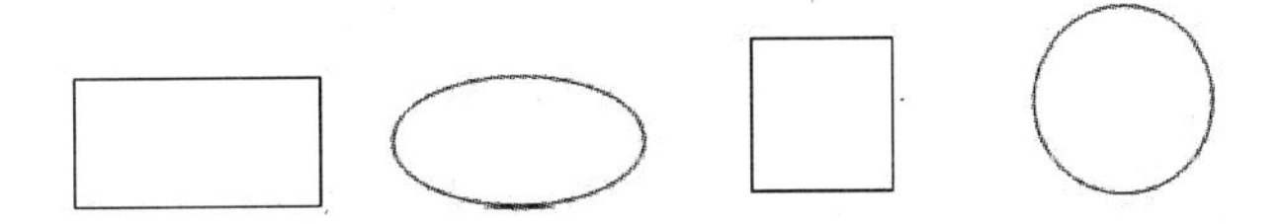

图 5-36 圆形和正方形效果

当按住 Ctrl 键绘制椭圆和矩形时，图形是以中心为基点向外进行绘制的。

5. 自选图形

当选择"自选图形"命令时，会打开如图 5-37 所示的"自选图形"工具栏，用户可以单击其中任一按钮，然后在展开的下拉菜单中选择一个图形进行绘制。

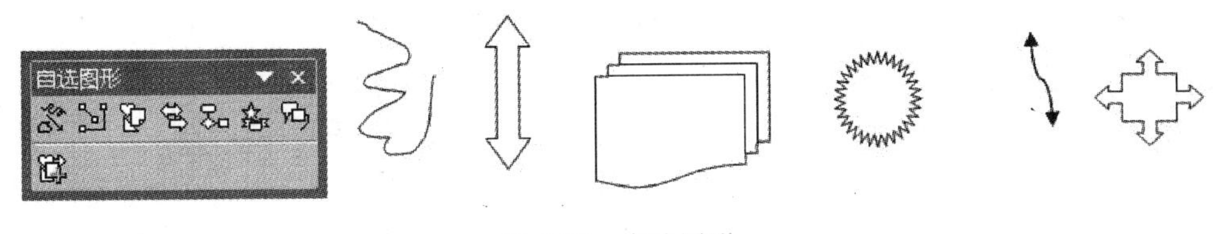

图 5-37 自选图形

6. 艺术字

当选择"艺术字"命令时，会打开如图 5-38 所示的"艺术字库"对话框，在其中选择一种样式，单击"确定"按钮，打开如图 5-39 所示的对话框。输入要写的艺术字，调整好字号等，单击"确定"按钮得到艺术字效果，如图 5-40 所示。

7. 组织结构图

当选择"组织结构图"命令时，会打开如图 5-41 所示的框图，用户可以在"版式"下拉菜单中选择不同的版式，还可以单击"自动套用格式"按钮，打开如图 5-42 所示的样式库，选择合适的样式，得到如图 5-43 所示的效果。

图 5-38 “艺术字库”对话框

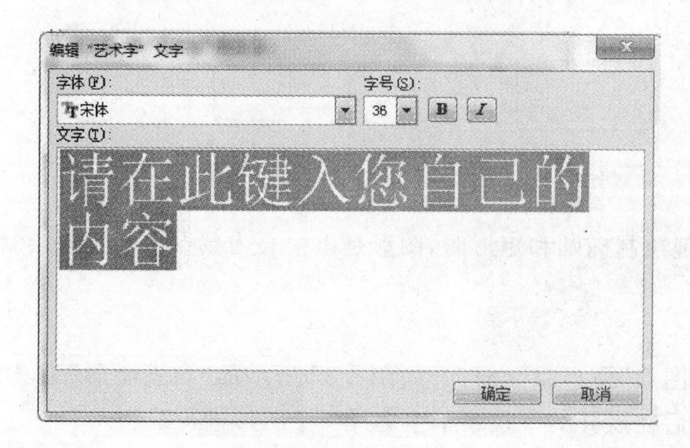

图 5-39 编辑艺术字

计算机应用技术 计算机应用技术

图 5-40 艺术字效果

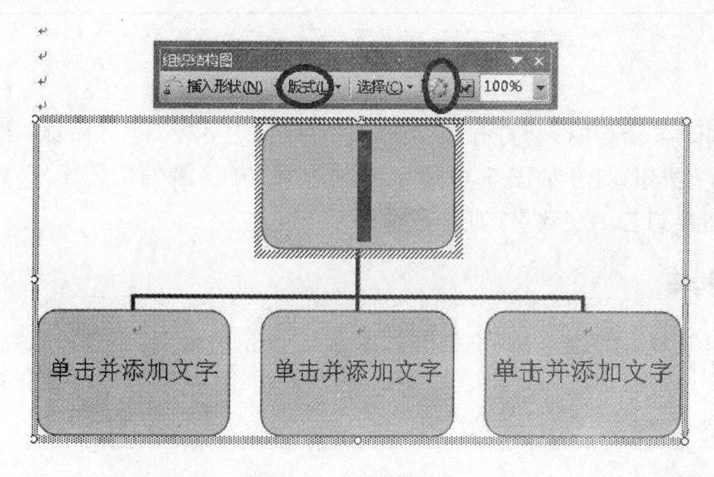

图 5-41 组织结构图

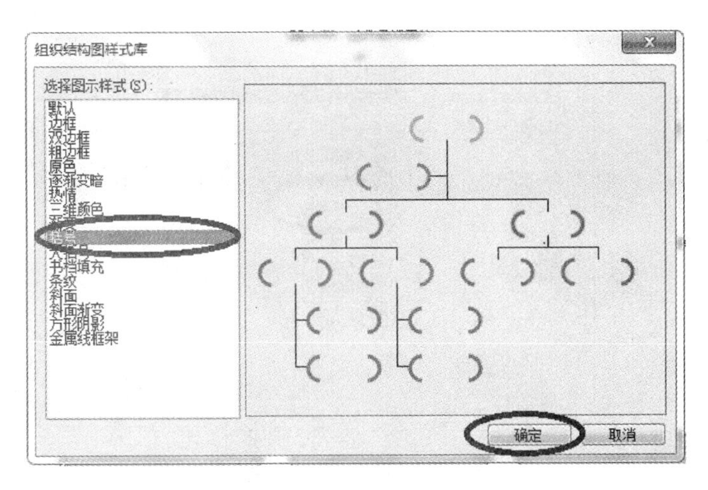

图 5-42 样式库

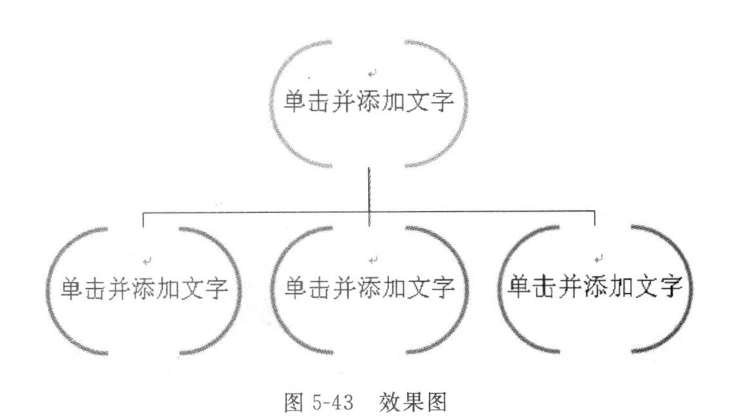

图 5-43 效果图

技巧 6 用艺术字来拆字

有时候，用户会用到某个笔画，但通过键盘无法实现，例如想使用"幼"字的左边"幺"，此时可以通过以下方法实现。

选择"工具"|"自定义"命令，打开"自定义"对话框，选择"命令"选项卡，然后选择"绘图"和"分解图片"选项，如图 5-44 所示，按住鼠标左键将"分解图片"拖动到工具栏的任意位置，以备使用。

接着选择"插入"|"图片"|"艺术字"命令，打开"艺术字库"对话框，选择一个喜欢的样式，例如选择第三行的第一个样式，输入汉字"幼"，单击"确定"按钮，效果如图 5-45(a)所示。

单击这个艺术字，按 Ctrl+X 键将其剪切，再选择"编辑"|"选择性粘贴"命令，在打开的"选择性粘贴"对话框中选择"图片(Windows 图元文件)"选项，如图 5-46 所示，单击"确定"按钮得到如图 5-45(b)所示的字体。

单击粘贴出来的"幼"字，然后单击工具栏上的"分解图片"按钮 (刚刚拖到工具栏上的按钮)，这时一个能分解的"幼"字就做好了，如图 5-45(c)所示。这个字是由若干个文本框

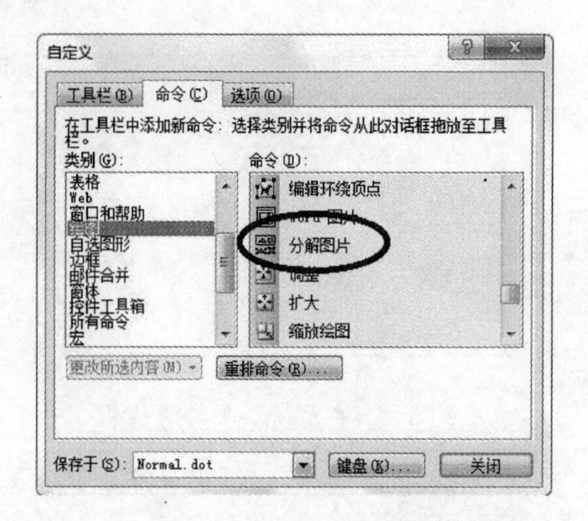

图 5-44 “自定义”对话框

图 5-45 艺术字与分解图片效果

图 5-46 “选择性粘贴”对话框

构成的，用户可以拖曳它得到不同的文本框，图 5-45(d)是其中的一部分，包括部首笔画等，至此完成了拆字功能。

技巧 7 “图片”工具栏

“图片”工具栏是对图片进行简单操作的工具栏。

在此以图 5-32 为例进行介绍，右击图像，选择“显示‘图片’工具栏”命令，打开“图片”工具栏，如图 5-47 所示。通过该工具栏可以调整图片的亮度、对比度，还可以裁剪图片，设置文字环绕等。

1. 裁剪图片

单击“图片”工具栏上的“裁剪”按钮，可以在 4 个方向上对图片进行裁剪。例如要将

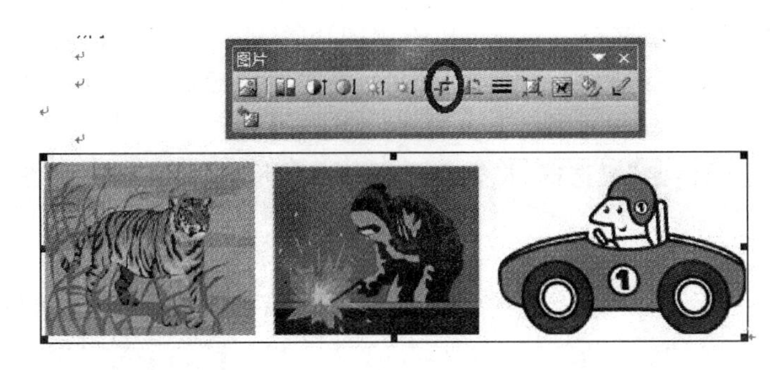

图 5-47 “图片”工具栏

图 5-32 所示的图片裁剪成只有老虎的图片，将右侧的边框向左拖曳到老虎的位置即可，如图 5-48 所示。

2. 调整图片的对比度、亮度

在图 5-48 的基础上，单击“增加对比度”按钮，可以得到如图 5-49 所示的效果；单击“增加亮度”按钮，可以得到如图 5-50 所示的效果。

图 5-48 裁剪效果

图 5-49 增加对比度效果

图 5-50 增加亮度效果

3. 设置图片格式

单击“图片”工具栏上的“设置图片格式”按钮，或者右击图片，选择“设置图片格式”命令，都可以打开“设置图片格式”对话框，如图 5-51 所示。

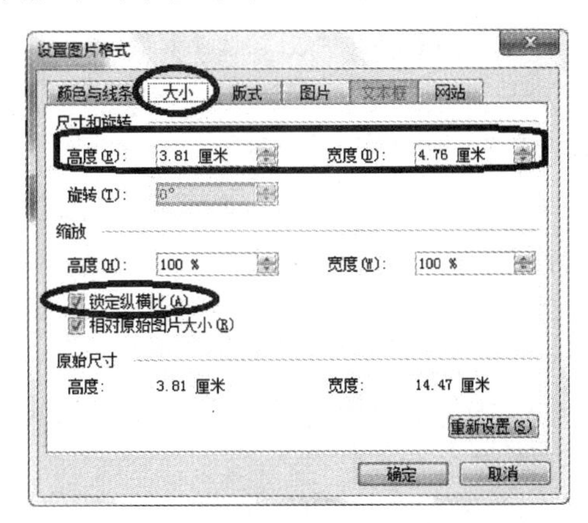

图 5-51 “设置图片格式”对话框

选择“大小”选项卡，在该选项卡中可以设置图片的大小。选中“锁定纵横比”复选框，然后将“高度”或者“宽度”进行调节，例如将其缩小一定尺寸后可以得到如图 5-52(a)所示的效果。

取消选中“锁定纵横比”复选框，将宽度放大一定的尺寸，可以得到如图 5-52(b)所示的效果。

(a)

(b)

(c)

图 5-52 效果图

在“设置图片格式”对话框中选择“版式”选项卡，如图 5-53 所示，其中有 5 种环绕方式，选择“衬于文字下方”，单击“确定”按钮，得到如图 5-52(c)所示的效果。

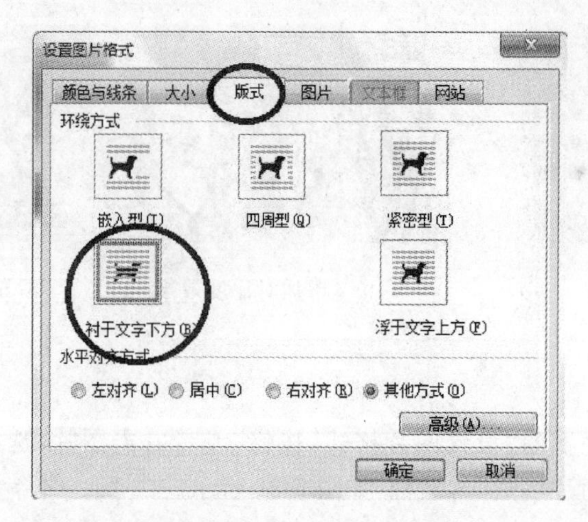

图 5-53 “版式”选项卡

技巧 8 插入图片的自动更新

对于从硬盘插入到 Word 中的图片，如果硬盘中的图片发生变化，可以让 Word 中的图片也随之变化，即自动更新，这在很多场合是非常实用的。

选择“插入”|“图片”|“来自文件”命令，打开如图 5-54 所示的对话框，选择图片后，不单击“插入”按钮，而是选择“插入”下拉菜单中的“链接文件”命令，可以得到如图 5-55(a)所示的图片。

当对硬盘中的这个图片进行编辑修改，并保存时，再次打开 Word，会发现这个位置的图片已经变成如 5-55(b)所示的图片，即完成了自动更新的过程。

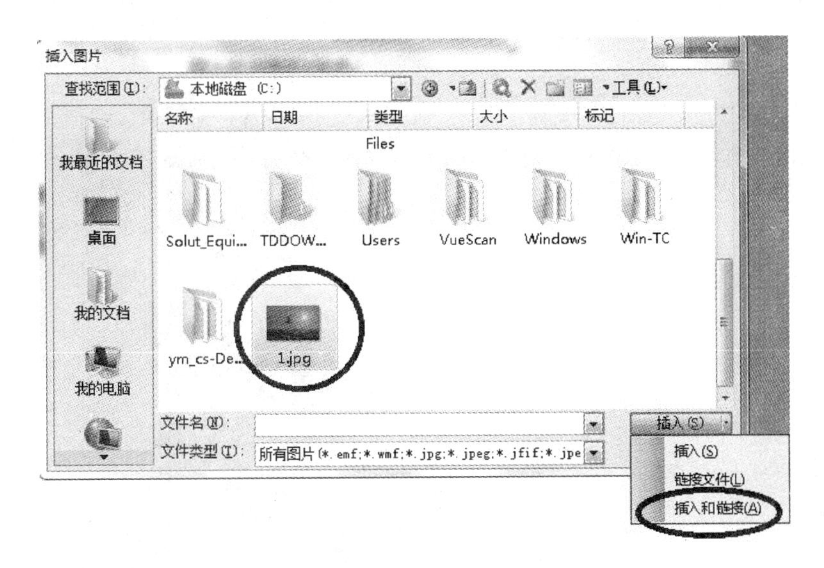

图 5-54 “插入图片”对话框

(a)

(b)

图 5-55 自动更新效果

技巧9 去掉绘图的默认画布

Word的画布是一个非常有用的工具，当要插入自选图形进行绘制时，Word会弹出一个默认的画布，用户可以在这里进行绘制，如图5-56(a)所示。当在其中绘制了多个图形时，如图5-56(b)所示，画布作为一个整体可以进行移动等操作，很方便。

在此处创建图形。

(a)

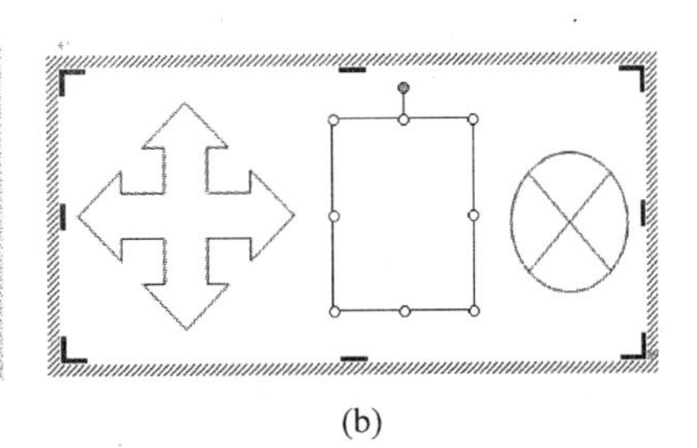

(b)

图 5-56 默认画布

但有时候，并不需要这个画布，多个图形变成一个整体反而不方便，此时可以将默认画布去掉。

选择"工具"|"选项"命令，打开"选项"对话框，选择"常规"选项卡，然后取消选中"插入'自选图形'时自动创建绘图画布"复选框，单击"确定"按钮，如图 5-57 所示。

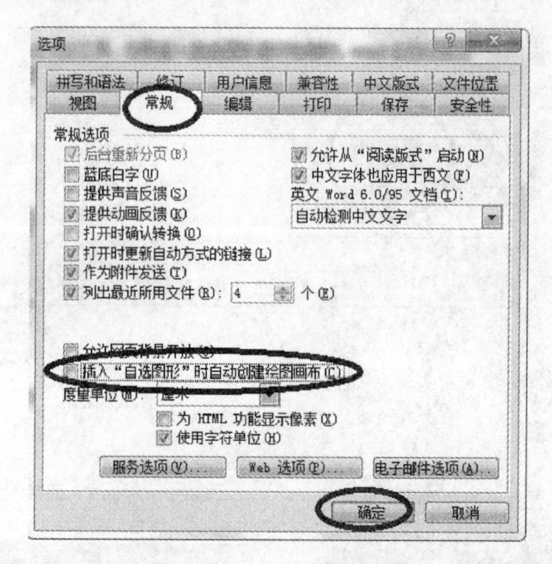

图 5-57　去掉自动创建画布功能

第三篇 Excel 操作技巧精选

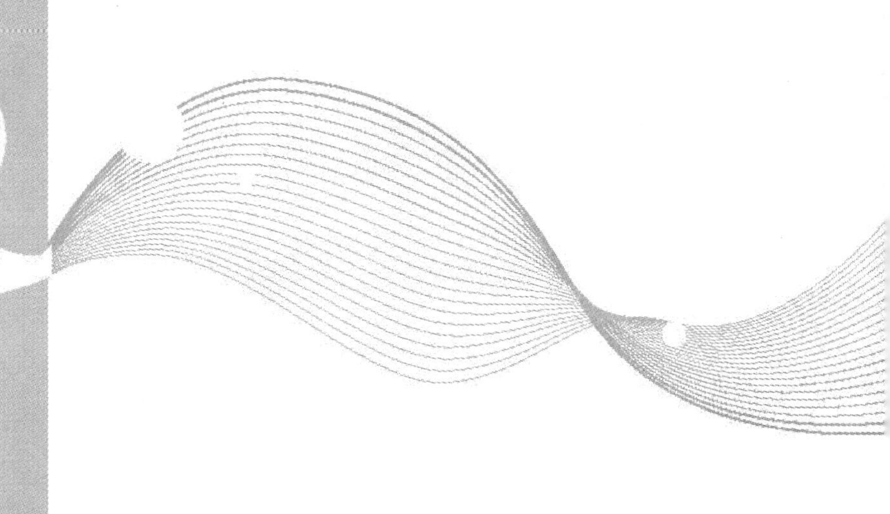

- 第 6 章　Excel 操作基本技巧精选
- 第 7 章　Excel 操作高级技巧精选

第6章 Excel操作基本技巧精选

Excel是微软公司的办公软件Office的组件之一，是微软办公套装软件的一个重要组成部分，使用它可以进行各种数据的处理、统计分析和辅助决策操作。目前，Excel被广泛地应用于管理、统计财经、金融等众多领域。

在Office中，Word主要用来进行文本的输入、编辑、排版、打印等操作，Excel主要用来进行有繁重计算任务的预算、财务、数据汇总等操作。

Excel 2003默认有3个工作表，即窗口下方的“Sheet1”、“Sheet2”、“Sheet3”，最多可以有255个工作表。在每一个工作表中有65 536行、256列(行的范围是1～65 536，列的范围是A～IV)，最基本的单元称为单元格，如H8(第H列，第8行)。

技巧1 快速实用的Excel基本操作

1. 给工作表命名

为了便于记忆和查找，可以将Excel的“Sheet1、Sheet2、Sheet3进行重新命名。给工作表命名的方法有以下两种：

(1) 选择要改名的工作表，然后选择“格式”|“工作表”|“重命名”命令，这时工作表标签上的名称将反白显示，在标签上输入新的表名即可。

(2) 双击当前工作表标签上的名称，如“Sheet1”，然后输入新的名称。

2. 给单元格命名

同样，为了方便查找某单元格，也可以将单元格进行重命名。

Excel对每个单元格都有一个默认的名称，其命名规则是列标加横标，例如“D3”表示第四列、第三行的单元格。如果要将某单元格重新命名，可以采用下面两种方法：

(1) 用鼠标单击某单元格，在表的左上角会看到它当前的名称，用鼠标选中名称，然后输入一个新的名称即可。

(2) 选中要命名的单元格，选择“插入”|“名称”|“定义”命令，打开“定义名称”对话框，在“在当前工作簿中的名称”文本框中输入名称，单击“确定”按钮即可。

注意：在给单元格命名时，用户需注意名称的第一个字符必须是字母或汉字，它最多可包含255个字符，可以包含大、小写字符，但是名称中不能有空格且不能与单元格引用相同

(例如不能命名为“H8”,因为“H8”已经是单元格的名称)。

3. 快速选中全部工作表

如果一个Excel中包含多个工作表,一次全部选择这些工作表的方法如下:

右击工作窗口下面的任一工作表,在弹出的快捷菜单中选择“选定全部工作表”命令即可。

4. 快速移动或复制单元格

先选定单元格,然后移动鼠标指针到单元格边框上,当其由“十字”变成“4个方向箭头”时,按下鼠标左键并拖动到新位置,然后释放按键即可移动。

若要复制单元格,则在释放鼠标之前按下Ctrl键即可。

5. 更换单元格次序

如果将一个位置的单元格移动到已经有数据的另一个位置,会弹出对话框提示“是否替换”,如果不想替换数据,而是两个单元格交换位置,则上述操作不是按住Ctrl键,而是按住Shift键,以实现单元格间的次序更换。

6. 选择单元格

(1) 若选择一个单元格,将鼠标指向它单击即可。

(2) 若选择一个单元格区域,可选中其左上角的单元格,然后按住鼠标左键向右拖曳,直到需要的位置松开鼠标左键。

(3) 若要选择两个或多个不相邻的单元格区域,在选择一个单元格区域后,按住Ctrl键,然后选择另一个区域即可。

(4) 若要选择整行或整列,只需单击行号或列标,这时该行或该列的第一个单元格将成为活动的单元格。

(5) 若单击左上角行号与列标交叉处的按钮,可选定整个工作表。

7. 彻底清除单元格内容

先选定单元格,然后按Delete键,这时仅删除了单元格内容,其格式和批注还保留着。

如果要彻底清除单元格,可采用以下方法:

选定要清除的单元格或单元格范围,然后选择“编辑”|“清除”|“全部”命令即可,当然也可以选择删除“格式”、“内容”或“批注”命令。

8. 一次性打开多个工作簿

有时候,用户需要一次性打开多个工作簿,如果一个一个地打开显然不是最佳方案。此时,用户可以采用以下方法一次性打开多个工作簿:

(1) 打开工作簿(*.xls)所在的文件夹,按住Shift键或Ctrl键,并用鼠标选择彼此相邻或不相邻的多个工作簿,将它们全部选中,然后右击,选择“打开”命令,将上述选中的工作簿全部打开。

(2) 将需要一次打开的多个工作簿文件复制到 Excel 的默认启动文件夹中。

Windows XP：C:\Documents and Settings\用户名\Application Data\Microsoft\Excel\XLStart

Vista：C:\Users\用户名\AppData\Local\Microsoft\Excel\XLStart

Windows 7：C:\Users\用户名\AppData\Roaming\Microsoft\Excel\XLStart

之后启动 Excel 时，XLStart 文件夹中的工作簿将被同时打开。

(3) 选择“工具”|“选项”命令，打开“选项”对话框，选择“常规”选项卡，在“启动时打开此目录中的所有文件”后面的文本框中输入一个文件夹的完整路径(如 D:\Excel)，然后单击“确定”按钮，如图 6-1 所示。

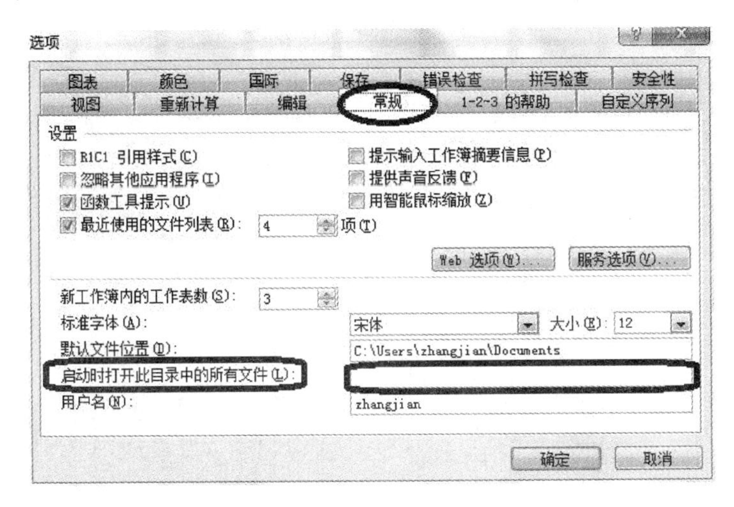

图 6-1 “选项”对话框

将需要同时打开的工作簿复制到上述文件夹中，则以后启动 Excel 时，上述文件夹中的所有文件(包括非 Excel 格式的文档)将被全部打开。

(4) 选择“文件”|“打开”命令，按住 Shift 键或 Ctrl 键，在打开的对话框中选择彼此相邻或不相邻的多个工作簿，然后单击“打开”按钮，即可一次性打开多个工作簿。

(5) 按照方法(4)将多个工作簿打开之后，选择“文件”|“保存工作区”命令，如图 6-2(a)所示，打开“保存工作区”对话框，取名保存(默认名称为 resume)，此时用户可以看到生成了一个名为“resume. xls”的文件，如图 6-2(b)所示。以后用户只要双击这个文件，包含在该工作区中的所有工作簿即被同时打开。

9. 一次性打开多个工作簿

对于少量工作簿的切换，单击工作簿所在的窗口即可。如果用户要对多个窗口下的多个工作簿进行切换，可以使用“窗口”菜单。单击“窗口”，打开如图 6-3 所示的菜单，其底部列出了已打开工作簿的名称，要直接切换到一个工作簿，从“窗口”菜单中选择它的名称即可。“窗口”菜单最多能列出 9 个工作簿，若多于 9 个，“窗口”菜单则包含一个名为“其他窗口”的命令，选择该命令，会打开如图 6-4 所示的对话框，即按字母顺序列出所有已打开的工作簿名称的对话框，用户只需单击其中需要的工作簿的名称即可。

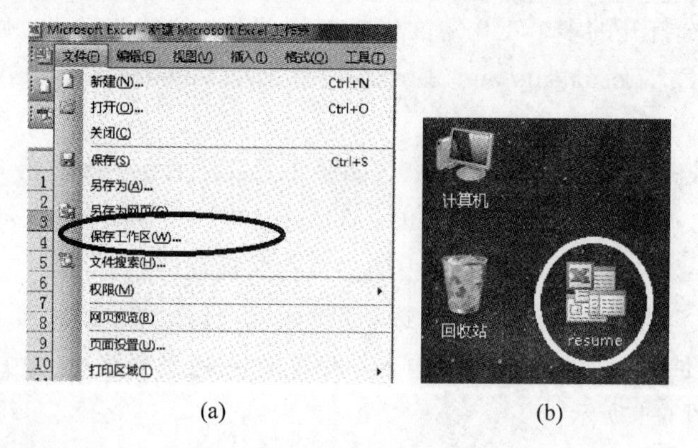

(a) (b)

图 6-2 保存工作区

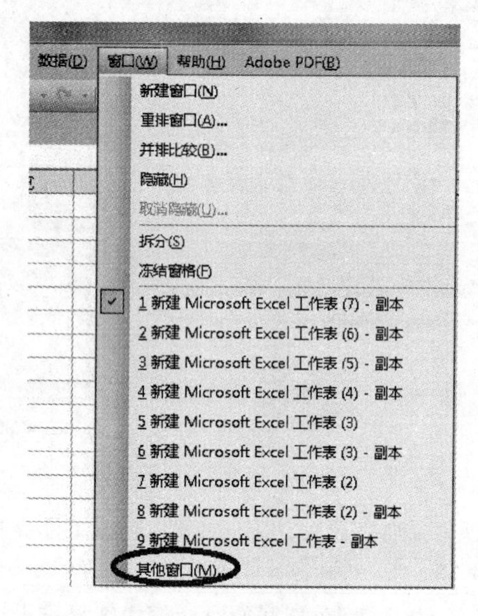

图 6-3 “窗口”菜单

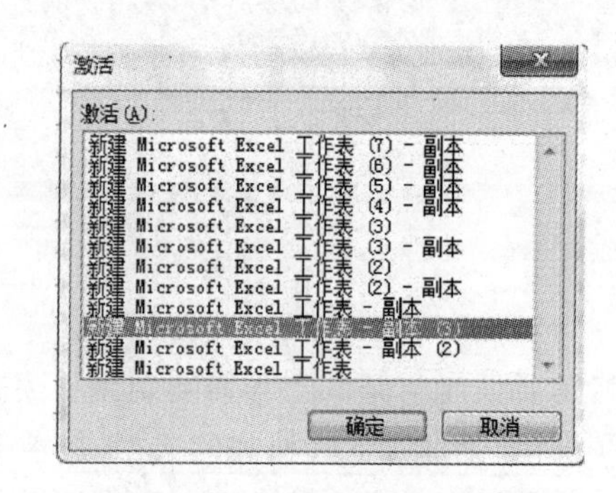

图 6-4 “激活”对话框

用户也可以按 Ctrl+Tab 键在打开的工作簿间快速切换。

在每一个工作簿里又包含多个工作表，如“Sheet1”、“Sheet2”、“Sheet3”，对它们的切换可以使用 Ctrl+PageDown/PageUp 键。

10. 修改默认文件保存路径

选择“工具”|“选项”命令，打开“选项”对话框，选择“常规”选项卡，将“默认文件位置”文本框中的内容修改为需要定位的文件夹的完整路径，如图 6-5 所示。则以后新建 Excel 工作簿，进行保存操作时，系统会打开“另存为”对话框，用户在其中直接定位到指定的文件夹即可。

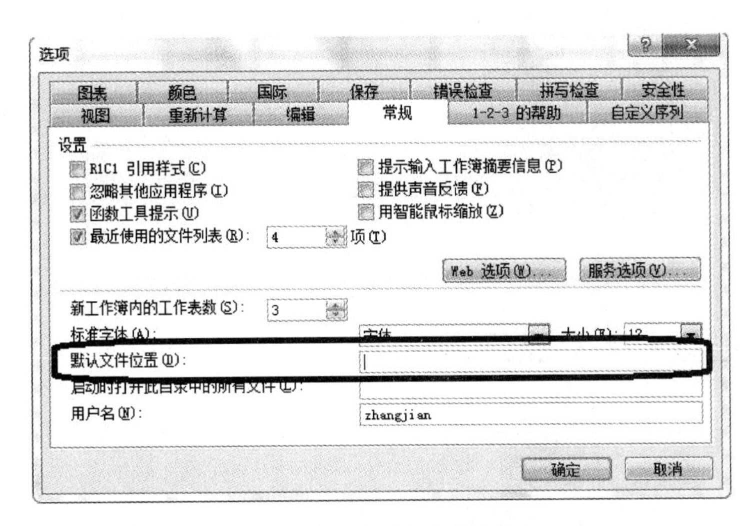

图 6-5　修改默认文件保存路径

技巧 2　查找和替换中的通配符的使用

在第 3 章介绍 Word 技巧时，介绍了"查找和替换"。在 Excel 中，同样可以使用"查找和替换"功能，也同样可以使用"通配符"，只不过在 Excel 中更方便，不用选中"使用通配符"复选框，直接就可以使用"?"和"＊"通配符，如图 6-6 所示。

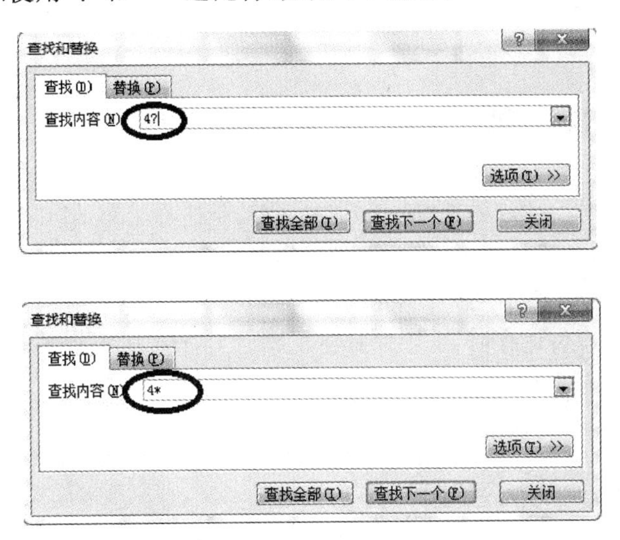

图 6-6　通配符的使用

问号(?)代表一个字符，星号(＊)代表一个或多个字符。用户需要注意的是，既然问号(?)和星号(＊)可以作为通配符使用，那么如何查找问号(?)和星号(＊)呢？只要在这两个字符前加上波浪号(～)就可以了，如图 6-7 所示。

图 6-7 通配符的查找

技巧 3 快速选定不连续单元格

对于选定不连续的单元格，通常的方法是按住 Ctrl 键不放，依次选择一些不连续的单元格，最后再松开 Ctrl 键。

还有一种更简单的方式，即不必一直按住 Ctrl 键，而是按 Shift＋F8 键，激活添加选定模式，此时工作簿下方的状态栏中会显示出“添加”字样，如图 6-8 所示，分别单击不连续的单元格或单元格区域即可选定，而不必按住 Ctrl 键不放。

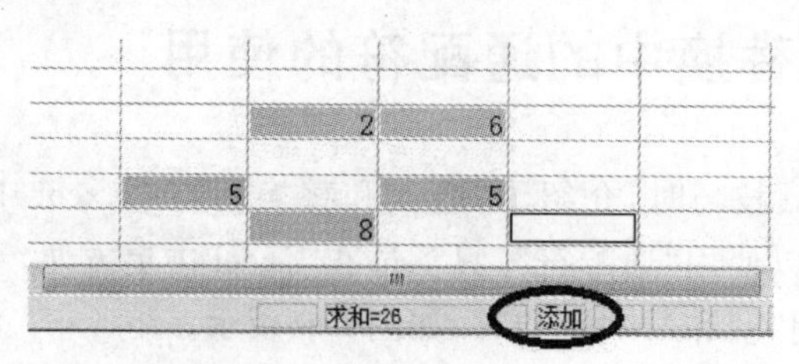

图 6-8 选定不连续单元格

技巧 4 备份工件簿

选择“文件”|“保存”命令，打开“另存为”对话框，单击右上角的“工具”旁的下三角按钮，选择“常规选项”命令，如图 6-9 所示，在打开的如图 6-10 所示的对话框中选中“生成备份文件”复选框，单击“确定”按钮保存，这样在原目录下生成了一个备份文件，如图 6-11 所示。以后用户修改该工作簿后保存时，系统会自动生成一个备份工作簿，且能直接打开使用。

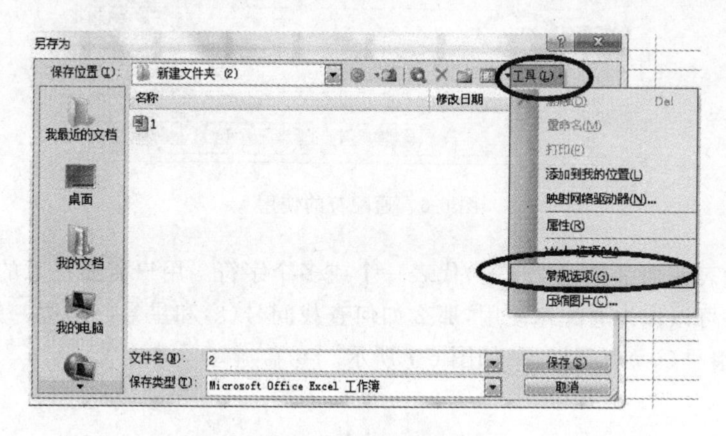

图 6-9 “另存为”对话框

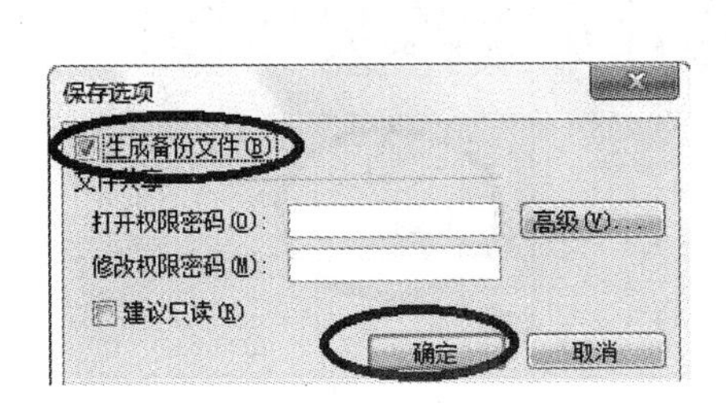

图 6-10 “保存选项”对话框

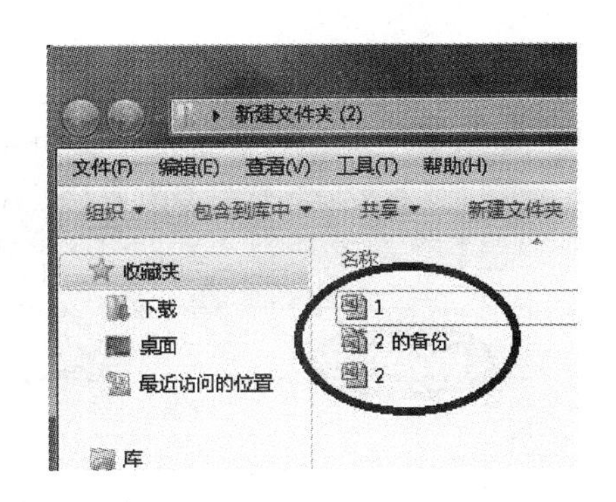

图 6-11 备份文件

技巧 5 绘制斜线表头

一般情况下，在 Excel 中制作表头都把表格的第一行作为表头，然后输入文字。不过，这样的表头比较简单，更谈不上斜线表头了，其实斜线表头是可以在 Excel 中实现的。

单击选中要变成斜线表头的单元格，然后选“格式”|“单元格”命令，打开“单元格格式”对话框，选择“对齐”选项卡，将垂直对齐的方式选择为“靠上”，将“文本控制”下面的“自动换行”复选框选中，如图 6-12 所示。

接着选择“边框”选项卡，按下“外边框”按钮，使表头外框有线，再按下面的“斜线”按钮，为此单元格添加一条对角线，设置好后，单击“确定”按钮，如图 6-13 所示。

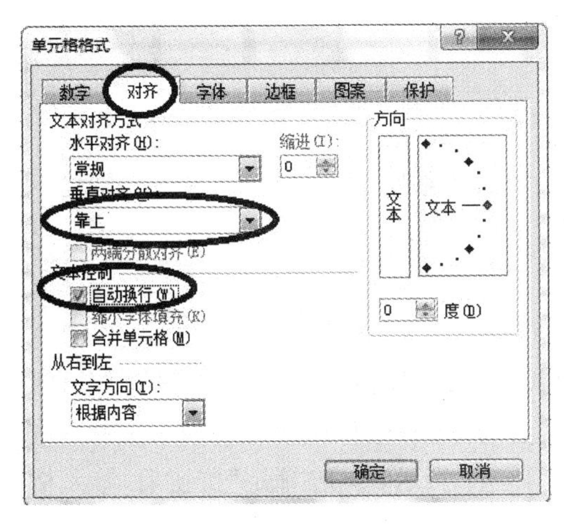

图 6-12 “对齐”选项卡

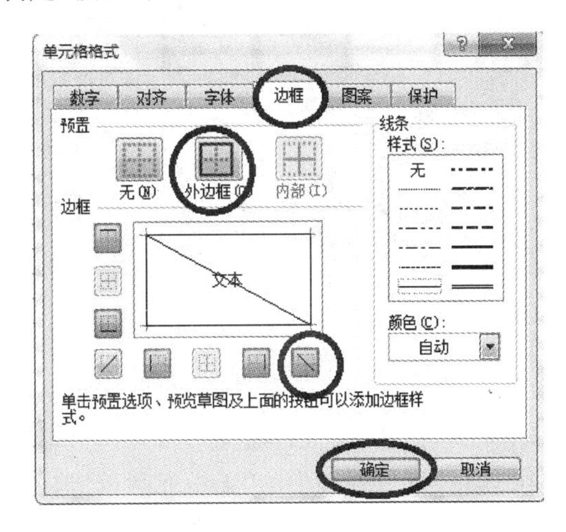

图 6-13 “边框”选项卡

这时 Excel 的第一个单元格中将多出一条对角线，如图 6-14(a)所示。双击第一个单元格，进入编辑状态，并输入文字，如“姓名”、“性别”，如图 6-14(b)所示。接着将光标放在“姓”字前面，连续按空格键，使这 4 个字向后移动(因为在单元格属性中已经将文本控制设置为“自动换行”，所以当“性别”两字超过单元格时，将自动换到下一行)，如图 6-14(c)所示。至此，一个漂亮的斜线表头就完成了。

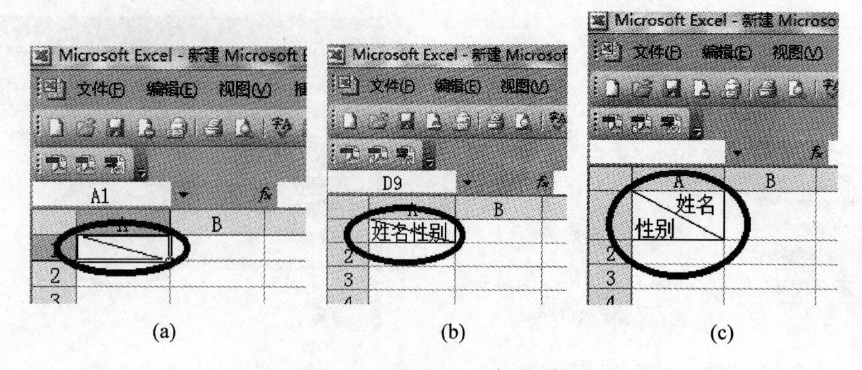

(a) (b) (c)

图 6-14 斜线表头的制作

技巧 6 绘制自选形状单元格

如果用户的表格需要菱形、三角形之类的特殊单元格，可以用以下方法实现：

先在单元格内输入数据，然后选择“视图”|“工具栏”|“绘图”命令，打开“绘图”工具栏，在“自选图形”的“基本形状”子菜单中找到需要的图形，如图 6-15 所示的“八边形”。

单击后光标变成一个小十字，由单元格左上角向右下角拖动，即可绘制出所需形状的单元格。此时，单元格中的原数据将被覆盖，如图 6-16 所示为覆盖前后的效果。

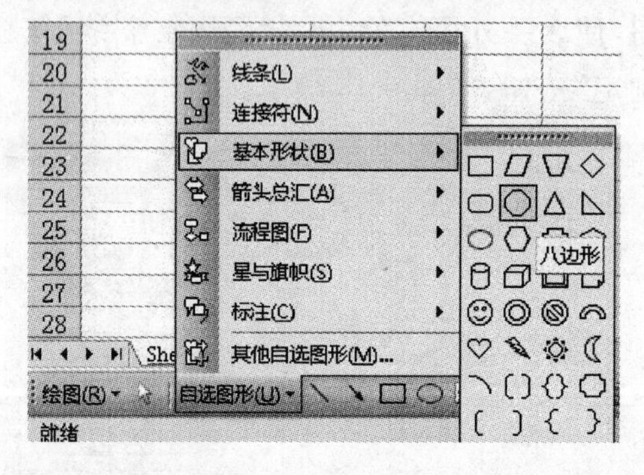

图 6-15 选择八边形

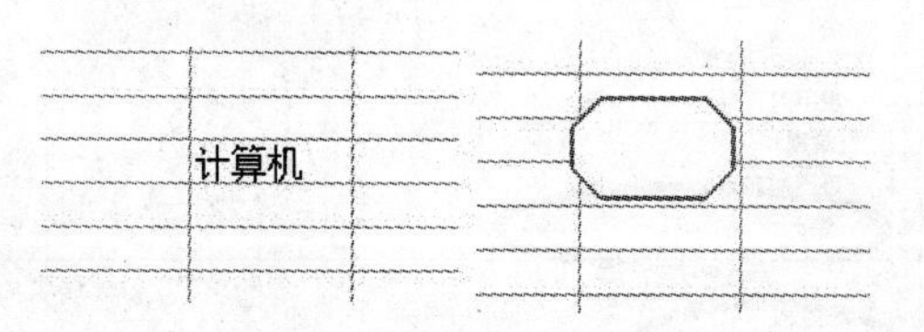

图 6-16 覆盖前后的效果

如果单元格的内容被覆盖，可右击新绘制的八边形，选择快捷莱单中的“设置自选图形格式”命令，打开“设置自选图形格式”对话框。然后选择“颜色与线条”选项卡，选中“填充”栏中“颜色”下拉列表中的“无填充颜色”选项，如图 6-17 所示，单击“确定”按钮后，单元格内的原有内容便会显示出来，如图 6-18(a)所示。

如果将“属性”选项卡中的“大小、位置随单元格而变”单选按钮选中，如图 6-19 所示，自选图形还会随单元格自动改变大小。

这里拖动单元格边框，使单元格的大小变化，八边形的大小也随之变化，如图 6-18(b)和图 6-18(c)所示。

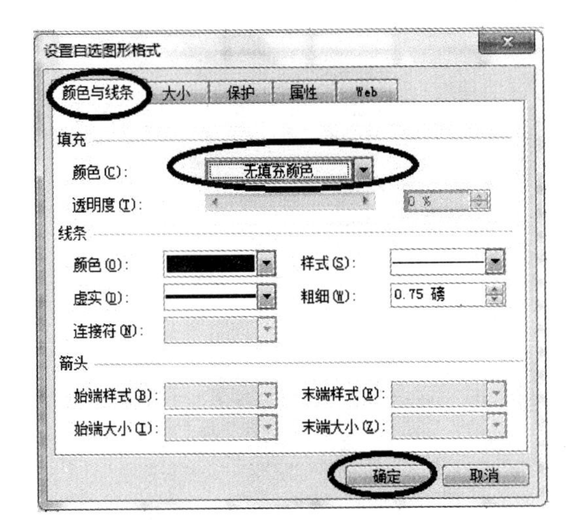

图 6-17 “颜色与线条”选项卡

设置自选图形格式

颜色与线条 大小 保护 属性 Web

对象位置

大小、位置随单元格而变(S)

大小固定，位置随单元格而变(M)

大小、位置均固定(D)

打印对象(P)

确定 取消

图 6-18 “属性”选项卡

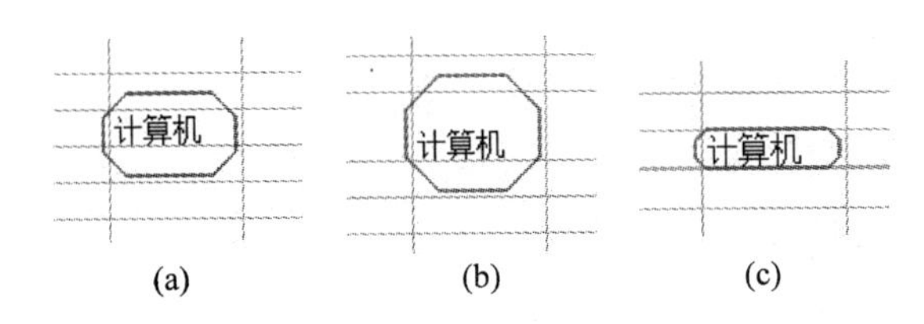

图 6-19 调整八边形大小

技巧 7 将文本内容导入 Excel

在 Excel 中，可以导入文本文件中的数据。

在 Windows 的“记事本”中输入文本数据，每个数据项之间会被空格隔开，当然，用户也可以将逗号、分号、Tab 键作为分隔符，如图 6-20 所示。

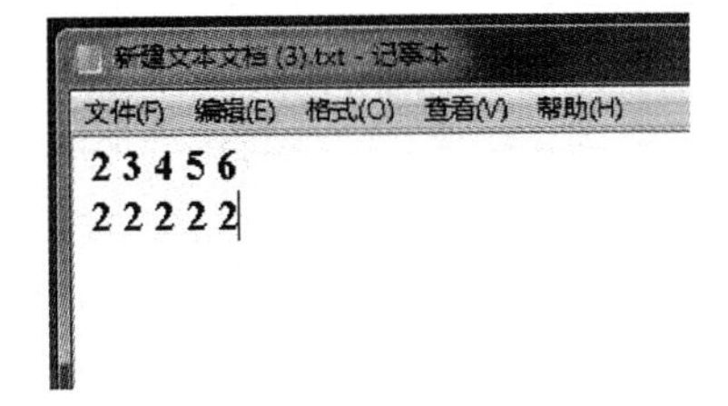

图 6-20 文本内容

输入完成后，保存此文本文件并退出。

然后在 Excel 中打开这个文本文件所在的目录，如果在目录里没有，可以选择“所有文件”选项，找到刚刚建立的文本文件，如图 6-21 所示。打开这个文件时会出现“文本导入向导-3 步骤之 1”对话框，如图 6-22 所示。

选中“固定宽度”单选按钮(刚刚建立的文本以空格为分隔符号)，单击“下一步”按钮，打开“文本导入向导-3 步骤之 2”对话框，如图 6-23 所示。用户在“数据预览中”可以看到数据出现在 Excel 中的格式，确认无误后单击“下一步”按钮，打开如图 6-24 所示的“文本导入向导-3 步骤之 3”对话框。

用户可以设置数据的类型，一般不需改动，Excel 会自动设置为“常规”数据格式。“常规”数据格式将数值转换为数字格式，将日期值转换为日期格式，将其余数据转换为文本格式。最后，单击“完成”按钮即可得到导入文本的效果，如图 6-25 所示。

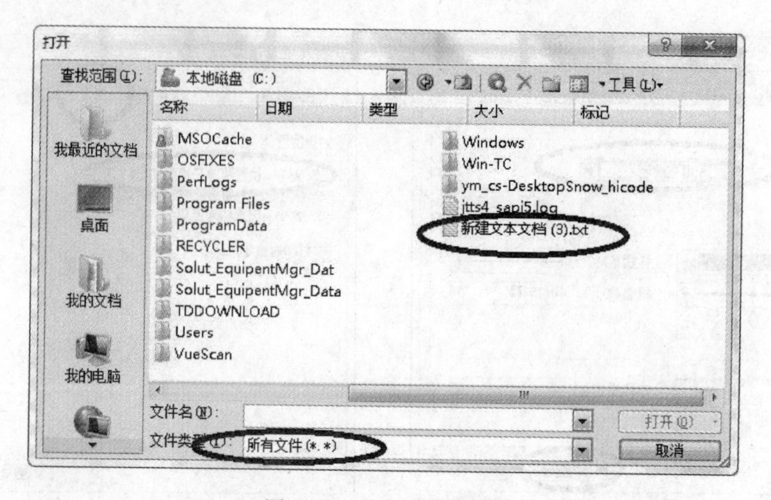

图 6-21 打开文本文件

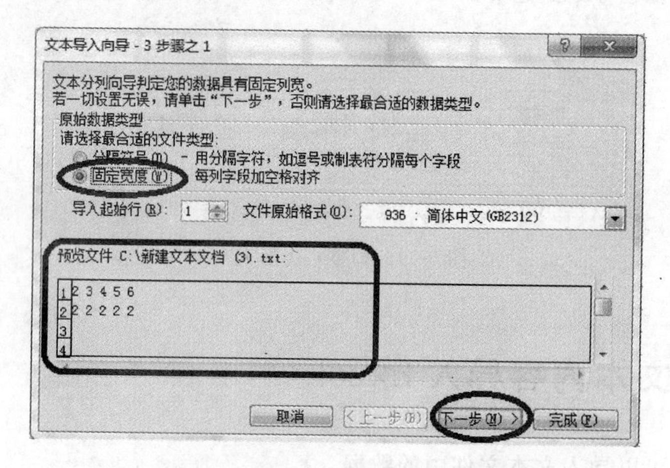

图 6-22 “文本导入向导-3 步骤之 1”对话框

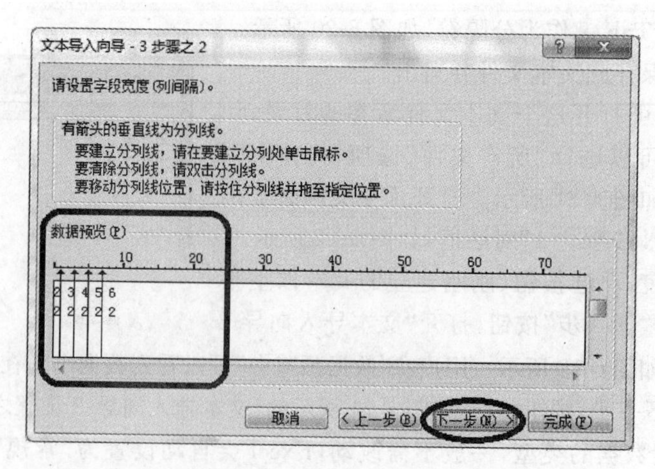

图 6-23 “文本导入向导-3 步骤之 2”对话框

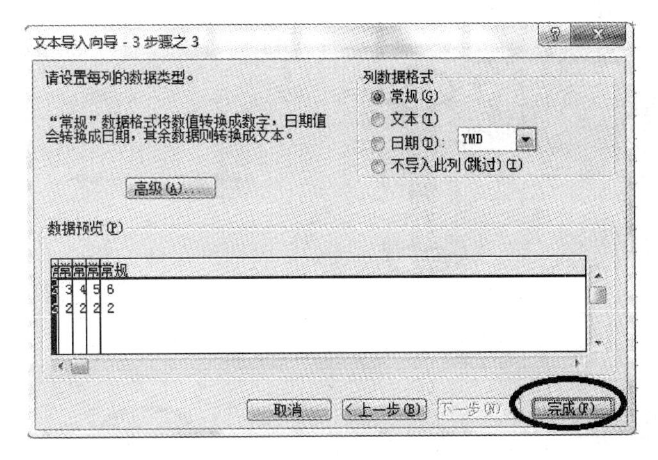

图 6-24 "文本导入向导-3 步骤之 3"对话框

Microsoft Excel - 新建文本文档 (3).txt

文件(F) 编辑(E) 视图(V) 插入(I) 格式(O) 工具(T) 数据(D) 窗口

H22

	A	B	C	D	E	F
1	2	3	4	5	6	
2	2	2	2	2	2	
3						
4						
5						

图 6-25 文本导入效果

技巧 8 在单元格中输入 0

一般情况下，在 Excel 表格中输入"02"、"07"等形式的数字后，只要光标一移出该单元格，单元格中的数字就会自动变成"2"、"8"。Excel 默认的这种做法让人使用起来非常不便，此时可以通过下面的方法来避免出现这种情况。

先选择要输入这些数字的单元格，然后右击，在弹出的快捷菜单中选择"设置单元格格式"命令，打开"单元格格式"对话框，如图 6-26 所示。选择"数字"选项卡，在"分类"列表框中选择"文本"选项，单击"确定"按钮。

这时，在这些单元格中就可以输入"02"、"07"等形式的数字了，如图 6-27(a)所示。输入之后用户可以在每个数字的左上角看到一个小箭头，单击可以显示如图 6-27(b)所示的提示信息，它用来说明这个数字是一个文本格式，而非数字格式。

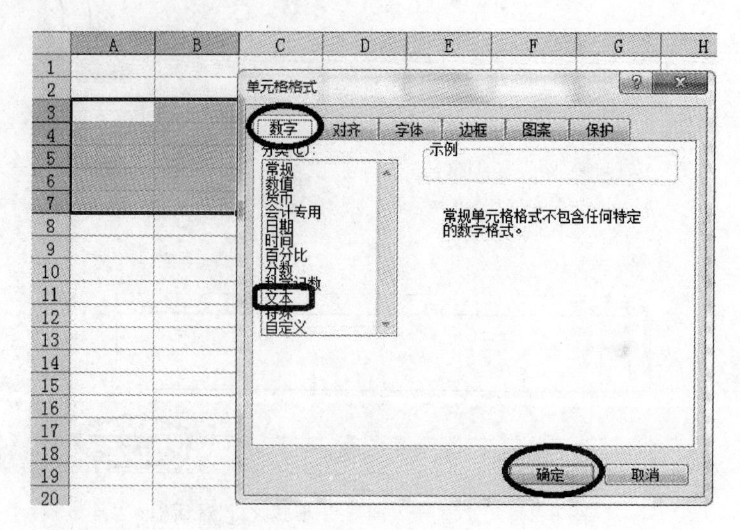

图 6-26 设置单元格格式

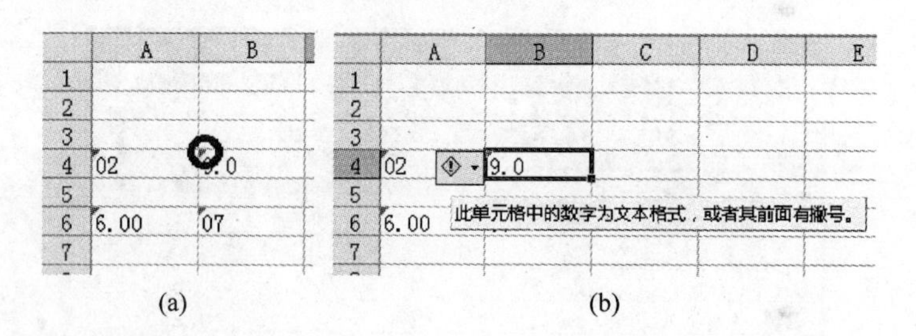

图 6-27 输入“02”、“07”

技巧 9 快速输入有序文字和数字

在 Excel 中，用户经常要输入一些有序的文字或数字，例如“1、2、3、…”，“1、3、5、…”，“甲、乙、丙、……”等，如果一个一个地输入太麻烦，又浪费时间，此时可以使用“自动填充”功能。

1. 相同内容或数据的填充

在某个单元格中输入数字或文本，然后单击单元格，找到右下角的“+”号图标，将其拖动到需要填充的位置释放鼠标左键，如图 6-28 所示，可以得到自动填充的结果。用户还可以使用此方法自动填充文本，如图 6-29 所示。

2. 有序内容或数据的填充

在 Excel 中，除了可以自动填充相同内容外，还可以填充有序内容。在两个单元格中分别输入有序内容，例如“1、2”，然后使用相同的操作，可以得到如图 6-30 所示的结果。同理，可以得到如图 6-31 和图 6-32 所示的结果。

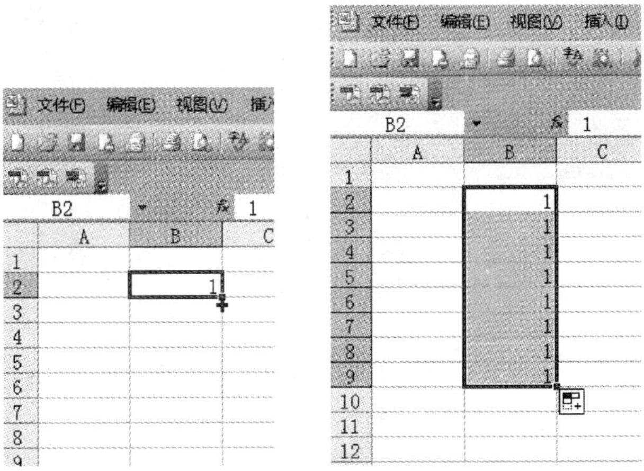

图 6-28　自动填充相同数字

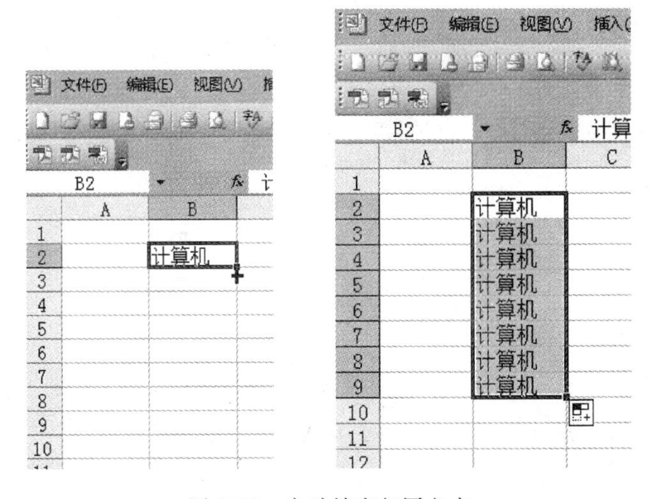

图 6-29　自动填充相同文本

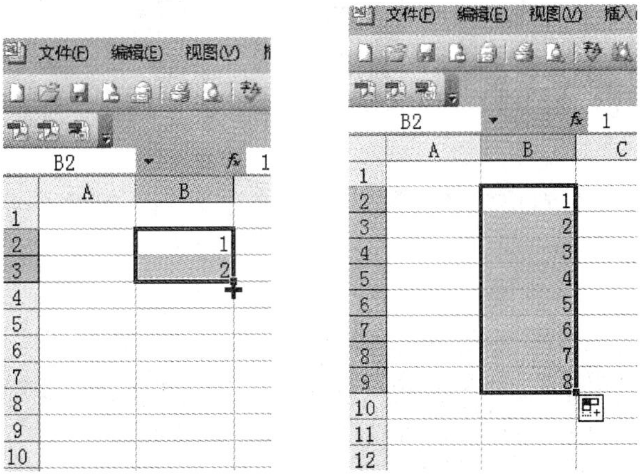

图 6-30　自动填充不同数字

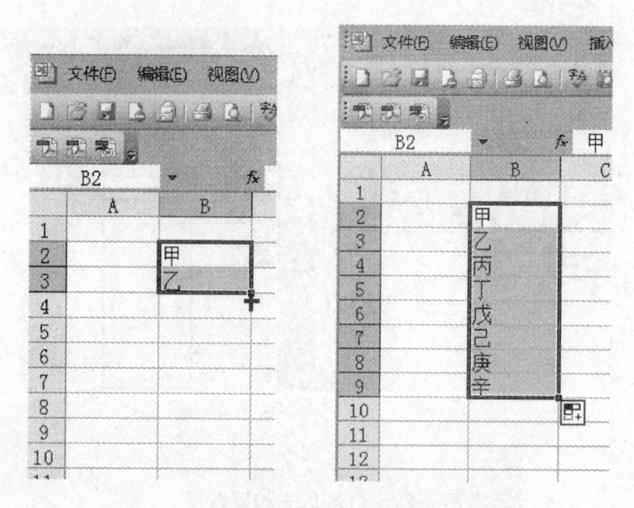

图 6-31 自动填充不同文本 1

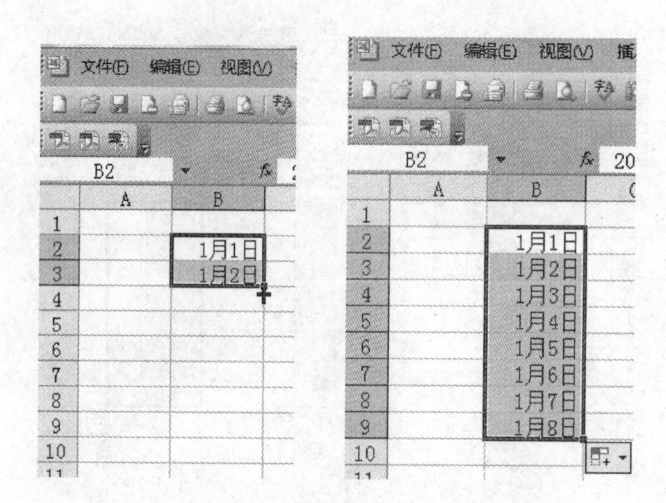

图 6-32 自动填充不同文本 2

除此之外，使用此方法还可以自动填充等差数列等有规律的内容。

技巧 10 全部显示多位数字

如果向 Excel 中输入位数比较多的数值（如身份证号码），系统会将其转换为科学计数的格式，与用户的输入原意不相符。例如在 Excel 中输入多个“1”，如图 6-33(a)所示，按 Enter 键之后会得到如图 6-33(b)所示的结果。

解决的方法是将该单元格中的数值设置成“文本”格式，类似于本章介绍的“技巧 8”。更简单的方法是在输入这些数值时，在数值的前面加上一个“'”号（英文状态下的符号）。这时在数字左上角会出现一个小箭头，代表是文本信息，如图 6-34 所示。

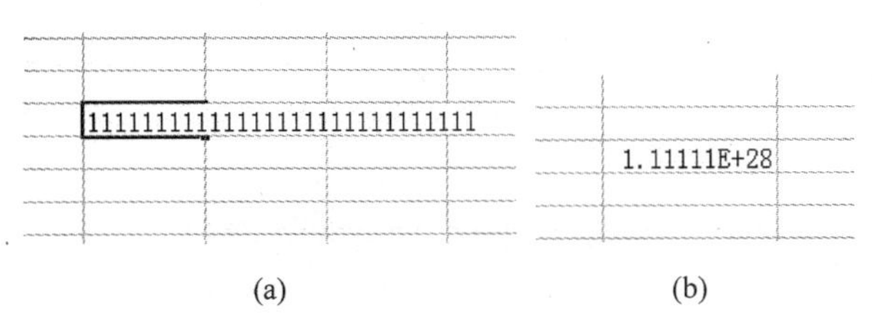

图 6-33 多位数字的显示

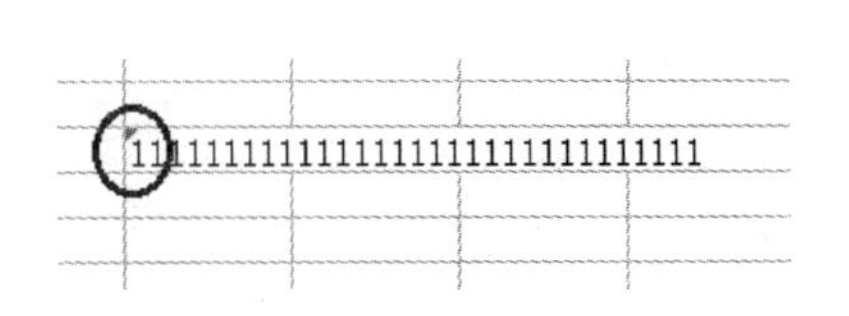

图 6-34 正常显示多位数字

技巧 11 在已有的单元格中批量加入一段固定字符

在日常的编辑过程中，用户有时候需要在某些单元格原有的字符基础上加上固定的字符，如原字符是一个身份证号“345678”，现要在身份证前加“HLJ”，变成“HLJ345678”，如果单元格不多，可以一个一个去修改，如果太多了，修改起来会很麻烦。

此时，用户可以采用下述方法简单、快捷地批量修改单元格内容。

例如原数据如图 6-35 所示，需要在身份证前加“HLJ”。选中“B 列”，右击选择“插入”命令，如图 6-36 所示，即可插入新列，如图 6-37 所示。在“B2”位置输入“="HLJ" & A2”，如图 6-38 所示，按 Enter 键可以得到如图 6-39 所示的结果，即已经将第一个身份证号码加入了“HLJ”。

	A	B
1	身份证号	性别
2	2323233	男
3	3433434	男
4	8454545	男
5	5454545	男
6	3343434	男
7	9898989	男
8	8989888	男

图 6-35 原数据

	A	B
1	身份证号	性别
2	2323233	男
3	3433434	男
4	8454545	男
5	5454545	男
6	3343434	男
7	9898989	男
8	8989888	男

剪切(T)
复制(C)
粘贴(P)
选择性粘贴(S)...
插入(I)
删除(D)
清除内容(N)

图 6-36 “插入”命令

	A	B	C
1	身份证号		性别
2	2323233		男
3	3433434		男
4	8454545		男
5	5454545		男
6	3343434		男
7	9898989		男
8	8989888		男

图 6-37 插入一列

	A	B	C
1	身份证号		性别
2	= "HLJ" & A2		
3	3433434		男
4	8454545		男
5	5454545		男
6	3343434		男
7	9898989		男
8	8989888		男

图 6-38 输入数据

注意：一定是英文状态下的输入。

按照本章“技巧 9”介绍的自动填充方法，可以使其余的所有身份证号码都添加“HLJ”，如图 6-40 所示。

	A	B	C
1	身份证号		性别
2	2323233	HLJ2323233	男
3	3433434		男
4	8454545		男
5	5454545		男
6	3343434		男
7	9898989		男
8	8989888		男

图 6-39 添加一个单元格

	A	B	C
1	身份证号		性别
2	2323233	HLJ2323233	男
3	3433434	HLJ3433434	男
4	8454545	HLJ8454545	男
5	5454545	HLJ5454545	男
6	3343434	HLJ3343434	男
7	9898989	HLJ9898989	男
8	8989888	HLJ8989888	男

图 6-40 自动填充

技巧 12 快速输入无序字符

在本章“技巧 11”中，是在一些无序的单元格字符前统一添加某固定字符，如果这个字符是数字格式，其实可以在输入字符的同时让其自动添加固定字符，即在输入身份证号的时候自动添加一些固定的数字。

例如，学生的学号是 3～5 位数字，现要在这些学号前加“2012”。

首先选中学号字段所在的列，然后选择“格式”|“单元格”命令，打开“单元格格式”对话框。在“分类”列表框中选择“自定义”选项，在“类型”文本框中输入“201200000”，如图 6-41 所示。注意，数字后面是 5 个“0”，因为学号最多是 5 位。

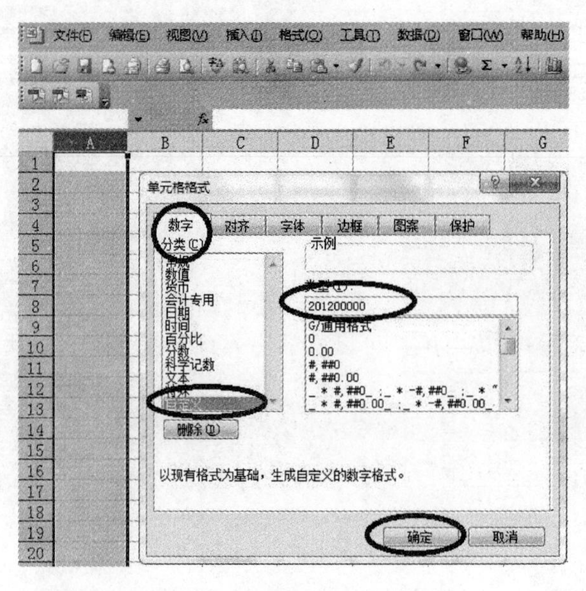

图 6-41 设置单元格格式

也就是说，不同的 5 位数字全部用“0”来表示，有几位不同就加入几个“0”，单击“确定”按钮后返回到编辑状态。

输入“123”按 Enter 键，便得到了“201200123”，即前面自动加入“2012”，后面是 5 位，不足 5 位加“0”补齐，如图 6-42 所示。

输入“12345”按 Enter 键，便得到了“201212345”，即前面自动加入“2012”，如图 6-43 所示。

图 6-42 自定义格式结果 1

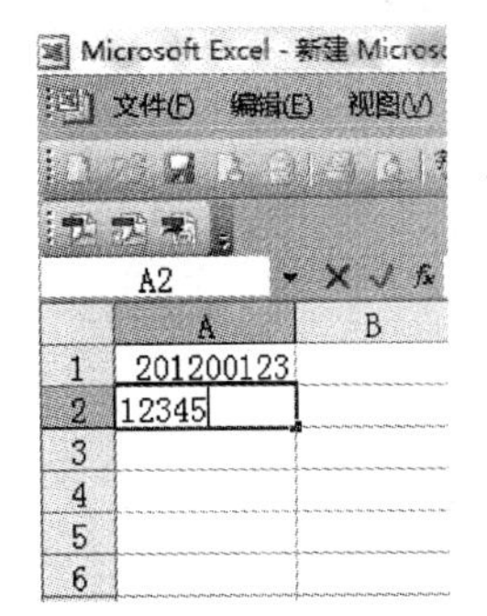

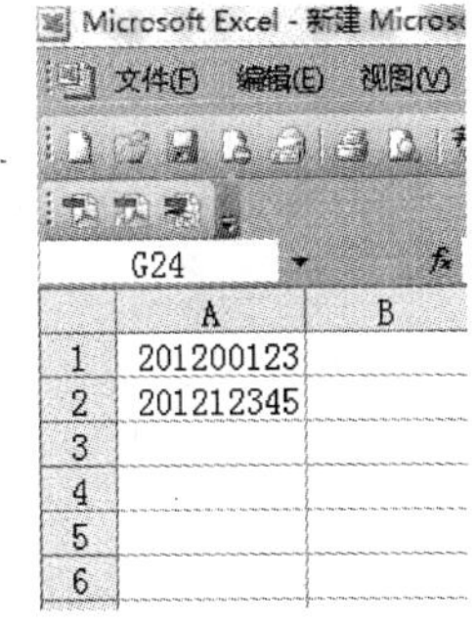

图 6-43 自定义格式结果 2

技巧 13 让不同类型的数据用不同颜色、字体显示

为了突出显示，用户有时候需要将单元格中的数据用不同字体或者不同颜色显示，此时可以通过“条件格式”来设置。

下面以图 6-44 所示的成绩表为例进行说明。

在成绩表中，如果想让大于 90 的分数用“红色”显示，且字体加一个单下划线；大于等于 75 的分数用“蓝色”显示，且字体加一个双下划线；低于 75 的分数用“紫色”显示，且字体是加粗并倾斜的，具体步骤如下：

（1）选中“数学成绩”列，选择“格式”|“条件格式”命令，打开“条件格式”对话框，如图 6-45 所示，将条件 1 选为“大于”选项，在后面的文本框中输入数值“90”。然后单击“格式”按钮，打开“单元格格式”对话框，如图 6-46 所示，将“字体”的“颜色”设置为“红色”，选择“单下划线”，单击“确定”按钮得到如图 6-47 所示的对话框，在其中用户可以看到字体已经设置好了。

（2）单击“添加”按钮，并仿照步骤(1)的操作设置好其他条件，如图 6-48 所示，单击“确定”按钮得到如图 6-49 所示的最终结果。

	A	B	C
1	姓名	学号	数学成绩
2	张启	1	69
3	王岩	3	72
4	李岩	5	75
5	于燕	7	57
6	于海	9	88
7	董志	19	83
8	李本	16	90
9	张刚	13	85
10	高丹	10	78
11	刘心	11	71
12	赵里	2	78
13	王鹏	4	81
14	俊峰	6	99
15	李禾	8	92
16	李里	15	60
17	刘健	12	70
18	刘砸	14	65
19	李艳	17	80
20	刘娟	18	100

图 6-44 数学成绩单

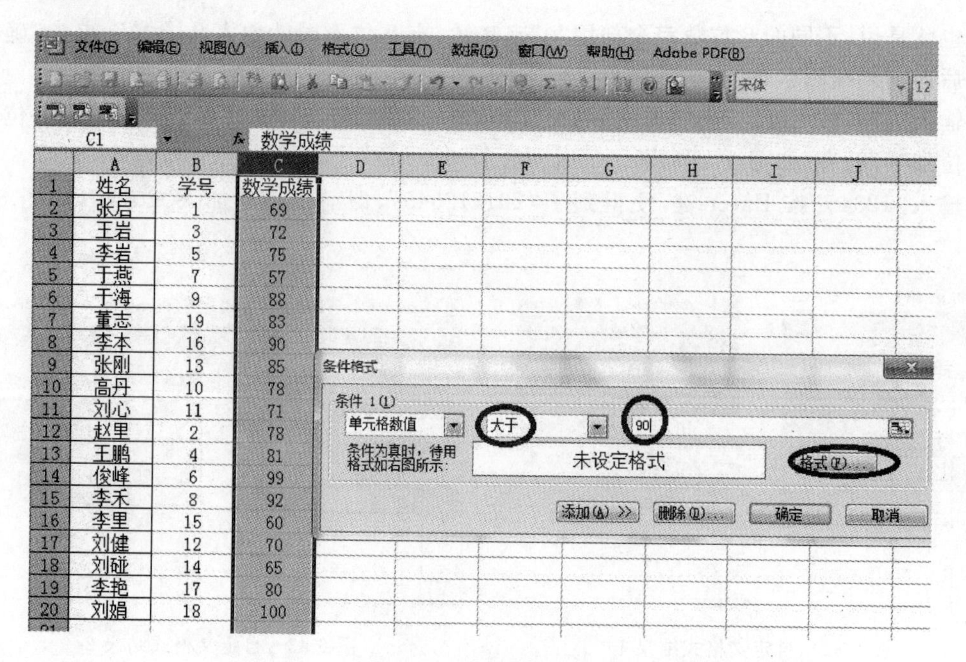

图 6-45 条件格式设置

图 6-46 单元格格式设置

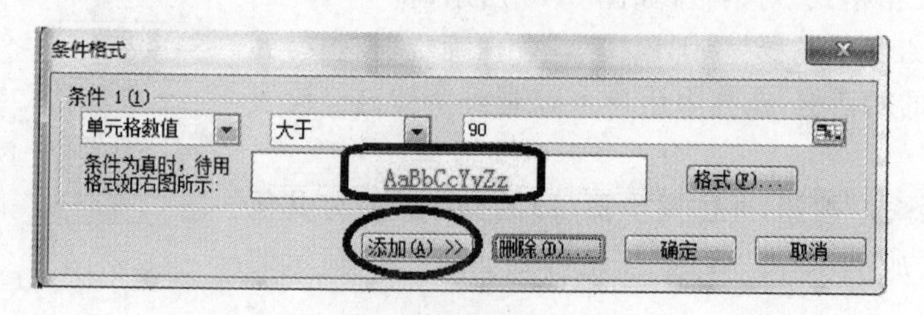

图 6-47 “条件格式”对话框

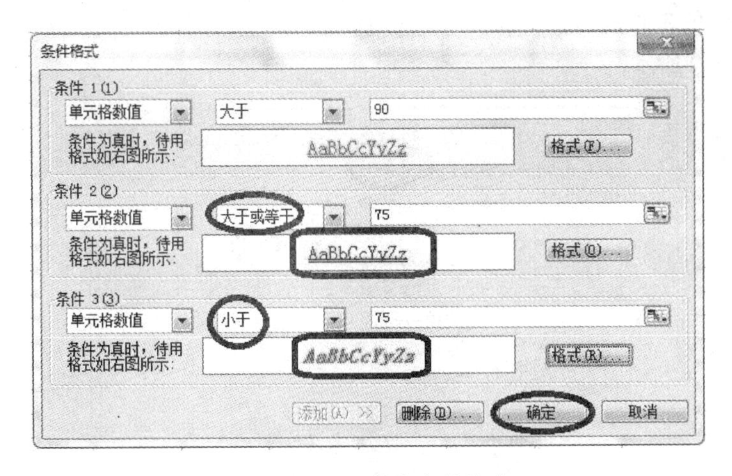

图 6-48 设置其他条件格式

文件(F) 编辑(E) 视图(V) 插入(I)

E23

	A	B	C
1	姓名	学号	数学成绩
2	张启	1	69
3	王岩	3	72
4	李岩	5	75
5	于燕	7	57
6	于海	9	88
7	董志	19	83
8	李本	16	90
9	张刚	13	85
10	高丹	10	78
11	刘心	11	71
12	赵里	2	78
13	王鹏	4	81
14	俊峰	6	99
15	李禾	8	92
16	李里	15	60
17	刘健	12	70
18	刘碰	14	65
19	李艳	17	80
20	刘娟	18	100

图 6-49 最终结果

技巧 14 在每一页上都打印行标题或列标题

在 Excel 工作表中，第一行通常存放各个字段的名称，如“成绩单”中的“姓名”、“学号”、“成绩”等，我们把这行数据称为标题行(标题列以此类推)。当工作表的数据过多超过一页时，打印出来只有第一页有行标题，这样阅读起来不太方便。此时，采用下面的方法可以让每一页都打印出行标题。

进入要打印的工作表，选择“文件”|“页面设置”命令，在打开的对话框中选择“工作表”选项卡，如图 6-50 所示。

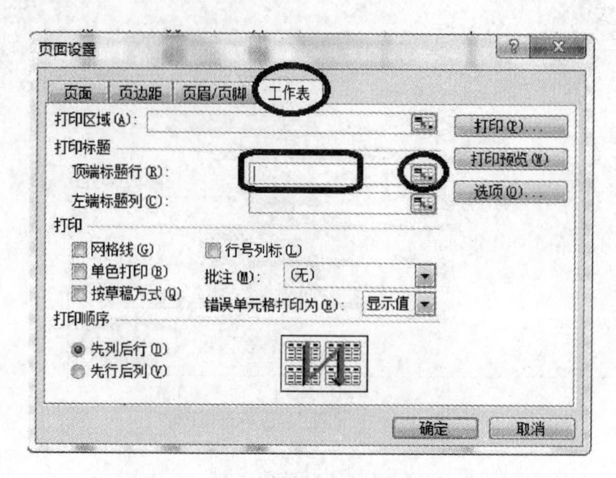

图 6-50　页面设置

然后单击“打印标题”区中的“顶端标题行”文本框右端的按钮，对话框缩小为一行，如图 6-51 所示，并返回 Excel 编辑界面，单击标题行所在的位置，如图 6-52 所示，再按 Enter 键即可。

图 6-51　顶端标题行

文件(F) 编辑(E) 视图(V) 插入(I) 格式(O) 工具(T) 数据(D) 窗口(W) 帮助(H) Adobe PDF(B)

宋体

Print_Titles　fx 85

	A	B	C	D	E	F	G	H	I
1	姓名	学号	年龄	性别	民族	数学成绩	语文成绩		
2	张启	1	20	男	汉	69	83		
3	王岩	3	19	男	满	72	90		
4	李岩	5	20	男	回	75	85		
5	于燕	7	21						
6	于海	9	20						
7	董志	19	19						

页面设置 - 顶端标题行:

$1:$1

图 6-52　标题行设置

这时对话框恢复原状，用户可以看到“顶端标题行”文本框中出现了刚才选择的标题行，核对无误后单击“确定”按钮完成设置，以后打印出来的该工作表的每一页都会出现行标题了。单击“打印预览”按钮可得到如图 6-53 所示的第二页。

说明：列标题的设置可仿照该操作。若需要打印工作表的行号和列标(行号即为标识每行的数字，列标为标识每列的字母)，选中“打印”区中的“行号列标”复选框即可。

姓名	学号	年龄	性别	民族	数学成绩	语文成绩
张刚	13	18	女	汉	85	92
高丹	10	18	女	汉	78	60
刘心	11	19	男	汉	71	70
赵里	2	20	男	汉	78	65
王鹏	4	21	女	汉	81	78
俊峰	6	20	女	回	99	99
李禾	8	19	女	汉	92	92
李里	15	20	男	汉	60	60
刘健	12	21	女	汉	70	78
刘础	14	20	女	满	65	99
李艳	17	19	男	回	80	92
刘娟	18	20	男	汉	100	60

图 6-53　打印预览效果

技巧 15　只打印工作表的特定区域

在实际的工作中，用户并不总是要打印整个工作表，而可能只打印特定的区域，此时可以采用下述方法进行设置。

1. 打印特定的一个区域

如果需要打印工作表中特定的一个区域，可以采用下面两种方法。

方法 1：先选择需要打印的工作表区域，然后选择"文件"|"打印"命令，在打开的"打印内容"对话框中选中"选定区域"单选按钮，如图 6-54 所示，然后单击"确定"按钮。

方法 2：进入需要打印的工作表，选择"视图"|"分页预览"命令，可能会打开如图 6-55 所示的对话框，单击"确定"按钮。

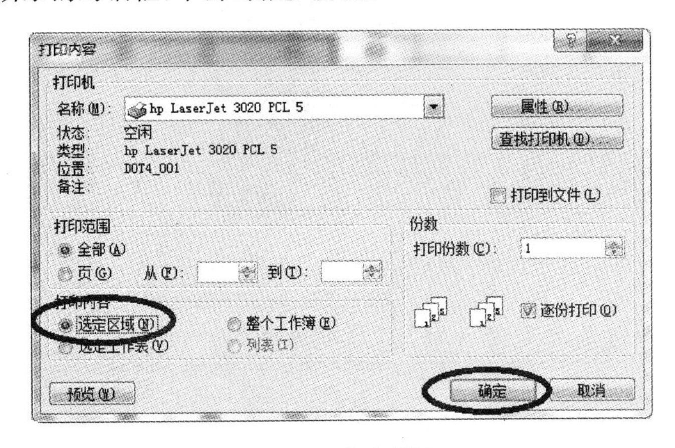

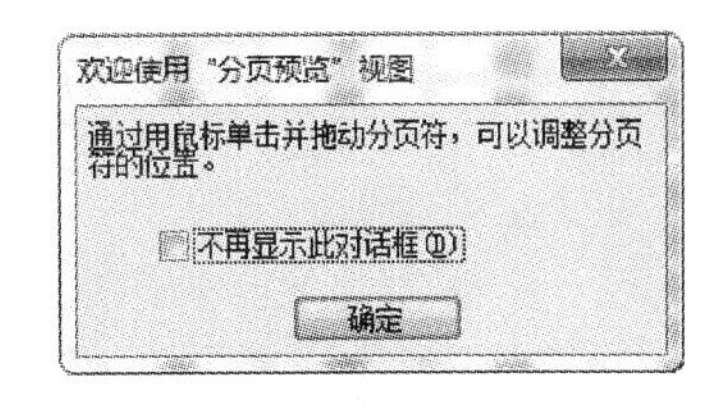

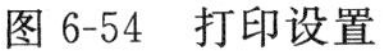
图 6-54　打印设置　　图 6-55　提示对话框

然后选中需要打印的工作表区域，右击选择"设置打印区域"命令，如图 6-56 所示，得到图如 6-57 所示的结果。

打印预览可得到如图 6-58 所示的结果。

说明：方法 1 适用于偶尔打印的情况，打印完成后 Excel 不会"记住"这个区域。方法 2

1	19	男	汉	71	70
2	20	男	汉	78	65
4	21	女	汉	81	78
6	20	女	回	99	99
8	19	女	汉	92	92
5	20	男	汉		
2	21	女	汉		
4	20	女	满		
7	19	男	回		
8	20	男	汉		
6	20	女	汉		
3	18	女	汉		
0	18	女	汉		
1	19	男	汉		
2	20	男	汉		
4	21	女	汉		
6	20	女	回		
8	19	女	汉		
5	20	男	汉		
2	21	女	汉		
4	20	女	满		
7	19	男	回		
8	20	男	汉		

图 6-56 设置打印区域

	A	B	C	D	E	F	G
18	刘碰	14	20	女	满	65	99
19	李艳	17	19	男	回	80	92
20	刘娟	18	20	男	汉	100	60
21	李本	16	20	女	汉	90	99
22	张刚	13	18	女	汉	85	92
23	高丹	10	18	女	汉	78	60
24	刘心	11	19	男	汉	71	70
25	赵里	2	20	男	汉	78	65
26	王鹏	4	21	女	汉	81	78
27	俊峰	6	20	女	回	99	99
28	李禾	8	19	女	汉	92	92
29	李里	15	20	男	汉	60	60
30	刘健	12	21	女	汉	70	78
31	刘碰	14	20	女	满	65	99
32	李艳	17	19	男	回	80	92
33	刘娟	18	20	男	汉	100	60
34	李本	16	20	女	汉	90	99
35	张刚	13	18	女	汉	85	92
36	高丹	10	18	女	汉	78	60
37	刘心	11	19	男	汉	71	70
38	赵里	2	20	男	汉	78	65

图 6-57 设置打印区域结果

则适用于总是要打印该工作表中该区域的情况，因为打印完成后 Excel 会记住这个区域，下次执行打印任务时还会打印这个区域，除非用户选择“文件”|“打印区域”|“取消打印区域”命令，让 Excel 取消这个打印区域。

2. 打印特定的几个区域

如果用户要打印特定的几个区域，和上面的方法对应，也有两种方法。

方法 1：首先按住 Ctrl 键，同时选中要打印的几个区域，然后按照上面的方法 1 进行操作。

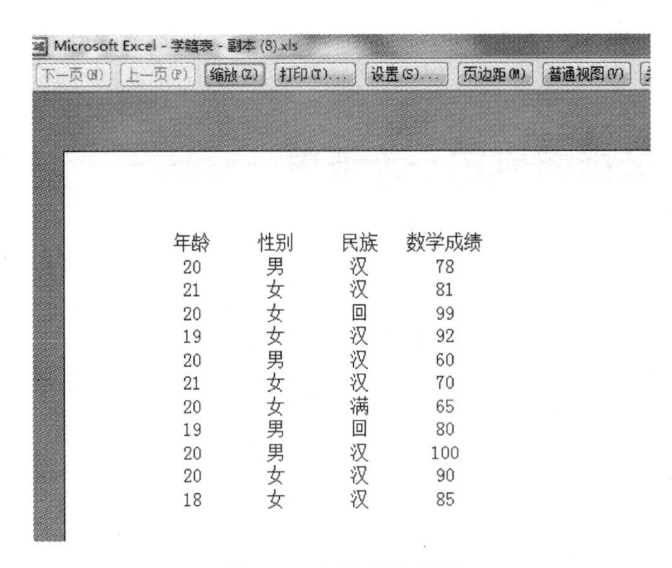

图 6-58　打印预览结果

方法 2：在分页预览视图下，用前面的方法 2 介绍的方法设置一个打印区域后，选择要打印的第二个区域，再右击选择“添加到打印区域”命令，如图 6-59 所示。接着，用同样的方法设置其他需要打印的区域。

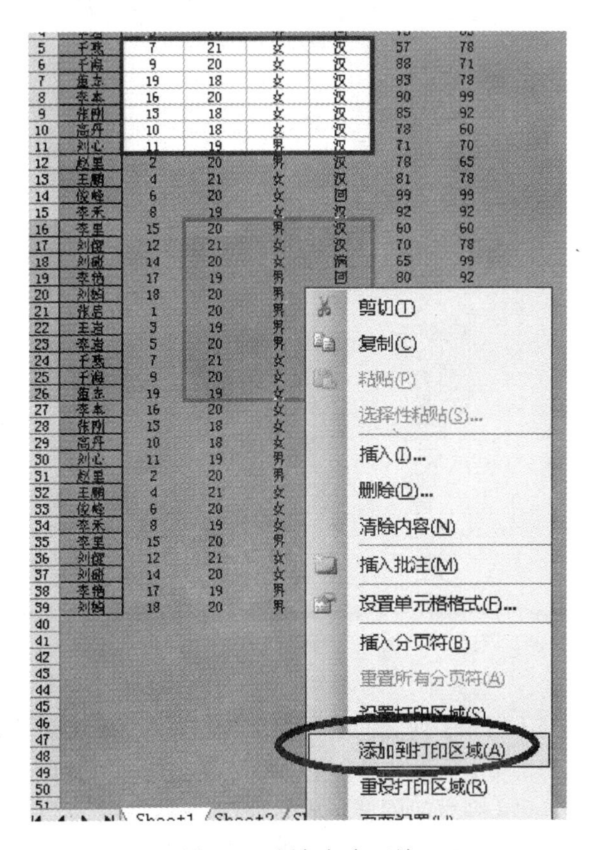

图 6-59　添加打印区域

注意：用方法 2 设置的打印区域，Excel 会“一丝不苟地”把它记下来。如果用户要取消这些设置，选择“文件”|“打印区域”|“取消打印区域”命令即可。

技巧 16　将数据缩印在一页纸内

这个技巧主要运用于以下情况：

(1) 当数据内容超过一页宽时，Excel 总是先打印左半部分，把右半部分单独放在后面的新页中，但是右半部分数据并不多，可能只有一两列。

(2) 当数据内容超过一页高时，Excel 总是先打印前面部分，把超出的部分放在后面的新页中，但是超出的部分并不多，可能只有一两行。

上面的情况不论是单独出现还是同时出现，如果不进行调整就直接打印，效果肯定不能令人满意，而且很浪费纸张，此时可以采用下面两种方法进行调整。

1. 通过“分页预览”视图调整

进入需要调整的工作表，选择“视图”|“分页预览”命令，进入“分页预览”视图，如图 6-60 所示。

文件(F)　编辑(E)　视图(V)　插入(I)　格式(O)　工具(T)　数据(D)　窗口(W)　帮助(H)　Adobe PDF(B)

	A	B	C	D	E	F	G	H	I	J
1	姓名	学号	年龄	性别	民族	数学成绩	语文成绩	性别	民族	数学成绩
2	张启	1	20	男	汉	69	83	男	汉	69
3	王岩	3	19	男	满	72	90	男	满	72
4	李岩	5	20	男	回	75	85	男	回	75
5	于燕	7	21	女	汉	57	78	女	汉	57
6	于海	9	20	女	汉	88	71	女	汉	88
7	董志	19	19	女	汉	83	78	女	汉	83
8	李本	16	20	女	汉	90	99	女	汉	90
9	张刚	13	18	女	汉	85	92	女	汉	85
10	高丹	10	18	女	汉	78	60	女	汉	78
11	刘心	11	19	男	汉	71	70	男	汉	71
12	赵里	2	20	男	汉	78	65	男	汉	78
13	王鹏	4	21	女	汉	81	78	女	汉	81
14	俊峰	6	20	女	回	99	99	女	回	99
15	李禾	8	19	女	汉	92	92	女	汉	92
16	李里	15	20	男	汉	60	60	男	汉	60
17	刘健	12	21	女	汉	70	78	女	汉	70
18	刘础	14	20	女	满	65	99	女	满	65
19	李艳	17	19	男	回	80	92	男	回	80
20	刘娟	18	20	男	汉	100	60	男	汉	100

图 6-60　分页预览

用户从图中可以看到 I 列和 J 列之间有一条蓝色虚线，这条线就是垂直分页符，它右边的部分就是超出一页宽的部分，下面把它和左面部分放在同一页宽内。

将鼠标指针移至 I 列和 J 列之间的蓝色虚线处，鼠标指针变为“左右双箭头”，这时按住鼠标左键，拖动至 J 列右边缘处放开鼠标左键即可。

调整后的结果如图 6-61 所示，用户可以看到原来的蓝色虚线与 J 列边缘的蓝色实线重合，表示垂直分页符被重新设定，这样原来超出的 J 列数据就可以被打印在同一页宽内。

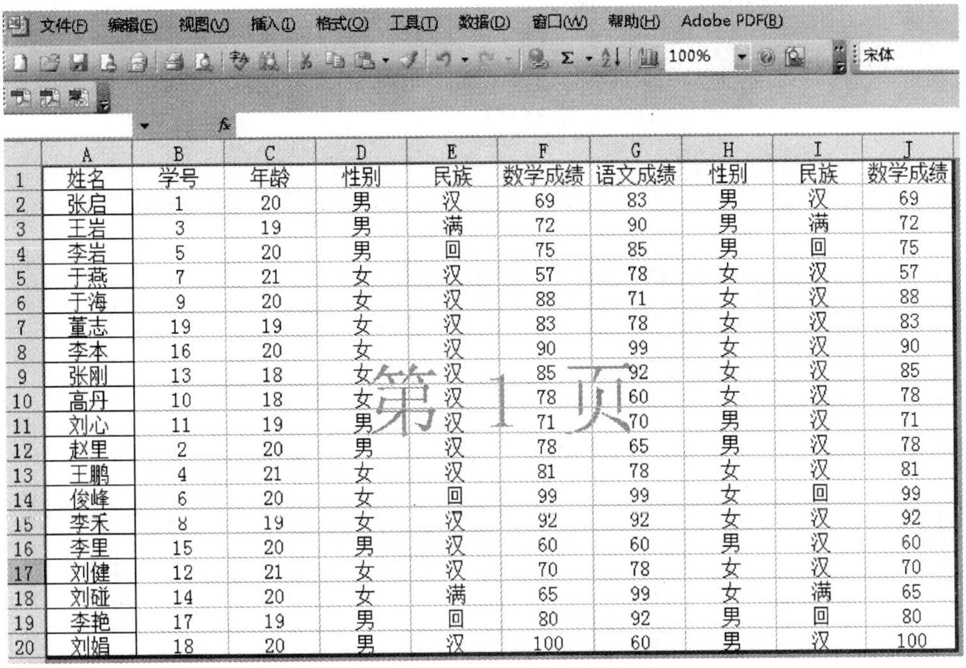

文件(F) 编辑(E) 视图(V) 插入(I) 格式(O) 工具(T) 数据(D) 窗口(W) 帮助(H) Adobe PDF(B)

100% 宋体

	A	B	C	D	E	F	G	H	I	J
1	姓名	学号	年龄	性别	民族	数学成绩	语文成绩	性别	民族	数学成绩
2	张启	1	20	男	汉	69	83	男	汉	69
3	王岩	3	19	男	满	72	90	男	满	72
4	李岩	5	20	男	回	75	85	男	回	75
5	于燕	7	21	女	汉	57	78	女	汉	57
6	于海	9	20	女	汉	88	71	女	汉	88
7	董志	19	19	女	汉	83	78	女	汉	83
8	李本	16	20	女	汉	90	99	女	汉	90
9	张刚	13	18	女	汉	85	92	女	汉	85
10	高丹	10	18	女	汉	78	60	女	汉	78
11	刘心	11	19	男	汉	71	70	男	汉	71
12	赵里	2	20	男	汉	78	65	男	汉	78
13	王鹏	4	21	女	汉	81	78	女	汉	81
14	俊峰	6	20	女	回	99	99	女	回	99
15	李禾	8	19	女	汉	92	92	女	汉	92
16	李里	15	20	男	汉	60	60	男	汉	60
17	刘健	12	21	女	汉	70	78	女	汉	70
18	刘础	14	20	女	满	65	99	女	满	65
19	李艳	17	19	男	回	80	92	男	回	80
20	刘娟	18	20	男	汉	100	60	男	汉	100

第 1 页

图 6-61 调整后的分页预览

水平分页符的设定方法完全与此一致，用户可以仿照操作。

2. 通过“页面设置”对话框调整

通过“页面设置”对话框调整也相当方便，原数据的打印预览结果如图 6-62 所示。

姓名	学号	年龄	性别	民族	数学成绩	语文成绩	性别	民族
张启	1	20	男	汉	69	83	男	汉
王岩	3	19	男	满	72	90	男	满
李岩	5	20	男	回	75	85	男	回
于燕	7	21	女	汉	57	78	女	汉
于海	9	20	女	汉	88	71	女	汉
董志	19	19	女	汉	83	78	女	汉
李本	16	20	女	汉	90	99	女	汉
张刚	13	18	女	汉	85	92	女	汉
高丹	10	18	女	汉	78	60	女	汉
刘心	11	19	男	汉	71	70	男	汉
赵里	2	20	男	汉	78	65	男	汉
王鹏	4	21	女	汉	81	78	女	汉
俊峰	6	20	女	回	99	99	女	回
李禾	8	19	女	汉	92	92	女	汉
李里	15	20	男	汉	60	60	男	汉
刘健	12	21	女	汉	70	78	女	汉
刘础	14	20	女	满	65	99	女	满
李艳	17	19	男	回	80	92	男	回
刘娟	18	20	男	汉	100	60	男	汉

图 6-62 打印预览结果

进入需要调整的工作表，选择“文件”|“页面设置”命令，打开“页面设置”对话框，选择“页面”选项卡。然后选中“缩放”区中的“调整为”单选按钮，在其后面的文本框中输入“1”页宽和“1”页高，如图 6-63 所示，单击“确定”按钮。单击“打印预览”按钮可得到如图 6-64 所示的结果。

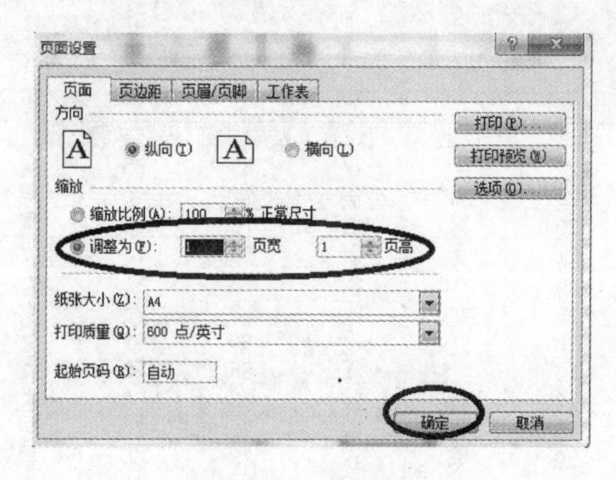

图 6-63 页面设置

姓名	学号	年龄	性别	民族	数学成绩	语文成绩	性别	民族	数学成绩
张启	1	20	男	汉	69	83	男	汉	69
王岩	3	19	男	满	72	90	男	满	72
李岩	5	20	男	回	75	85	男	回	75
于燕	7	21	女	汉	57	78	女	汉	57
于海	9	20	女	汉	88	71	女	汉	88
董志	19	19	女	汉	83	78	女	汉	83
李本	16	20	女	汉	90	99	女	汉	90
张刚	13	18	女	汉	85	92	女	汉	85
高丹	10	18	女	汉	78	60	女	汉	78
刘心	11	19	男	汉	71	70	男	汉	71
赵里	2	20	男	汉	78	65	男	汉	78
王鹏	4	21	女	汉	81	78	女	汉	81
俊峰	6	20	女	回	99	99	女	回	99
李禾	8	19	女	汉	92	92	女	汉	92
李里	15	20	男	汉	60	60	男	汉	60
刘健	12	21	女	汉	70	78	女	汉	70
刘碰	14	20	女	满	65	99	女	满	65
李艳	17	19	男	回	80	92	男	回	80
刘娟	18	20	男	汉	100	60	男	汉	100

图 6-64 修改后的打印预览结果

技巧 17 打印小技巧

1. 打印设定的工作表背景

为工作表设定漂亮的背景是很多人的一个习惯，但是当执行“打印”命令，把工作表打印到纸上时，Excel 并没有打印这个背景。

此时可以通过添加图片的方式来设置背景，也就是说，让图片作为 Excel 的背景，这样就可以打印了。

首先进入需要插入图片的工作表，选择“插入”|“图片”|“来自文件”命令，打开“插入图片”对话框，然后通过该对话框插入合适的图片即可。

为了使打印出来的工作表更加美观，用户可以设置单元格的填充色，因为单元格的填充色会被 Excel 打印。

2. 不打印工作表中的“0”值

在有些工作表中，如果把“0”值打印出来不太美观，此时可以进行以下设置，避免 Excel 打印“0”值。

选择“工具”|“选项”命令，打开“选项”对话框，选择“视图”选项卡，取消选中“窗口选项”区中的“零值”复选框，如图 6-65 所示。单击“确定”按钮后，返回 Excel 编辑窗口，用户可以看到工作表中的所有“0”值都变成了空白单元格，再执行“打印”命令，“0”值单元格就不会被打印出来。

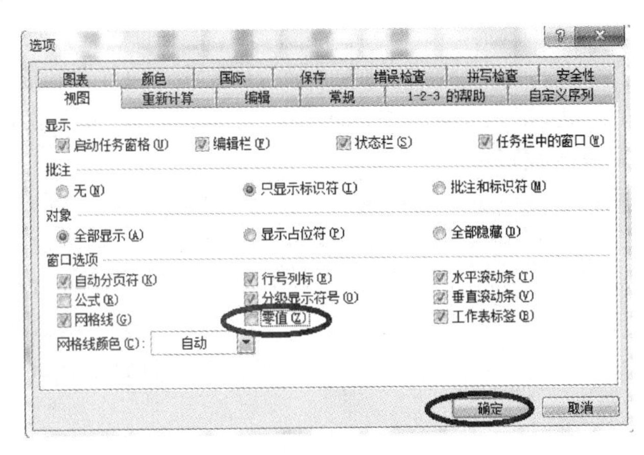

图 6-65 选项设置

3. 不打印工作中的错误值

当在工作表中使用了公式或者函数之后，有时候难免会出现一些错误提示信息，如果用户把这些错误信息也打印出来就非常不雅了。如果要避免将这些错误提示信息打印出来，可以按照下面的方法进行设置。

选择“文件”|“页面设置”命令，打开“页面设置”对话框，选择“工作表”选项卡，然后在“打印”区中单击“错误单元格打印为”下拉列表右侧的下三角按钮，选择“空白”选项，如图 6-66 所示，最后单击“确定”按钮，这样在打印的时候就不会将这些错误信息打印出来了。

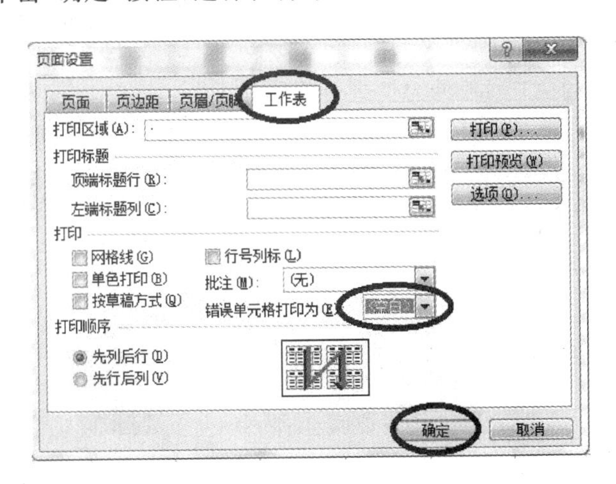

图 6-66 页眉设置

技巧 18 真正实现四舍五入

在日常的实际工作中，特别是财务计算中，用户常常会遇到四舍五入的问题。虽然，在Excel的“单元格格式”对话框中允许定义小数位数，但是在实际操作中，数字本身并没有真正实现四舍五入。如果采用这种四舍五入的方法，在财务运算中常常会出现误差，而这是财务运算所不允许的。

如图 6-67 所示，A1:A5 是原始数据；B1:B5 是通过设置单元格格式，对其保留两位小数的结果；C1:C5 是把 A1:A5 的原始数据四舍五入后输入的数据；A6、B6、C6 是分别对上述 3 列数据“求和”的结果。用户先看 B 列和 C 列，同样的数据，求和后居然得到了不同的结果。再观察 A 列和 B 列，不难发现这两列的结果是一致的，也就是说，B 列并没有真正实现四舍五入，只是把小数位数隐藏了。

那么，是否有简单可行的方法来进行真正的四舍五入呢？其实，Excel 已经提供了这方面的函数，它就是 ROUND 函数，使用它可以返回某个数字按指定位数四舍五入后的数字。

在 Excel 提供的“数学与三角函数”中提供了函数 ROUND(number,num_digits)，它的功能就是根据指定的位数将数字四舍五入，如图 6-68 所示。这个函数有两个参数，分别是 number 和 num_digits，其中，number 是将要进行四舍五入的数字，num_digits 则是希望得到数字的小数点后的位数。

	A	B	C
1	0.1234	0.12	0.12
2	0.125	0.13	0.13
3	0.126	0.13	0.13
4	0.135	0.14	0.14
5	0.145	0.15	0.15
6	0.6544	0.65	0.67

图 6-67 四舍五入结果

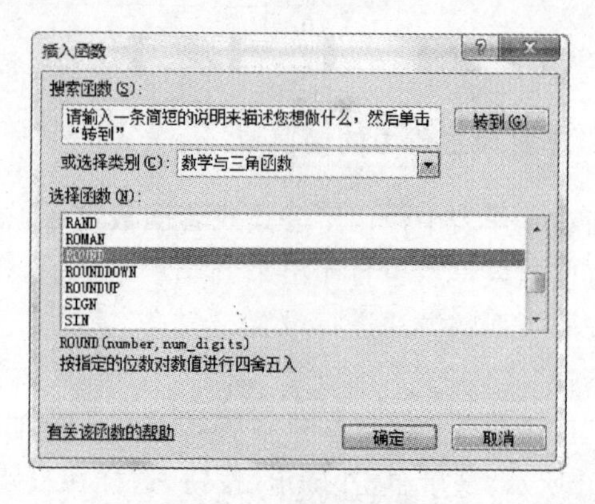

图 6-68 ROUND 函数

下面以图 6-67 中的 A1 列数据为例进行说明。

在单元格 E1 中输入“=ROUND(A1,2)”，即对 A1 单元格的数据进行四舍五入后保留两位小数的操作，按 Enter 键后，便会得到“0.12”这个结果。然后选中 E1 单元格，拖动其右下角的填充柄至 E5，在 E6 单元格中对 E1:E5 求和便得到了如图 6-69 所示的结果，该结果和 C6 单元格的结果一致，说明真正实现了四舍五入。

	A	B	C	D	E
1	0.1234	0.12	0.12		0.12
2	0.125	0.13	0.13		0.13
3	0.126	0.13	0.13		0.13
4	0.135	0.14	0.14		0.14
5	0.145	0.15	0.15		0.15
6	0.6544	0.65	0.67		0.67

图 6-69 真正的四舍五入结果

技巧 19　自动出错信息提示

用户在输入大量的学生成绩时，容易发生误输入，例如少打小数点、多打一个“0”等。为避免这种情况，可以设置“有效性”检查，这样当输入的数据超出 0 到 100 的范围时就会自动提示出错。具体设置如下：

（1）选定所有需要输入学生成绩的单元格。

（2）选择“数据”|“有效性”命令，打开“数据有效性”对话框，如图 6-70 所示。选择“设置”选项卡，在“允许”下拉列表中选择“小数”选项，在“数据”下拉列表中选择“介于”选项，在“最小值”文本框中输入“0”，在“最大值”文本框中输入“100”。

（3）选择“输入信息”选项卡，在“标题”文本框中输入“请输入成绩”，在“输入信息”文本框中输入“成绩介于 0 到 100 之间”，如图 6-71 所示。

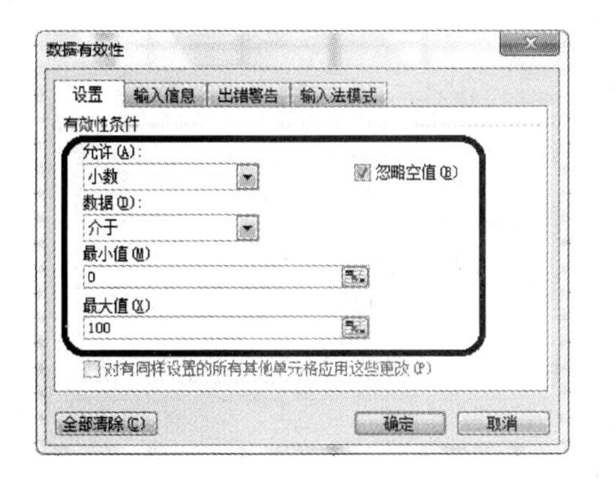

图 6-70　“设置”选项卡

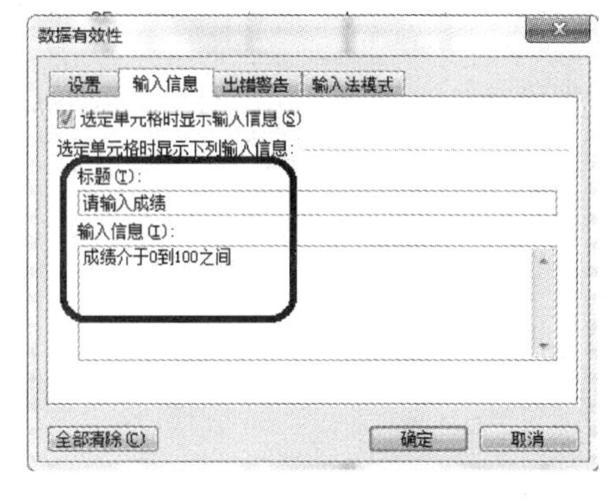

图 6-71　“输入信息”选项卡

（4）选择“出错警告”选项卡，在“标题”文本框中输入“输入出错”，在“错误信息”文本框中输入“请输入 0 到 100 之间的数”，如图 6-72 所示，单击“确定”按钮。

完成设置后，当需要输入数据时会弹出提示，如图 6-73 所示，当输入 20 时，没有错误提示；当输入 200 时，会弹出错误提示，如图 6-74 所示；当输入－30 时，同样会弹出错误提示，如图 6-75 所示。

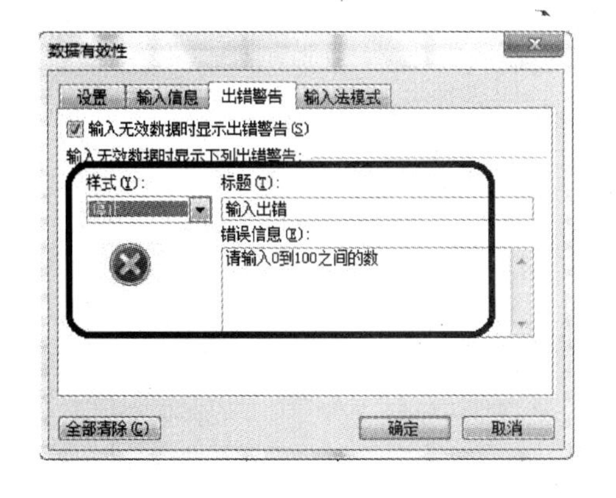

图 6-72　“出错警告”选项卡

	A	B	C	D	E
1	姓名	学号	年龄	数学成绩	
2	张启	1	20		
3	王岩	3	19		
4	李岩	5	20		
5	于燕	7	21		
6	于海	9	20		
7	董志	19	19		
8	李本	16	20		
9	张刚	13	18		
10					

请输入成绩
成绩介于0到100之间

图 6-73　原始表格输入提示

	A	B	C	D	E	F
1	姓名	学号	年龄	数学成绩		
2	张启	1	20	20		
3	王岩	3	19	200		
4	李岩	5	20			
5	于燕	7	21			
6	于海	9	20			
7	董志	19	19			
8	李本	16	20			
9	张刚	13	18			
10						
11						
12						
13						
14						

请输入成绩
成绩介于0到100之间

输入出错
请输入0到100之间的数
重试(R) 取消

图 6-74 错误提示 1

	A	B	C	D	E	F
1	姓名	学号	年龄	数学成绩		
2	张启	1	20	20		
3	王岩	3	19	-30		
4	李岩	5	20			
5	于燕	7	21			
6	于海	9	20			
7	董志	19	19			
8	李本	16	20			
9	张刚	13	18			
10						
11						
12						
13						

请输入成绩
成绩介于0到100之间

输入出错
请输入0到100之间的数
重试(R) 取消

图 6-75 错误提示 2

第7章 Excel操作高级技巧精选

本章将介绍一些 Excel 的高级技巧，从排序、筛选到公式、数组的使用，最后介绍两个实用系统的制作。

技巧 1　数据的排序

排序功能是 Excel 中经常要用到的一个基本功能。

Excel 提供了多种方法对工作表区域进行排序，用户可以根据需要按行或列、按升序或降序等对数据进行排序。当用户按行进行排序时，数据列表中的列将被重新排列，但行保持不变，如果按列进行排序，行将被重新排列而列保持不变。

下面以图 7-1 所示的学籍表为例进行说明。

Microsoft Excel - 学籍表.xls

文件(F)　编辑(E)　视图(V)　插入(I)　格式(O)　工具(T)　数据(D)　窗口(W)　帮助(H)

I19

	A	B	C	D	E	F	G
1	姓名	学号	年龄	性别	民族	数学成绩	语文成绩
2	张启	1	20	男	汉	69	83
3	王岩	3	19	男	满	72	90
4	李岩	5	20	男	回	75	85
5	于燕	7	21	女	汉	57	78
6	于海	9	20	女	汉	88	71
7	董志	19	19	女	汉	83	78
8	李本	16	20	女	汉	90	99
9	张刚	13	18	女	汉	85	92
10	高丹	10	18	女	汉	78	60
11	刘心	11	19	男	汉	71	70
12	赵里	2	20	男	汉	78	65
13	王鹏	4	21	女	汉	81	78
14	俊峰	6	20	女	回	99	99
15	李禾	8	19	女	汉	92	92
16	李里	15	20	男	汉	60	60
17	刘健	12	21	女	汉	70	78
18	刘碰	14	20	女	满	65	99
19	李艳	17	19	男	回	80	92
20	刘娟	18	20	男	汉	100	60

图 7-1　学籍表

如果要对学号进行排序，单击学号列中的任意一个单元格，然后选择“数据”|“排序”命令，打开如图 7-2 所示的“排序”对话框，“主要关键字”选择“学号”、“升序”，确定得到如图 7-3 所示

的排序结果。

图 7-2 “排序”对话框

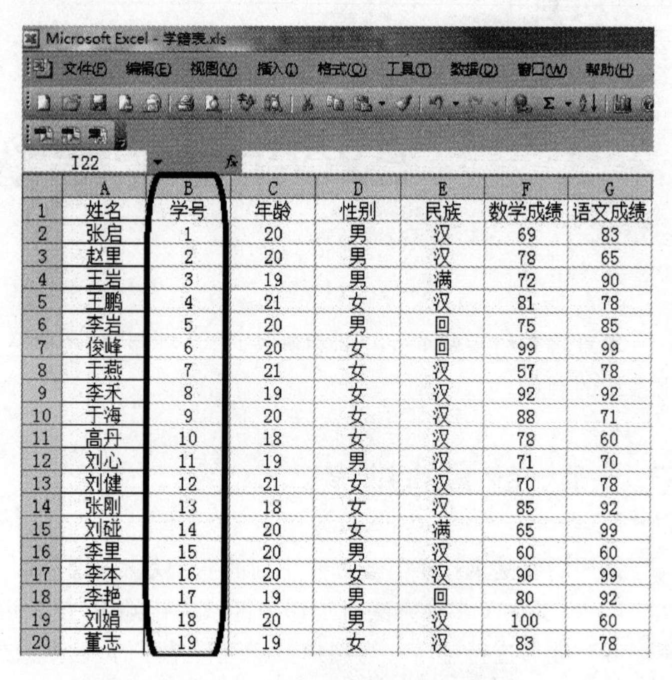
Microsoft Excel - 学籍表.xls

文件(F) 编辑(E) 视图(V) 插入(I) 格式(O) 工具(T) 数据(D) 窗口(W) 帮助(H)

I22

	A	B	C	D	E	F	G
1	姓名	学号	年龄	性别	民族	数学成绩	语文成绩
2	张启	1	20	男	汉	69	83
3	赵里	2	20	男	汉	78	65
4	王岩	3	19	男	满	72	90
5	王鹏	4	21	女	汉	81	78
6	李岩	5	20	男	回	75	85
7	俊峰	6	20	女	回	99	99
8	于燕	7	21	女	汉	57	78
9	李禾	8	19	女	汉	92	92
10	于海	9	20	女	汉	88	71
11	高丹	10	18	女	汉	78	60
12	刘心	11	19	男	汉	71	70
13	刘健	12	21	女	汉	70	78
14	张刚	13	18	女	汉	85	92
15	刘碰	14	20	女	满	65	99
16	李里	15	20	男	汉	60	60
17	李本	16	20	女	汉	90	99
18	李艳	17	19	男	回	80	92
19	刘娟	18	20	男	汉	100	60
20	董志	19	19	女	汉	83	78

图 7-3 按学号排序的学籍表

如果要对数学成绩进行排序，单击数学成绩列中的任意一个单元格，然后选择“数据”|“排序”命令，打开“排序”对话框，“主要关键字”选择“数学成绩”、“升序”，单击“确定”按钮得到如图 7-4 所示的排序结果。

Microsoft Excel - 学籍表.xls

文件(F) 编辑(E) 视图(V) 插入(I) 格式(O) 工具(T) 数据(D) 窗口(W) 帮助(H)

I16

	A	B	C	D	E	F	G
1	姓名	学号	年龄	性别	民族	数学成绩	语文成绩
2	于燕	7	21	女	汉	57	78
3	李里	15	20	男	汉	60	60
4	刘碰	14	20	女	满	65	99
5	张启	1	20	男	汉	69	83
6	刘健	12	21	女	汉	70	78
7	刘心	11	19	男	汉	71	70
8	王岩	3	19	男	满	72	90
9	李岩	5	20	男	回	75	85
10	赵里	2	20	男	汉	78	65
11	高丹	10	18	女	汉	78	60
12	李艳	17	19	男	回	80	92
13	王鹏	4	21	女	汉	81	78
14	董志	19	19	女	汉	83	78
15	张刚	13	18	女	汉	85	92
16	于海	9	20	女	汉	88	71
17	李本	16	20	女	汉	90	99
18	李禾	8	19	女	汉	92	92
19	俊峰	6	20	女	回	99	99
20	刘娟	18	20	男	汉	100	60

图 7-4 按数学成绩排序的学籍表

用户不仅可以对数字进行排序，还可以对汉字进行排序。单击姓名列中的任意一个单元格，然后选择“数据”|“排序”命令，打开“排序”对话框，“主要关键字”选择“姓名”，再单击左下角的“选项”按钮，如图 7-5(a)所示，打开如图 7-5(b)所示的对话框，选择合适的方法，本例中选择“字母”排序，单击“确定”按钮得到如图 7-6 所示的排序结果。

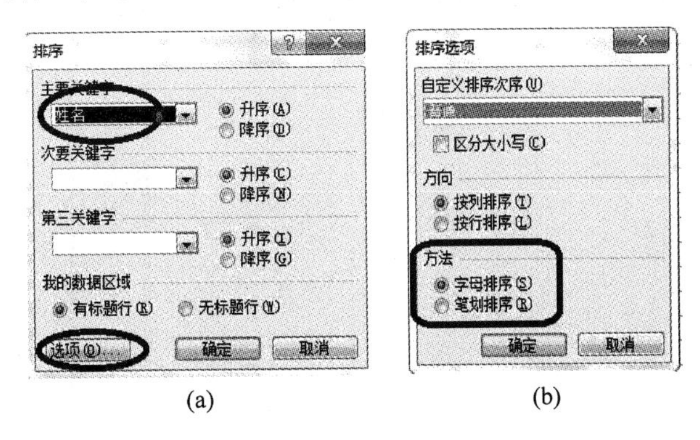

(a) (b)

图 7-5 设置排序选项

Microsoft Excel - 学籍表.xls

	A	B	C	D	E	F	G
1	姓名	学号	年龄	性别	民族	数学成绩	语文成绩
2	董志	19	19	女	汉	83	78
3	高丹	10	18	女	汉	78	60
4	俊峰	6	20	女	回	99	99
5	李本	16	20	女	汉	90	99
6	李禾	8	19	女	汉	92	92
7	李里	15	20	男	汉	60	60
8	李岩	5	20	男	回	75	85
9	李艳	17	19	男	回	80	92
10	刘健	12	21	女	汉	70	78
11	刘娟	18	20	男	汉	100	60
12	刘碰	14	20	女	满	65	99
13	刘心	11	19	男	汉	71	70
14	王鹏	4	21	女	汉	81	78
15	王岩	3	19	男	满	72	90
16	于海	9	20	女	汉	88	71
17	于燕	7	21	女	汉	57	78
18	张刚	13	18	女	汉	85	92
19	张启	1	20	男	汉	69	83
20	赵里	2	20	男	汉	78	65

图 7-6 按姓名排序的学籍表

用户从这些排序结果可以看到，所有单元格内容都是不重复的，如果要排序的内容有重复内容(如“性别”)，应如何排序？其实，对于此种情况可以选择“次要关键字”和“第三关键字”来进行补充排序。

首先单击性别列表中的任意一个单元格，然后选择“数据”|“排序”命令，打开如图 7-7 所示的对话框，“主要关键字”选择“性别”，“次要关键字”选择“民族”，“第三关键字”选择“数学成绩”，如图 7-7 所示，单击“确定”按钮得到如图 7-8 所示的结果。用户可以看到，当性别相同时，以民族进行排序，当民族也相同时，以数学成绩进行排序。

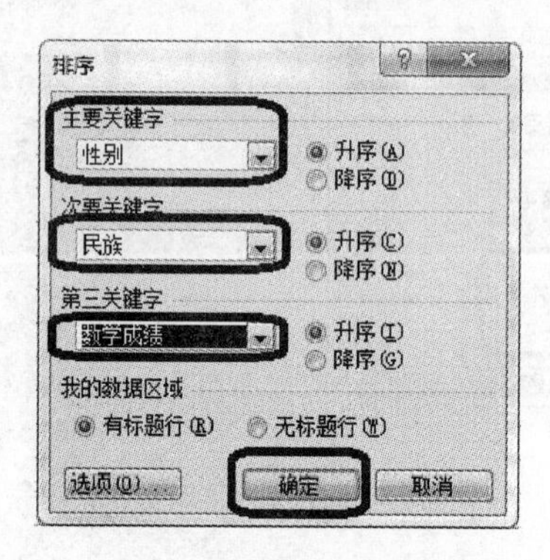

图 7-7 “排序”对话框

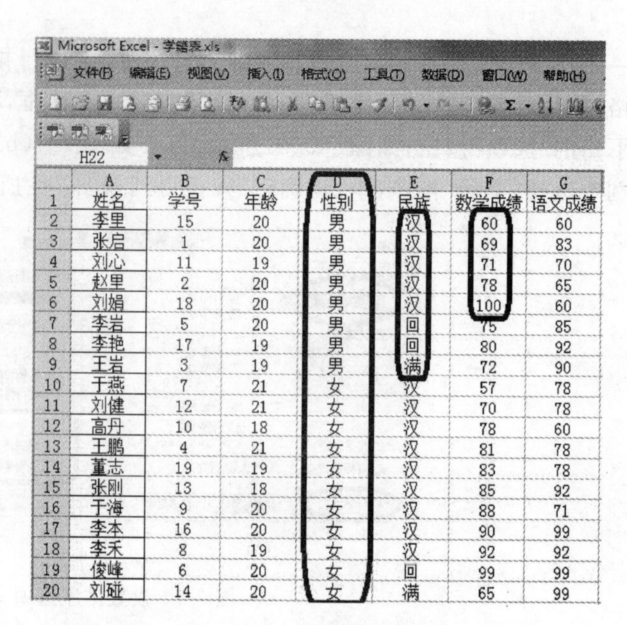

Microsoft Excel - 学籍表.xls

	A	B	C	D	E	F	G
1	姓名	学号	年龄	性别	民族	数学成绩	语文成绩
2	李里	15	20	男	汉	60	60
3	张启	1	20	男	汉	69	83
4	刘心	11	19	男	汉	71	70
5	赵里	2	20	男	汉	78	65
6	刘娟	18	20	男	汉	100	60
7	李岩	5	20	男	回	75	85
8	李艳	17	19	男	回	80	92
9	王岩	3	19	男	满	72	90
10	于燕	7	21	女	汉	57	78
11	刘健	12	21	女	汉	70	78
12	高丹	10	18	女	汉	78	60
13	王鹏	4	21	女	汉	81	78
14	董志	19	19	女	汉	83	78
15	张刚	13	18	女	汉	85	92
16	于海	9	20	女	汉	88	71
17	李本	16	20	女	汉	90	99
18	李禾	8	19	女	汉	92	92
19	俊峰	6	20	女	回	99	99
20	刘碰	14	20	女	满	65	99

图 7-8 按多个关键字排序的学籍表

技巧 2 数据的筛选

Excel 中提供了两种数据筛选操作，即“自动筛选”和“高级筛选”，本技巧通过实例介绍在什么情况下使用“自动筛选”和“高级筛选”。

自动筛选一般用于简单的条件筛选，筛选时将不满足条件的数据暂时隐藏起来，只显示符合条件的数据，下面以图 7-8 所示的结果为例进行说明。

单击任一单元格，选择“数据”|“筛选”|“自动筛选”命令，会得到如图 7-9 所示的结果。此时，在每个类别的右下角都出现了一个小箭头，在“性别”下拉列表中单击小箭头，选择“男”选项，可以得到如图 7-10 所示的结果。

Microsoft Excel - 学籍表.xls

D7 男

	A	B	C	D	E	F	G
1	姓名	学号	年龄	性别	民族	数学成	语文成
2	李里	15	20	男	汉	60	60
3	张启	1	20	男	汉	69	83
4	刘心	11	19	男	汉	71	70
5	赵里	2	20	男	汉	78	65
6	刘娟	18	20	男	汉	100	60
7	李岩	5	20	男	回	75	85
8	李艳	17	19	男	回	80	92
9	王岩	3	19	男	满	72	90
10	于燕	7	21	女	汉	57	78
11	刘健	12	21	女	汉	70	78
12	高丹	10	18	女	汉	78	60
13	王鹏	4	21	女	汉	81	78
14	董志	19	19	女	汉	83	78
15	张刚	13	18	女	汉	85	92
16	于海	9	20	女	汉	88	71
17	李本	16	20	女	汉	90	99
18	李禾	8	19	女	汉	92	92
19	俊峰	6	20	女	回	99	99
20	刘碰	14	20	女	满	65	99

图 7-9 自动筛选后的学籍表

Microsoft Excel - 学籍表.xls

	A	B	C	D	E	F	G
1	姓名	学号	年龄	性别	民族	数学成绩	语文成绩
2	李里	15	20	男	汉	60	60
3	张启	1	20	男	汉	69	83
4	刘心	11	19	男	汉	71	70
5	赵里	2	20	男	汉	78	65
6	刘娟	18	20	男	汉	100	60
7	李岩	5	20	男	回	75	85
8	李艳	17	19	男	回	80	92
9	王岩	3	19	男	满	72	90

图 7-10 自动筛选结果

在 Excel 中，除了可以自动筛选出相同类别的内容之外，还可以进行排序。如图 7-11 所示，在“数学成绩”下拉列表中选择“升序排列”选项，可以得到相应的排序结果。

Microsoft Excel - 学籍表.xls

	A	B	C	D	E	F	G
1	姓名	学号	年龄	性别	民族	数学成绩	语文成绩
2	于燕	7	21	女	汉		78
3	李里	15	20	男	汉		60
4	刘碰	14	20	女	满		99
5	张启	1	20	男	汉		83
6	刘健	12	21	女	汉		78
7	刘心	11	19	男	汉		70
8	王岩	3	19	男	满		90
9	李岩	5	20	男	回		85
10	赵里	2	20	男	汉		65
11	高丹	10	18	女	汉		60
12	李艳	17	19	男	回		92
13	王鹏	4	21	女	汉		78
14	董志	19	19	女	汉		78
15	张刚	13	18	女	汉	85	92
16	于海	9	20	女	汉	88	71
17	李本	16	20	女	汉	90	99
18	李禾	8	19	女	汉	92	92
19	俊峰	6	20	女	回	99	99
20	刘娟	18	20	男	汉	100	60

降序排列
(全部)
(前 10 个...)
(自定义...)
57
60
65
69
70
71
72
75
78
80
81
83
85
88

图 7-11 自动筛选下拉列表

自动筛选不仅能根据某个内容进行筛选，还可以设置一个条件进行筛选。在图 7-11 中，选择“数学成绩”下拉列表中的“自定义”选项，打开如图 7-12 所示的对话框，设置筛选条件，单击“确定”按钮得到如图 7-13 所示的结果。

高级筛选一般用于条件较复杂的筛选操作，其筛选结果可显示在原数据表格中，不符合条件的记录被隐藏起来，也可以在新的位置显示筛选结果，不符合条件的记录同时保留在数据表中而不会被隐藏起来，这样就更加便于进行数据的对比了。

高级筛选的操作稍微复杂一些，具体步骤如下：

(1) 建立筛选条件。在空白处建立筛选条件，如性别为“男”、民族为“汉”、数学成绩为“＞70”，如图 7-14 所示。

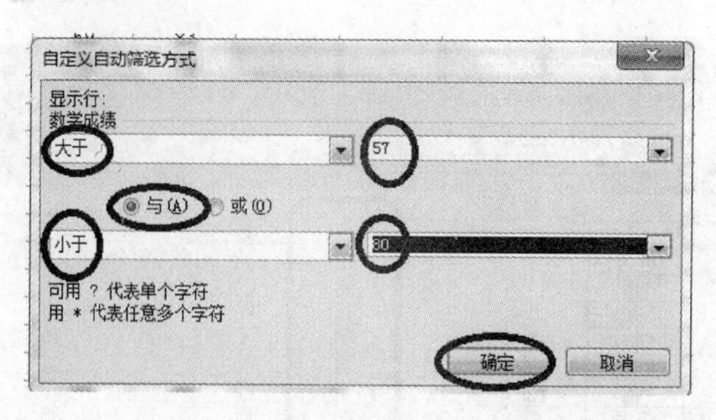

图 7-12 “自定义自动筛选方式”对话框

Microsoft Excel - 学籍表.xls

H14

	A	B	C	D	E	F	G
1	姓名	学号	年龄	性别	民族	数学成绩	语文成绩
3	李里	15	20	男	汉	60	60
4	刘碰	14	20	女	满	65	99
5	张启	1	20	男	汉	69	83
6	刘健	12	21	女	汉	70	78
7	刘心	11	19	男	汉	71	70
8	王岩	3	19	男	满	72	90
9	李岩	5	20	男	回	75	85
10	赵里	2	20	男	汉	78	65
11	高丹	10	18	女	汉	78	60

图 7-13 自定义自动筛选结果

Microsoft Excel - 学籍表.xls

N26

	A	B	C	D	E	F	G	H	I	J
1	姓名	学号	年龄	性别	民族	数学成绩	语文成绩	性别	民族	数学成绩
2	于燕	7	21	女	汉	57	78	男	汉	>70
3	李里	15	20	男	汉	60	60			
4	刘碰	14	20	女	满	65	99			
5	张启	1	20	男	汉	69	83			
6	刘健	12	21	女	汉	70	78			
7	刘心	11	19	男	汉	71	70			
8	王岩	3	19	男	满	72	90			
9	李岩	5	20	男	回	75	85			
10	赵里	2	20	男	汉	78	65			
11	高丹	10	18	女	汉	78	60			
12	李艳	17	19	男	回	80	92			
13	王鹏	4	21	女	汉	81	78			
14	董志	19	19	女	汉	83	78			
15	张刚	13	18	女	汉	85	92			
16	于海	9	20	女	汉	88	71			
17	李本	16	20	女	汉	90	99			
18	李禾	8	19	女	汉	92	92			
19	俊峰	6	20	女	回	99	99			
20	刘娟	18	20	男	汉	100	60			

图 7-14 建立筛选条件

(2) 进行筛选。选择“数据”|“筛选”|“高级筛选”命令,打开如图 7-15 所示的“高级筛选”对话框,在“方式”选项组中选中“在原有区域显示筛选结果”单选按钮,这样更直观。

	A	B	C	D	E	F	G	H	I	J
1	姓名	学号	年龄	性别	民族	数学成绩	语文成绩	性别	民族	数学成绩
2	于燕	7	21	女	汉	57	78	男	汉	>70
3	李里	15	20	男	汉	60	60			
4	刘碰	14	20	女	满	65	99			
5	张启	1	20	男	汉	69	83			
6	刘健	12	21	女	汉	70	78			
7	刘心	11	19	男	汉	71				
8	王岩	3	19	男	满	72				
9	李岩	5	20	男	回	75				
10	赵里	2	20	男	汉	78				
11	高丹	10	18	女	汉	78				
12	李艳	17	19	男	回	80				
13	王鹏	4	21	女	汉	81				
14	董志	19	19	女	汉	83				
15	张刚	13	18	女	汉	85				
16	于海	9	20	女	汉	88				
17	李本	16	20	女	汉	90				
18	李禾	8	19	女	汉	92				
19	俊峰	6	20	女	回	99	99			
20	刘娟	18	20	男	汉	100	60			

图 7-15 高级筛选条件

然后单击“列表区域”,选择要查找的范围,在此选择从“A1”到“G20”,即大方框内的内容,选择结果会自动显示在“列表区域”中。

接着单击“条件区域”,选择条件范围,在此选择从“H1”到“J2”,即小方框内的内容,选择结果会自动显示在“条件区域”中,单击“确定”按钮可得到如图 7-16 所示的结果。

	A	B	C	D	E	F	G	H	I	J
1	姓名	学号	年龄	性别	民族	数学成绩	语文成绩	性别	民族	数学成绩
7	刘心	11	19	男	汉	71	70			
10	赵里	2	20	男	汉	78	65			
20	刘娟	18	20	男	汉	100	60			

图 7-16 高级筛选结果

这个结果是一个“并”的结果,即同时满足性别为“男”、民族为“汉”、数学成绩为“>70”3 个条件,也可以将其设置为“或”的结果。

在建立筛选条件时,将性别为“男”、民族为“汉”放在一行,将数学成绩的条件“>70”放在另一行,则相当于同时满足性别为“男”、民族为“汉”,或者数学成绩“>70”,两者都是条件,满足其一就可以,如图 7-17 所示。

Microsoft Excel - 学籍表.xls

文件(F) 编辑(E) 视图(V) 插入(I) 格式(O) 工具(T) 数据(D) 窗口(W) 帮助(H) Adobe PDF(B)

J24

	A	B	C	D	E	F	G	H	I	J
1	姓名	学号	年龄	性别	民族	数学成绩	语文成绩	性别	民族	数学成绩
2	于燕	7	21	女	汉	57	78	男	汉	
3	李里	15	20	男	汉	60	60			>70
4	刘碰	14	20	女	满	65	99			
5	张启	1	20	男	汉	69	83			
6	刘健	12	21	女	汉	70	78			
7	刘心	11	19	男	汉	71	70			
8	王岩	3	19	男	满	72	90			
9	李岩	5	20	男	回	75	85			
10	赵里	2	20	男	汉	78	65			
11	高丹	10	18	女	汉	78	60			
12	李艳	17	19	男	回	80	92			
13	王鹏	4	21	女	汉	81	78			
14	董志	19	19	女	汉	83	78			
15	张刚	13	18	女	汉	85	92			
16	于海	9	20	女	汉	88	71			
17	李本	16	20	女	汉	90	99			
18	李禾	8	19	女	汉	92	92			
19	俊峰	6	20	女	回	99	99			
20	刘娟	18	20	男	汉	100	60			

图 7-17　分行放置筛选条件

选择“数据”|“筛选”|“高级筛选”命令，打开“高级筛选”对话框，在选择“条件区域”时将范围更改为从“H1”到“J3”，即小方框内的内容，如图 7-18 所示，单击“确定”按钮得到如

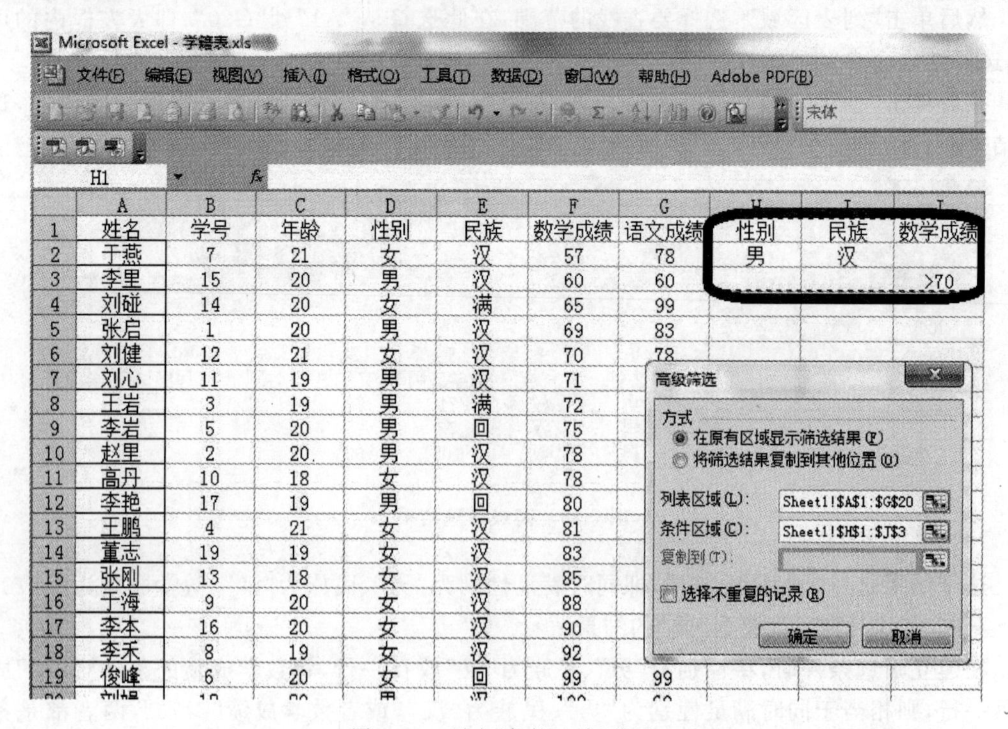

图 7-18　更改“条件区域”范围

图 7-19 所示的结果。

Microsoft Excel - 学籍表.xls

文件(F)　编辑(E)　视图(V)　插入(I)　格式(O)　工具(T)　数据(D)　窗口(W)　帮助(H)　Adobe PDF(B)

J26

	A	B	C	D	E	F	G	H	I	J
1	姓名	学号	年龄	性别	民族	数学成绩	语文成绩	性别	民族	数学成绩
3	李里	15	20	男	汉	60	60			>70
5	张启	1	20	男	汉	69	83			
7	刘心	11	19	男	汉	71	70			
8	王岩	3	19	男	满	72	90			
9	李岩	5	20	男	回	75	85			
10	赵里	2	20	男	汉	78	65			
11	高丹	10	18	女	汉	78	60			
12	李艳	17	19	男	回	80	92			
13	王鹏	4	21	女	汉	81	78			
14	董志	19	19	女	汉	83	78			
15	张刚	13	18	女	汉	85	92			
16	于海	9	20	女	汉	88	71			
17	李本	16	20	女	汉	90	99			
18	李禾	8	19	女	汉	92	92			
19	俊峰	6	20	女	回	99	99			
20	刘娟	18	20	男	汉	100	60			

图 7-19　高级筛选的“或”结果

如果用户想看到筛选前的结果，只需选择“数据”|“筛选”|“全部显示”命令即可。

技巧 3　分类汇总

分类汇总是 Excel 中最常用的功能之一，使用它能够快速地以某一个字段为分类项，对数据列表中的数值字段进行各种统计计算，如求和、计数，求平均值、最大值、最小值、乘积等。

下面以图 7-8 所示的结果为例进行分类汇总说明，目的是对不同性别进行分类汇总。

单击“性别”列中的任一单元格，选择“数据”|“分类汇总”命令，打开如图 7-20 所示的对话框，在“分类字段”下拉列表中选择“性别”选项，在“汇总方式”下拉列表中选择“求和”选项，汇总项选择“数学成绩”和“语文成绩”，单击“确定”按钮，得到如图 7-21 所示的结果。

用户可以看到，此时已经分别对男性、女性进行了汇总。

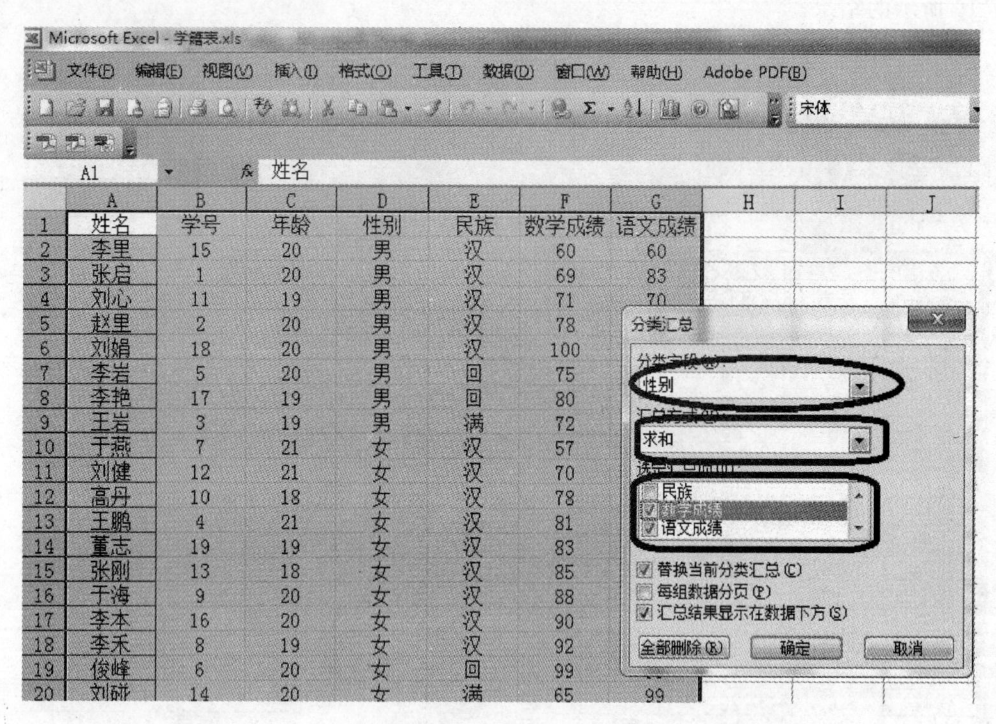

	A	B	C	D	E	F	G
1	姓名	学号	年龄	性别	民族	数学成绩	语文成绩
2	李里	15	20	男	汉	60	60
3	张启	1	20	男	汉	69	83
4	刘心	11	19	男	汉	71	70
5	赵里	2	20	男	汉	78	
6	刘娟	18	20	男	汉	100	
7	李岩	5	20	男	回	75	
8	李艳	17	19	男	回	80	
9	王岩	3	19	男	满	72	
10	于燕	7	21	女	汉	57	
11	刘健	12	21	女	汉	70	
12	高丹	10	18	女	汉	78	
13	王鹏	4	21	女	汉	81	
14	董志	19	19	女	汉	83	
15	张刚	13	18	女	汉	85	
16	于海	9	20	女	汉	88	
17	李本	16	20	女	汉	90	
18	李禾	8	19	女	汉	92	
19	俊峰	6	20	女	回	99	
20	刘碰	14	20	女	满	65	99

图 7-20 分类汇总

G27

	A	B	C	D	E	F	G
1	姓名	学号	年龄	性别	民族	数学成绩	语文成绩
2	李里	15	20	男	汉	60	60
3	张启	1	20	男	汉	69	83
4	刘心	11	19	男	汉	71	70
5	赵里	2	20	男	汉	78	65
6	刘娟	18	20	男	汉	100	60
7	李岩	5	20	男	回	75	85
8	李艳	17	19	男	回	80	92
9	王岩	3	19	男	满	72	90
10				男 汇总		605	605
11	于燕	7	21	女	汉	57	78
12	刘健	12	21	女	汉	70	78
13	高丹	10	18	女	汉	78	60
14	王鹏	4	21	女	汉	81	78
15	董志	19	19	女	汉	83	78
16	张刚	13	18	女	汉	85	92
17	于海	9	20	女	汉	88	71
18	李本	16	20	女	汉	90	99
19	李禾	8	19	女	汉	92	92
20	俊峰	6	20	女	回	99	99
21	刘碰	14	20	女	满	65	99
22				女 汇总		888	924
23				总计		1493	1529

图 7-21 分类汇总结果

技巧 4　数据透视表和数据透视图

数据透视表是一种对大量数据快速汇总和建立交叉列表的交互式动态表格，能帮助用户分析、组织数据，例如计算平均数、标准差，建立列联表、计算百分比、建立新的数据子集等。建好数据透视表后，用户可以对数据透视表进行重新安排，以便从不同的角度查看数据。通过数据透视表，用户可以从大量看似无关的数据中寻找它们之间的联系，从而将纷繁的数据转化为有价值的信息，以供研究和决策使用。下面以图 7-8 所示的结果为例进行说明。

选择"数据"|"数据透视表和数据透视图"命令，打开如图 7-22 所示的对话框，选中"数据透视表"单选按钮，单击"下一步"按钮，打开如图 7-23 所示的对话框。选定区域(用鼠标从起始点拖到终止点结束)，单击"下一步"按钮，打开如图 7-24 所示的对话框，选中"新建工作表"单选按钮，单击"完成"按钮得到如图 7-25 所示的结果。

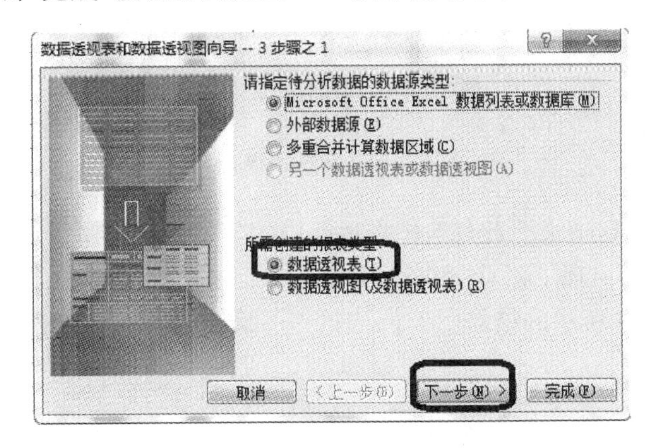

图 7-22　数据透视表步骤 1

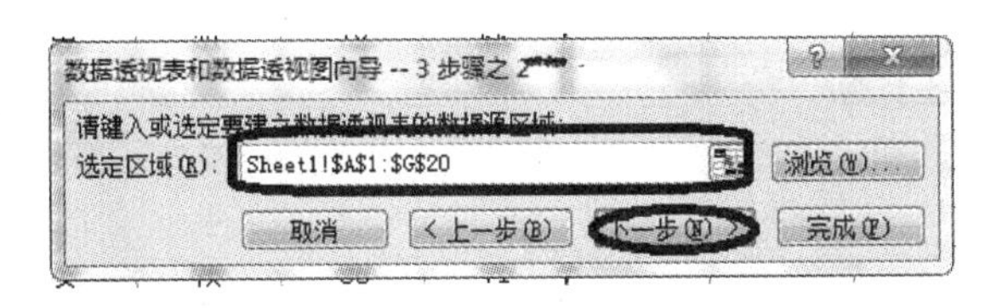

图 7-23　数据透视表步骤 2

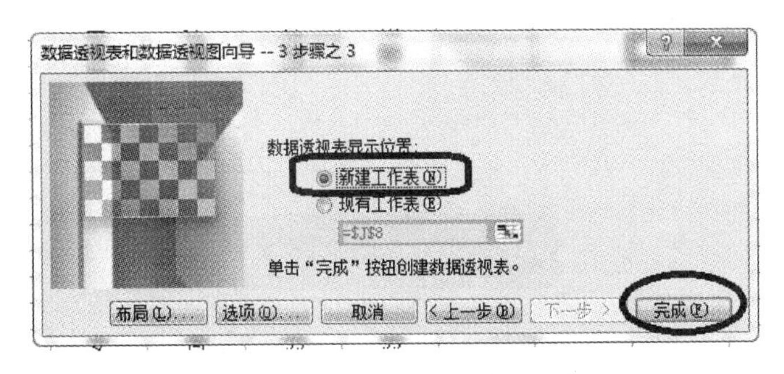

图 7-24　数据透视表步骤 3

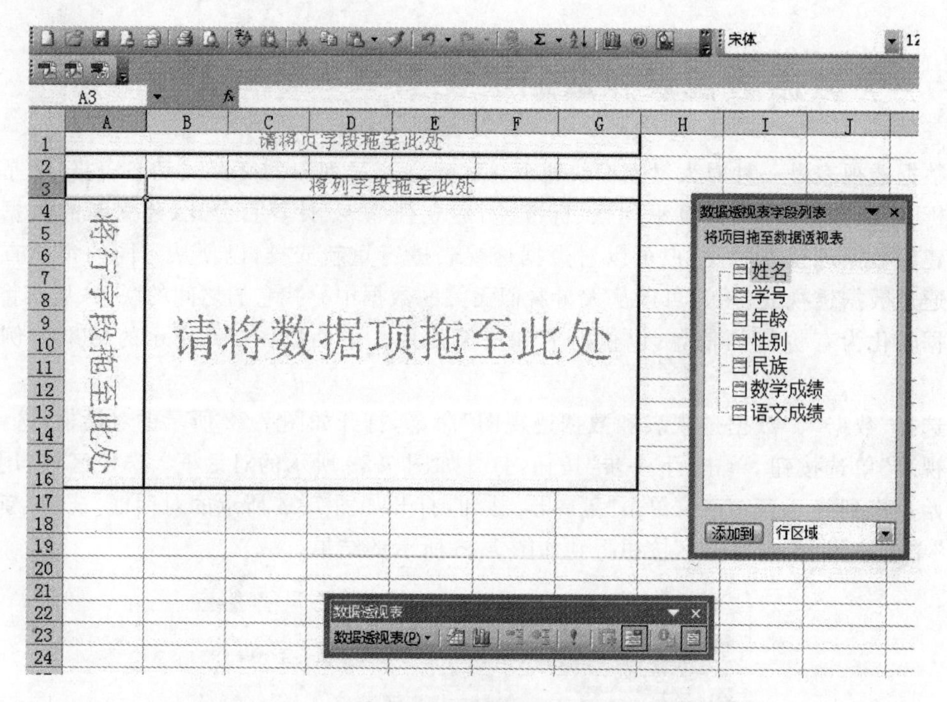

图 7-25 数据透视表

按照提示“请将数据项拖至此处”,把右边框中的数学成绩拖到指定位置,得到如图 7-26 所示的结果,可以看到出现了汇总“1493”,这与图 7-21 中的结果吻合。同样,将语文成绩也拖过来,得到如图 7-27 所示的结果。

图 7-26 汇总数学成绩

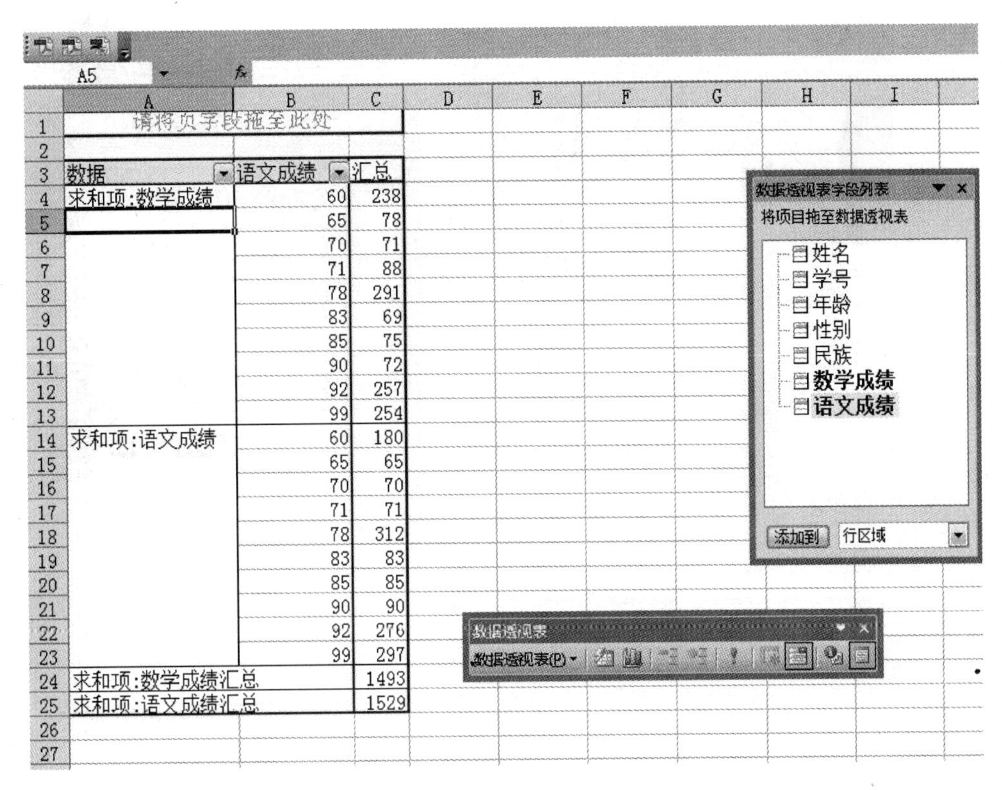

数据	语文成绩	汇总
求和项:数学成绩	60	238
	65	78
	70	71
	71	88
	78	291
	83	69
	85	75
	90	72
	92	257
	99	254
求和项:语文成绩	60	180
	65	65
	70	70
	71	71
	78	312
	83	83
	85	85
	90	90
	92	276
	99	297
求和项:数学成绩汇总		1493
求和项:语文成绩汇总		1529

图 7-27 汇总语文成绩

在图 7-22 中选中“数据透视图”单选按钮，接下来的操作同“数据透视表”，得到如图 7-28 所示的结果。

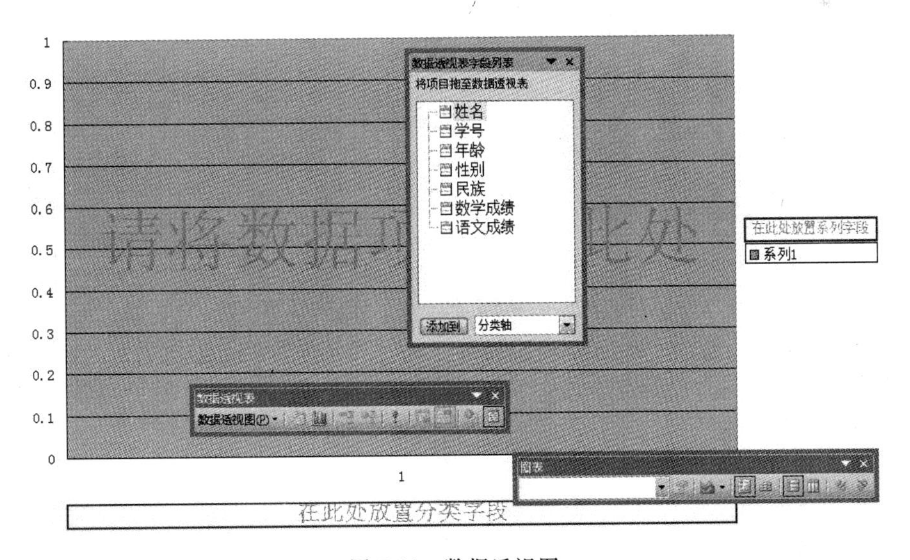

图 7-28 数据透视图

将数学成绩拖动到指定位置，选择“系列轴”选项，单击“添加到”按钮，然后在下边的图表中选择“柱状图”，得到如图 7-29 所示的结果，可以很直观地查看数学成绩的信息。

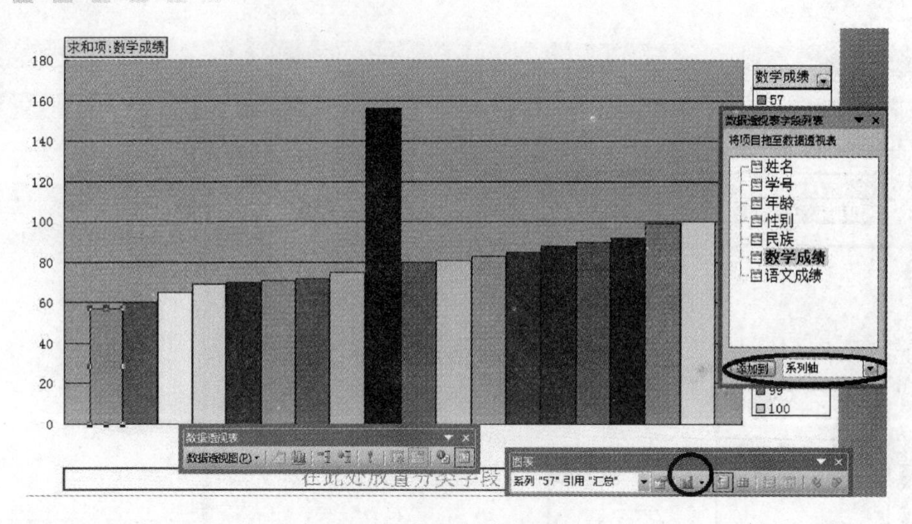

图 7-29　直观地查看数学成绩

技巧 5　Excel 中的图表

图表是图形化的数据，它由点、线、面等图形与数据文件按特定的方式组合而成。一般情况下，用户使用 Excel 工作簿内的数据制作图表，生成的图表也存放在工作簿中。图表是 Excel 的重要组成部分，具有直观形象、双向联动、二维坐标等特点。

下面仍然以图 7-8 所示的数据为例进行说明。

(1) 选取图 7-8 中的“语文成绩”列，选择“插入”|“图表”命令，打开如图 7-30 所示的对话框，任意选择一个形状，如在“图表类型”列表框中选择“饼图”，“子类型”选择第一个，单击“下一步”按钮，打开如图 7-31 所示的对话框。

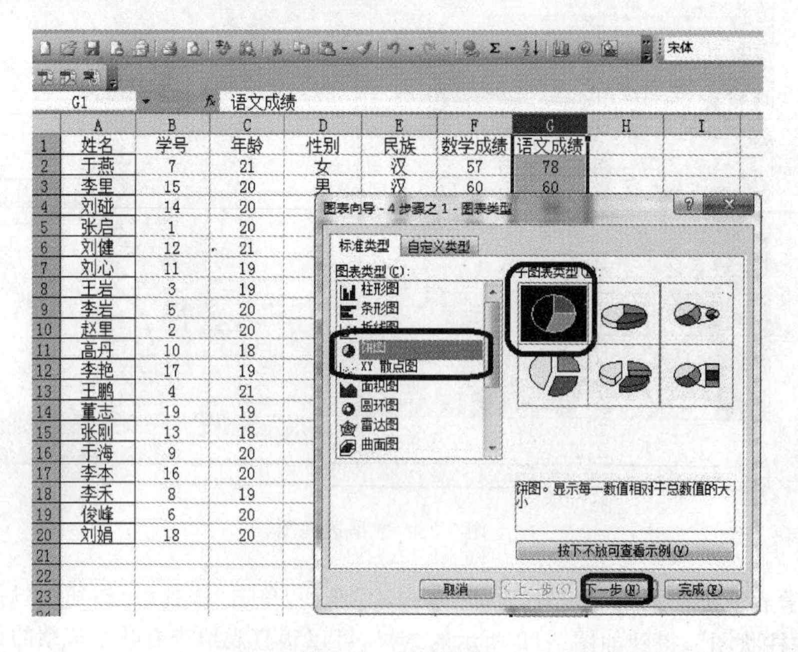

图 7-30　插入图表

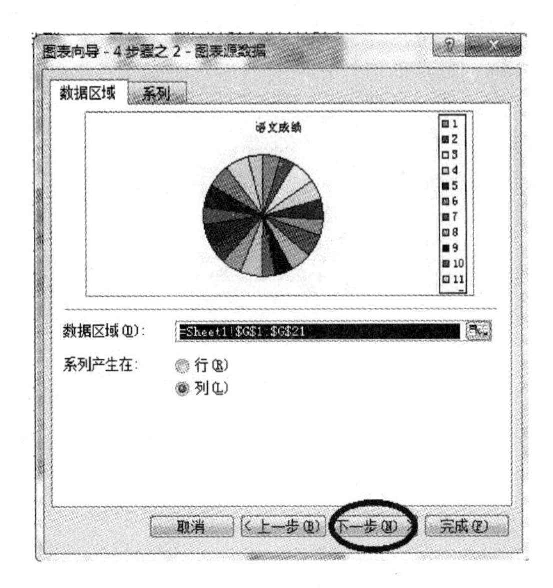

图 7-31　数据区域

(2) 在“数据区域”中选择“语文成绩”列，由于之前已经选好，这里默认选中这个区域，单击“下一步”按钮，打开如图 7-32 所示的对话框。

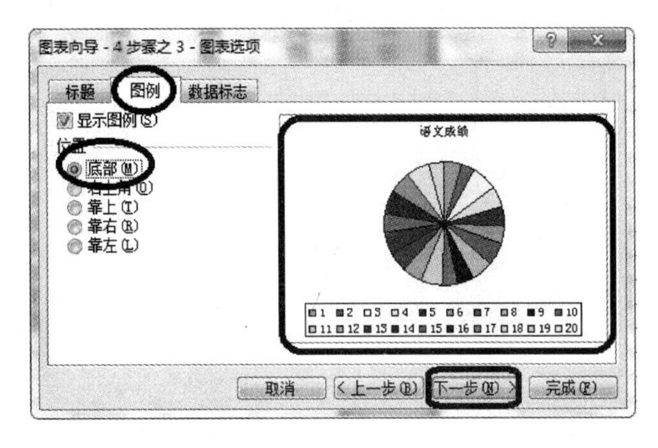

图 7-32　图例

(3) 选择“图例”选项卡，在“位置”选项组中任意选择一个选项，这里选择“底部”，单击“下一步”按钮，打开如图 7-33 所示的对话框。

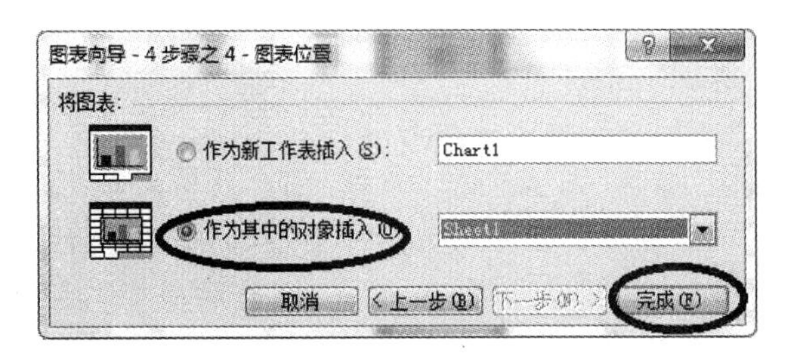

图 7-33　设置图表插入方式

(4) 选中“作为其中的对象插入”单选按钮，这样新产生的图表就在这个 Excel 表格中，方便用户对照查看其中数据，最后单击“完成”按钮得到如图 7-34 所示的结果。

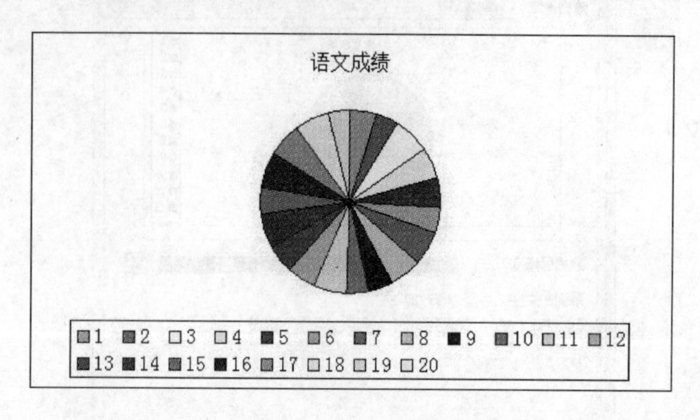

图 7-34 生成的图表

用户可以对图 7-34 所示的图表进行编辑，例如右击这个饼图，选择“数据系列格式”命令，打开“数据系列格式”对话框，然后选择“数据标志”选项卡，选中其中任意一项内容，也可以多选，这里选中“值”复选框，如图 7-35 所示，单击“确定”按钮得到如图 7-36 所示的结果。

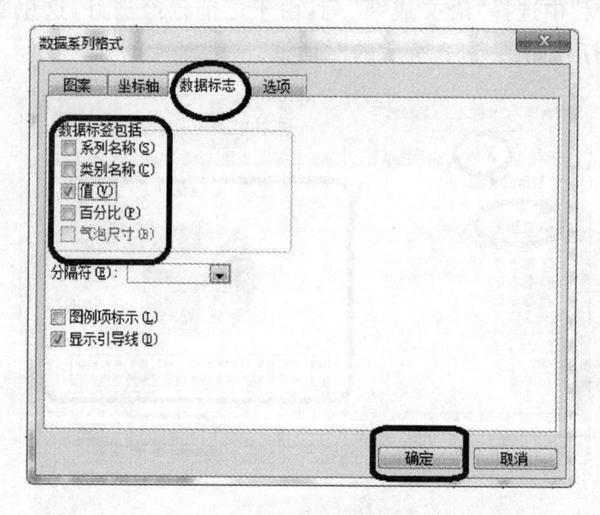

图 7-35 设置数据系列格式

技巧 6 图表的趋势线

如果要对图 7-36 进行分析，可以采取趋势线的方式。

右击图 7-36 中的饼图，选择“图表类型”命令，在打开的对话框中选择柱形图，得到如图 7-37 所示的结果。然后单击这个柱形图，选择“图表”|“添加趋势线”命令，打开如图 7-38 所示的对话框，其中有多种类型可以选择，这里选择“移动平均”，单击“确定”按钮得到如图 7-39 所示的趋势线效果。

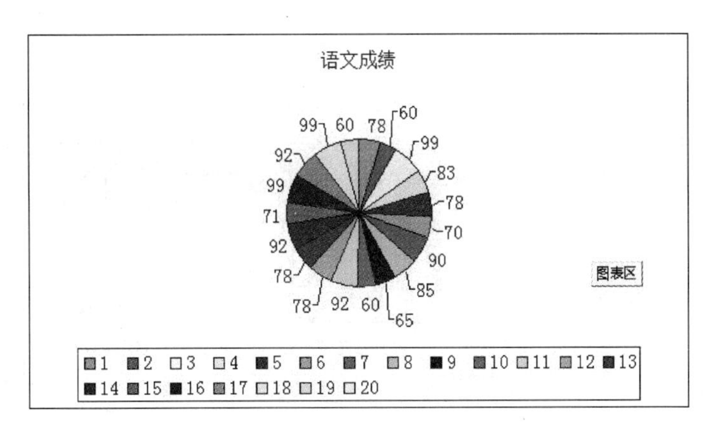

图 7-36 编辑后的图表

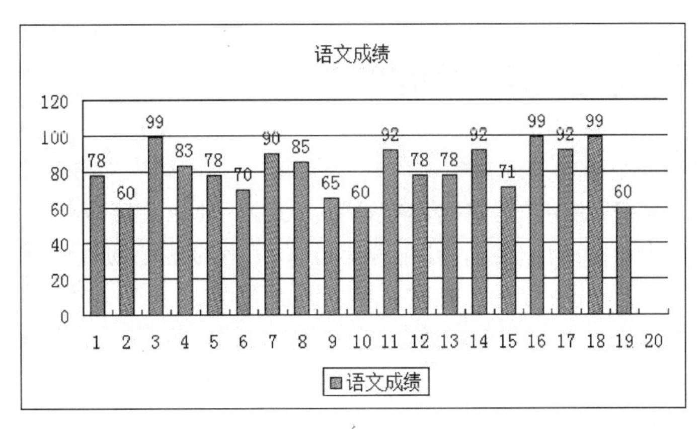

图 7-37 柱形图效果

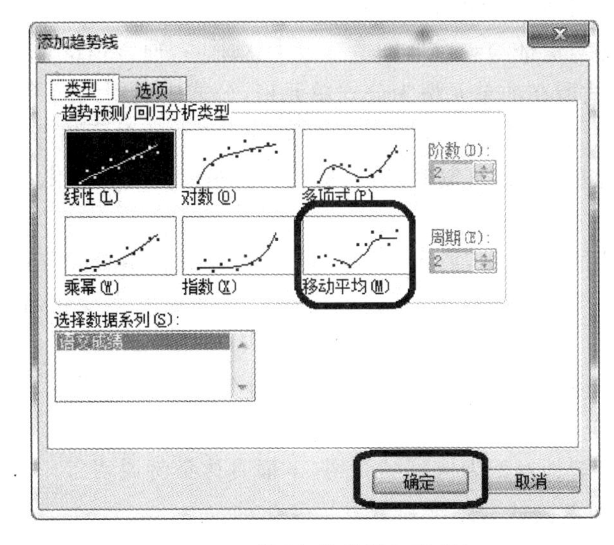

图 7-38 “添加趋势线”对话框

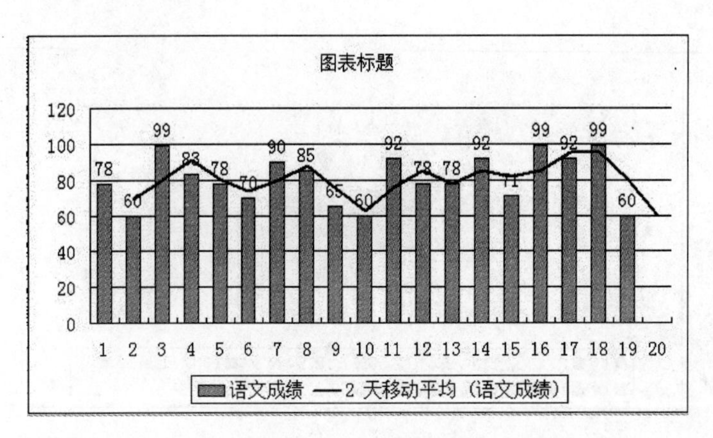

图 7-39 趋势线效果

技巧 7 相对地址与绝对地址

什么是相对地址与绝对地址?

在 Excel 的公式里,使用单元格名称有两种方式,一种是直接写单元格的地址,如 A1、B2 等,这种写法称为相对地址写法;另一种是在单元格的地址的行号与列号前加上 $ 符号,如 A1、B2,这种写法一般称为绝对地址写法。在公式中,如果需要使用绝对地址,用户可以自己手工在行号与列号前输入 $ 符号,也可以选中单元格名称,然后按 F4 键。

与上述两种写法相应的还有一种地址写法,一般称之为混合地址,混合地址写法就是只在行号或列号前加 $ 符号,如 $A1 或 A$1。

在公式中使用相对地址与绝对地址有什么区别?

在公式中使用相对地址与绝对地址是有很大区别的,通常情况下使用以下三句话来描述它们的区别(称公式所在的单元格为公式单元格,公式中引用到的单元格为引用单元格):

- 在公式中使用相对地址,Excel 记录的是公式所在的单元格与引用的单元格之间的相对位置,当进行公式复制时,若公式所在的单元格发生变化,一般被引用的单元格会相应的发生变化。
- 在公式中使用绝对地址,Excel 记录的是引用单元格本身的位置,与公式所在的单元格无关,当进行公式复制时,若公式所在的单元格发生变化,被引用的单元格保持不变。
- 在公式中无论使用何种地址,如果不是进行公式复制,只是移动公式所在的单元格,公式保持不变。

这三句话是最常规地对两者区别的介绍,下面具体举例说明。

(1) 相对引用,复制公式时地址跟着发生变化。

如 C1 单元格有公式:=A1+B1

当将公式复制到 C2 单元格时变为:=A2+B2

当将公式复制到 D1 单元格时变为:=B1+C1

(2) 绝对引用,复制公式时地址不会跟着发生变化。

如 C1 单元格有公式:=＄A＄1+＄B＄1

当将公式复制到 C2 单元格时仍为:=＄A＄1+＄B＄1

当将公式复制到 D1 单元格时仍为:=＄A＄1+＄B＄1

(3) 混合引用,复制公式时地址的部分内容跟着发生变化。

如 C1 单元格有公式:=＄A1+B＄1

当将公式复制到 C2 单元格时变为:=＄A2+B＄1

当将公式复制到 D1 单元格时变为:=＄A1+C＄1

随着公式的位置变化,所引用单元格的位置也在变化的是相对引用;随着公式的位置变化,所引用单元格的位置不变的是绝对引用。

接下来介绍"C4"、"＄C4"、"C＄4"和"＄C＄4"之间的区别。

在一个工作表中,在 C4、C5 中的数据分别是 60、50。如果在 D4 单元格中输入"=C4",那么将 D4 向下拖动到 D5 时,D5 中的内容就变成了 50,其公式是"=C5",将 D4 向右拖动到 E4,E4 中的内容是 60,其公式变成了"=D4",如图 7-40 所示。

D4 = =C4

	A	B	C	D	E	F
4			60	60	60	
5			50	50		

图 7-40 在 C4 中输入公式

如果在 D4 单元格中输入"=＄C4",将 D4 向右拖动到 E4,E4 中的公式还是"=＄C4",而向下拖动到 D5 时,D5 中的公式就变成了"=＄C5",如图 7-41 所示。

D4 = =$C4

	A	B	C	D	E	F
4			60	60	60	
5			50	50		

图 7-41 输入=＄C4

如果在 D4 单元格中输入"=C＄4",那么将 D4 向右拖动到 E4 时,E4 中的公式变为"=D＄4",而将 D4 向下拖动到 D5 时,D5 中的公式还是"=C＄4",如图 7-42 所示。

D5 = =C$4

	A	B	C	D	E	F
4			60	60	60	
5			50	60		

图 7-42 输入=C＄4

如果在 D4 单元格中输入"=＄C＄4",那么不论用户将 D4 向哪个方向拖动,自动填充的公式都是"=＄C＄4"。原来前面带上了"＄"号的单元格,在进行拖动时不变。如果都带上了"＄",在拖动时两个位置都不变,如图 7-43 所示。

D5 = =C4

	A	B	C	D	E	F
4			60	60	60	
5			50	60		

图 7-43 输入=＄C＄4

技巧8 公式应用中的常见错误及处理

在利用 Excel 完成任务的过程中，公式被用得非常多，公式能够解决各种各样的问题。但是，这并不意味着公式的运用总是顺利，如果运用函数和公式的时候不仔细，公式可能会返回一些奇怪的错误代码。表 7-1 列举了常见的错误值的代码、原因，以及相应的处理方法。

表 7-1 公式应用常见错误及处理

错误值代码	常见原因	处理方法
#DIV/0!	在公式中有除数为零，或者有除数为空白的单元格(Excel 把空白单元格也当作 0)	把除数改为非零的数值，或者用 IF 函数进行控制
#N/A	在公式使用查找功能的函数(VLOOKUP、HLOOKUP、LOOKUP 等)时，找不到匹配的值	检查被查找的值，使之的确存在于查找的数据表中的第一列
#NAME?	在公式中使用了 Excel 无法识别的文本，例如函数的名称拼写错误，使用了没有定义的区域或单元格名称，引用文本时没有加引号等	根据具体的公式，逐步分析出现该错误的可能，并加以改正
#NUM!	当公式需要数字型参数时，却给了它一个非数字型参数；给了公式一个无效的参数；公式返回的值太大或者太小	根据公式的具体情况，逐一分析可能的原因并修正
#VALUE	文本类型的数据参与了数值运算，函数参数的数值类型不正确； 函数的参数本应该是单一值，却提供了一个区域作为参数； 输入一个数组公式时，忘记按 Ctrl+Shift+Enter 键	更正相关的数据类型或参数类型； 提供正确的参数； 输入数组公式时，记得使用 Ctrl+Shift+Enter 键确定
#REF!	公式中使用了无效的单元格引用。通常，以下操作会导致公式引用无效的单元格：删除了被公式引用的单元格；把公式复制到含有引用自身的单元格中	避免导致引用无效的操作，如果已经出现错误，先撤销，然后用正确的方法操作
#NULL!	使用了不正确的区域运算符或引用的单元格区域的交集为空	改正区域运算符使之正确；更改引用使之相交

技巧9 常用函数的使用方法

1. SUM

该函数返回某一单元格区域中的所有数字之和。

语法：SUM(number1,number2,…)

其参数可以是常量也可以是区域。

实例：对常数求和=SUM(3,2)、对区域求和=SUM(A1:B20)

其引用的都是同一工作表中的数据，如果要汇总同一工作簿中多张工作表上的数据，就要使用三维引用。假如将公式放在工作表Sheet1的C6单元格中，要引用工作表Sheet2的"A1:A6"和Sheet3的"B2:B9"区域进行求和运算，则公式中的引用形式为"=SUM(Sheet2!A1:A6,Sheet3!B2:B9)"。也就是说，三维引用中不仅包含单元格或区域引用，还要在前面加上带"!"的工作表名称。

对SUM函数而言，它可以使用从number1开始到number30共30个参数。如果要改变这种限制，在引用参数的两边多加一个括号即可，这时，SUM把括号内的最多可达254个的参数当成一个处理(主要受公式长度限制，理论上可以达到无数个)。

2. SUMIF

该函数根据指定条件对若干单元格求和。

语法：SUMIF(range,criteria,sum_range)

- range：用于条件判断的单元格区域。
- criteria：确定哪些单元格将被相加求和的条件，其形式可以是数字、表达式或文本。例如，条件可以表示为32、"32"、">32"或"apples"。
- sum_range：需要求和的实际单元格。

说明：只有在区域中相应的单元格符合条件的情况下，sum_range中的单元格才求和。如果忽略了sum_range，则对区域中的单元格求和。Excel还提供了其他一些函数，它们可根据条件来分析资料。例如，如果要计算单元格区域内某个文本字符串或数字出现的次数，可使用COUNTIF函数。如果要让公式根据某一条件返回两个数值中的某一值(例如，根据指定销售额返回销售红利)，可使用IF函数。

实例：汇总名称字段中含有"视频"名称的数量，假设视频存放在工作表的A列，数量存放在工作表的B列，则公式为"=SUMIF(A1:A23,"*视频",b2:b23)"，其中，"A1:A23"为提供逻辑判断依据的单元格区域，"*视频"为判断条件，就是仅仅统计A1:A23区域中名称为"视频"的单元格，B1:B23为实际求和的单元格区域。

3. AVERAGE

该函数求所有参数的算术平均值。

语法：AVERAGE(number1,number2,…)

参数说明：number1,number2,…是需要求平均值的数值或引用单元格(区域)，参数不超过30个。

实例：在B8单元格中输入公式"=AVERAGE(B7:D7,F7:H7,7,8)"，确认后，即可求出B7至D7区域、F7至H7区域中的数值和7、8的平均值。

特别提醒：如果引用区域中包含"0"值单元格，则计算在内；如果引用区域中包含空白或字符单元格，则不计算在内。

4. INT

该函数用于将数值向下取整为最接近的整数。

语法：INT(number)

参数说明：number 表示需要取整的数值或包含数值的引用单元格。

实例：输入公式“=INT(18.89)”，确认后显示出 18。

特别提醒：在取整时，不进行四舍五入；如果输入的公式为“=INT(-18.89)”，则返回结果为-19。

5. MAX

该函数用于求一组数中的最大值。

语法：MAX(number1,number2,…)

参数说明：number1,number2,…代表需要求最大值的数值或引用单元格(区域)，参数不超过 30 个。

实例：输入公式“=MAX(E44:J44,7,8,9,10)”，确认后即可显示出 E44 至 J44 单元格区域和数值 7,8,9,10 中的最大值。

特别提醒：如果参数中有文本或逻辑值，则忽略。

6. IF

该函数根据对指定条件的逻辑判断的真假结果，返回相对应的内容。

语法：=IF(Logical,Value_if_true,Value_if_false)

参数说明：Logical 代表逻辑判断表达式；Value_if_true 表示当判断条件为逻辑“真(TRUE)”时的显示内容，如果忽略返回“TRUE”；Value_if_false 表示当判断条件为逻辑“假(FALSE)”时的显示内容，如果忽略返回“FALSE”。

7. COUNTIF

该函数计算区域中满足给定条件的单元格的个数。

语法：COUNTIF(range,criteria)

- range：需要计算其中满足条件的单元格数目的单元格区域。
- criteria：确定哪些单元格将被计算在内的条件，其形式可以为数字、表达式或文本。例如，条件可以表示为 32、“32”、“>32”或“apples”。

说明：Excel 还提供了一些其他函数，可用来基于条件分析数据。例如，若要计算基于一个文本字符串或某范围内的一个数值的总和，可使用 SUMIF 工作表函数。若要使公式返回两个基于条件的值之一，例如某指定销售量的销售红利，可使用 IF 工作表函数。

实例：汇总名称字段中含有“视频”名称的个数，假设视频存放在工作表的 A 列，数量存放在工作表的 B 列，则公式为“=COUNTIF(A1:A23,“*视频”)”，其中，“A1:A23”为提供逻辑判断依据的单元格区域，“*视频”为判断条件，就是统计 A1:A23 区域中名称为“视频”的单元格个数。

8. DCOUNT

该函数返回数据库或数据清单的列中满足指定条件并且包含数字的单元格个数。

语法：DCOUNT(database,field,criteria)

• database：构成数据清单或数据库的单元格区域。数据库是包含一组相关数据的数据清单，其中包含相关信息的行为记录，而包含数据的列为字段。数据清单的第一行包含了每一列的标志项。
• field：指定函数所使用的数据列。数据清单中的数据列必须在第一行具有标志项。field 可以是文本，即两端带引号的标志项，如“使用年数”或“产量”；此外，field 也可以是代表数据清单中数据列位置的数字，如 1 表示第一列，2 表示第二列，等等。参数 field 为可选项，如果省略，函数 DCOUNT 返回数据库中满足条件 criteria 的所有记录数。
• criteria：一组包含指定条件的单元格区域，可以为参数 criteria 指定任意区域，只要它至少包含一个列标志和列标志下方用于设定条件的单元格。

9. VLOOKUP

该函数在表格或数值数组的首列查找指定的数值，并由此返回表格或数组当前行中指定列处的数值。当比较值位于资料表首列时，可以使用函数 VLOOKUP 代替函数 HLOOKUP。

在 VLOOKUP 中，V 代表垂直。

语法：VLOOKUP(lookup_value，table_array，col_index_num，range_lookup)

• lookup_value：需要在数组第一列中查找的数值。lookup_value 可以为数值、引用或文本字符串。
• table_array：需要在其中查找数据的数据表，可以使用对区域或区域名称的引用，例如数据库或数据清单。

如果 range_lookup 为 TRUE，则 table_array 的第一列中的数值必须按升序排列：…、－2、－1、0、1、2、…、－Z、FALSE、TRUE；否则，函数 VLOOKUP 不能返回正确的数值。如果 range_lookup 为 FALSE，table_array 不必进行排序。

通过选择“数据”、“排序”命令，在打开的对话框中选中“升序”单选按钮，可将数值按升序排列。

• table_array 的第一列中的数值可以为文本、数字或逻辑值。文本不区分大小写。
• col_index_num：table_array 中待返回的匹配值的列序号。当 col_index_num 为 1 时，返回 table_array 第一列中的数值；col_index_num 为 2 时，返回 table_array 第二列中的数值，以此类推。如果 col_index_num 小于 1，函数 VLOOKUP 返回错误值＃VALUE!；如果 col_index_num 大于 table_array 的列数，函数 VLOOKUP 返回错误值＃REF!。
• range_lookup：该参数为一逻辑值，用于指明函数 VLOOKUP 返回时是精确匹配还是近似匹配。如果为 TRUE 或省略，则返回近似匹配值。也就是说，如果找不到精确匹配值，则返回小于 lookup_value 的最大数值；如果 range_value 为 FALSE，函数 VLOOKUP 将返回精确匹配值。如果找不到，则返回错误值＃N/A。

说明：如果函数 VLOOKUP 找不到 lookup_value，且 range_lookup 为 TRUE，则使用小于等于 lookup_value 的最大值。

如果 lookup_value 小于 table_array 第一列中的最小数值，函数 VLOOKUP 返回错误值#N/A。

如果函数 VLOOKUP 找不到 lookup_value 且 range_lookup 为 FALSE，函数 VLOOKUP 返回错误值#N/A。

实例：如果 A1＝23、A2＝45、A3＝50、A4＝65，则公式"＝VLOOKUP(50,A1:A4,1,TRUE)"返回 50。

10. TRANSPOSE

该函数返回转置单元格区域，即将一行单元格区域转置成一列单元格区域，反之亦然。在行列数分别与数组的行列数相同的区域中，必须将 TRANSPOSE 输入为数组公式。使用 TRANSPOSE 可在工作表中转置数组的垂直和水平方向。

语法：TRANSPOSE(array)

array 为需要进行转置的数组或工作表中的单元格区域。所谓数组的转置，就是将数组的第一行作为新数组的第一列，将数组的第二行作为新数组的第二列，以此类推。

11. SUMPRODUCT

该函数用于在给定的几组数组中，将数组间对应的元素相乘，并返回乘积之和。

语法：SUMPRODUCT(array1,array2,array3,…)

array1,array2,array3,…为 2 到 30 个数组，其相应元素需要进行相乘并求和。

说明：数组参数必须具有相同的维数，否则，函数 SUMPRODUCT 将返回错误值#VALUE!。

函数 SUMPRODUCT 将非数值型的数组元素作为 0 处理。

12. RANK

RANK 函数是 Excel 计算序数的主要工具。

语法：RANK(number,ref,order)

其中，number 为参与计算的数字或含有数字的单元格，ref 是对参与计算的数字单元格区域的绝对引用，order 是用来说明排序方式的数字(如果 order 为零或省略，则以降序方式给出结果，反之按升序方式)。

技巧 10 公式的应用

1. 简单判断单元格的最后一位是数字还是字母

在有些情况下，需要判断单元格的最后一位是数字还是字母，可以用下面公式之一：

"＝IF(ISNUMBER(－－RIGHT(A1,1)),"数字","字母")"，直接返回数字或字母。其中，"－－"的含义是将文本型数字转化为数值以便参与运算。

"＝IF(ISERR(RIGHT(A1)＊1),"字母","数字")"，直接返回数字或字母。

2. 计算一个人到某指定日期的周岁、月份、天数

Excel 提供了计算日期跨度的函数

```
" = DATEDIF("起始日期","结束日期","Y")",计算年的跨度;
" = DATEDIF("起始日期","结束日期","M")",计算月的跨度;
" = DATEDIF("起始日期","结束日期","D")",计算天的跨度;
```

例如：

```
= DATEDIF("2005 - 5 - 3","2008 - 11 - 28","Y"),返回 3;
= DATEDIF("2005 - 5 - 3","2008 - 11 - 28","M"),返回 42;
= DATEDIF("2005 - 5 - 3","2008 - 11 - 28","D"),返回 1305;
```

3. 判断单元格中存在特定字符

假如判断 A 栏中是否存在" $ "字符，有则等于 1，没有则等于 0，公式为：

```
= IF(COUNTIF(A:A," * $ * ")> 0,1,0)
```

4. 计算某单元格所在的列数

通常情况下，A 列为第 1 列，AA 列为 27 列。用户可以在 A1 单元格中输入列标，通过下列公式计算出任何列标的列数：

```
= COLUMN(INDIRECT(A1&"1"))
```

例如："FG"列为第 163 列。

5. 在一个单元格中指定字符出现的次数

假如在 A1 单元格中有"abcabca"字符串，求"a"在单元格 A1 中出现的次数，用下列公式：

```
= LEN(A1) - LEN(SUBSTITUTE(A1, "a", ""))
```

6. 日期形式的转换

在有些情况下，日期会用"20060404"的形式表示，要转换成"2006-04-04"的标准日期格式，可用下面两个公式之一(假定在 A1 单元格中有原始日期)：

```
= TEXT(A1,"0000 - 00 - 00")
= TEXT(A1,"???? - ?? - ??")
```

用户也可以使用以下公式，将其转换成"2006-4-4"的格式。

```
= LEFT(A1,4)&SUBSTITUTE(RIGHT(A1,4),0," - ")
```

反之，如果要把"2006 年 4 月 4 日"转换成"20060404"，可以用下面公式之一(假定在 A1 单元格中有原始日期)：

```
= YEAR(A1)&TEXT(MONTH(A1),"00")&TEXT(DAY(A1),"00" )
```

```
= YEAR(A1)&IF(MONTH(A1)< 10,"0"&MONTH(A1),MONTH(A1))&IF(DAY(DAY(A1)< 10),"0"&DAY(A1),DAY(A1))
= TEXT(A1,"yyyymmdd")
```

当然,也可以直接自定义格式为 yyyymmdd。

7. 用“定义名称”的方法突破 IF 函数的嵌套限制

在 Excel 中,IF()函数的一个众所周知的限制是嵌套不能超过 7 层。例如下面的公式是错误的,因为嵌套层数超过了限制。

```
= IF(Sheet1! $ A $ 4 = 1,11,IF(Sheet1! $ A $ 4 = 2,22,IF(Sheet1! $ A $ 4 = 3,33,IF(Sheet1! $ A $ 4
= 4,44,IF(Sheet1! $ A $ 4 = 5,55,IF(Sheet1! $ A $ 4 = 4,44,IF(Sheet1! $ A $ 4 = 5,55,IF(Sheet1!
$ A $ 4 = 6,66,IF( $ A $ 4 = 7,77,FALSE))))))))
```

通常会考虑用 VBA 代替,也可以通过对公式的一部分“定义名称”来解决这种限制。在此定义一个名为“OneToSix”的名称，里面包括公式：

```
= IF(Sheet1! $ A $ 4 = 1,11,IF(Sheet1! $ A $ 4 = 2,22,IF(Sheet1! $ A $ 4 = 3,33,IF(Sheet1! $ A $ 4
= 4,44,IF(Sheet1! $ A $ 4 = 5,55,IF(Sheet1! $ A $ 4 = 4,44,IF(Sheet1! $ A $ 4 = 5,55,IF(Sheet1!
$ A $ 4 = 6,66,FALSE))))))))
```

再定义另一个名为“SevenToThirteen”的名称,里面包括公式：

```
= IF(Sheet1! $ A $ 4 = 7,77,IF(Sheet1! $ A $ 4 = 8,88,IF(Sheet1! $ A $ 4 = 9,99,IF(Sheet1! $ A $ 4
= 10,100,IF(Sheet1! $ A $ 4 = 11,110,IF(Sheet1! $ A $ 4 = 12,120,IF(Sheet1! $ A $ 4 = 13,130,
"NotFound")))))))
```

最后在单元格中输入下面的公式：

```
= IF(OneToSix,OneToSix,SevenToThirteen)
```

8. 动态求和

在此举一个简单的例子：

对于 A 列,求出 A1 到当前单元格行标前面一行的单元格中的数值之和,也就是说,如果当前单元格在 B17,那么求 A1:A16 之和。用户可以利用下面的公式求和：

```
= SUM(INDIRECT("A1:A"&ROW() - 1))
```

9. COUNTIF 函数的 16 种公式设置(设 DATA 为区域名称)

(1) 返加包含值 12 的单元格数量：=COUNTIF(DATA,12)
(2) 返回包含负值的单元格数量：=COUNTIF(DATA,"<0")
(3) 返回不等于 0 的单元格数量：=COUNTIF(DATA,"<>0")
(4) 返回大于 5 的单元格数量：=COUNTIF(DATA,">5")
(5) 返回等于单元格 A1 中内容的单元格数量：=COUNTIF(DATA,A1)
(6) 返回大于单元格 A1 中内容的单元格数量：=COUNTIF(DATA,">"&A1)
(7) 返回包含文本内容的单元格数量：=COUNTIF(DATA,"*")
(8) 返回包含 3 个字符内容的单元格数量：=COUNITF(DATA,"???")
(9) 返回包含单词“GOOD”(不分大小写)内容的单元格数量：=COUNTIF(DATA,

"GOOD")

(10) 返回在文本中的任何位置包含单词“GOOD”内容的单元格数量：=COUNTIF(DATA,"*GOOD*")

(11) 返回以单词“AB”(不分大小写)开头的单元格数量：=COUNTIF(DATA,"AB*")

(12) 返回包含当前日期的单元格数量：=COUNTIF(DATA,TODAY())

(13) 返回大于平均值的单元格数量：=COUNTIF(DATA,">"&AVERAGE(DATA))

(14) 返回平均值上面超过3个标准误差的值的单元格数量：=COUNTIF(DATA,“>"&AVERAGE(DATA)+STDEV(DATA)*3)

(15) 返回包含值3或-3的单元格数量：=COUNTIF(DATA,3)+COUNIF(DATA,-3)

(16) 返回包含值的逻辑值为TRUE的单元格数量：=COUNTIF(DATA,TRUE)

10. 计算一个日期是一年中的第几天

例如：2006年7月29日是本年中的第几天？在一年中，显示第几天用哪个函数？假定A1中是日期，可以利用下列公式。

=A1-DATE(YEAR(A1),1,0)，将单元格格式设置为常规，返回210，即2006年7月29日是2006年的第210天。

11. 求出最大值所在的行

例如：A1：A10中有10个数，求出最大的数在哪个单元格？

```
=MATCH(LARGE(A1:A10,1),A1:A10,0)
=ADDRESS(MATCH(SMALL(A1:A10,COUNTA(A1:A10)),A1:A10,0),1)
=ADDRESS(MATCH(MAX(A1:A10,1),A1:A10,0),1)
```

12. Excel中绝对引用与相对引用之间的切换

在Excel中创建公式时，该公式可以使用相对引用，即相对于公式所在的位置引用单元格；也可以使用绝对引用，即引用特定位置上的单元格。引用由所在单元格的“列的字母”和“行的数字”组成，绝对引用由在“列的字母”和“行的数字”前面加“$”表示，例如，$B$1是对第一行B列的绝对引用。在公式中还可以混合使用相对引用和绝对引用，可以利用F4键切换相对引用和绝对引用。首先选中包含公式的单元格，然后在公式栏中选择想要改变的引用，按F4键即可进行切换。

13. Excel中公式和结果之间的快速切换

在Excel工作表中输入计算公式时，可以利用Ctrl+'(中音号)键来决定显示或隐藏公式，让存储单元格显示计算的结果，还是公式本身。

14. 如果某列中有大于0和小于0的数，将小于0数字所在的行自动删除

假定在A1:A6中有大于0和小于0的数，可以用下面的VBA程序实现：

```
for i=6 to 1 step -1
```

```
if cells(i,1)< 0 then rows(i).Delete
next i
```

15. 奇数行和偶数行的求和

有时候需要对奇数行和偶数行单独求和。

例如,求 A 列第 1 行至第 1000 行中的奇数行之和,可以利用公式:

```
= SUMPRODUCT((A1:A1000) * MOD(ROW(A1:A1000),2))
```

求这些行中的偶数行之和,可以利用公式:

```
= SUMPRODUCT((A1:A1000) * NOT(MOD(ROW(A1:A1000),2)))
```

16. 用函数来获取单元格地址

在复杂的计算中,往往要获取单元格的地址,可以用函数＝ADDRESS(ROW(),COLUMN())获取当前单元格的地址。

17. 求一列中某个特定的值对应的另外列的最大或最小值

例如:在 A1:A10 中有若干台计算机、打印机、传真机等物品的名称,在 B1:B10 中有上述设备对应的价格,求“计算机”对应的最低价格。

此时,可以输入公式“＝min(if(a1:a10＝"计算机",b1:b10))”,然后按 Ctrl＋Shift＋Enter 键完成。

18. 自动记录数据录入时间

利用 VBA 实现,首先建立一个 Time.xls 文档,然后输入以下 VBA 代码:

```
Private Sub Worksheet_Change(ByVal Target As Range)
If Target.Column <> 1 Then
 Exit Sub
Else
 Target.Offset(0, 1) = Now
End If
End Sub
```

19. 如果一个单元格中既有数字又有字母,提取其中的数字

```
Function getnumber(rng As String) As String
Dim mylen As Integer
Dim mystr As String
mylen = Len(rng)
For I = 1 To mylen
mystr = Mid(rng, I, 1)
If Asc(mystr) >= 48 And Asc(mystr) <= 57 Then
getnumber = getnumber & mystr
End If
Next I
End Function
```

20. 计算单元格数值中的最大数字

用户平时都是对不同单元格之间的数字进行计算，但是在一个单元格内部，各数字之间又有什么关系呢？例如A1中的数字为389732，试找出其中最大的数字9。

此时可以利用下列数组公式实现：

```
{=MAX(MID(A1,ROW(INDIRECT("1:"&LEN(A1))),1)*1)}
```

首先输入"=MAX(MID(A1,ROW(INDIRECT("1:"&LEN(A1))),1)*1)"，然后按Ctrl+Shift+Enter键。

21. 计算单元格数值中的数字之和

利用下面的公式：

```
=SUMPRODUCT(MID(A1,ROW(INDIRECT("1:"&LEN(A1))),1)*1)
```

22. EXCEL数组公式中ROW函数的用法

在EXCEL的数组公式中，ROW()是一个非常有用的函数，现举例说明。

返回一列中最后一个数值：

```
{=INDEX(A:A,MAX(ROW(A1:A100)*(A1:A100<>"")))}
```

在这个公式中用ROW函数返回A1:A100<>""，即A1到A100中不为空的单元格，它是一组数据，然后用MAX确定最大的一个行号，即最后一格不为空的单元格，再用INDEX返回A1到A100中A列最大行号的数据。

返回一行中最后一个数值：

```
{=INDEX(1:1,MAX(COLUMN(1:1)*(1:1<>"")))}
```

返回A列100行中最后一个有数值的行号：

```
{=MAX(IF(A1:A100<>"",ROW(A1:A100),""))}
```

技巧11 数组的应用

数组就是单元的集合或者一组处理的值集合，可以写一个数组公式，即输入一个单个的公式，它执行多个输入的操作并产生多个结果，每个结果显示在一个单元中。数组公式可以看成是有多重数值的公式，与单值公式的不同之处在于它可以产生一个以上的结果。一个数组公式可以占用一个或多个单元，数组的元素可多达6500个。

下面以图7-44为例进行说明。

图7-44是原始数据，"A"列中的数据为销售量，"B"列中的数据是销售单价，要求计算出总的销售金额，一般的做法是计算出每种产品的销售额，然后再计算出总的销售额。但是如果改用数组，就可以只输入一个公式来完成这些运算。

首先选择要存入总销售额的单元格，在本例中选择"C11"单元格。然后输入公式

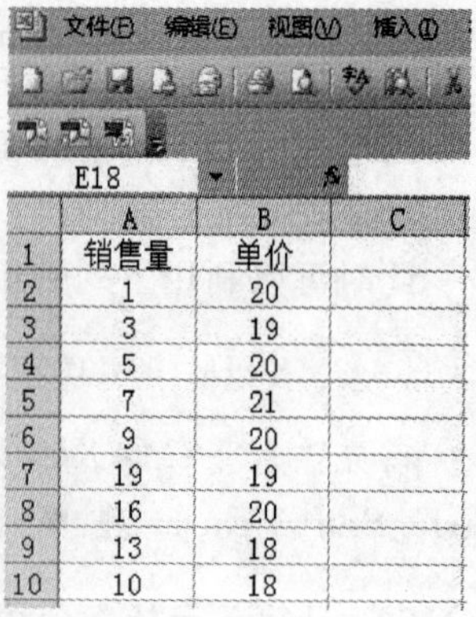
文件(F) 编辑(E) 视图(V) 插入(I)
E18
A B C
1 销售量 单价
2 1 20
3 3 19
4 5 20
5 7 21
6 9 20
7 19 19
8 16 20
9 13 18
10 10 18

图 7-44　原始数据

“＝SUM(A2:A10＊B2:B10)”，如图 7-45 所示。输入后不要按下 Enter 键(输入公式的方法和输入普通的公式一样)，按下 Shift＋Ctrl＋Enter 键，总销售额就会显示在 C11 单元格中，如图 7-46 所示。

在单元格“C”中的公式“＝SUM(A2:A10＊B2:B10)”，表示“A2:A10”范围内的每一个单元格和“B2:B10”内相对应的单元格相乘，也就是把销售量和销售单价相乘，相乘的结果共有 9 个数字，每个数字代表一个销售额，而“SUM”函数将这些销售额相加，就得到了总的销售额。

在 Excel 中，数组公式的显示是用大括号对“{}”来括住以区分普通 Excel 公式，如图 7-46 的上端显示{＝SUM(A2:A10＊B2:B10)}。

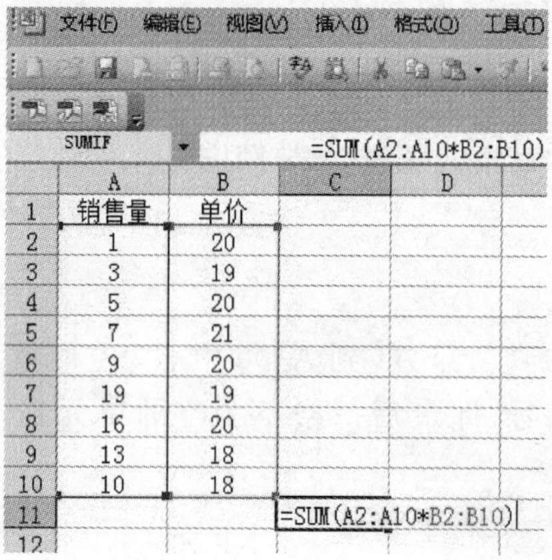
文件(F) 编辑(E) 视图(V) 插入(I) 格式(O) 工具(T)
SUMIF
=SUM(A2:A10*B2:B10)
A B C D
1 销售量 单价
2 1 20
3 3 19
4 5 20
5 7 21
6 9 20
7 19 19
8 16 20
9 13 18
10 10 18
11 =SUM(A2:A10*B2:B10)
12

图 7-45　数组计算

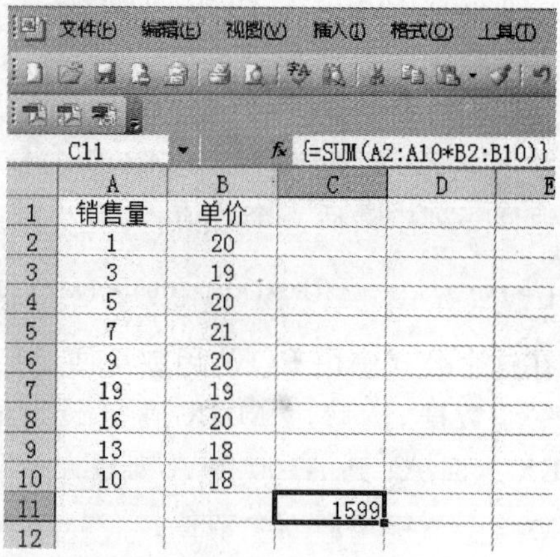
文件(F) 编辑(E) 视图(V) 插入(I) 格式(O) 工具(T)
C11
{=SUM(A2:A10*B2:B10)}
A B C D E
1 销售量 单价
2 1 20
3 3 19
4 5 20
5 7 21
6 9 20
7 19 19
8 16 20
9 13 18
10 10 18
11 1599
12

图 7-46　数组计算结果

常数数组可以是一维的，也可以是二维的。

一维数组可以是垂直的，也可以是水平的。在一维水平数组中，元素用逗号分开，例如数组{10,20,30,40,50}。在一维垂直数组中，元素用分号分开，例如数组{100;200;300;400;500;600}。

对于二维数组，用逗号将一行内的元素分开，用分号将各行分开。

例如“4×4”的数组(由 4 行 4 列组成)：

```
{100,200,300,400;110, …… ;130,230,330,440}
```

注意：不可以在数组公式中使用列出常数的方法列出单元引用、名称或公式。例如{2＊3,3＊3,4＊3}，由于列出了多个公式，是不可用的。{A1,B1,C1}由于列出了多个引用，也是不可用的，不过可以使用一个区域，例如{A1:C1}。

对于数组常量的内容，可由下列规则构成：

- 数组常量可以是数字、文字、逻辑值或错误值。
- 数组常量中的数字，也可以使用整数、小数或科学记数格式。
- 文字必须用双引号括住。

- 同一个数组常量中可以含有不同类型的值。
- 数组常量中的值必须是常量，不可以是公式。
- 数组常量不能含有货币符号、括号或百分比符号。
- 所输入的数组常量不得含有不同长度的行或列。

技巧12 自定义函数

Excel函数虽然丰富，但并不能满足用户的所有需要，此时可以自定义一个函数来完成一些特定的运算，例如自定义一个计算梯形面积的函数。

(1) 选择“工具”|“宏”|“Visual Basic编辑器”命令(或按Alt+F11键)，打开Visual Basic编辑窗口，如图7-47所示。

图7-47 Visual Basic编辑窗口

(2) 在窗口中，选择“插入”|“模块”命令，插入一个新的模块，如图7-48所示。

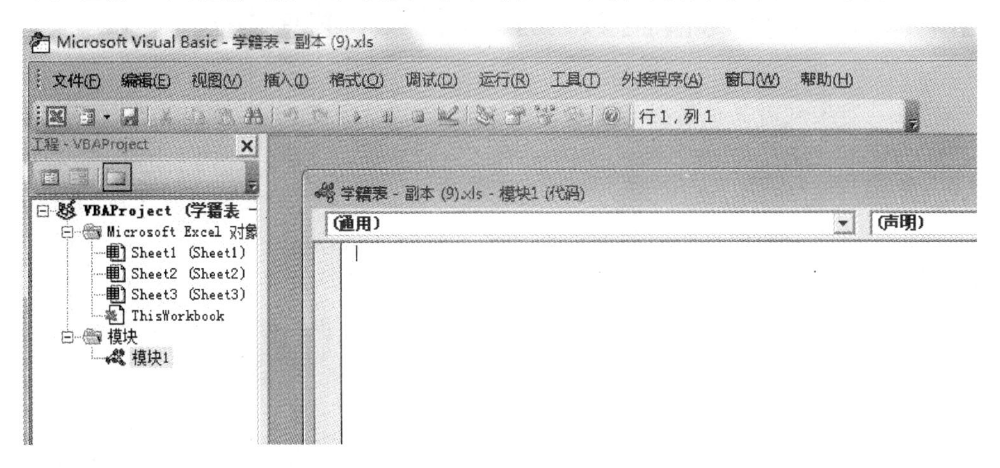

图7-48 新模块

(3) 在右边的代码窗口中输入以下代码：

```
Function sjxmj(di, gao)
```

```
sjxmj = di * gao / 2
End Function
```

如图 7-49 所示。

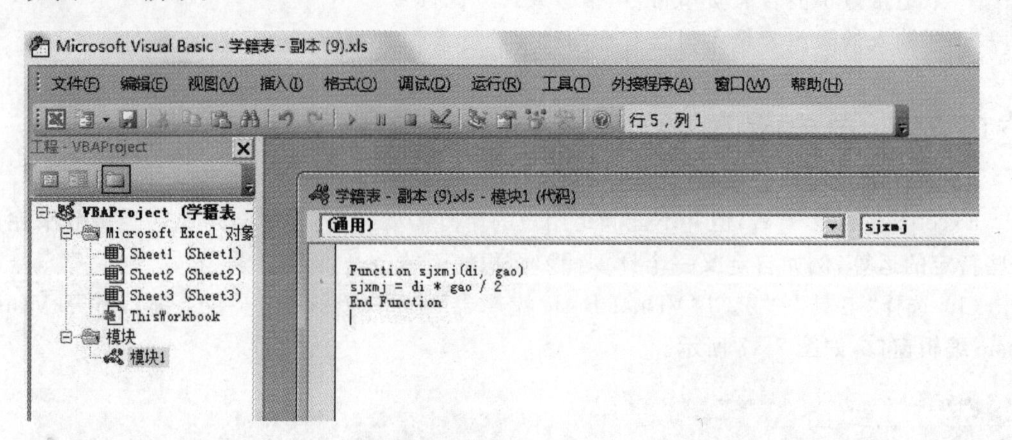

图 7-49 输入代码

这段代码非常简单，只有三行。先看第一行，sjxmj 是用户自己取的函数名，括号中的是其参数，也就是变量，di 表示“底边长”，gao 表示“高”，两个参数用逗号隔开。

然后看第二行，这是计算过程，将 di * gao/2 公式赋值给 sjxmj，即自定义函数的名称。

再看第三行，它是与第一行成对出现的，当用户手工输入第一行的时候，第三行的 end function 就会自动出现，表示自定义函数结束。

(4) 关闭窗口，自定义函数完成。

以后，用户就可以像使用内置函数一样使用自定义函数“＝sjxmj(X，Y)”。其中，X、Y 分别是单元格。

技巧 13 内部平均值函数 TRIMMEAN 的妙用

有时，在比赛中或者其他情况下需要计算平均分，这个平均分是去掉最高分、最低分之后的平均分。

首先用 Excel 将所打分数逐一输入，并且在打出的多个分数中去掉一定比例的最高分、最低分，再求出剩余分数的平均分作为最终结果。常规的做法是：对每个人所得分数分别排序，按比例删除最高分、最低分，再求出剩余分数的平均分。这种方法对于需要大量计算平均值的情况来说不太适合，此时使用 TRIMMEAN 函数一步即可实现。

在此以图 7-50 为例进行说明，现有 20 个人的成绩单，要计算各科成绩的平均值，但要去除 10％的最高分、10％的最低分。

用户只需在 C22 单元格中输入“＝TRIMMEAN(C2：C21，0.2)”，按 Enter 键得到 77.9375，即去掉两个最高分、两个最低分得到平均值。至于其他平均值，只需使用自动填充柄拖动就可以了，如图 7-51 所示。

注意：0.2 表示最高分、最低分各去掉 10％，共去掉 20％。

	A	B	C	D	E	F
1	姓名	学号	数学成绩	语文成绩	英语成绩	政治成绩
2	张启	1	69	83	90	65
3	王岩	3	72	90	80	75
4	李岩	5	75	85	92	80
5	于燕	7	57	78	57	78
6	于海	9	88	71	88	71
7	董志	19	83	78	83	78
8	李本	16	90	99	90	99
9	张刚	13	85	92	85	92
10	高丹	10	78	60	78	60
11	刘心	11	71	70	71	70
12	赵里	2	78	65	78	65
13	王鹏	4	81	78	81	78
14	俊峰	6	99	99	99	99
15	李禾	8	92	92	92	92
16	李里	15	60	60	60	60
17	刘健	12	70	78	70	78
18	刘碰	14	65	99	65	99
19	李艳	17	80	92	80	92
20	刘娟	18	100	60	100	60
21	刘健	12	70	78	70	78

图 7-50 原数据表

	A	B	C	D	E	F
1	姓名	学号	数学成绩	语文成绩	英语成绩	政治成绩
2	张启	1	69	83	90	65
3	王岩	3	72	90	80	75
4	李岩	5	75	85	92	80
5	于燕	7	57	78	57	78
6	于海	9	88	71	88	71
7	董志	19	83	78	83	78
8	李本	16	90	99	90	99
9	张刚	13	85	92	85	92
10	高丹	10	78	60	78	60
11	刘心	11	71	70	71	70
12	赵里	2	78	65	78	65
13	王鹏	4	81	78	81	78
14	俊峰	6	99	99	99	99
15	李禾	8	92	92	92	92
16	李里	15	60	60	60	60
17	刘健	12	70	78	70	78
18	刘碰	14	65	99	65	99
19	李艳	17	80	92	80	92
20	刘娟	18	100	60	100	60
21	刘健	12	70	78	70	78
22			77.9375	80.5625	80.8125	78.1875

图 7-51 平均值

技巧 14 智能成绩录入单

一种智能成绩录入单如图 7-52 所示，即用户输入成绩，系统自动添加等级。

智能成绩录入单具有三大特点：

(1) 在“成绩”列输入成绩后，在“等级”列能智能地显示出相应的“等级”，如果“等级”为“不及格”，还会用红色字体提醒。

(2) 在“成绩”列中误输入文字或者输入的成绩数值不符合具体要求时(100 分制，数值大于 100 或者小于 0 时都是错误的)，在“等级”列会显示提示信息“分数输入错误”。

	A	B	C	D	E	F	G
1	姓名	学号	年龄	数学成绩	等级	语文成绩	等级
2	张启	1	20	69	及格	83	良好
3	王岩	3	19	72	及格	90	优秀
4	李岩	5	20	75	及格	85	良好
5	于燕	7	21	57	不及格	78	及格
6	于海	9	20	-88	分数输入错误	71	及格
7	董志	19	19	83	良好	78	及格
8	李本	16	20	90	优秀	99	优秀
9	张刚	13	18	85	良好	92	优秀
10	高丹	10	18			60	及格
11	刘心	11	19	71	及格	70	及格
12	赵里	2	20	78	及格	65	及格
13	王鹏	4	21	81	良好	78	及格
14	俊峰	6	20	99	优秀	99	优秀
15	李禾	8	19	92	优秀	92	优秀
16	李里	15	20	60	及格	60	及格
17	刘健	12	21	170	分数输入错误	78	及格
18	刘碰	14	20	65	及格	99	优秀
19	李艳	17	19	80	良好	92	优秀
20	刘娟	18	20	100	优秀	60	及格

图 7-52 智能成绩录入单

(3) 当某位学生因病或因事缺考，"成绩"列中的分数为空时，相应的"等级"也为空，不会出现因为学生缺考而导致"等级"是"不及格"的现象。

下面详细介绍制作过程。图 7-53 所示为原始成绩单。

	A	B	C	D	E	F	G
1	姓名	学号	年龄	数学成绩	等级	语文成绩	等级
2	张启	1	20	69		83	
3	王岩	3	19	72		90	
4	李岩	5	20	75		85	
5	于燕	7	21	57		78	
6	于海	9	20	-88		71	
7	董志	19	19	83		78	
8	李本	16	20	90		99	
9	张刚	13	18	85		92	
10	高丹	10	18			60	
11	刘心	11	19	71		70	
12	赵里	2	20	78		65	
13	王鹏	4	21	81		78	
14	俊峰	6	20	99		99	
15	李禾	8	19	92		92	
16	李里	15	20	60		60	
17	刘健	12	21	170		78	
18	刘碰	14	20	65		99	
19	李艳	17	19	80		92	
20	刘娟	18	20	100		60	

图 7-53 原始成绩单

100 分制的要求：

成绩≥90：优秀

90＞成绩≥80：良好

80＞成绩≥60：及格

60＞成绩：不及格

成绩＞100 或者 0＞成绩 0：分数输入错误

首先在 E2 列输入一个判断语句：

```
=IF(ISTEXT(D2),"分数输入错误",IF(OR(D2<0,D2>100),"分数输入错误",IF(D2>=90,"优秀",
IF(D2>=80,"良好",IF(D2>=60,"及格",IF(ISNUMBER(D2),"不及格",IF(ISBLANK(D2)," ",)))))))
```

如图 7-54 所示，按 Enter 键得到如图 7-55 所示的结果。

ROUND =IF(ISTEXT(D2),"分数输入错误",IF(OR(D2<0,D2>100),"分数输入错误"……不及格",IF(ISBLANK(D2)," ",)))))))

	A	B					
1	姓名	学号	年龄	数学成绩	等级	语文成绩	等级
2	=IF(ISTEXT(D2),"分数输入错误",IF(OR(D2<0,D2>100),"分数输入错误",IF(D2>=90,"优秀						
3	",IF(D2>=80,"良好",IF(D2>=60,"及格",IF(ISNUMBER(D2),"不及格",IF(ISBLANK(D2)," ",						
4	)))))))						
5	于燕	7	21	57		78	
6	于海	9	20	-88		71	
7	董志	19	19	83		78	
8	李本	16	20	90		99	
9	张刚	13	18	85		92	
10	高丹	10	18			60	
11	刘心	11	19	71		70	
12	赵里	2	20	78		65	
13	王鹏	4	21	81		78	
14	俊峰	6	20	99		99	
15	李禾	8	19	92		92	
16	李里	15	20	60		60	
17	刘健	12	21	170		78	
18	刘础	14	20	65		99	
19	李艳	17	19	80		92	
20	刘娟	18	20	100		60	

图 7-54 输入判断语句

	A	B	C	D	E	F	G
1	姓名	学号	年龄	数学成绩	等级	语文成绩	等级
2	张启	1	20	69	及格	83	
3	王岩	3	19	72		90	
4	李岩	5	20	75		85	
5	于燕	7	21	57		78	
6	于海	9	20	-88		71	
7	董志	19	19	83		78	
8	李本	16	20	90		99	
9	张刚	13	18	85		92	
10	高丹	10	18			60	
11	刘心	11	19	71		70	
12	赵里	2	20	78		65	
13	王鹏	4	21	81		78	
14	俊峰	6	20	99		99	
15	李禾	8	19	92		92	
16	李里	15	20	60		60	
17	刘健	12	21	170		78	
18	刘础	14	20	65		99	
19	李艳	17	19	80		92	
20	刘娟	18	20	100		60	

图 7-55 判断语句结果

然后运用自动填充功能，将 E 列填满，得到如图 7-56 所示的结果。再复制 E2，粘贴到 G2，并自动填充，得到如图 7-57 所示的结果。

最后选中 D、E、F、G 列，按照第 6 章“技巧 13”的方法设置条件格式，如图 7-58 所示，确定后得到如图 7-52 所示的结果。

说明：这里应用了 IF 函数的嵌套，如果第一个逻辑判断表达式“ISTEXT(D2)”为真，在 E2 中会显示“分数输入错误”，如果为假，则执行第二个 IF 语句；如果第二个 IF 语句中的逻辑表达式“OR(D2<0,D2>100)”为真，在 C2 中会显示“分数输入错误”，如果为假，则

	A	B	C	D	E	F	G
1	姓名	学号	年龄	数学成绩	等级	语文成绩	等级
2	张启	1	20	69	及格	83	
3	王岩	3	19	72	及格	90	
4	李岩	5	20	75	及格	85	
5	于燕	7	21	57	不及格	78	
6	于海	9	20	-88	分数输入错误	71	
7	董志	19	19	83	良好	78	
8	李本	16	20	90	优秀	99	
9	张刚	13	18	85	良好	92	
10	高丹	10	18			60	
11	刘心	11	19	71	及格	70	
12	赵里	2	20	78	及格	65	
13	王鹏	4	21	81	良好	78	
14	俊峰	6	20	99	优秀	99	
15	李禾	8	19	92	优秀	92	
16	李里	15	20	60	及格	60	
17	刘健	12	21	170	分数输入错误	78	
18	刘碰	14	20	65	及格	99	
19	李艳	17	19	80	良好	92	
20	刘娟	18	20	100	优秀	60	
21							

图 7-56 自动填充结果

	A	B	C	D	E	F	G	H
1	姓名	学号	年龄	数学成绩	等级	语文成绩	等级	
2	张启	1	20	69	及格	83	良好	
3	王岩	3	19	72	及格	90	优秀	
4	李岩	5	20	75	及格	85	良好	
5	于燕	7	21	57	不及格	78	及格	
6	于海	9	20	-88	分数输入错误	71	及格	
7	董志	19	19	83	良好	78	及格	
8	李本	16	20	90	优秀	99	优秀	
9	张刚	13	18	85	良好	92	优秀	
10	高丹	10	18			60	及格	
11	刘心	11	19	71	及格	70	及格	
12	赵里	2	20	78	及格	65	及格	
13	王鹏	4	21	81	良好	78	及格	
14	俊峰	6	20	99	优秀	99	优秀	
15	李禾	8	19	92	优秀	92	优秀	
16	李里	15	20	60	及格	60	及格	
17	刘健	12	21	170	分数输入错误	78	及格	
18	刘碰	14	20	65	及格	99	优秀	
19	李艳	17	19	80	良好	92	优秀	
20	刘娟	18	20	100	优秀	60	及格	

图 7-57 全部成绩的结果

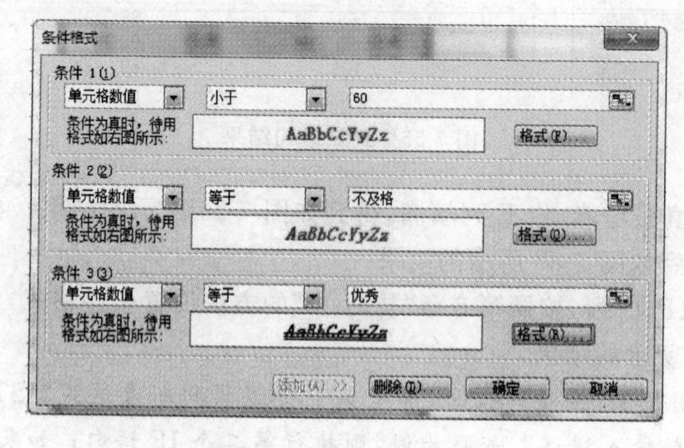

图 7-58 设置条件格式

执行第三个IF语句中的逻辑表达式，以此类推，直至结束。整个IF语句的意思是，当用户在D2单元格中输入的内容是文字时，在E3单元格中会显示“分数输入错误”；当用户输入的数值比0小或者比100大时，也显示“分数输入错误”，当B2的数值大于或等于85时显示“优秀”，当D2的数值大于或等于75时显示“良好”，当D2的数值大于或等于60时显示“及格”，如果是其他数值则显示“不及格”，如果B2单元格内容为空，那么E2也为空。

技巧15 使用模板制作抽奖系统

Excel提供了很多模板，其中就含有抽奖系统。

选择“文件”|“新建”命令，打开“新建工作簿”任务窗格，如图7-59所示，然后单击“本机上的模板”，打开“模板”对话框，如图7-60所示。

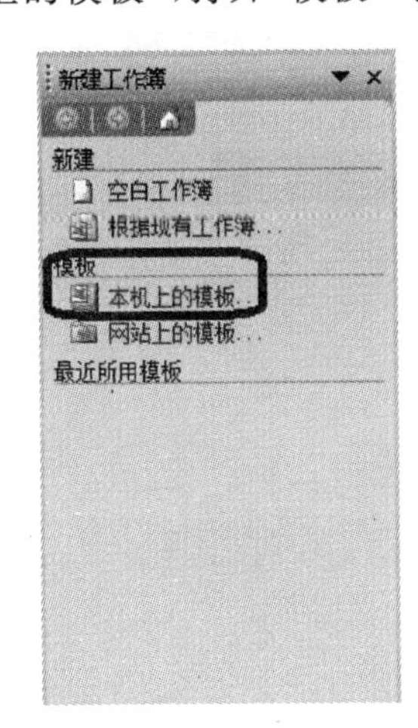

图7-59 “新建工作簿”任务窗格

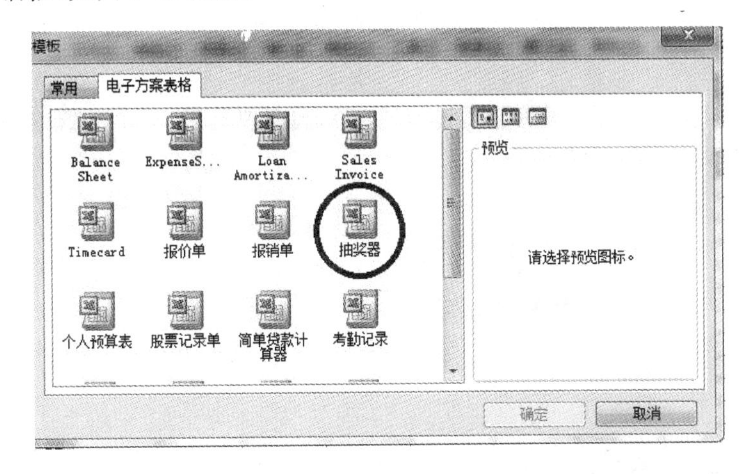

图7-60 选择模板

切换到“电子方案表格”选项卡下，选择“抽奖器”选项，单击“确定”按钮得到如图7-61所示的结果。

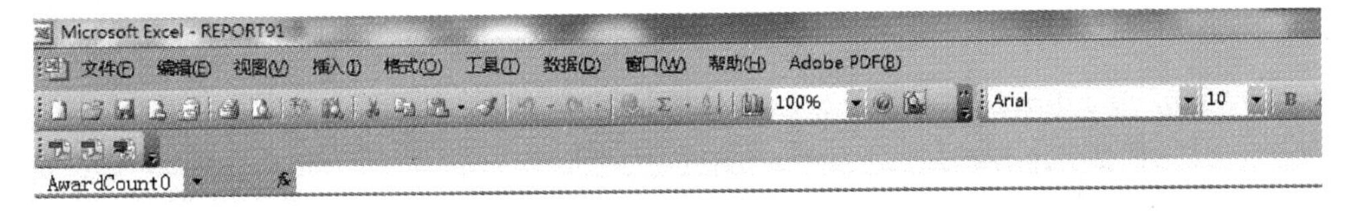

图7-61 加载的模板

在新建的抽奖工作簿中，切换到“候选名单”工作表中，如图 7-62 所示，将参加抽奖的员工名单输入其中(也可以从以前输入的文档中直接复制、粘贴过来)。

注意：每行输入一个名单，不能有空行。

图 7-62　候选名单

再切换到“设置”工作表中，设置“奖项设置”、“抽奖顺序”、“抽奖方法”等，如图 7-63 所示。设置完成后，单击“设置完成”按钮，系统自动切换到“抽奖”工作表中，如图 7-64 所示。

奖项设置		
特等奖	1	名
一等奖	2	名
二等奖	3	名
三等奖	5	名
四等奖	9	名
五等奖		名
总计	20	名

抽奖顺序
先小奖，后大奖
先大奖，后小奖

抽奖方法
每次抽取 一组 获奖者
每次抽取 0 名获奖者

重新设置　设置完成

图 7-63　设置奖项

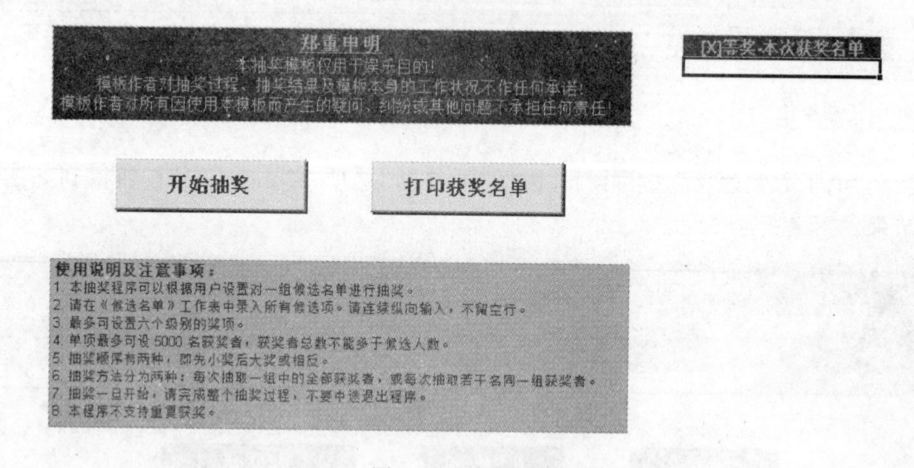

图 7-64　抽奖界面

单击“开始抽奖”按钮，此时“开始抽奖”按钮变为“停止”按钮，如图 7-65 所示，单击“停止”按钮，可以得到如图 7-66 所示的四等奖获奖名单。

单击“继续抽奖”按钮，产生三等奖，然后重复这一过程，直到抽奖结束，如图 7-67 所示。用户可以打印获奖名单，也可以查看抽奖结果，切换到“抽奖结果”工作表中，可以查看各奖级的抽奖结果，如图 7-68 所示。

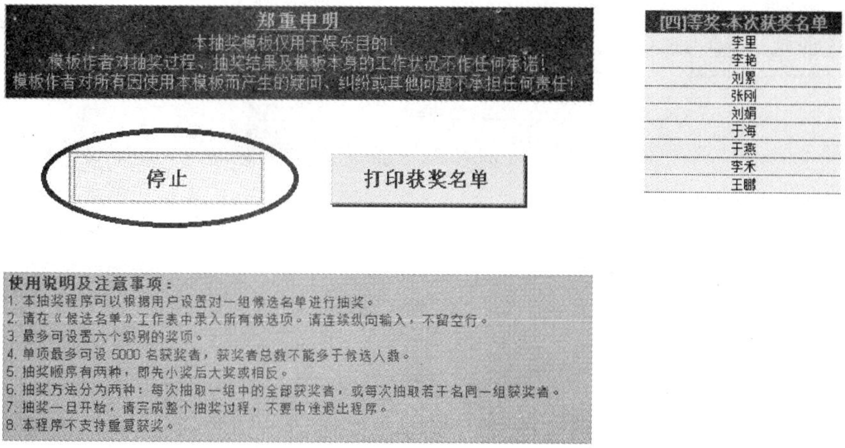

郑重申明
本抽奖模板仅用于娱乐目的！
模板作者对抽奖过程、抽奖结果及模板本身的工作状况不作任何承诺！
模板作者对所有因使用本模板而产生的疑问、纠纷或其他问题不承担任何责任！

停止　　打印获奖名单

[四]等奖-本次获奖名单
李里
李艳
刘累
张刚
刘娟
于海
于燕
李禾
王鹏

使用说明及注意事项：
1. 本抽奖程序可以根据用户设置对一组候选名单进行抽奖。
2. 请在《候选名单》工作表中录入所有候选项。请连续纵向输入，不留空行。
3. 最多可设置六个级别的奖项。
4. 单项最多可设 5000 名获奖者，获奖者总数不能多于候选人数。
5. 抽奖顺序有两种，即先小奖后大奖或相反。
6. 抽奖方法分为两种：每次抽取一组中的全部获奖者，或每次抽取若干名同一组获奖者。
7. 抽奖一旦开始，请完成整个抽奖过程，不要中途退出程序。
8. 本程序不支持重复获奖。

图 7-65　“开始抽奖”按钮变为“停止”按钮

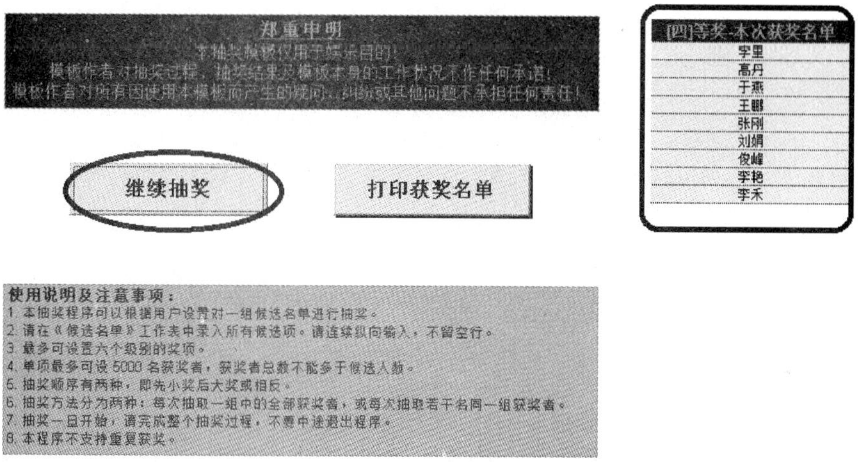

郑重申明
本抽奖模板仅用于娱乐目的！
模板作者对抽奖过程、抽奖结果及模板本身的工作状况不作任何承诺！
模板作者对所有因使用本模板而产生的疑问、纠纷或其他问题不承担任何责任！

继续抽奖　　打印获奖名单

[四]等奖-本次获奖名单
李里
高丹
于燕
王鹏
张刚
刘娟
俊峰
李艳
李禾

使用说明及注意事项：
1. 本抽奖程序可以根据用户设置对一组候选名单进行抽奖。
2. 请在《候选名单》工作表中录入所有候选项。请连续纵向输入，不留空行。
3. 最多可设置六个级别的奖项。
4. 单项最多可设 5000 名获奖者，获奖者总数不能多于候选人数。
5. 抽奖顺序有两种，即先小奖后大奖或相反。
6. 抽奖方法分为两种：每次抽取一组中的全部获奖者，或每次抽取若干名同一组获奖者。
7. 抽奖一旦开始，请完成整个抽奖过程，不要中途退出程序。
8. 本程序不支持重复获奖。

图 7-66　四等奖获奖名单

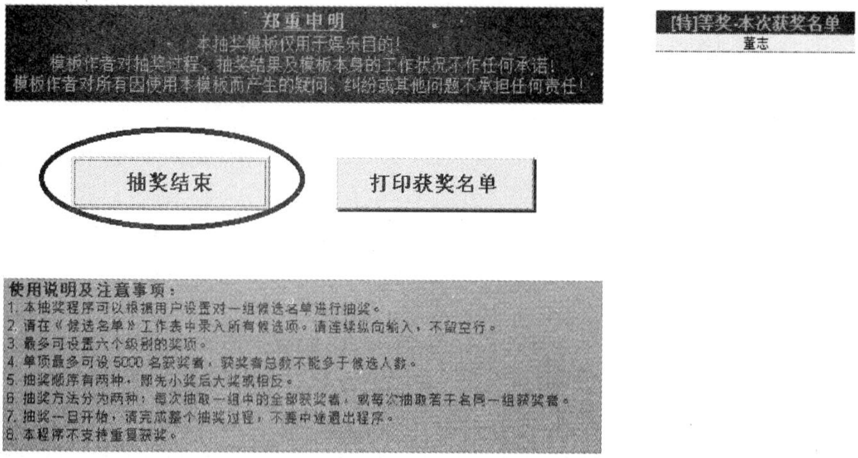

郑重申明
本抽奖模板仅用于娱乐目的！
模板作者对抽奖过程、抽奖结果及模板本身的工作状况不作任何承诺！
模板作者对所有因使用本模板而产生的疑问、纠纷或其他问题不承担任何责任！

抽奖结束　　打印获奖名单

[特]等奖-本次获奖名单
董志

使用说明及注意事项：
1. 本抽奖程序可以根据用户设置对一组候选名单进行抽奖。
2. 请在《候选名单》工作表中录入所有候选项。请连续纵向输入，不留空行。
3. 最多可设置六个级别的奖项。
4. 单项最多可设 5000 名获奖者，获奖者总数不能多于候选人数。
5. 抽奖顺序有两种，即先小奖后大奖或相反。
6. 抽奖方法分为两种：每次抽取一组中的全部获奖者，或每次抽取若干名同一组获奖者。
7. 抽奖一旦开始，请完成整个抽奖过程，不要中途退出程序。
8. 本程序不支持重复获奖。

图 7-67　抽奖结束

特等奖	一等奖	二等奖	三等奖	四等奖
董志	赵里	李岩	刘累	李里
	李本	刘健	刘心	高丹
		王岩	刘碰	于燕
			张启	王鹏
			于海	张刚
				刘娟
				俊峰
				李艳
				李禾

图 7-68 抽奖结果

第四篇 PowerPoint 操作技巧精选

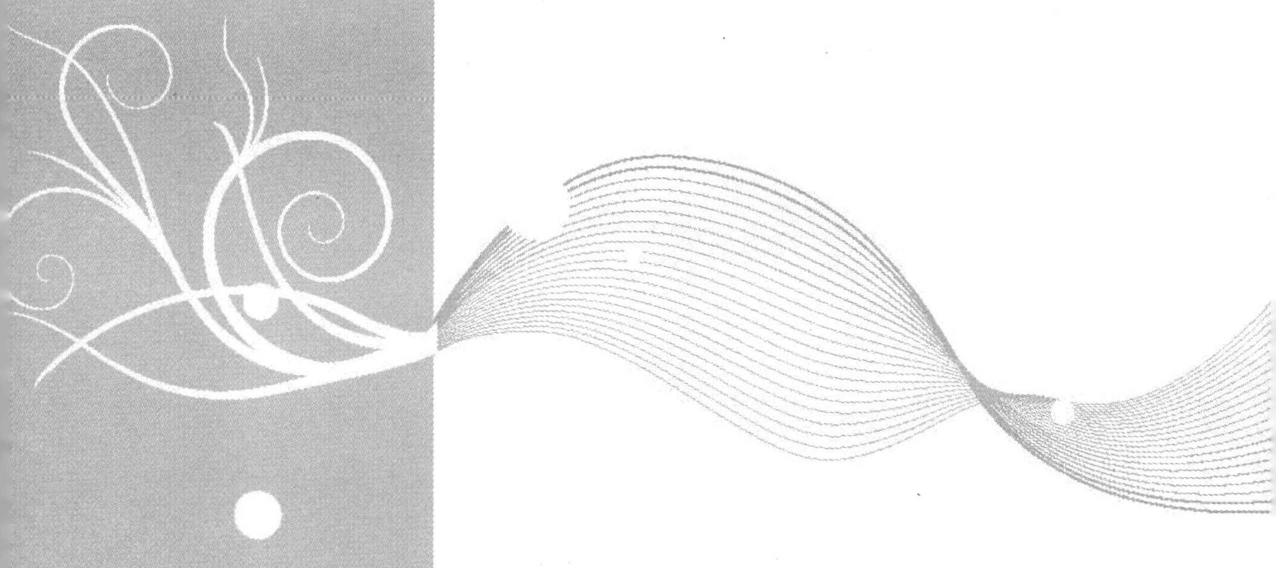

- 第 8 章　PowerPoint 操作基本技巧精选
- 第 9 章　PowerPoint 静态效果技巧精选
- 第 10 章　PowerPoint 动画设置技巧精选

第8章 PowerPoint操作基本技巧精选

PowerPoint 简称 PPT，它是微软公司设计的演示文稿软件。用户不仅可以在投影仪或者计算机上对演示文稿进行演示，还可以将演示文稿打印出来，制作成胶片，以便应用到更广泛的领域中。用户利用 PowerPoint 不仅可以创建演示文稿，还可以在互联网上召开面对面会议、远程会议或在网上给观众展示演示文稿。

本章将总结一些常用的、实用的 PowerPoint 操作基本技巧。

技巧1 常用的快捷键

1. 放映时的快捷键

PowerPoint 在全屏方式下进行演示时，可以使用以下快捷键来控制幻灯片的放映。

1) 常用

N、Enter、Page Down、右箭头(→)、下箭头(↓)或空格键：执行下一个动画或换页到下一张幻灯片。

P、Page Up、左箭头(←)，上箭头(↑)或 Backspace：执行上一个动画或返回到上一个幻灯片。

B 或句号：黑屏或从黑屏返回幻灯片放映。

W 或逗号：白屏或从白屏返回幻灯片放映。

数字＋Enter：链接到第“数字”张幻灯片上，要先输入数字(如 34)，再按 Enter 键。

Esc：退出幻灯片放映。

Home：至首页。

End：至末页。

2) 不常用但实用

E：擦除屏幕上的注释。

H：到下一张隐藏幻灯片。

T：排练时设置新的时间。

O：排练时使用原设置时间。

M：排练时单击切换到下一张幻灯片。

Ctrl＋P：重新显示隐藏的指针或将指针改变成绘图笔。

Ctrl＋A：重新显示隐藏的指针和将指针改变成箭头。

Ctrl＋H：立即隐藏指针和按钮。

Ctrl＋U：在15秒内隐藏指针和按钮。

Shift＋F10(相当于右击)：显示右键快捷菜单。

Tab：转到幻灯片上的第一个或下一个超链接。

Shift＋Tab：转到幻灯片上的最后一个或上一个超链接。

2. 编辑时的快捷键

Ctrl＋T：在句子、小写或大写之间更改字符格式。

Shift＋F3：更改字母大小写。

Ctrl＋B：应用粗体格式。

Ctrl＋U：应用下划线。

Ctrl＋L：应用斜体格式。

Ctrl＋等号：应用下标格式(自动调整间距)。

Ctrl＋Shift＋加号：应用上标格式(自动调整间距)。

Ctrl＋空格键：删除手动字符格式，如下标和上标。

Ctrl＋Shift＋C：复制文本格式。

Ctrl＋Shift＋V：粘贴文本格式。

Ctrl＋E：居中对齐段落。

Ctrl＋J：使段落两端对齐。

Ctrl＋L：使段落左对齐。

Ctrl＋R：使段落右对齐。

Ctrl＋]：放大文字。

Ctrl＋[：缩小文字。

技巧2 播放时的技巧

1. 放映幻灯片时取消单击鼠标切换

选择“幻灯片放映”|“幻灯片切换”命令，打开“幻灯片切换”任务窗格，如图8-1所示，取消选中“单击鼠标时”复选框，即可取消单击鼠标切换。

2. 放映幻灯片时取消右键菜单

选择“工具”|“选项”命令，打开“选项”对话框。然后选择“视图”选项卡，取消选中“右键单击快捷菜单”复选框即可，如图8-2所示。

3. 放映幻灯片时快速定位某张幻灯片

按下相应数字键，再按下Enter键。例如5＋Enter、35＋Enter。

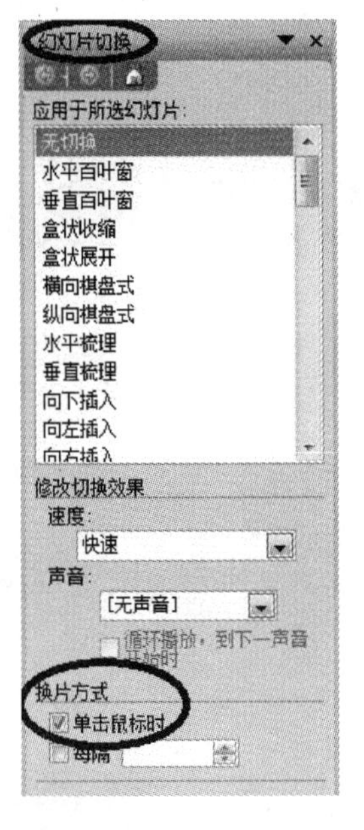

图 8-1 幻灯片切换设置

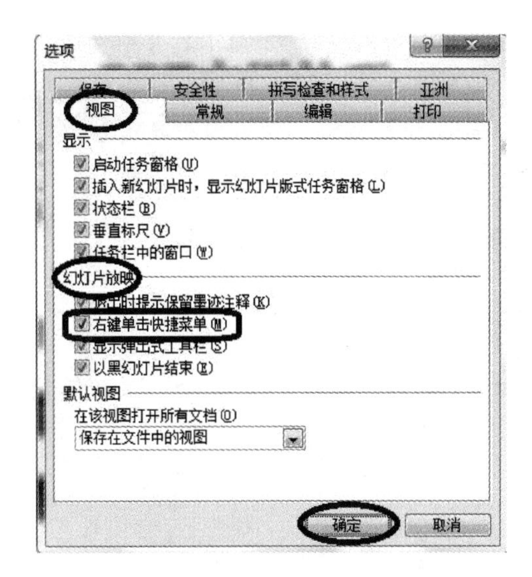

图 8-2 选项设置

4. 放映幻灯片时快速回到第一张

按照上述方法，可以按下数字键 1，再按下 Enter 键。

用户也可以同时按下鼠标左、右键并停留两秒钟以上，得到同样的效果。

5. 放映幻灯片时用画笔做标记

放映幻灯片时，右击选择“指针选项”，其中有几种画笔可以选择，如图 8-3 所示。选择任意一种后，就可以在放映过程中使用。

图 8-3 指针选项

6. 放映幻灯片时不让鼠标出现

在图 8-3 中,"箭头选项"菜单中有 3 个选项。

- 自动(默认选项):代表鼠标停止移动 3 秒后自动隐藏鼠标指针。
- 可见:指鼠标指针一直出现在屏幕上。
- 永远隐藏:指鼠标指针不出现在屏幕上。

7. 放映幻灯片时进行窗口的切换

在放映幻灯片时,有时候需要切换到其他应用程序,而用户又不想退出全屏模式,此时可以使用快捷键解决。

按 Alt+Tab 键切换任务(Windows 系统的快捷键),如图 8-4 所示。或者按 Windows 键,进行其他窗口的选择。

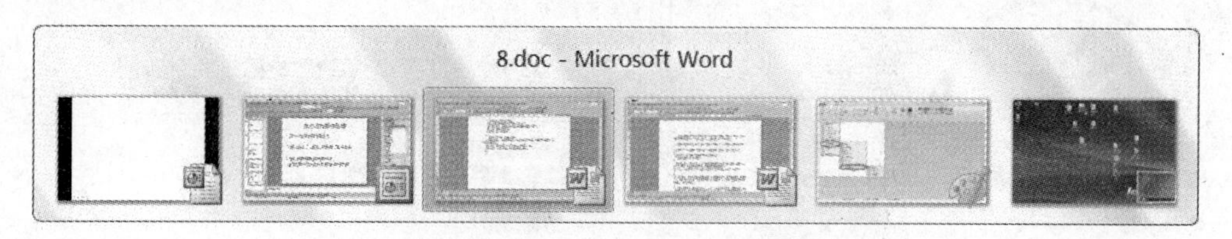

图 8-4 按 Alt+Tab 键切换任务

技巧 3 将幻灯片发送到 Word 文档

有时候,用户需要将幻灯片的内容发送到 Word 文档。

选择"文件"|"发送"|Microsoft Office Word 命令,打开如图 8-5 所示的对话框,其中有 5 种版式可以选择,这里选择默认的第 1 种,在下端选中"粘贴"单选按钮,确定得到如图 8-6 所示的结果。此时,在每页 Word 中大约有 3 张 PPT,用户可以在幻灯片的右侧写上备注等信息。

图 8-5 发送到 Word

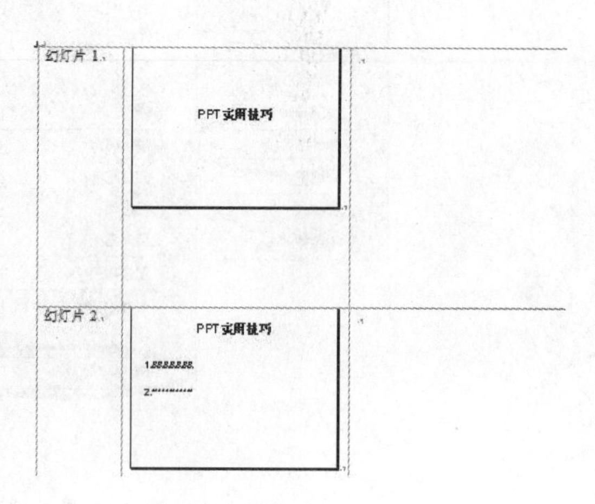

图 8-6 Word 的结果

如果选中“粘贴链接”单选按钮，那么在 PowerPoint 中编辑文件时，它们也会在 Word 文档中自动更新。例如在 PPT 中对第 1 页进行修改，如图 8-7 所示，其在 Word 中也会自动更新，如图 8-8 所示。

计算机应用技术-技巧教程

单击此处添加副标题

图 8-7 在 PPT 中进行修改

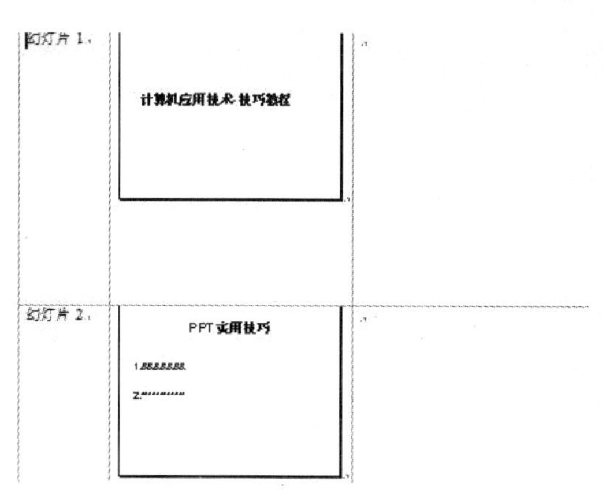

图 8-8 在 Word 中自动更新

技巧 4 将幻灯片变成可执行文件自动播放

. ppt 是 PowerPoint 默认的格式，编辑好的文档都是以这种格式进行存储的。其实，. pps 也是 PowerPoint 的格式，而且是一个自动执行文件。

将编辑好的幻灯片文件，选择“文件”|“另存为”命令，打开如图 8-9 所示的对话框，选择保存类型为“PowerPoint 放映(* . pps)”进行保存。

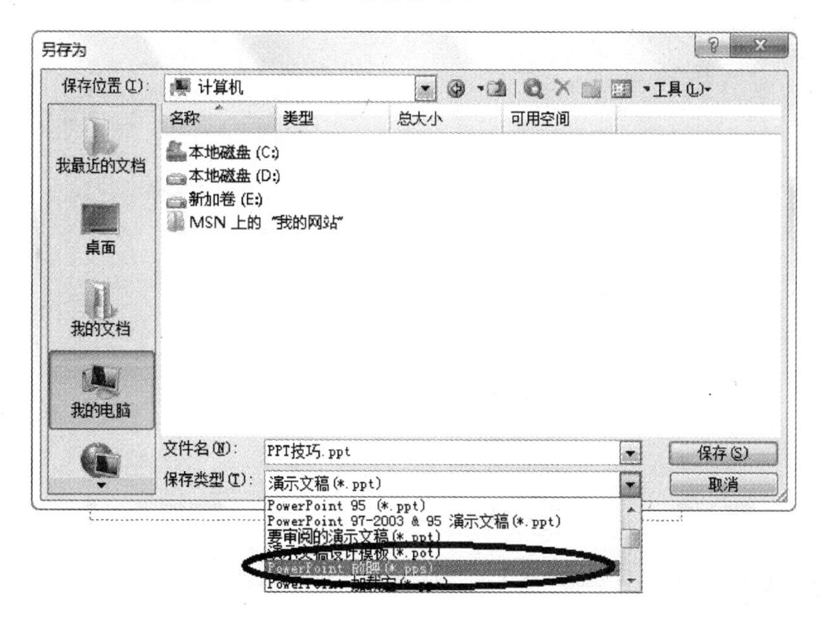

图 8-9 “另存为”对话框

然后单击保存好的“＊.pps”文件，将自动执行幻灯片放映，不进入 PowerPoint 的编辑界面。

这里有几个问题需要说明：

1. “＊.pps”与“＊.ppt”扩展名可以直接更改，无须另存

右击文件，选择“重命名”命令更改即可，此时会打开如图 8-10 所示的对话框，单击“是”按钮。

图 8-10 “重命名”对话框

2. “＊.pps”文件如何编辑

编辑“＊.pps”文件有两种方式：

(1) 将“＊.pps”文件改成“＊.ppt”文件。

(2) 在一个打开的 PowerPoint 中选择“文件”|“打开”命令，在打开的对话框中选择“所有文件”，如图 8-11 所示，然后找到“＊.pps”文件，打开即可。

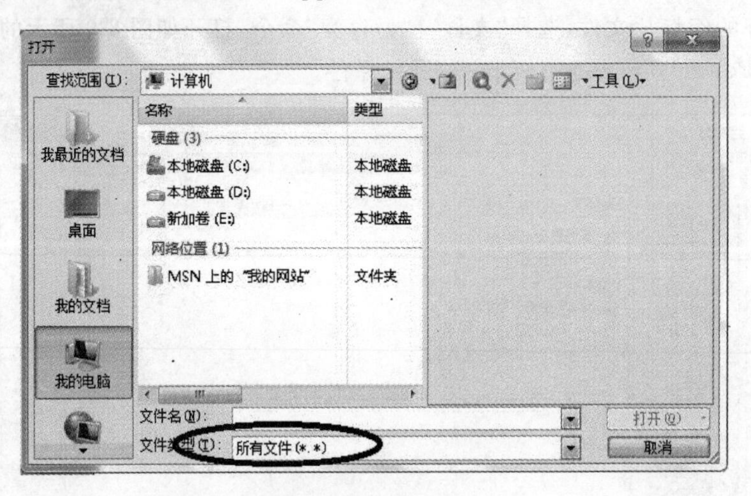

图 8-11 “打开”对话框

3. “＊.pps”文件打开后，如何让其自动播放

实现这一功能很简单，只需在图 8-1 所示的“幻灯片切换”任务窗格中将“换片方式”进行修改即可。在此修改成每隔 0.2 秒换片，如图 8-12 所示，完成自动播放功能。

图 8-12 自动播放

技巧 5 增加 PowerPoint 的撤销次数

默认情况下，PowerPoint 最多能够恢复最近的 20 次操作，但有时候撤销 20 次操作还不够，此时需要对撤销次数进行设置。

选择“工具”|“选项”命令，打开“选项”对话框，选择“编辑”选项卡，在“撤销”数值框中输入数值，最多能撤销 150 次，可以输入“500”，但在确定之后还是显示“150”，如图 8-13 所示。

图 8-13 “选项”对话框

技巧 6 项目符号和编号的技巧

“项目符号和编号”是 PPT 必用的一个基本功能，用于对内容进行统一编号，不仅分类明确，而且美观。

选择“格式”|“项目符号和编号”命令，打开如图 8-14 所示的对话框，用户可以在其中选择合适的符号或者编号，还可以单击“图片”按钮，使用更好看的小图片来进行编号，例如选择图中的图片，可以得到如图 8-15 所示的效果。

这里存在一个问题，在输入完一行之后，如果按 Enter 键，在第二行就会直接出现项目编号的符号或者图片，但是用户并不希望从第二行就开始自动编号，此时可以按 Shift+Enter 键。

项目符号和编号
项目符号
编号
无
大小(S): 100 % 字高
颜色(C):
图片(P)...
自定义(U)...
重新设置(R)
确定
取消
图片项目符号
搜索文字:
搜索
导入(I)...
确定
取消

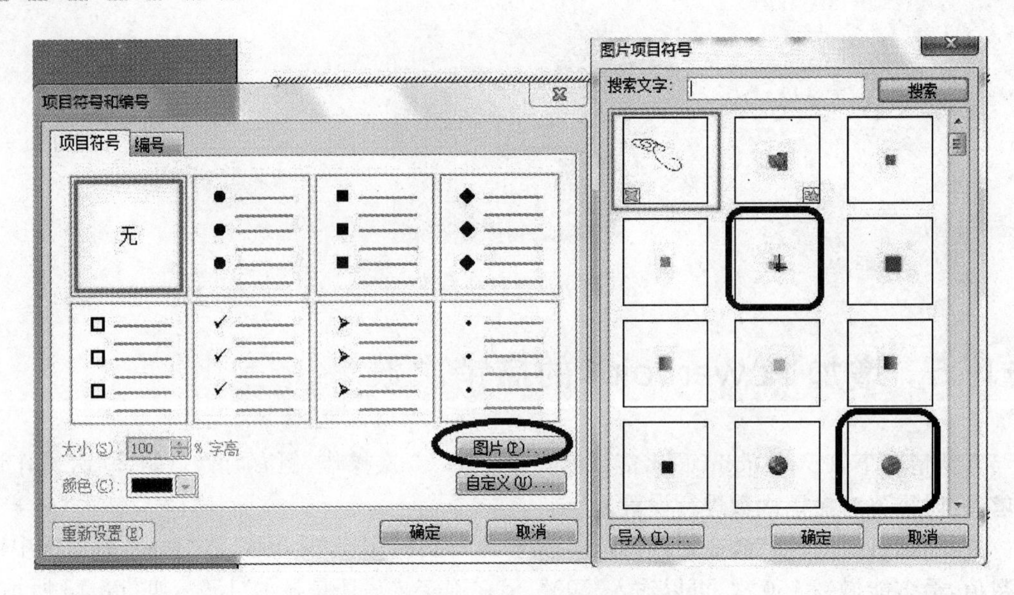

图 8-14 项目符号和编号

计算机技术
计算机应用
PowerPoint
计算机技术
计算机应用
PowerPoint

图 8-15 项目符号和编号效果

技巧 7 制作目录

对于编辑好的文档，很多页都会有题目，即大标题，如果需要为这些标题列一个目录，通常的做法是一个一个标题进行复制、粘贴，其实只需用一个快捷键就可以解决。

选择要列出目录的多张幻灯片，如果选择所有幻灯片，按 Ctrl＋A 键全选，然后按 Alt＋Shift＋S 键即可制作一个目录，如图 8-16 所示。

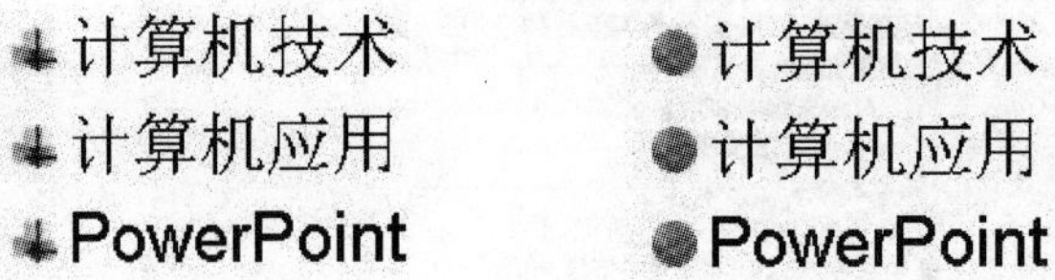

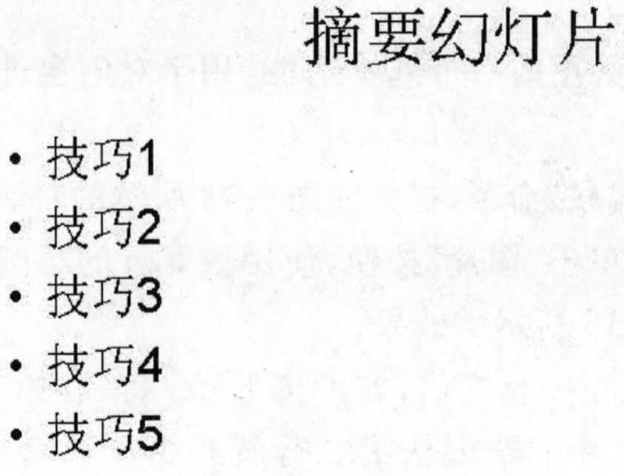

摘要幻灯片
技巧1
技巧2
技巧3
技巧4
技巧5

图 8-16 制作目录

技巧 8 使插入的图片自动更新

在编辑幻灯片的过程中，经常要插入一些图片，而有些图片是需要更新的。当对硬盘中的图片进行编辑后，还要重新在 PowerPoint 中进行插入，很麻烦，此时可以采用图片自动更新的方式。

选择"插入"|"图片"|"来自文件"命令，打开"插入图片"对话框，选择好图片后，不单击"插入"按钮，而是选择"链接文件"命令，如图 8-17 所示，这样插入的图片就会随着图片的变化而变化，如图 8-18 所示。

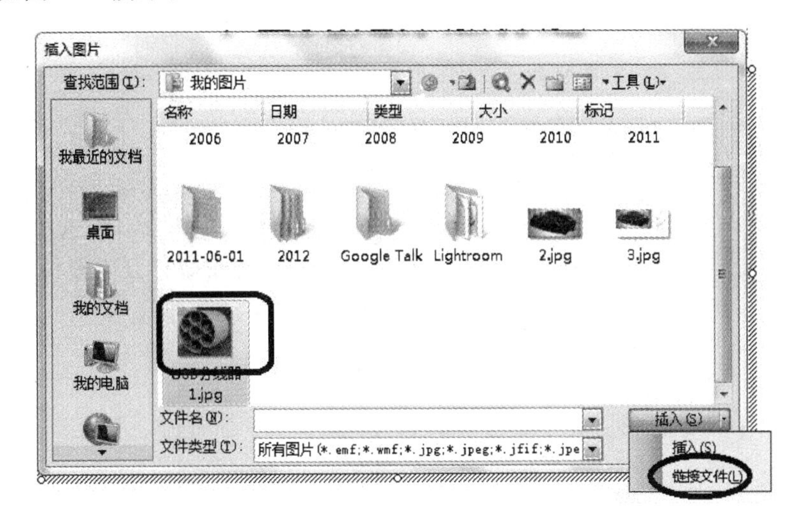

图 8-17 插入链接文件

图 8-18 自动更新

技巧 9 隐藏幻灯片

在放映幻灯片时，用户可以使一些已经编辑好的幻灯片不放映，即隐藏幻灯片。如图 8-19 所示，右击要隐藏的幻灯片，选择"隐藏幻灯片"命令，这时幻灯片的左上角会出现一个斜线，表明该幻灯片已经隐藏了，不会在放映时出现。

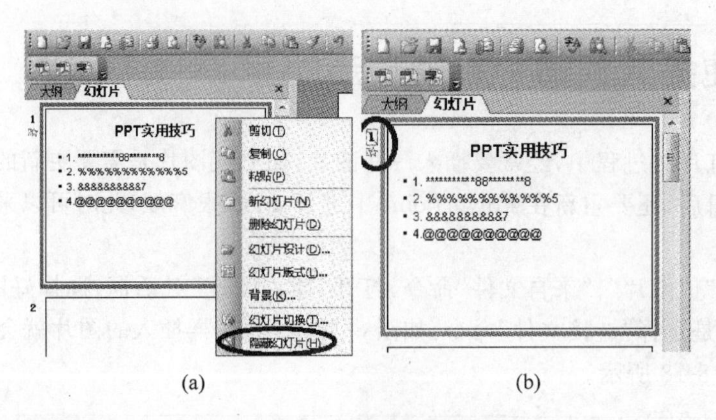

图 8-19　隐藏幻灯片

技巧 10　查看统计信息

选择"文件"|"属性"命令，打开如图 8-20 所示的对话框，选择"统计"选项卡，用户可以查看到很多统计信息，包括创建时间、修改时间、字数统计、段落统计及隐藏的幻灯片等。

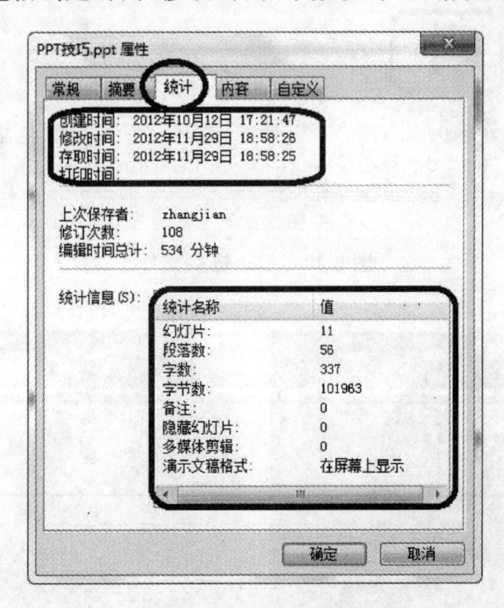

图 8-20　统计信息

技巧 11　超链接

在制作 PPT 的过程中，超链接是必不可少的，因为经常要在不同页面之间进行跳转。超链接在主页面或目录页面中经常使用，并且，如果在文件中需要插入一些音频、视频等信息，也需要用到超链接。

首先在需要插入超链接的幻灯片中选择"插入"|"超链接"命令，打开如图 8-21 所示的对话框，其左侧有 4 种链接类型，这里选择"原有文件或网页"，然后在右边的"查找范围"中

选择文件，如选择一个音乐文件，确定后在幻灯片中得到如图 8-22 所示的效果，在放映时，单击这个有"下划线"的名字就可以自动打开这个音乐文件。

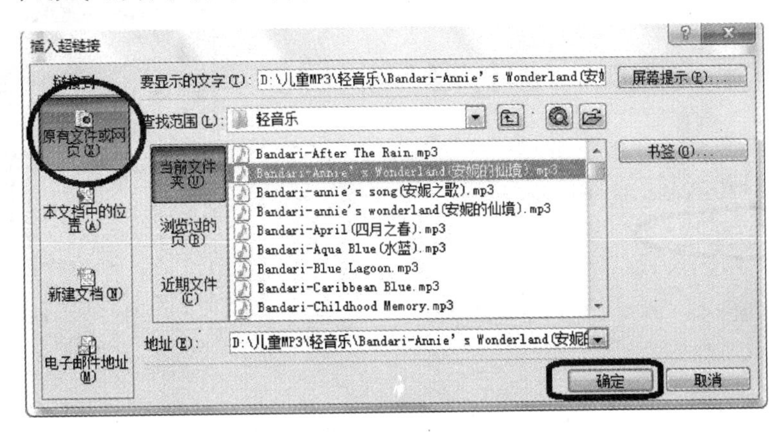

图 8-21 选择超链接文件

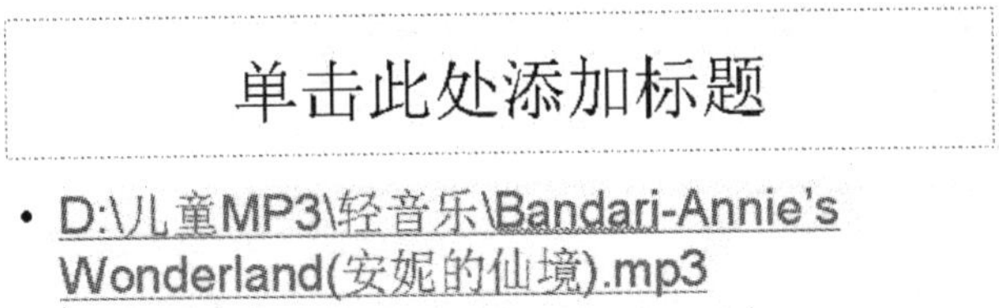

单击此处添加标题

• D:\儿童MP3\轻音乐\Bandari-Annie's Wonderland(安妮的仙境).mp3

图 8-22 外部超链接形式

在 PPT 中，除了可以超链接一个外部文件外，还可以超链接本文档中的某个幻灯片，单击"插入超链接"对话框左侧的"本文档中的位置"，如图 8-23 所示，然后选择一个幻灯片，确定后可以得到如图 8-24 所示的效果。

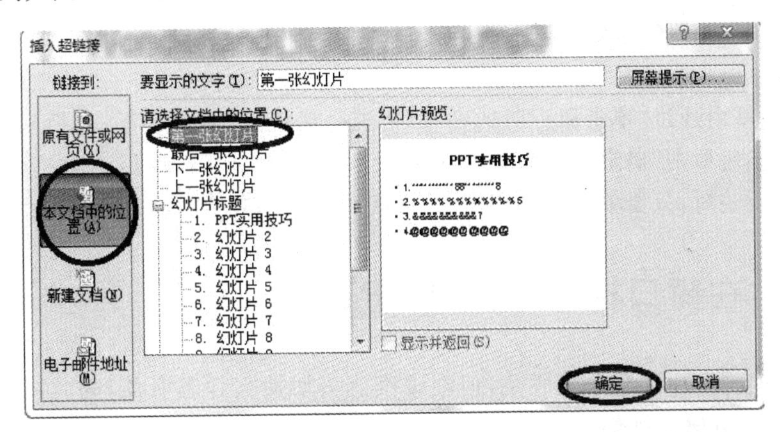

图 8-23 在本文档中选择超链接

用户除了可以直接通过文件添加超链接外，还可以通过动作按钮添加超链接。

选择"幻灯片放映"|"动作按钮"命令，其右边会出现一些动作按钮，如图 8-25 所示，选择任意一个按钮，例如选择"声音"按钮。然后，在幻灯片中按住鼠标左键，画出声音按钮的

起始位置、大小，此时会打开一个对话框，如图 8-26 所示。

单击此处添加标题

• D:\儿童MP3\轻音乐\Bandari-Annie's Wonderland(安妮的仙境).mp3

图 8-24　本文档中的超链接形式

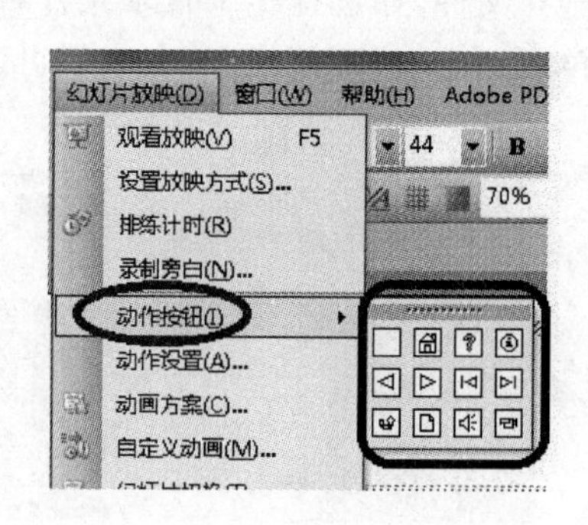

图 8-25　动作按钮

图 8-26　动作按钮的超链接

在该对话框中通过“单击鼠标时的动作”来进行超链接，可以选择“超链接到”某个幻灯片或者文件，然后单击“确定”按钮。

之后，在放映时，只要单击这一按钮，即可实现超链接的功能。

技巧 12　在窗口模式下播放 PPT

通常，放映幻灯片都是全屏放映，但在该模式下切换文件很麻烦，为此，PowerPoint 提供了一种窗口模式来放映幻灯片。

按住 Alt 键不放，依次按 D 和 V 键，可以得到如图 8-27 所示的效果，即在窗口模式下播放 PPT。

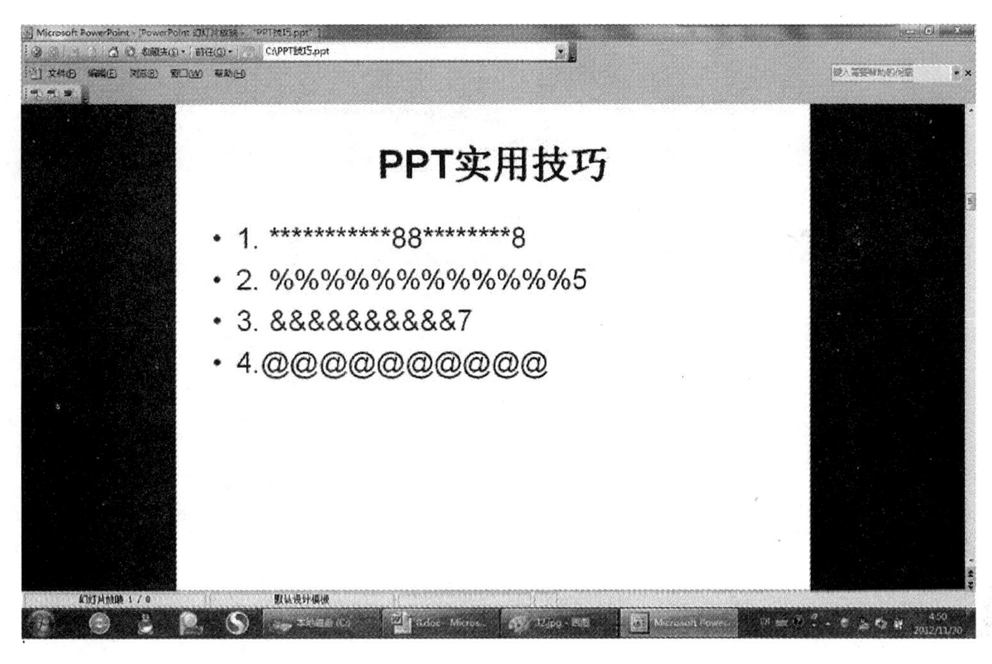

图 8-27 在窗口模式下播放 PPT

技巧 13 设置放映方式

在放映幻灯片时,有很多放映方式可以选择。

选择“幻灯片放映”|“设置幻灯片放映”命令,打开如图 8-28 所示的对话框。在该对话框中可以进行多项设置,如设置幻灯片从第 7 张到第 19 张播放;循环放映;手动换片;蓝色绘图笔等,如图 8-29 所示。

设置放映方式
放映类型
演讲者放映(全屏幕)(P)
观众自行浏览(窗口)(B)
显示状态栏(H)
在展台浏览(全屏幕)(K)
放映幻灯片
全部(A)
从(F): 到(T):
自定义放映(C):
放映选项
循环放映,按 ESC 键终止(L)
放映时不加旁白(N)
放映时不加动画(S)
绘图笔颜色(E):
换片方式
手动(M)
如果存在排练时间,则使用它(U)
多监视器
幻灯片放映显示于(O):
主要监视器
显示演示者视图(W)
性能
使用硬件图形加速(G)
提示(I)
幻灯片放映分辨率(R): [使用当前分辨率]
确定 取消

图 8-28 “设置放映方式”对话框

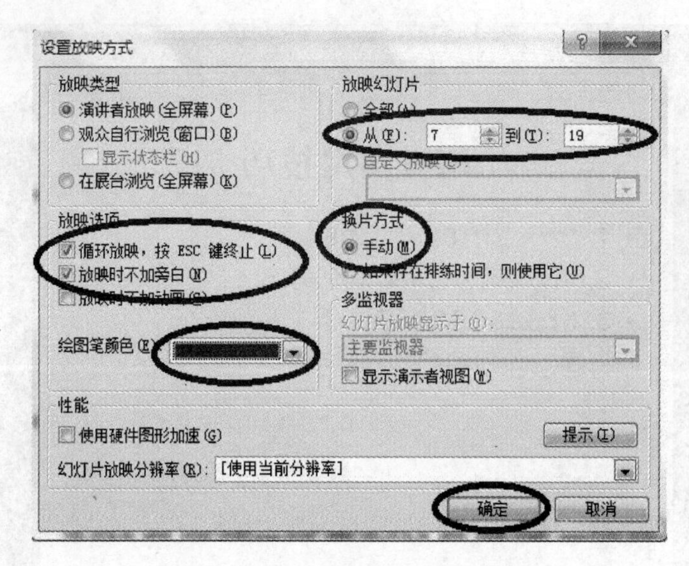

图 8-29 设置放映方式

技巧 14 将 PPT 保存为网页

用户可以将 PPT 保存为网页的形式，然后像看网页一样浏览 PPT。

选择“文件”|“另存为”命令，打开如图 8-30 所示的对话框，在“保存类型”下拉列表中选择“网页”选项，然后输入文件名，单击“保存”按钮。

之后，打开保存为网页的文件，可以得到如图 8-31 所示的效果。

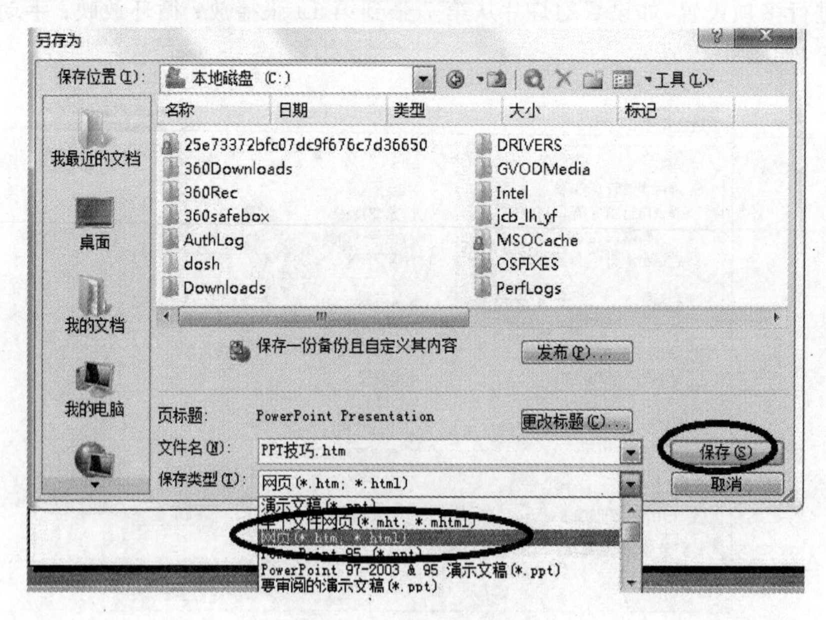

图 8-30 保存网页格式

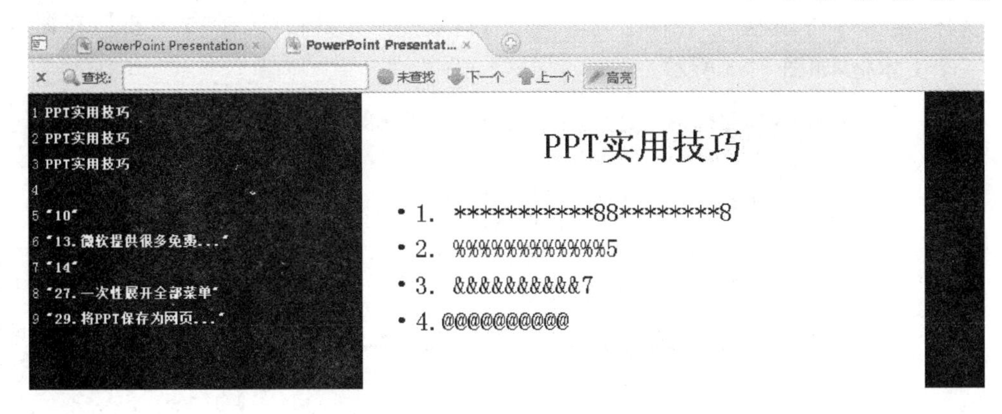

图 8-31　以网页形式放映幻灯片

技巧 15　PPT 编辑、放映两不误

用户在观看幻灯片放映效果时，如果发现需要修改的幻灯片，通常退出观看模式，然后进行编辑修改，其实，不退出也可以进行修改。

按住 Ctrl 键不放，选择“幻灯片放映”|“观看放映”命令，可以得到如图 8-32 所示的效果。

此时在左上角会出现一个放映窗口，用于正常放映，在后面的编辑窗口中可以继续编辑，即“编辑放映两不误”。

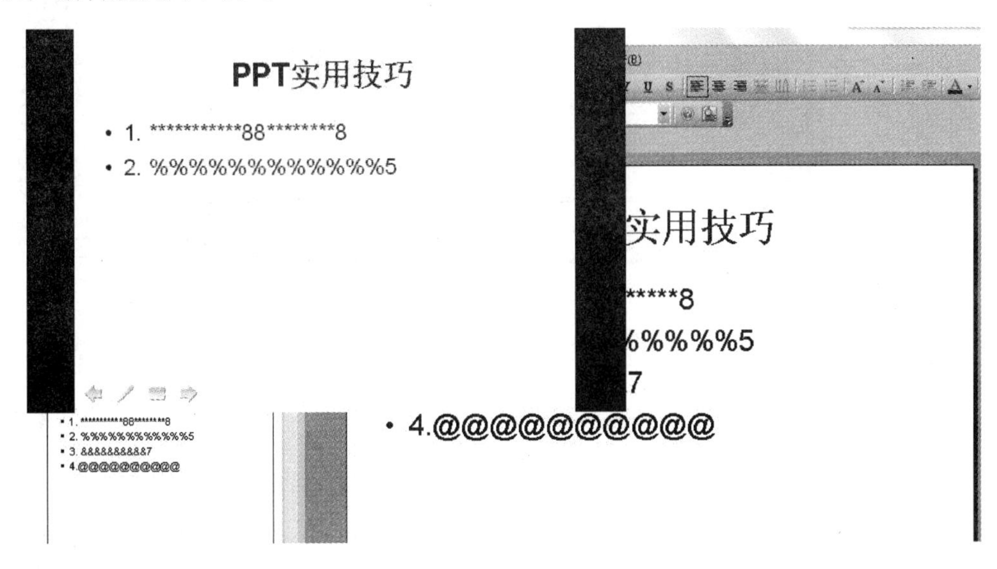

图 8-32　编辑放映同时进行

技巧 16　制作滚动文本

若某个幻灯片中的文字过多，如果全部显示，字体会非常小，此时可以采用滚动文本的方式，既美观又实用。

选择“视图”|“工具栏”|“控件工具箱”命令，打开控制工具箱，选择“文本框”，在窗口中画出一个文本框，如图 8-33 所示。

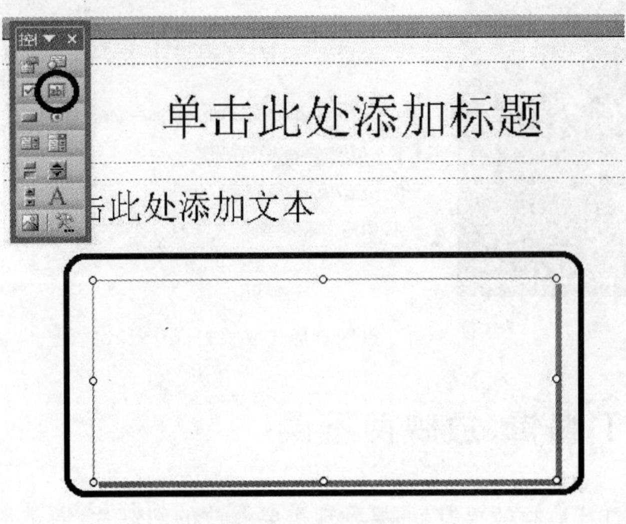

图 8-33　文本框

右击文本框，选择“文字框对象”|“编辑”命令，可以在文本框中输入文本，如图 8-34 所示。但输入了很多文本，却只有一行显示，这是默认状态，需要设置才可以换行显示。

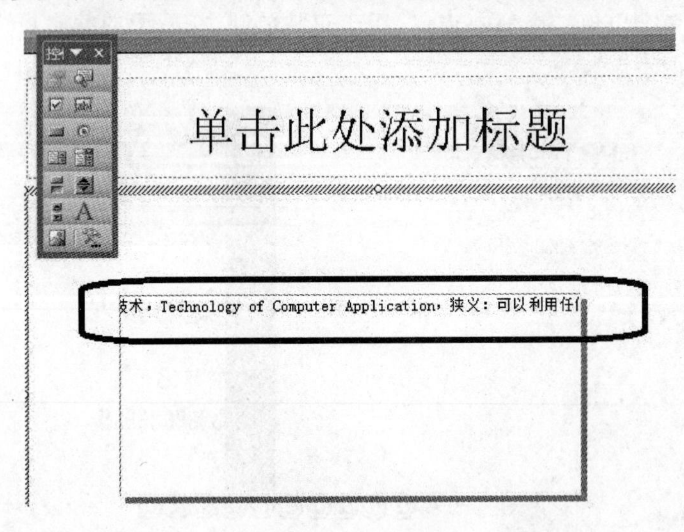

图 8-34　输入文本框

右击文本框，选择“属性”命令，在屏幕左边会出现一个对话框，如图 8-35(a)所示，用户可以对其中的任意一项内容进行设置。通常，需要修改 3 个内容。

(1) EnterKeyBehavior：设为 True 时允许使用 Enter 键换行。

(2) Font：设置字体，单击之后，其右边会出现一个“…”按钮，单击即可进行设置。

(3) MultiLine：当设为 True 时允许输入多行文字。

设置属性如图 8-35(b)所示，编辑窗口中的文本框内容被修改为如图 8-36 所示。这时再放映就可以通过键盘上的“方向”键或者鼠标来进行滚动查看了。

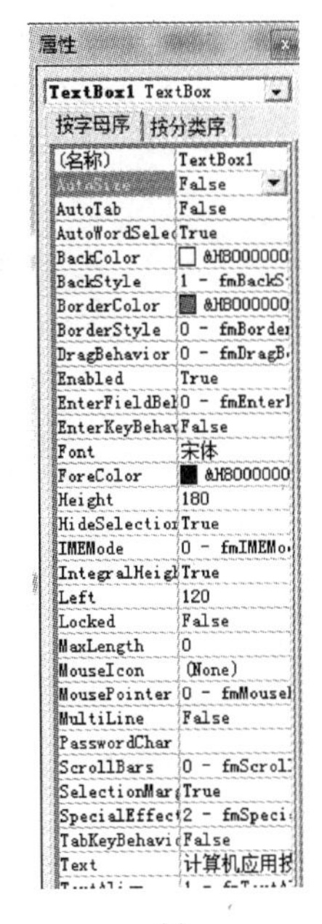

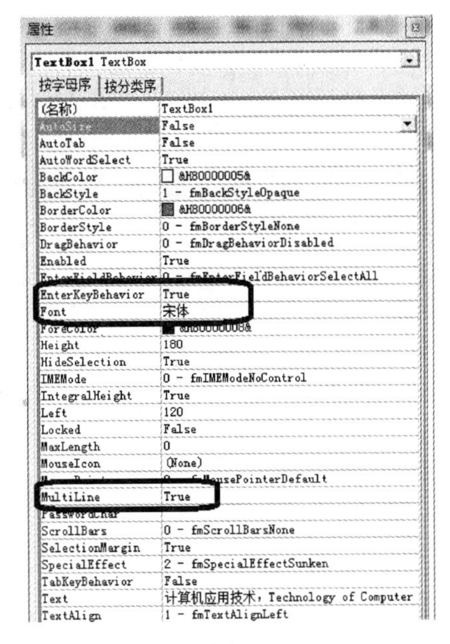

(a) (b)

图 8-35 属性设置

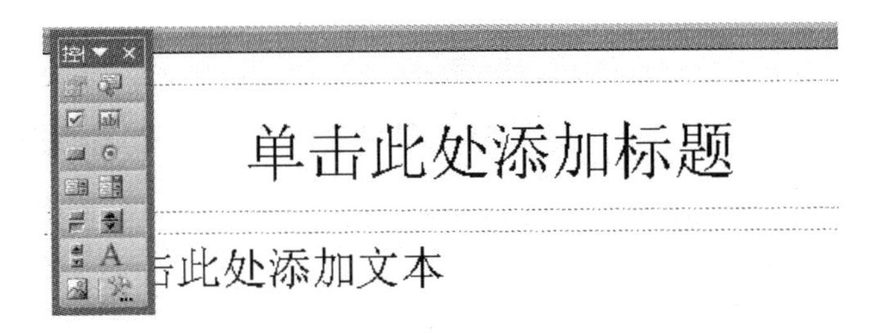

图 8-36 文本框内容

技巧 17 制作幻灯片 LOGO

如果要让每一个幻灯片上都有 LOGO，需要用到幻灯片母版来设置。

首先选择“视图”|“母版”|“幻灯片母版”命令，打开如图 8-37 所示的界面。

然后选择“插入”|“图片”|“来自文件”命令，添加 LOGO 图片，得到如图 8-38 所示的效果，并调整图片的位置，退出。这样，一个 LOGO 就制作好了，在每一张幻灯片上都会出现这个 LOGO 图片，如图 8-39 所示。

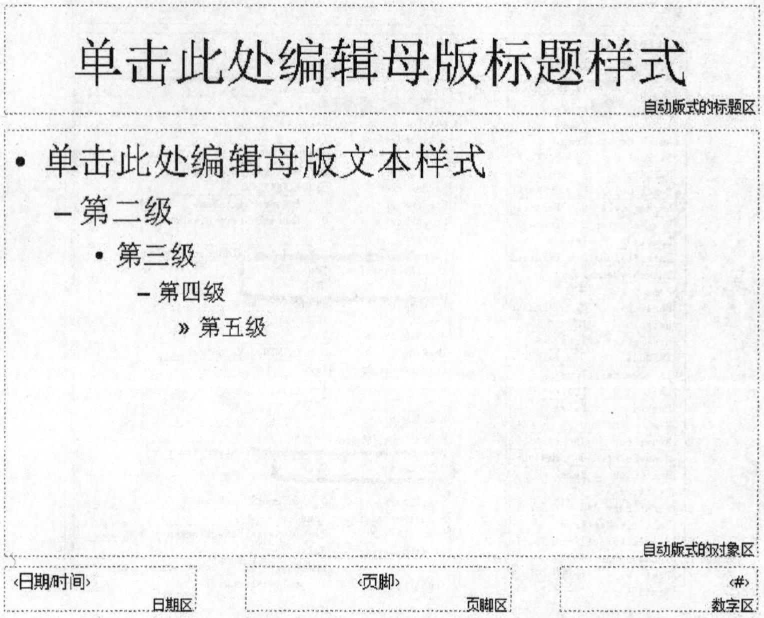

单击此处编辑母版标题样式

自动版式的标题区

• 单击此处编辑母版文本样式

– 第二级

• 第三级

– 第四级

» 第五级

自动版式的对象区

<日期/时间> 日期区

<页脚> 页脚区

<#> 数字区

图 8-37 母版界面

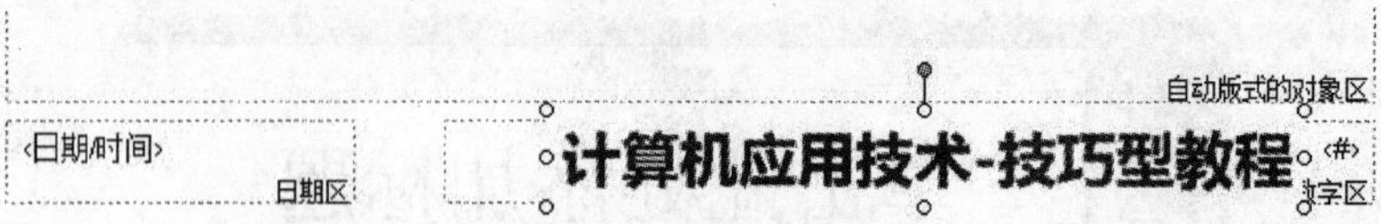

自动版式的对象区

<日期/时间> 日期区

计算机应用技术-技巧型教程

<#> 数字区

图 8-38 母版效果

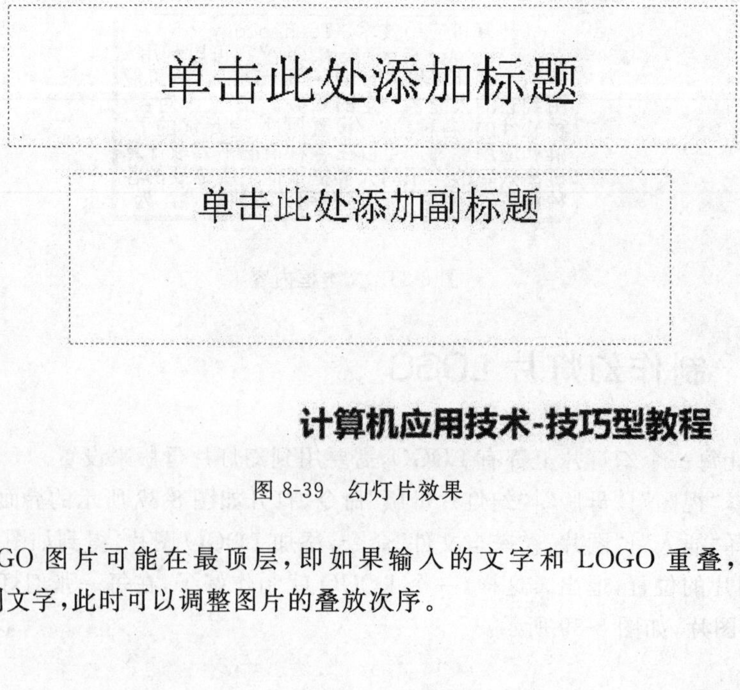

单击此处添加标题

单击此处添加副标题

计算机应用技术-技巧型教程

图 8-39 幻灯片效果

现在,LOGO 图片可能在最顶层,即如果输入的文字和 LOGO 重叠,则只能看到 LOGO,看不到文字,此时可以调整图片的叠放次序。

再次进入母版界面，右击图片，选择“叠放次序”|“置于底层”命令即可，如图 8-40 所示。

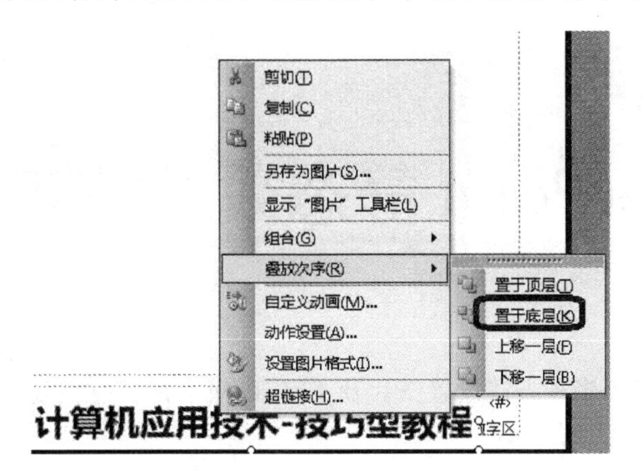

图 8-40　调整图片的叠放次序

PowerPoint 静态效果技巧精选

PowerPoint 提供了多种方式设置图片及文字，以便增强其视觉效果。本章将详细讲解这些实用的静态效果处理技巧。

技巧 1　阴影效果

下面以图 9-1 为例进行阴影效果设置。

计算机应用技术

图 9-1　设置前的效果

选择“视图”|“工具栏”|“绘图”命令，在屏幕下方会出现“绘图”工具栏，如图 9-2 所示。

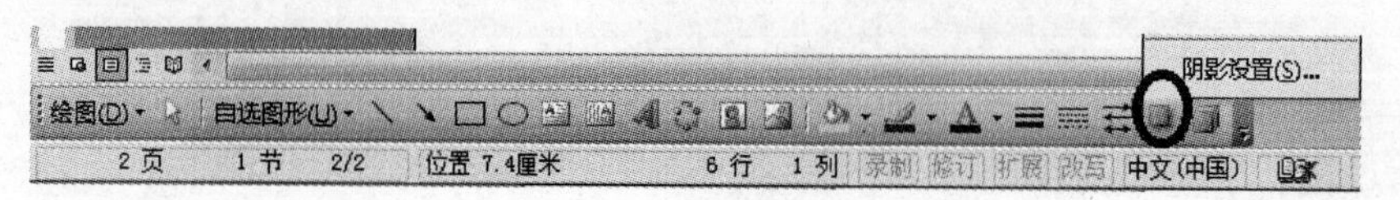

图 9-2　“绘图”工具栏

单击右侧的“阴影样式”按钮，选择“阴影设置”命令，打开如图 9-3 所示的“阴影设置”工具栏。

选择要进行阴影设置的文本或者文本框（建议选择文本框，因为选择文本后，在设置的同时不能看到设置的结果），这里选择文本框，如图 9-3 所示。

计算机应用技术

图 9-3　阴影设置

接着选择颜色，即单击最右边的向下箭头，在“自动”下选择颜色，如图 9-4 所示。如果没有找到合适的颜色，可以选择“其他阴影颜色”命令，打开如图 9-5 所示的“颜色”对话框，选择任意一种颜色，单击“确定”按钮，然后再选择“半透明阴影”。

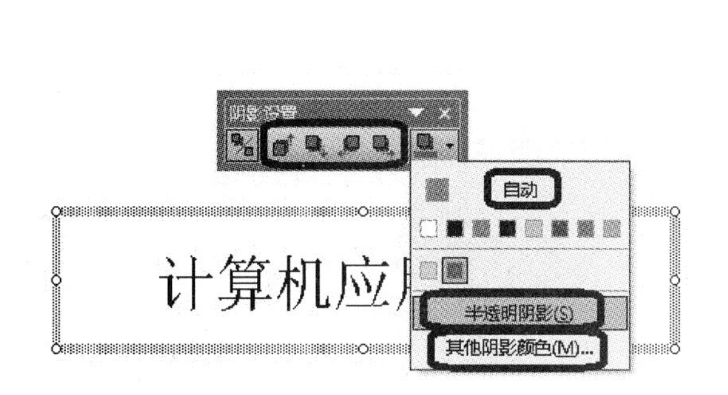

图 9-4 阴影设置

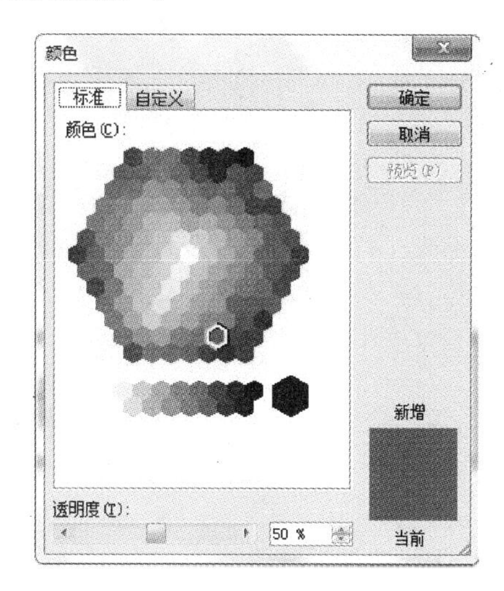

图 9-5 “颜色”对话框

在图 9-4 所示的“阴影设置”工具栏中，单击 4 个方向按钮进行设置，每单击一次，阴影就移动一下，经过适当的移动，得到如图 9-6 所示的效果。

计算机应用技术

图 9-6 阴影效果

技巧 2 填充效果

下面以图 9-1 为例进行填充效果设置。

选中文本框后，打开“绘图”工具栏，选择“填充颜色”下的“填充效果”命令，如图 9-7 所示，打开如图 9-8 所示的对话框。

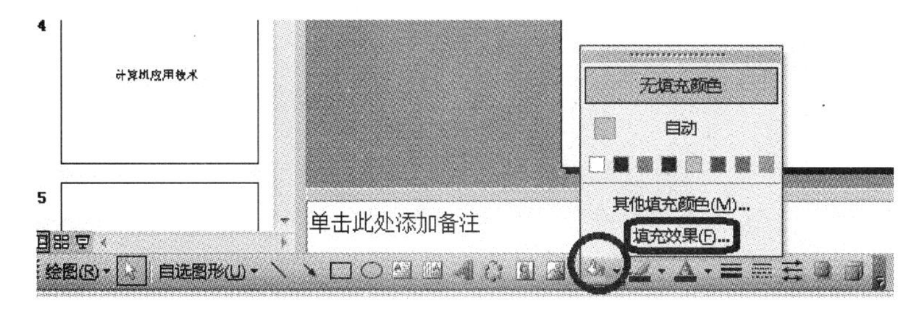

图 9-7 填充颜色

选择默认的“渐变”选项卡，在“颜色”中选择“双色”，并分别设置两种颜色，然后在“底纹样式”中选择“中心辐射”，单击“预览”按钮可以查看效果，并可以随时更改颜色及其他设置，若预览效果满意，单击“确定”按钮，得到如图 9-9 所示的效果。

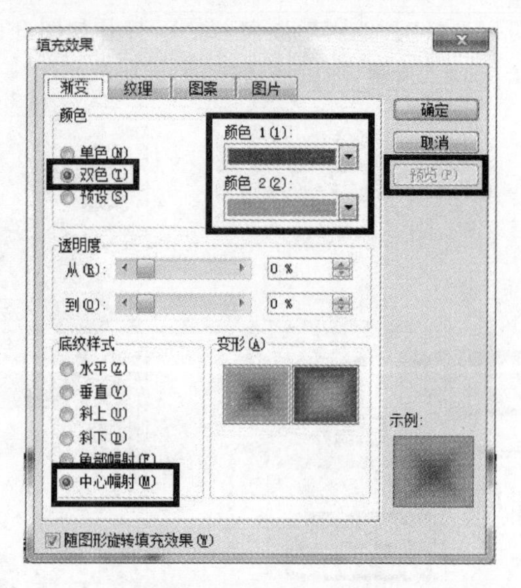

图 9-8 “填充效果”对话框

计算机应用技术

图 9-9 渐变填充效果

在图 9-8 中选择“纹理”选项卡，如图 9-10 所示，然后任选一种纹理，单击“预览”按钮，若效果满意，单击“确定”按钮，得到如图 9-11 所示的效果。

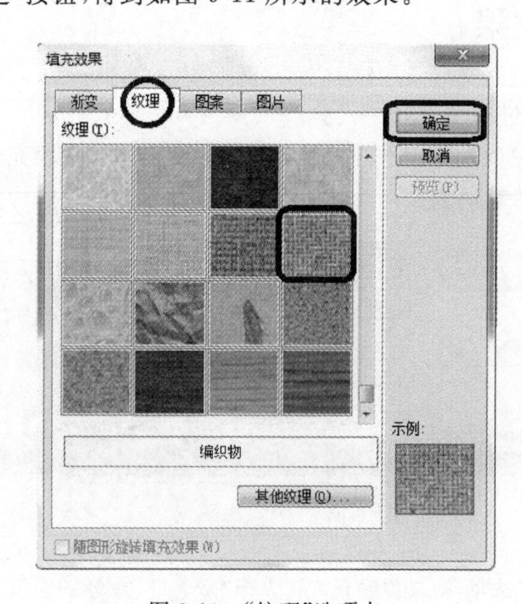

图 9-10 “纹理”选项卡

计算机应用技术

图 9-11 纹理填充效果

技巧 3 艺术字的填充效果

艺术字在 PowerPoint 中经常使用，主要是为了突出字体的效果。

选择“插入”|“图片”|“艺术字”命令，打开如图 9-12 所示的对话框，选择一种样式后，单击“确定”按钮打开如图 9-13 所示的对话框。

图 9-12 “艺术字库”对话框

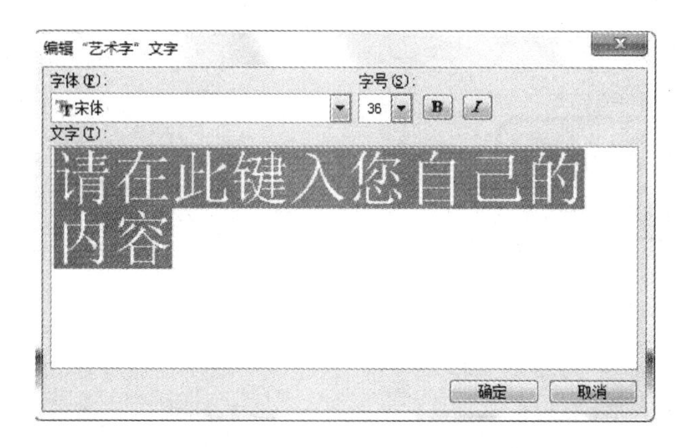

图 9-13 “编辑‘艺术字’文字”对话框

在文字栏中输入文字，然后单击“确定”按钮得到如图 9-14 所示的不同效果。

如果用户对艺术字效果不满意，还可以对艺术字应用填充效果。

在图 9-12 中选择第 1 种样式，如图 9-15 所示。然后在打开的工具栏中单击“设置艺术

图 9-14　艺术字效果

字格式”按钮，打开如图 9-16 所示的对话框。单击“颜色”右侧的向下箭头，选择“填充效果”命令，打开如图 9-17 所示的“填充效果”对话框，它与图 9-8 是一样的。与前面类似，得到如图 9-18 所示的渐变效果。

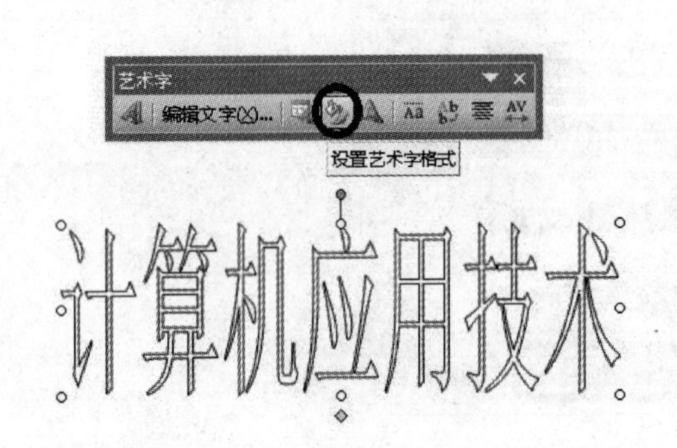

图 9-15　设置艺术字格式

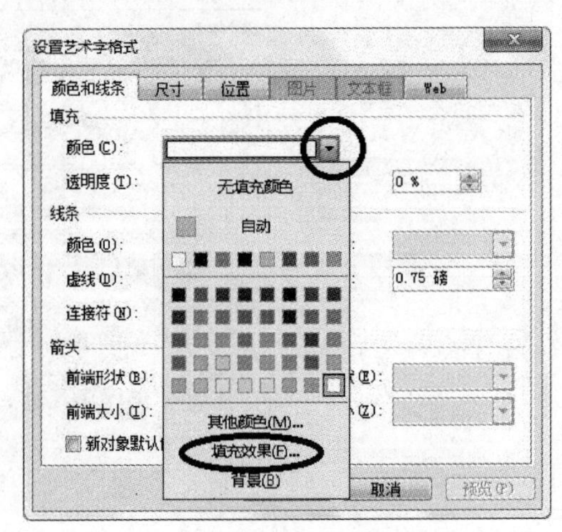

图 9-16　“设置艺术字格式”对话框

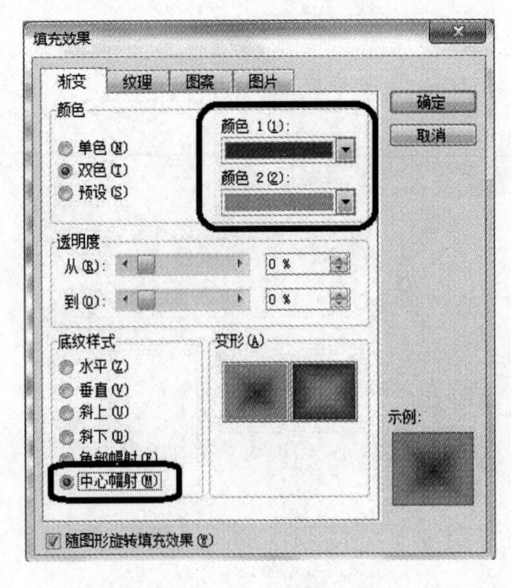

图 9-17　“填充效果”对话框

图 9-18　艺术字渐变效果

除了可以对艺术字应用“渐变”和“纹理”之外，还可以在艺术字中添加图片。

在图 9-17 中选择“图片”选项卡，如图 9-19 所示，然后单击“选择图片”按钮，找到合适的图片，单击“确定”按钮，得到如图 9-20 所示的图片填充效果。

图 9-19　艺术字的图片填充

计算机应用技术

图 9-20　艺术字的图片填充效果

注意：对于艺术字，除了可以添加静态图片外，如“BMP”、“JPG”格式，还可以添加动态图片，如“GIF”格式，这样艺术字就可以动起来，读者不妨试一下。

技巧 4　立体球效果

立体球效果经常出现在内容介绍的目录上，如图 9-21 所示。下面介绍如何实现这个立体球效果。

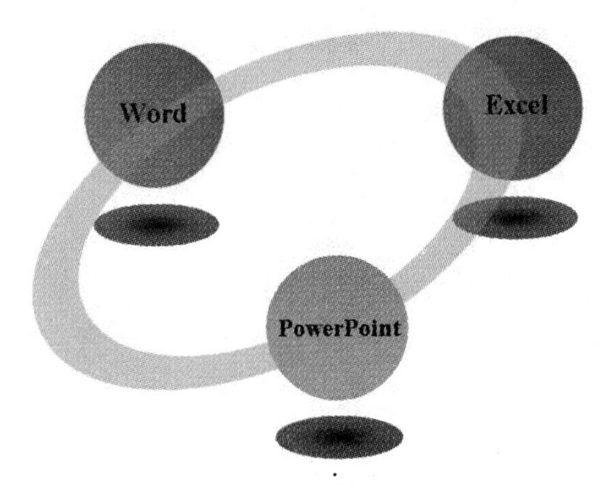

图 9-21　立体球效果

单击“绘图”工具栏中的“椭圆”按钮，如图 9-22 所示，按住 Shift 键绘制出一个圆形，如图 9-23 所示。然后右击选择“设置自选图形格式”命令，打开如图 9-24 所示的对话框。

图 9-22　单击“椭圆”按钮

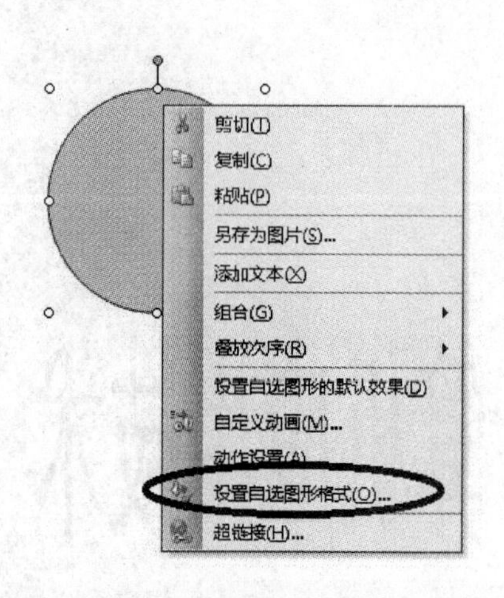

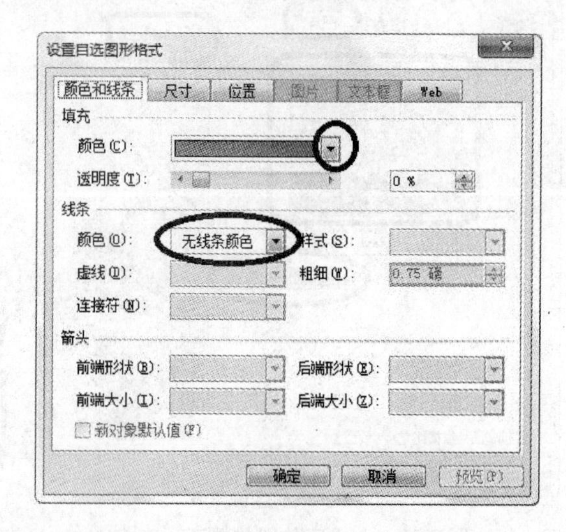

图 9-23　选择“设置自选图形格式”命令

图 9-24　“设置自选图形格式”对话框

在“线条”中选择“无线条颜色”选项，然后单击填充“颜色”右边的小箭头，打开如图 9-25 所示的“填充效果”对话框。选择任意一种颜色，这里选择“红色”，并将“深浅”调整为偏向“浅”，底纹样式选择“斜下”，单击“确定”按钮得到如图 9-26 所示的效果。

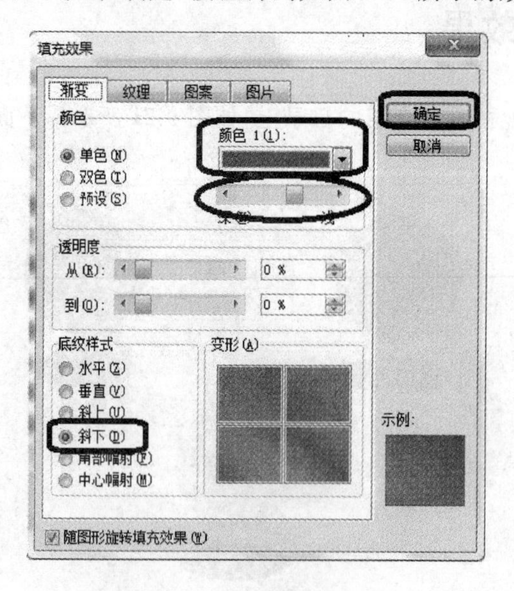

图 9-25　“填充效果”对话框

对于图 9-26，再次单击“绘图”工具栏中的“椭圆”按钮，绘制出一个椭圆。椭圆的位置可以按住 Ctrl 键进行微调，使其和圆形的下半部基本一致，如图 9-27 所示。

图 9-26 填充效果

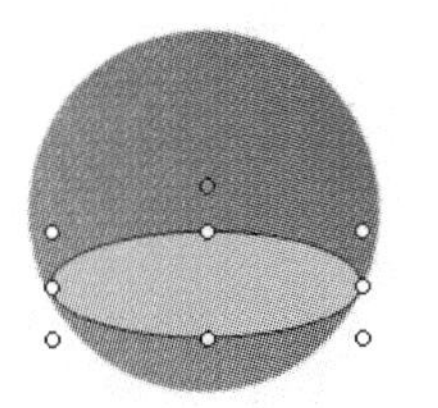

图 9-27 添加椭圆

对于这个椭圆，右击选择“设置自选图形格式”命令，在打开的对话框中设置线条为“无线条颜色”，然后在填充效果中将“颜色”选为“黑色”，将“深浅”调整为偏向“浅”，底纹样式选择“中心辐射”，如图 9-28 和图 9-29 所示，单击“确定”按钮得到如图 9-30 所示的效果。

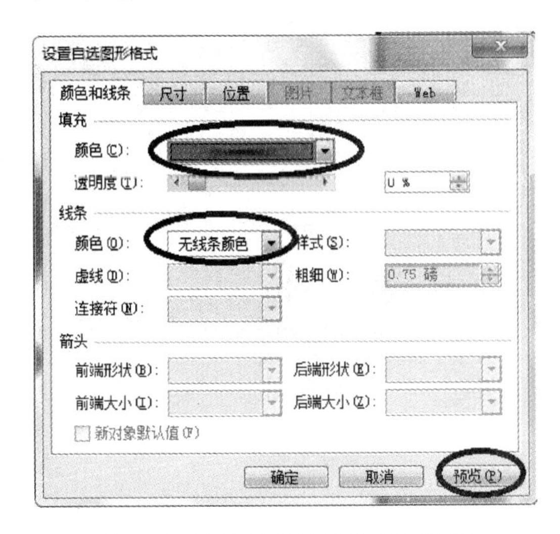

图 9-28 “设置自选图形格式”对话框

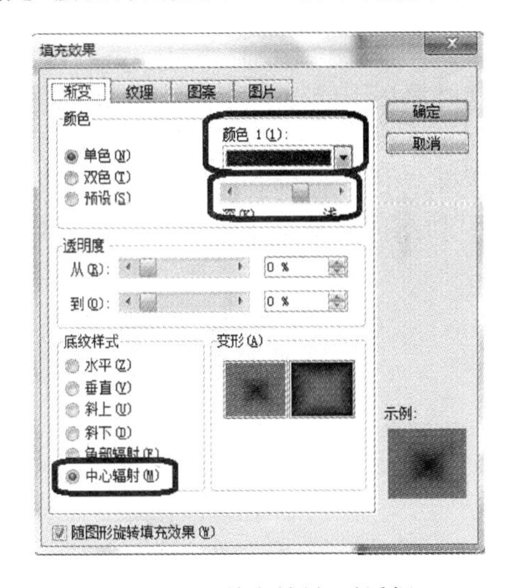

图 9-29 “填充效果”对话框

将图 9-30 中的所有图形进行组合，选择了全部图形(不用只选择圆形和椭圆，因为在圆形和椭圆的后面还有图形，不止两个图形)后，右击选择“组合”|“组合”命令，如图 9-31 所示。

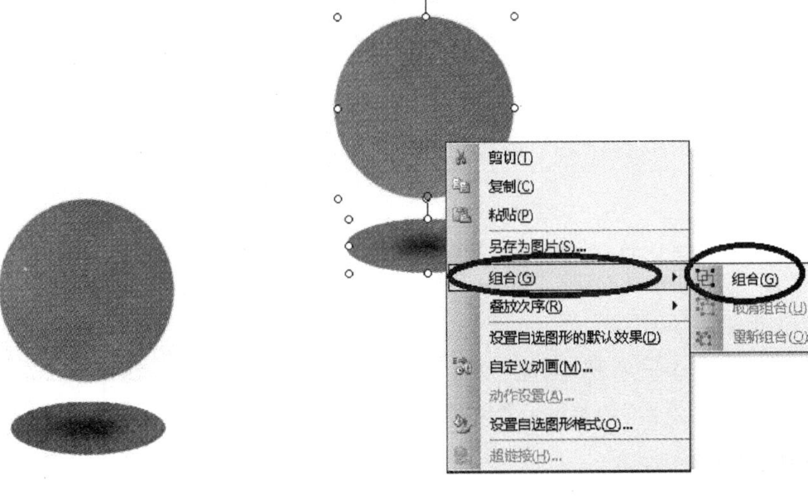

图 9-30 效果图

图 9-31 组合图形

这样，一个立体球就制作好了，接下来复制 3 个立体球。

按住 Ctrl 键不放，单击立体球，将其拖到其他位置，就复制了一个立体球，再次复制，得到如图 9-32 所示的效果。

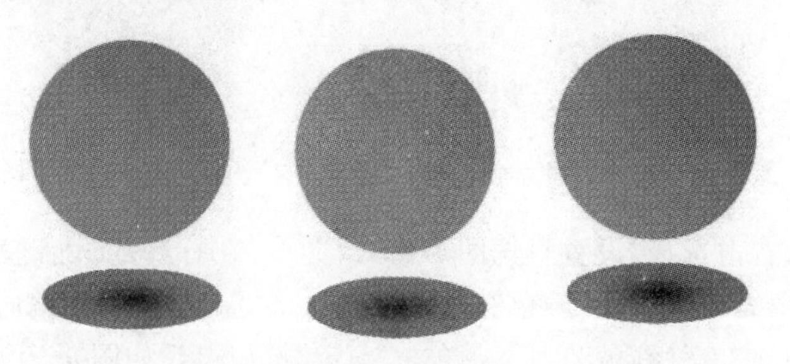

图 9-32 复制效果

将其他两个球分别取消组合，右击选择"组合"|"取消组合"命令，这样可以对其颜色进行修改。

按图 9-25 中的设置，将其颜色进行重新设置，这里设置成"蓝色"和"浅绿色"，得到如图 9-33 所示的效果。

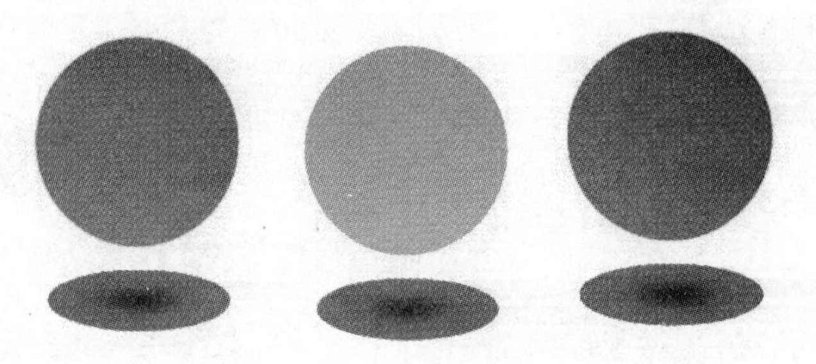

图 9-33 立体球效果

在"绘图"工具栏上选择"基本形状"中的"同心圆"选项，如图 9-34 所示。

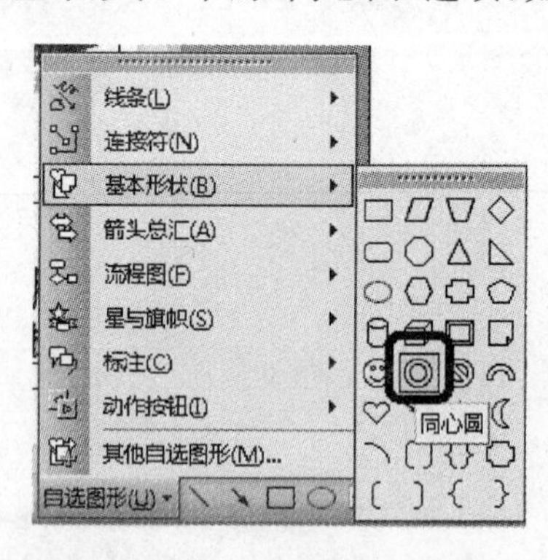

图 9-34 选择"同心圆"选项

用鼠标绘制出一个同心圆，如图 9-35 所示。然后拖动其周围的"小圆圈"调整同心圆的大小，拖动其里面的"菱形"调整同心圆的宽度，旋转上方的按钮，调整同心圆的角度，得到如图 9-36 所示的效果。

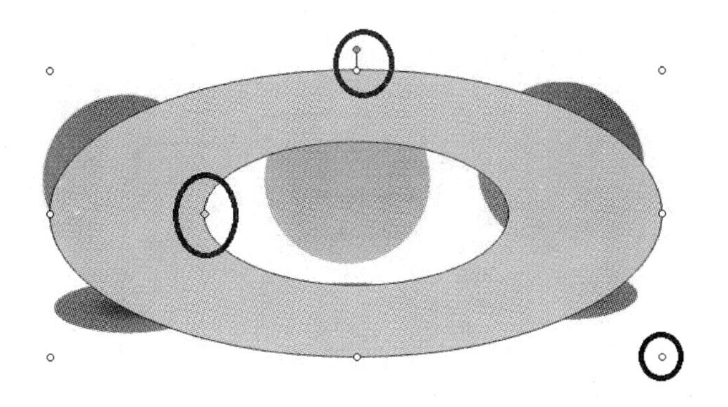

图 9-35　同心圆

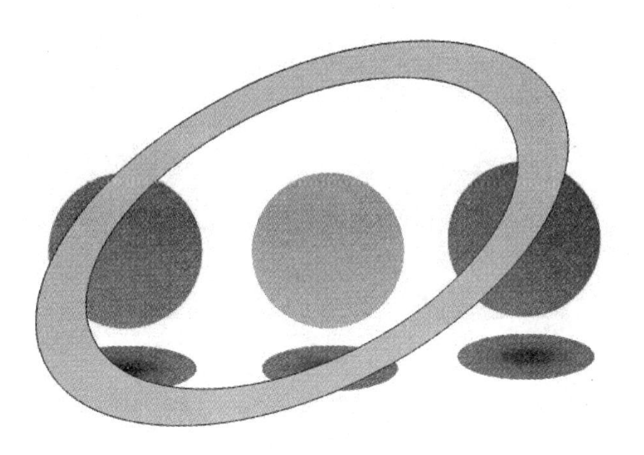

图 9-36　同心圆效果

用鼠标或者方向键将 3 个立体球移动到合适的位置，然后单击同心圆，右击选择“叠放次序”|“置于顶层”命令，如图 9-37 所示，再右击选择“设置自选图形格式”命令，打开如图 9-38 所示的对话框，选择合适的颜色，这里选择“浅蓝色”，将线条设为“无线条颜色”，单击“确定”按钮得到如图 9-39 所示的效果。

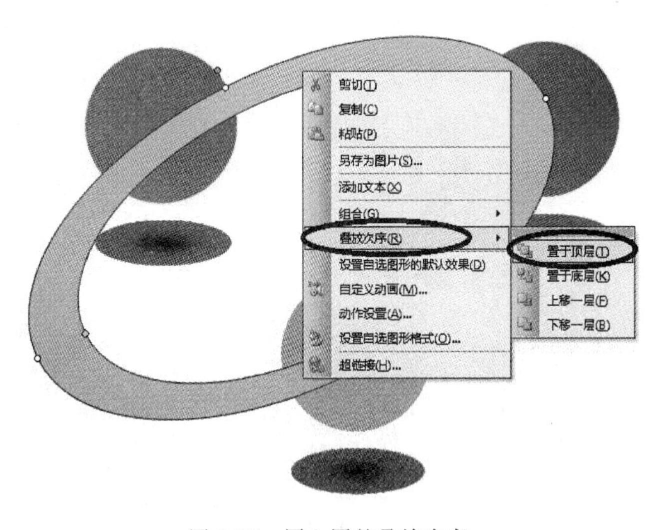

图 9-37　同心圆的叠放次序

图 9-38 自选图形格式的设置

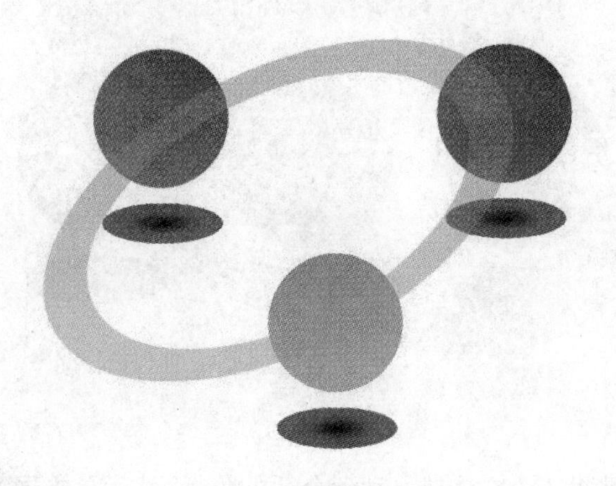

图 9-39 效果图

现在还差最后一步,就是向立体球中添加文字。

选择"插入"|"文本框"|"水平"命令,用鼠标绘制出一个文本框,然后调整到合适的位置,在其中输入"Word",并调整字号,居中对齐,如图 9-40 所示。同理,输入其他文字,得到如图 9-21 所示的最终效果。

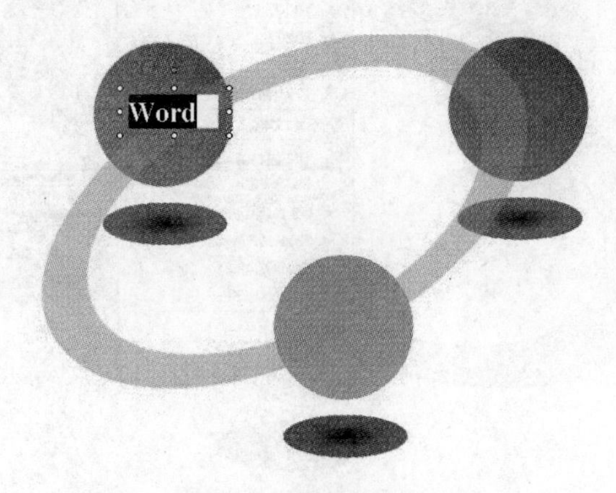

图 9-40 添加文本框

当然，这里只是提供一种思路，用户还可以充分运用“阴影”、“底纹”、“渐变”等多种方式去修改这个立体球，使其达到自己理想中的效果。

技巧5 目录的制作

目录是每个PPT必不可少的，在PowerPoint中有多种方式制作目录，前面介绍的立体球就是其中之一。在本技巧中，将前面介绍的技巧综合起来制作一个简单的目录，其效果如图9-41所示。

图9-41 目录效果

对于目录中的第1个标题，用本章技巧2的方法进行设置，如图9-42所示，其中的颜色为“蓝绿色”和“深绿色”。

对于目录中的第2个标题，选中“渐变”选项卡中的“预设”单选按钮，然后选择“预设颜色”下拉列表中的“碧海青天”选项，如图9-43所示。

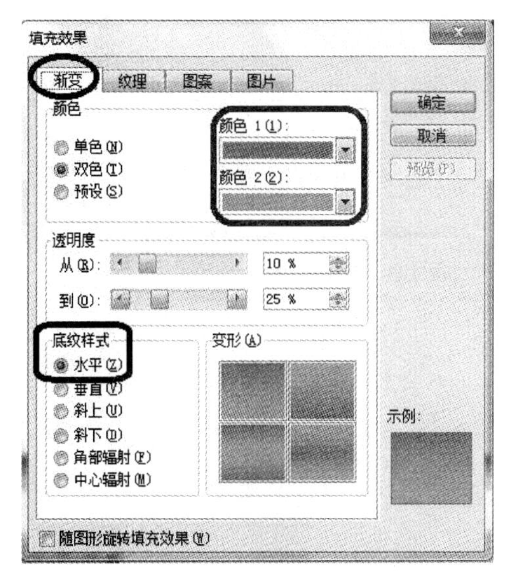

图9-42 渐变填充第1个标题

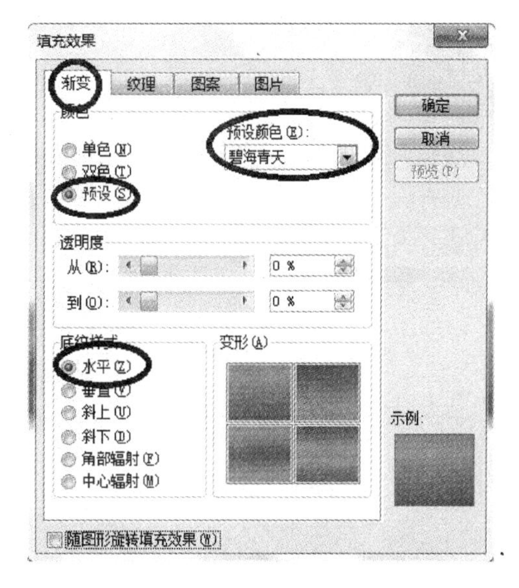

图9-43 渐变填充第2个标题

对于目录中的第3个标题，在“纹理”选项卡中选择一种纹理，如图9-44所示。除了选择纹理之外，用户还可以设置其周围的线条。在线条“颜色”下拉列表中选择“带图案线条”

命令，如图 9-45 所示，打开如图 9-46 所示的对话框，选择一种图案即可。

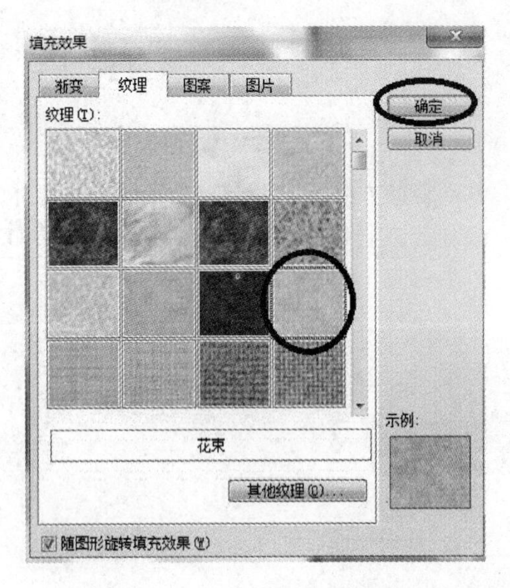

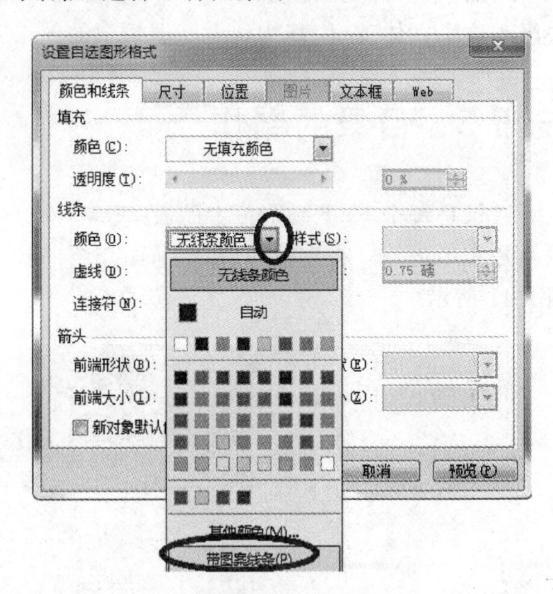

图 9-44　纹理填充第 3 个标题

图 9-45　选择“带图案线条”命令

对于目录中的第 4 个标题，选择“图案”选项卡，如图 9-47 所示。然后在下面的“前景”和“背景”下拉列表中选择合适的颜色，这里选择“蓝色”和“绿色”，再在上面选择一种图案，单击“确定”按钮即可，最终得到如图 9-41 所示的效果。

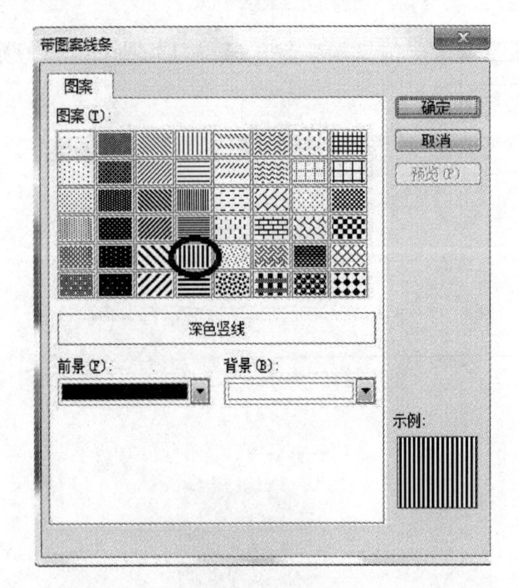

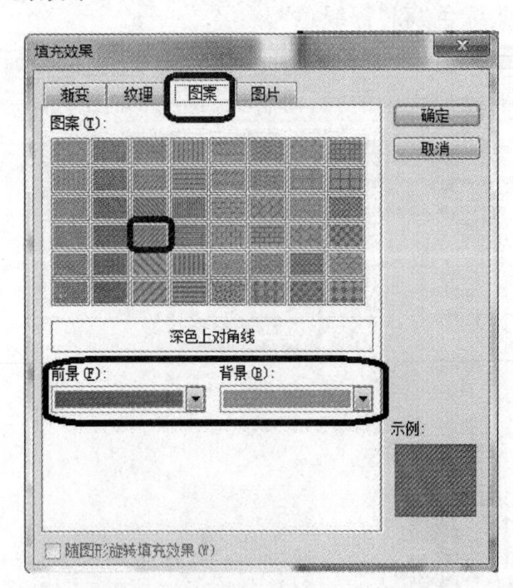

图 9-46　选择图案

图 9-47　“图案”选项卡

第10章 PowerPoint动画设置技巧精选

PowerPoint 的特色就是具有“动画”效果，PowerPoint 提供了丰富多彩的动画方案，本章将详细讲解这些实用的动画设置技巧。

技巧 1　动画设置的介绍

幻灯片的动画设置主要通过以下 3 个任务窗格完成，选择“幻灯片放映”|“动画方案”命令，打开“幻灯片设计”任务窗格，如图 10-1(a)所示；选择“幻灯片放映”|“自定义动画”命令，打开“自定义动画”任务窗格，如图 10-1(b)所示；选择“幻灯片放映”|“幻灯片切换”命令，打开“幻灯片切换”任务窗格，如图 10-1(c)所示。

图 10-1　幻灯片的动画设置

技巧 2　打字机效果

大家经常看到电视或者其他场合的文字是一个字一个字地出现的，像打字机一样，PowerPoint 也可以实现这一效果。

选中要实现打字机效果的文字，然后选择"幻灯片放映"|"自定义动画"命令，打开如图 10-2 所示的任务窗格，单击"添加效果"按钮，选择"进入"|"其他效果"命令，打开如图 10-3 所示的对话框，选择"温和型"中的"颜色打字机"，得到如图 10-4 所示的界面。用户可以看到，在编辑窗口中文字的左上角有数字"1"，在右面的"自定义动画"任务窗格中也有一个"1"，这表明它是本幻灯片的第 1 个动画。

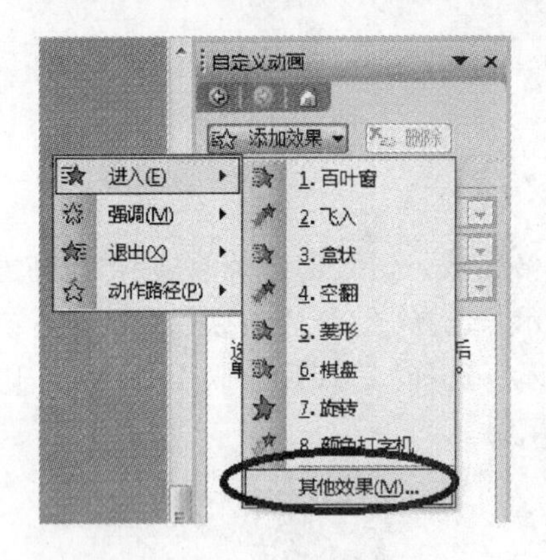

图 10-2　自定义动画

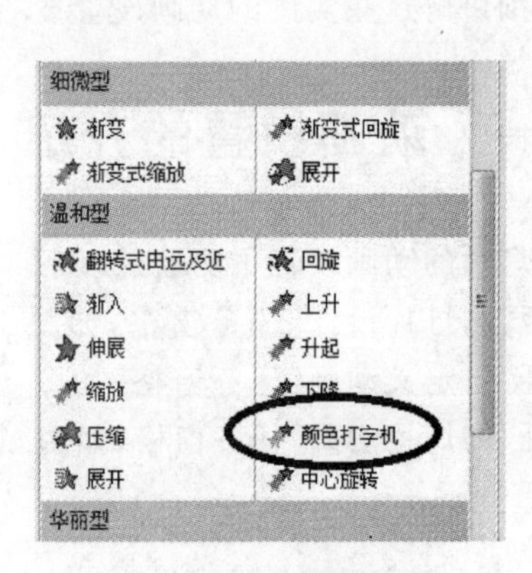

图 10-3　颜色打字机

单击右边的文字，"自定义动画"任务窗格如图 10-5 所示，其中间是默认设置，此时可以单击下方的"效果选项"进行修改。

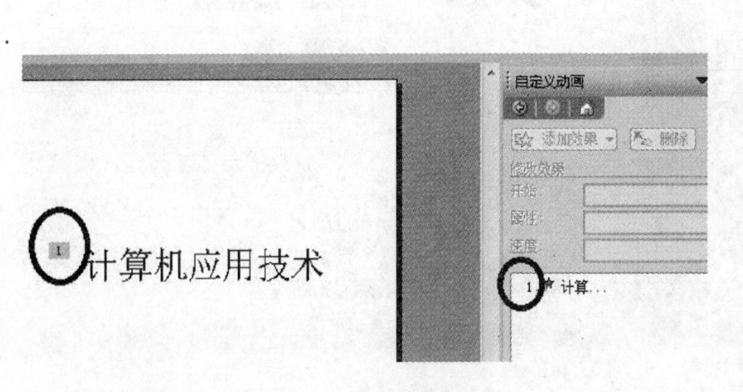

图 10-4　选择后的窗口

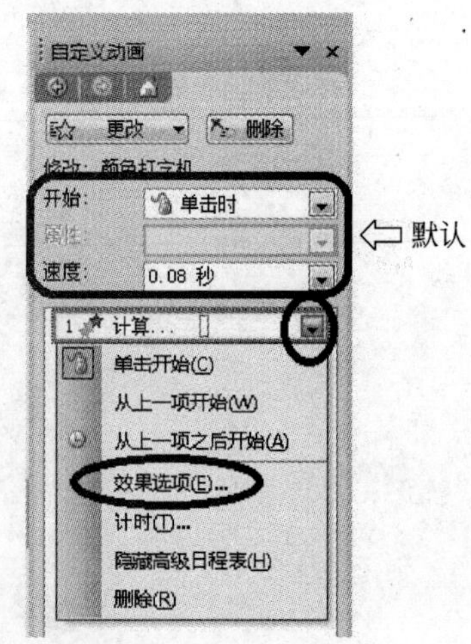

图 10-5　单击"效果选项"

单击后会打开如图 10-6 所示的对话框，在其中可以进行颜色的设置，如果是彩色打字机，用户可以选择喜欢的颜色进行设置，这里选择黑白打字机，即将颜色都设置成黑色；在

"声音"下拉列表中可以选择多种不同的声音，这里选择"打字机"；动画文本可以采用默认选项，如图 10-7 所示。

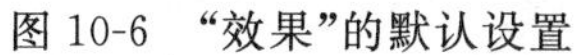
图 10-6　"效果"的默认设置

图 10-7　设置效果

图 10-8 所示为"计时"的默认选项，用户可以将"开始"设置成"之前"("之前"是指不用单击直接显示，而"单击时"是指放映时需要单击)，将"速度"设置成需要的速度，这里选择非常快"(0.5 秒)"，如图 10-9 所示。

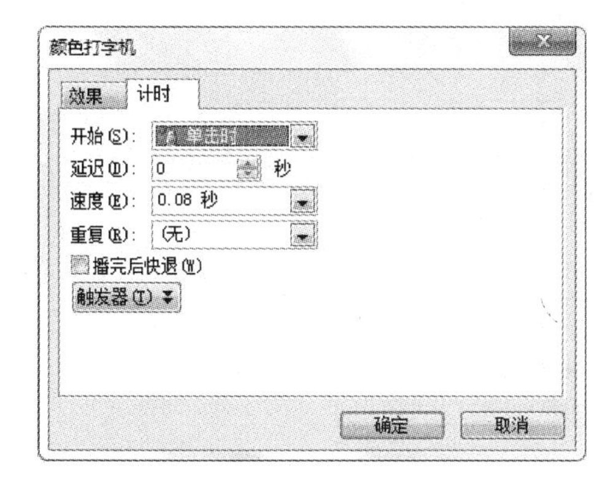

图 10-8　"计时"的默认设置

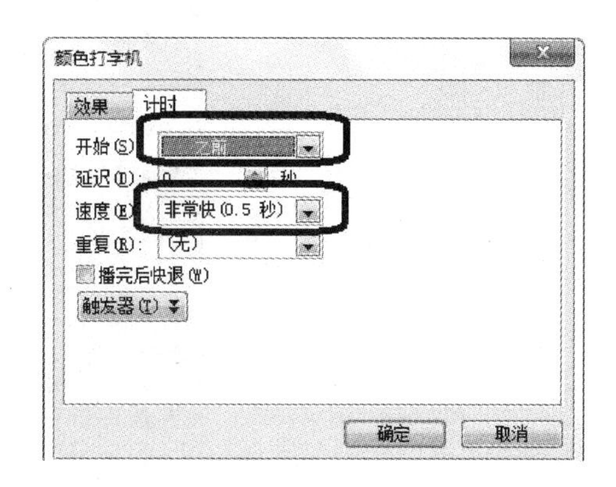

图 10-9　设置计时

然后选择"幻灯片放映"|"观看放映"命令，或者直接按 F5 键观看效果。

如果用户不想全屏观看幻灯片，也可以单击图 10-1(b)中底部的"播放"和"幻灯片放映"按钮观看结果。

技巧 3　滚动字幕

通常，在电影、电视剧的结尾，都伴随着美妙的音乐，滚动显示着导演、编剧、演职人员名单等。其实，在 PowerPoint 中也可以实现这样的效果，为幻灯片添加一点别样的韵味。

例如实现如图 10-10 所示的演员表的滚动效果。

选择"插入"|"文本框"|"水平"命令，将演员表中的文本输入到文本框中。然后单击文本框的上边缘，将其向下拖动到整个页面之外，如图 10-11 所示，目的是使文本框的内容从

屏幕下方进入。

演员表

何东　李晨
何北　杜淳
何西　任重
何南　贺刚
权筝　马苏
唐娇　姚笛
丁香　张俪
叶坦　曾泳醍

图 10-10　演员表

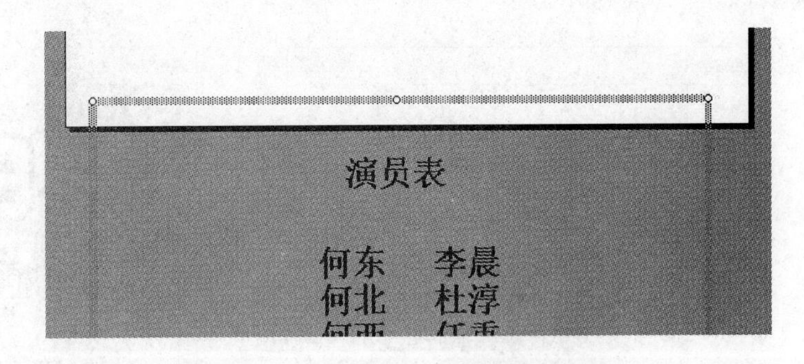

图 10-11　将文本框拖动到页面之外

接着单击“自定义动画”任务窗格中的“添加效果”按钮，选择“动作路径”|“向上”命令，如图 10-12 所示。此时，在窗口中会出现两个箭头，一个红色，一个绿色，分别表示路径的终点和起点，如图 10-13 所示。

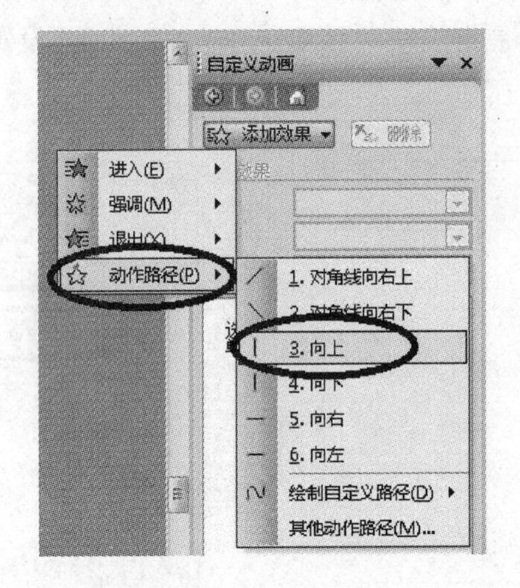

图 10-12　动作路径

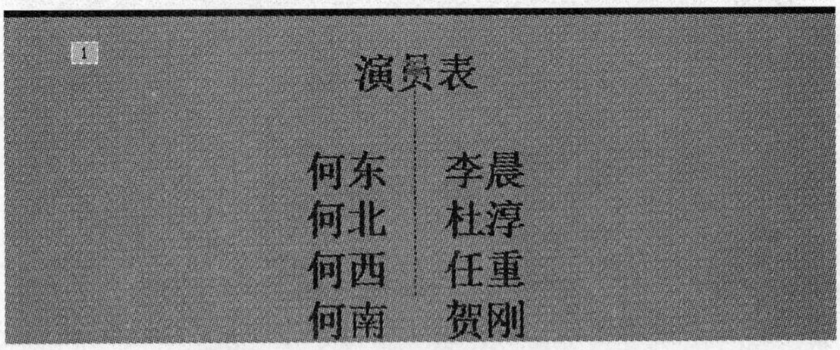

图 10-13　动作的起点和终点

单击红色箭头，将终点箭头向上拖动，一直拖到页面的上边缘外，如图 10-14 所示。如果文本内容很多，要将这个红色箭头尽量向上拖动一些距离，以使整个文本都能从屏幕中滚出。

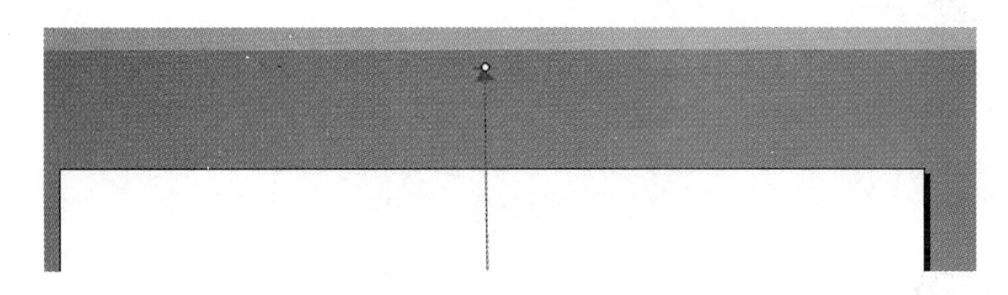

图 10-14 调整终点箭头

这时观看效果，用户发现已经实现滚动字幕了，下面进行具体设置。

在“效果”选项卡中添加声音，即背景音乐，其伴随着字幕一起出现，如图 10-15 所示。注意，这里的声音文件一定是“.wav”格式。

在“计时”选项卡中设置速度，通常字幕都不是很快，建议设置成“慢速”或者“非常慢”，如图 10-16 所示。如果不需要“单击时”出现，可设置成“之前”。

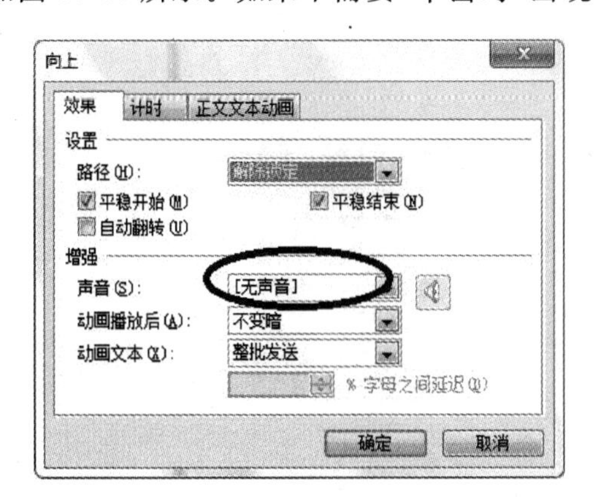

图 10-15 选择声音

图 10-16 设置速度

技巧 4 平抛效果

单击“自定义动画”任务窗格中的“添加效果”按钮，选择“动作路径”|“绘制自定义路径”|“曲线”命令，如图 10-17 所示。

每单击一次绘制一个动作路径，当绘制好平抛的曲线后，按 Esc 键退出，得到如图 10-18 所示的效果。如果用户认为曲线还不够平滑，右击曲线，选择“编辑顶点”命令，如图 10-19 所示。

这时，平抛曲线上出现了很多顶点，单击进行调整，如图 10-20 所示。

用户还可以对顶点进行操作，右击顶点，打开如图 10-21 所示的快捷菜单，使用其中命令调整即可。

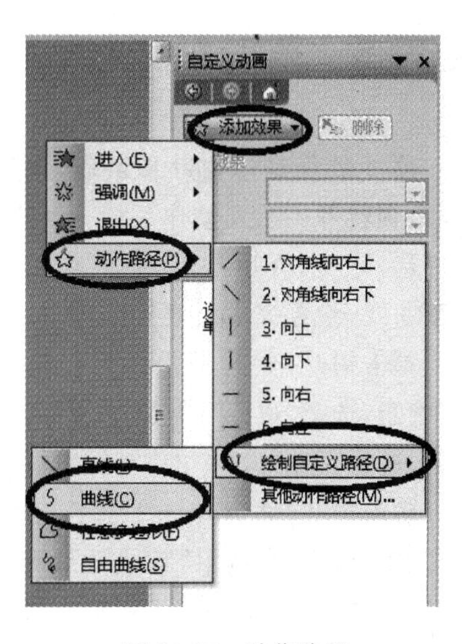

图 10-17 动作路径

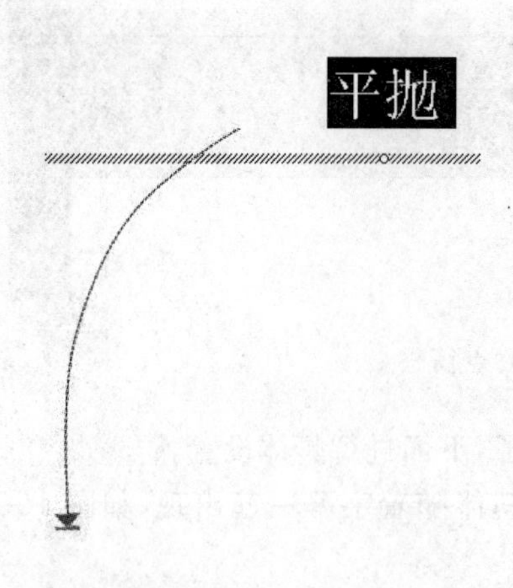

图 10-18 平抛曲线

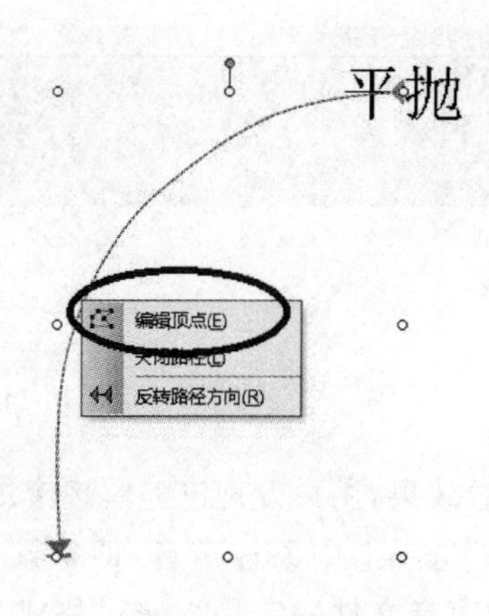

图 10-19 编辑顶点

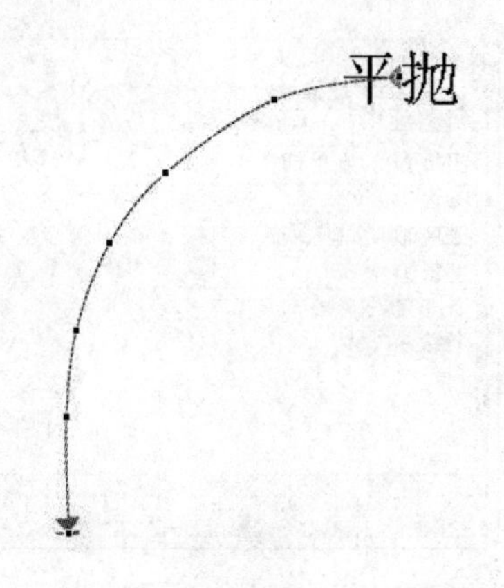

图 10-20 平抛曲线上出现了顶点

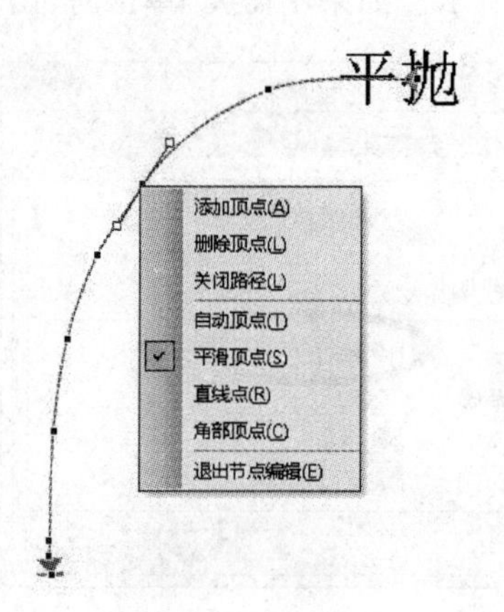

图 10-21 编辑顶点

技巧 5 落叶效果

落叶效果是指树叶从屏幕顶端到底端下落，且树叶自身有旋转、翻转等一系列动作。

选择一个树叶图片，按照本章技巧 4 中的方法，设置树叶的下落曲线，设置完成后效果如图 10-22 所示。

单击树叶，然后单击“自定义动画”任务窗格中的“添加效果”按钮，选择“进入”|“其他效果”命令，打开“添加进入效果”对话框，选择“华丽型”中的“旋转”选项，如图 10-23 所示。

单击树叶，然后单击“自定义动画”任务窗格中的“添加效果”按钮，选择“强调”|“其他效果”命令，打开“添加强调效果”对话框，选择“基本型”中的“陀螺旋”选项，如图 10-24 所示。

这时观看效果，用户发现“下落”、“旋转”和“陀螺旋”3 个动

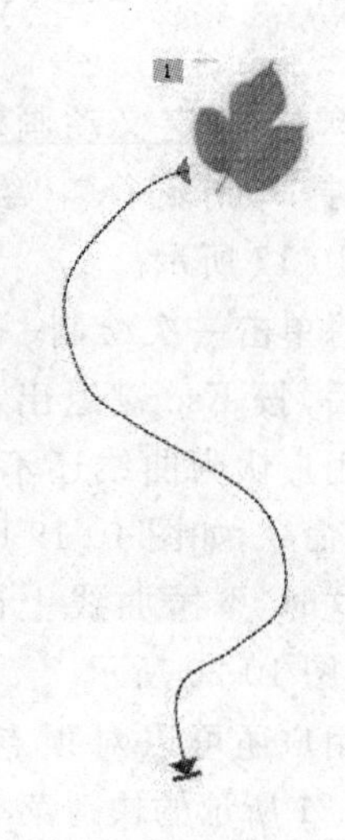

图 10-22 落叶曲线

作是分开的，而且速度过快。如图 10-25 所示，“自定义动画”任务窗格中有 3 个数字，说明 3 个分开的动作。

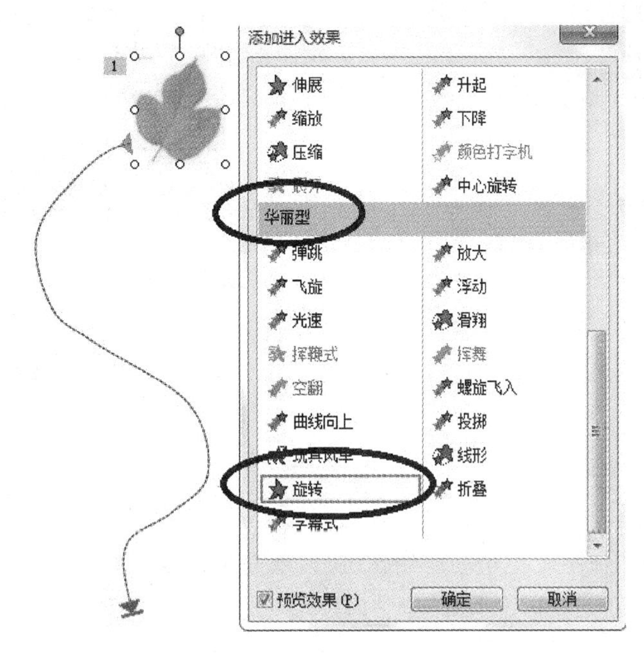

图 10-23 设置旋转进入效果

图 10-24 设置陀螺旋强调效果

单击每个动作，设置“开始”为“之前”、“速度”为“非常慢”，如图 10-26 所示。至此，一个树叶下落的过程就制作完成了，观看效果。

图 10-25 添加效果后

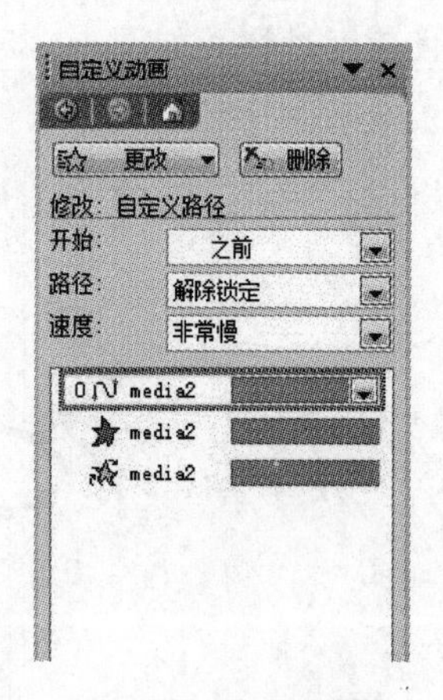

图 10-26 修改效果后

技巧 6 电子相册

PowerPoint 自带了一个电子相册制作工具,既方便又实用。

选择"插入"|"图片"|"新建相册"命令,打开如图 10-27 所示的对话框。

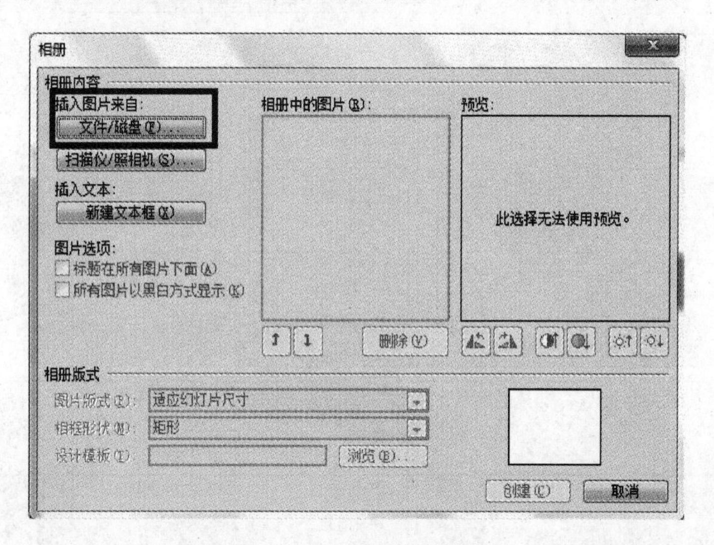

图 10-27 "相册"对话框

单击"文件/磁盘"按钮,打开图片的目录,插入图片,如图 10-28 所示。此时,在"相册中的图片"中已经列出了所有插入的图片,用户可以单击任何一张通过预览看到其内容。

在该对话框中可以对图片进行移动、删除、旋转、亮度调节和对比度调节等,如图 10-29 所示。

在"相册版式"中有多种选择,这里选择"2 张图片(带标题)",就是一张幻灯片有两张图片,而且可以写标题,如图 10-30 所示。单击"创建"按钮,得到如图 10-31 所示的标题页和如图 10-32 所示的效果图。

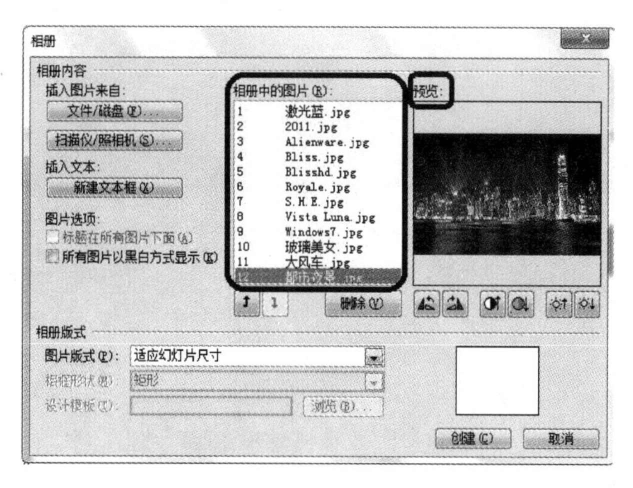

图 10-28 插入并预览图片

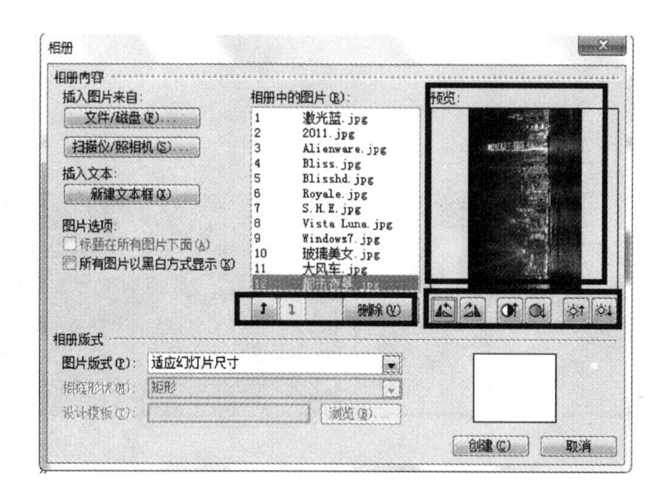

图 10-29 电子相册的处理功能

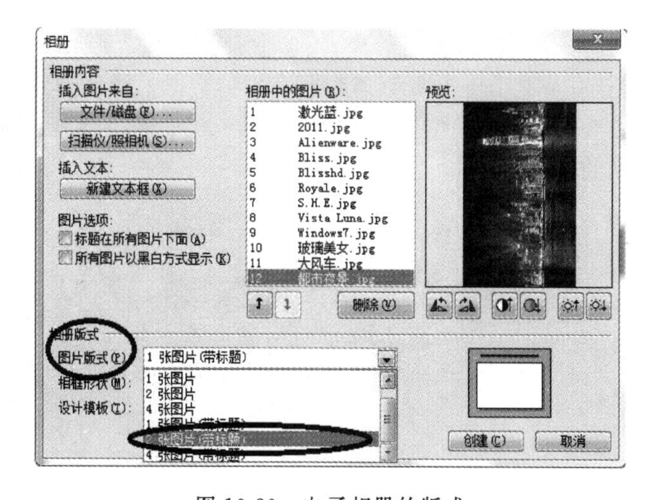

图 10-30 电子相册的版式

相册

由 zhangjian 创建

图 10-31　电子相册的标题页

单击此处添加标题

图 10-32　效果图

为了突出效果，还可以给电子相册添加背景音乐。

选择“插入”|“影片和声音”|“文件中的声音”命令，打开“插入声音”对话框，选择合适的背景音乐，单击“确定”按钮，会打开如图 10-33 所示的对话框。通常单击“自动”按钮后，在幻灯片上会出现一个小喇叭，调整其位置和大小，如图 10-34 所示，然后通过音乐的下拉菜单打开如图 10-35 所示的效果设置。

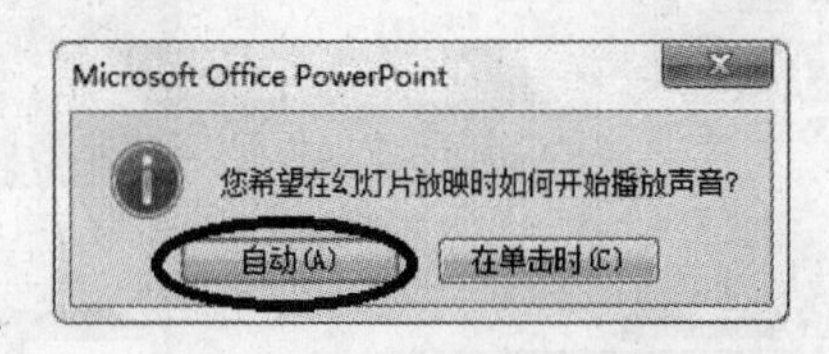

图 10-33　提示对话框

在此，设置“开始播放”为“从头开始”、“停止播放”为“单击时”或者“在 100 张幻灯片后”，这样基本可以保证音乐不停止播放了。

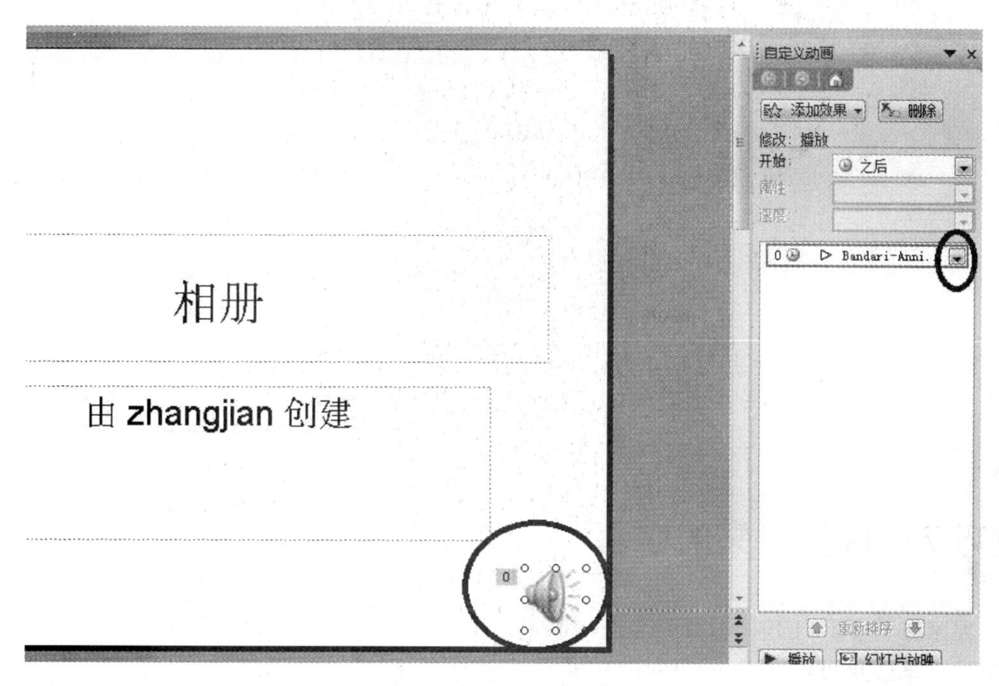

图 10-34　调整小喇叭

在“计时”选项卡中，设置“开始”为“之前”、“重复”为“直到幻灯片末尾”，如图 10-36 所示，单击“确定”按钮。

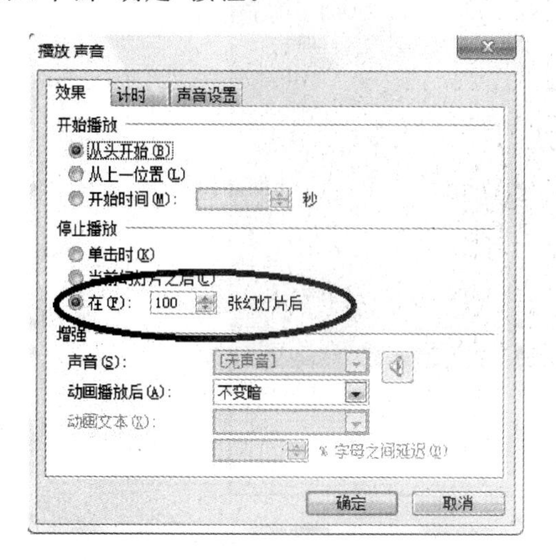

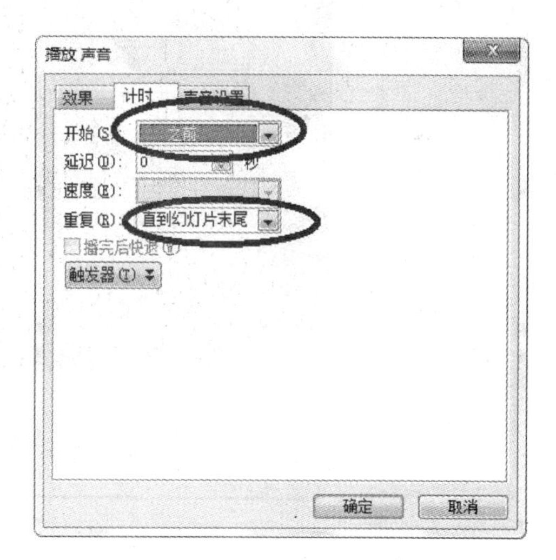

图 10-35　声音效果设置

图 10-36　声音计时设置

还有最后一项设置，就是不单击图片，让图片自动翻页。

选择“幻灯片放映”|“幻灯片切换”命令，打开“幻灯片切换”任务窗格，在“换片方式”中设置每隔 5 秒，如图 10-37 所示。

至此，一个带背景音乐、能自动翻页的电子相册就制作完成了，观看效果即可。

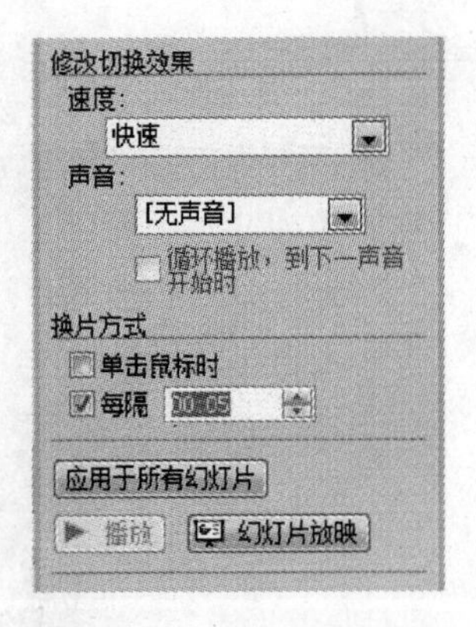

图 10-37 换片方式设置

技巧 7 自行消失的字幕

大家在听 MP3 的时候，有时会遇到歌词字幕从下向上移动，然后消失的情况，这种自行消失的字幕效果可以在 PowerPoint 中实现。

选择“插入”|“图片”|“来自文件”命令，打开“插入图片”对话框，插入一张图片，如图 10-38 所示。然后单击图片，将图片复制、粘贴，使幻灯片上有两张相同的图片。

图 10-38 插入的图片

右击图片，选择“显示‘图片’工具栏”命令，打开“图片”工具栏，如图 10-39 所示。然后单击“裁剪”按钮，将外层的图片进行裁剪，从而确定字幕消失的位置，如图 10-40 所示。

接下来插入字幕。

首先选择“插入”|“文本框”|“水平”命令，插入一个文本框，并输入字幕内容，如图 10-41 所示。

图 10-39 显示“图片”工具栏

图 10-40 裁剪图片

图 10-41 插入一个文本框

然后右击文本框，选择“叠放次序”|“下移一层”命令，使该文本框不在最顶层，如图 10-42 所示。

图 10-42　将文本框下移一层

接下来设置文本框的动作路径，让字幕向上逐渐消失，则文本框要向上移动。

选择“幻灯片放映”|“自定义动画”命令，打开“自定义动画”任务窗格，然后单击“添加效果”按钮，选择“动作路径”|“向上”命令，效果如图 10-43 所示。

图 10-43　添加向上效果

对文本框进行设置，在“计时”选项卡中设置“开始”为“单击时”、“速度”为“非常慢(5 秒)”，如图 10-44 所示，单击“确定”按钮，完成自行消失的字幕，播放观看效果即可。

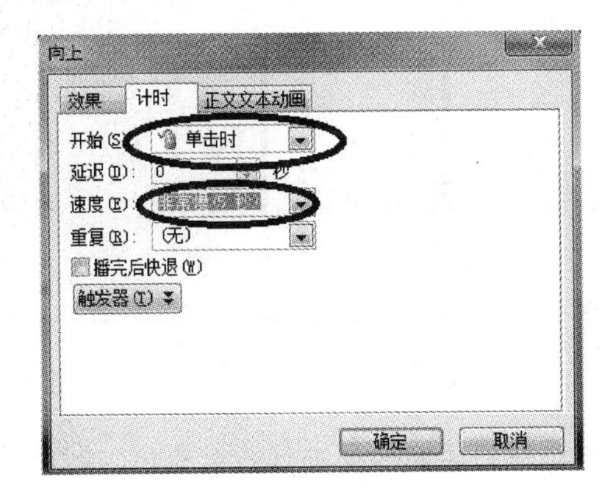

图 10-44　计时设置

技巧 8　让静态按钮动起来

PowerPoint 中提供的按钮都是静态的，用户可以让其动起来。

选择“视图”|“工具栏”|“绘图”命令，打开“绘图”工具栏，按住 Shift 键，使用椭圆工具绘制一个圆形，如图 10-45 所示。

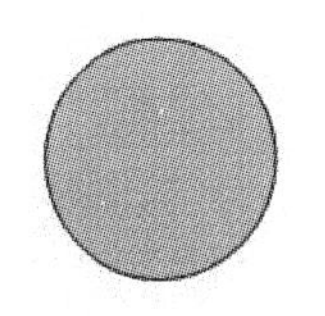

图 10-45　圆形

右击图形，选择“设置自选图形格式”命令，打开如图 10-46 所示的对话框，线条颜色选择“无线条颜色”，对于填充颜色，单击其右侧的下三角按钮，打开如图 10-47 所示的对话框，

在此，将“颜色”选择“双色”并设置为白色和紫色，“底纹样式”选择“角部辐射”中的第 1 个变形，如图 10-47 所示，单击“确定”按钮得到如图 10-48 所示的效果。

复制这个效果图到第 2 张幻灯片上，如图 10-49 所示。

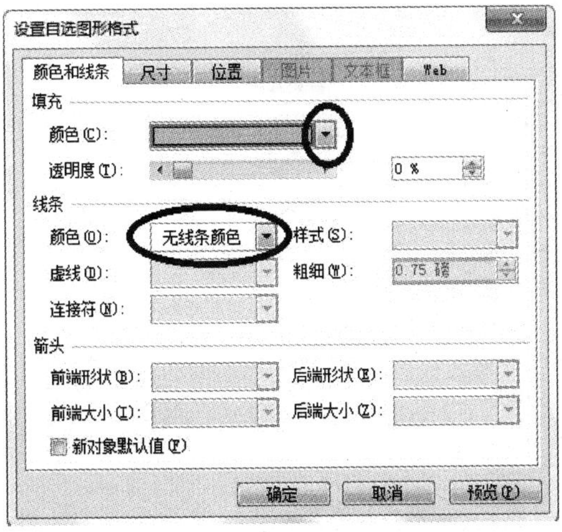

图 10-46　图形格式设置

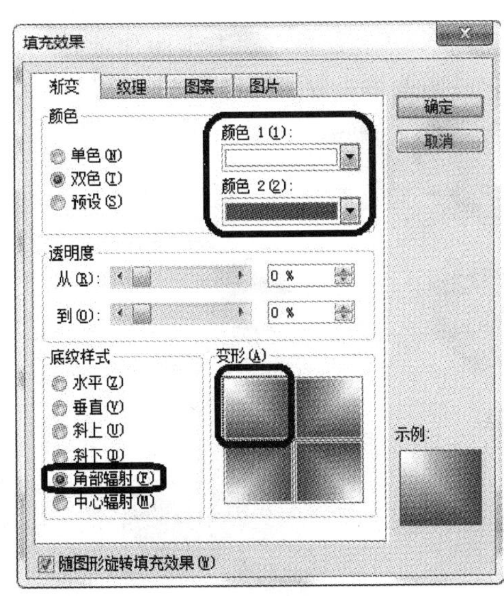

图 10-47　填充设置

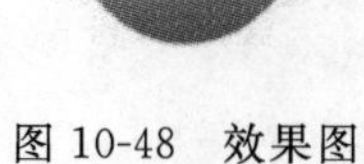

图 10-48 效果图

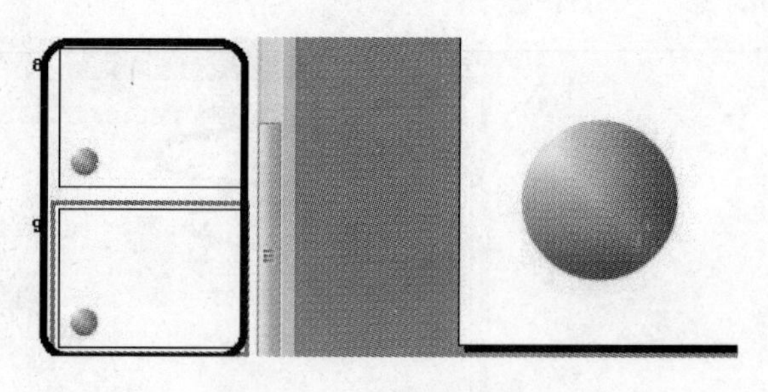

图 10-49 复制小球图片

在第 2 张幻灯片上，将小球的填充效果进行一点变化，如图 10-50 所示，即“变形”选择第 2 个，其效果如图 10-51 所示。

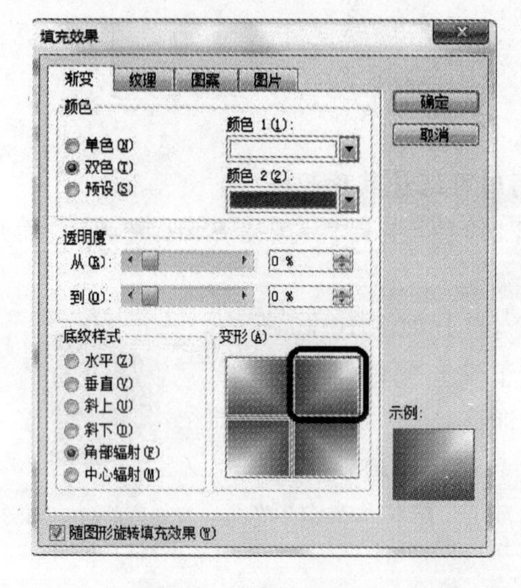

图 10-50 填充设置

图 10-51 改变小球的填充效果

在第 1 张幻灯片上右击图片，选择“动作设置”命令，打开“动作设置”对话框，在“鼠标移过”选项卡中设置超链接到下一张幻灯片，单击“确定”按钮，如图 10-52 所示。

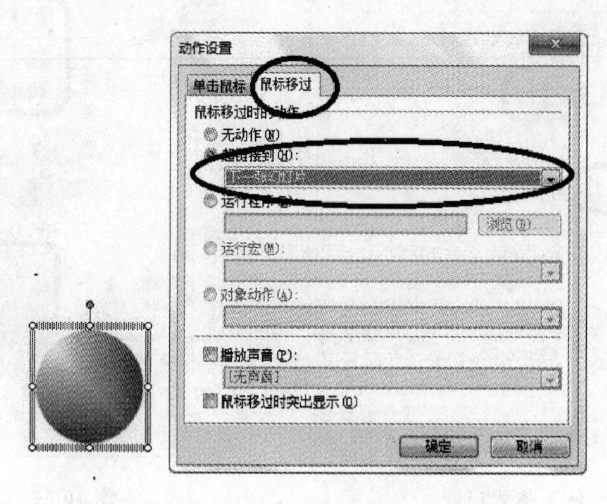

图 10-52 动作设置 1

在第 2 张幻灯片上右击图片，选择“动作设置”命令，打开“动作设置”对话框，在“鼠标移过”选项卡中设置超链接到上一张幻灯片，单击“确定”按钮，如图 10-53 所示。

图 10-53　动作设置 2

此时拖动鼠标从球上移过，用户可以看到静态的小球按钮动了起来。

技巧 9　灯光照耀效果

选择“插入”|“文本框”|“水平”命令，创建一个文本框并输入文本信息，如图 10-54 所示。

选择“视图”|“工具栏”|“绘图”命令，打开“绘图”工具栏，然后按住 Shift 键，使用椭圆工具绘制一个圆，如图 10-55 所示。

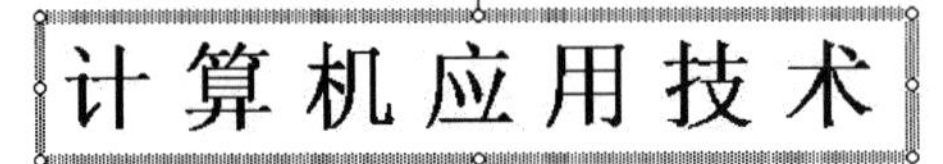

图 10-54　文本框

计 算 机 应 用 技 术

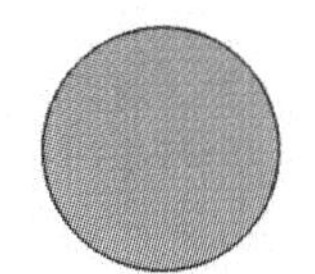

图 10-55　绘制一个圆

右击圆，选择“设置自选图形格式”命令，在打开的对话框中设置线条颜色为“无线条颜色”，如图 10-56 所示。然后单击填充颜色右侧的下三角按钮，选择下拉菜单中的“填充效果”命令，打开如图 10-57 所示的对话框，设置颜色为“黄色”、“深浅”偏向“深”，“底纹样式”选择“斜上”中的第 1 个，单击“确定”按钮得到如图 10-58 所示的效果。

将这个圆复制，得到 4 个圆（按住 Ctrl＋Shift 键进行移动，可以实现水平复制），如图 10-59 所示。

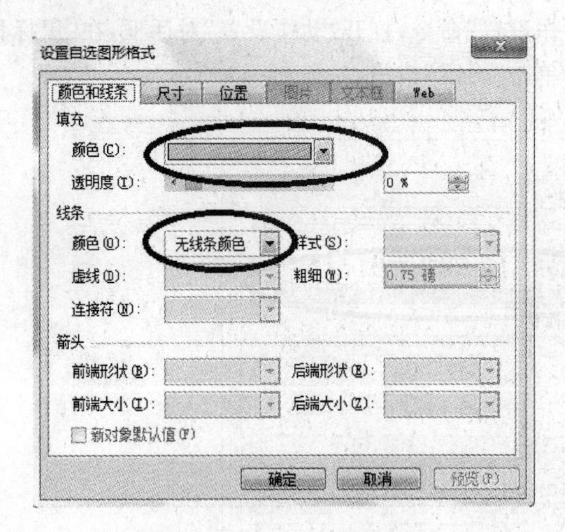

图 10-56 设置自选图形格式

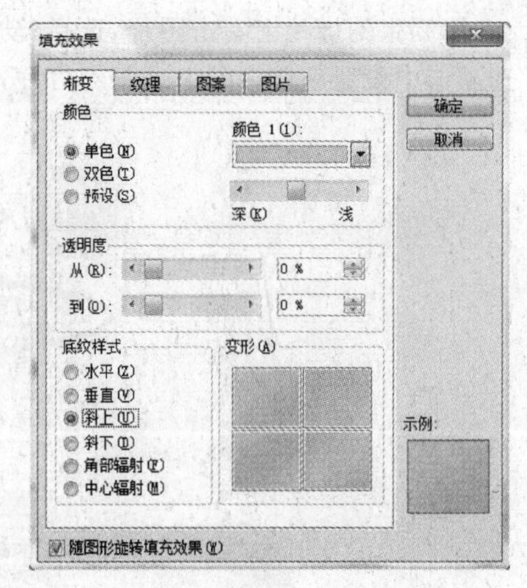

图 10-57 填充效果设置

计算机应用技术

图 10-58 填充效果

计算机应用技术

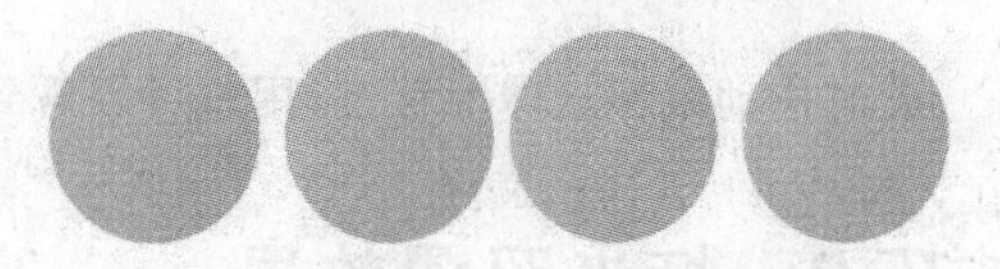

图 10-59 复制成 4 个圆

单击第 1 个圆形，选择“幻灯片放映”|“自定义动画”命令，打开“自定义动画”任务窗格，然后单击“添加效果”按钮，选择“进入”|“其他效果”命令，打开“添加进入效果”对话框，如图 10-60 所示，选择“渐变”选项，单击“确定”按钮。再进行“计时”的设置，选择“单击时”选项，将“延迟”设置为“0 秒”，将“速度”设置为“快速(1 秒)”，如图 10-61 所示，单击“确定”按钮。

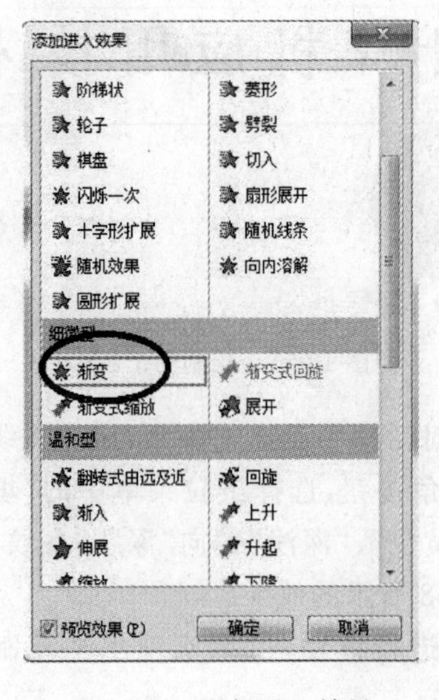

图 10-60 添加进入效果

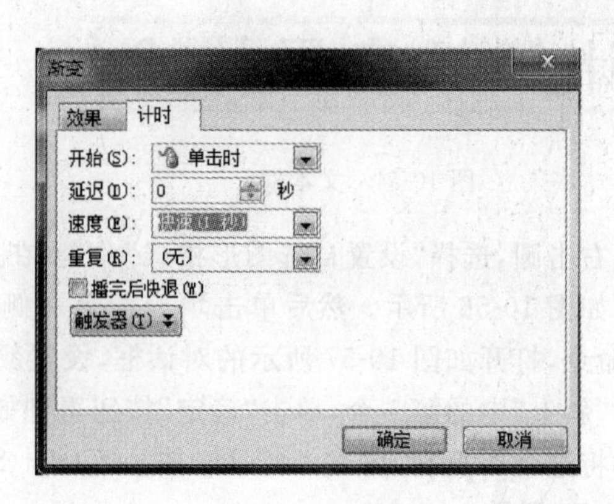

图 10-61 计时设置 1

单击第 2 个圆形，同样设置成进入的“渐变”效果。在“计时”选项卡中，选择“之前”，将“延迟”设置为“0.5 秒”，将“速度”设置为“快速(1 秒)”，如图 10-62 所示，单击“确定”按钮。

同理，将第 3 个圆形设置成和第 2 个相同，只是将“计时”延迟设置成“1 秒”，将第 4 个圆形的延迟设置成“1.5 秒”，设置完成后的效果如图 10-63 所示。

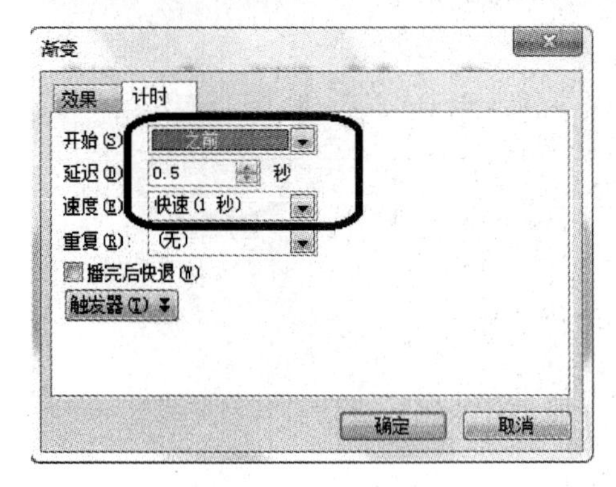

图 10-62　计时设置 2

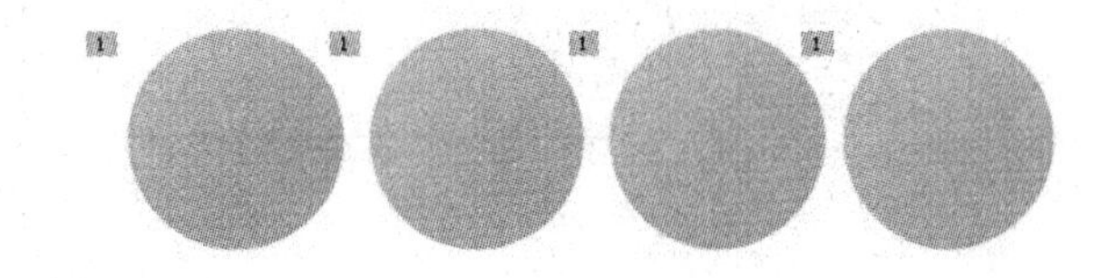

图 10-63　进入效果

再次单击第 1 个圆形，选择“幻灯片放映”|“自定义动画”命令，打开“自定义动画”任务窗格，单击“添加效果”按钮，选择“退出”|“其他效果”命令，打开如图 10-64 所示的对话框，选择“渐变”选项，单击“确定”按钮。再进行“计时”的设置，选择“之前”，将“延迟”设置成“2 秒”，将“速度”设置成“快速(1 秒)”，如图 10-65 所示，单击“确定”按钮。

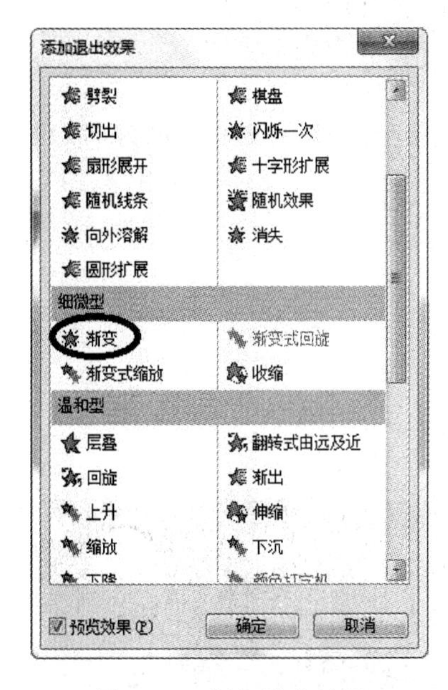

图 10-64　添加退出效果

图 10-65　计时设置 3

同理，将其他 3 个圆按照第 1 个圆进行设置，只是“延迟”分别为“2.5 秒”、“3 秒”和“3.5 秒”。完成后在“自定义动画”任务窗格中将显示如图 10-66 所示的结果，其中，绿色为“进入”，红色为“退出”。

右击文本框，选择“叠放次序”|“置于顶层”命令，如图 10-67 所示。

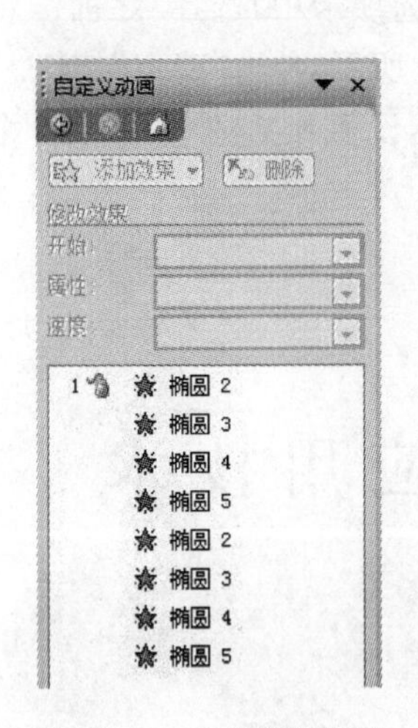

图 10-66 动作设置效果

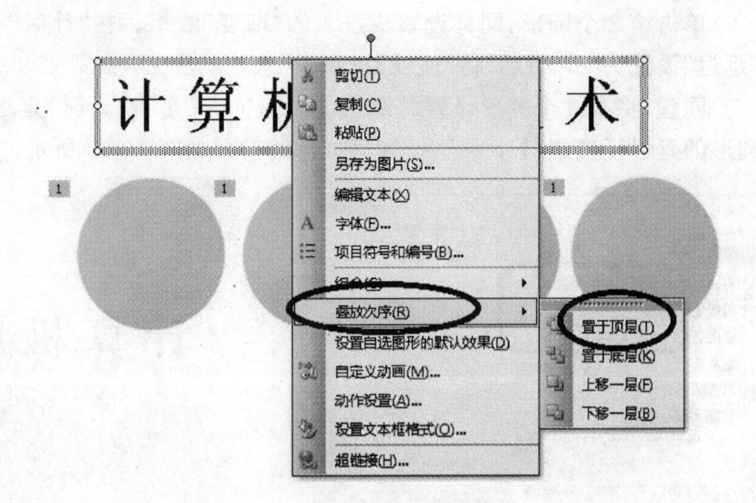

图 10-67 文本框设置

将 4 个圆形全部选中上移，使其和文本框重合，如图 10-68 所示。

图 10-68 上移圆形

在幻灯片空白处右击选择“背景”命令，打开“背景”对话框，设置颜色为“黑色”，如图 10-69 所示。这样做的目的是与文本框中的字体颜色保持一致，单击“应用”按钮得到如图 10-70 所示的最终效果。

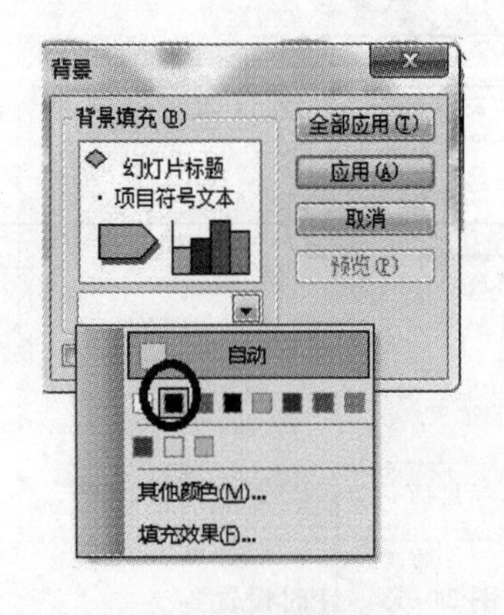

图 10-69 选择颜色

图 10-70 最终效果

最后，放映幻灯片观看效果。

技巧 10 灯光移动效果

选择“插入”|“文本框”|“水平”命令，插入文本框并输入文本信息，如图 10-71 所示。

选择“视图”|“工具栏”|“绘图”命令，打开“绘图”工具栏，然后按住 Shift 键，使用椭圆工具绘制一个圆，如图 10-72 所示。

计算机应用技术

图 10-71 文本框

计算机应用技术

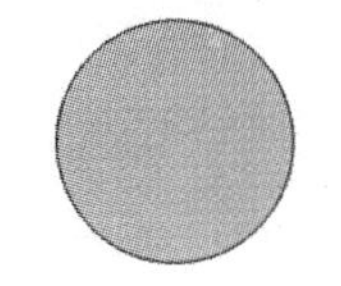

图 10-72 绘制一个圆

右击圆，选择“设置自选图形格式”命令，在打开的对话框中设置线条颜色为“无线条颜色”，如图 10-73 所示。然后单击填充颜色右侧的下三角按钮，选择下拉菜单中的“填充效果”命令，打开如图 10-74 所示的对话框，设置颜色为“绿色”、“深浅”偏向“浅”，“底纹样式”选择“斜上”中的第 1 个，单击“确定”按钮得到如图 10-75 所示的效果。

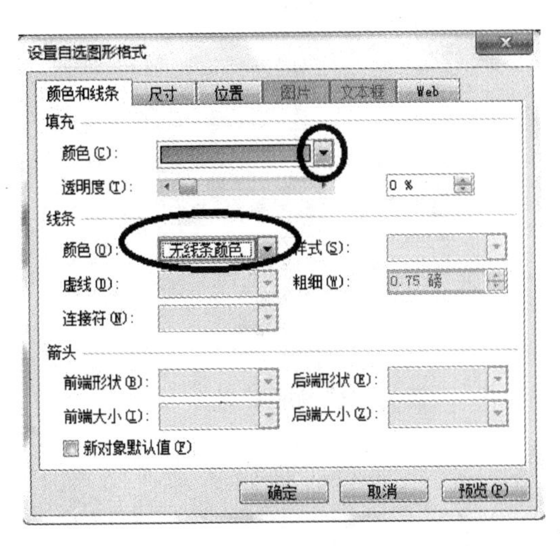

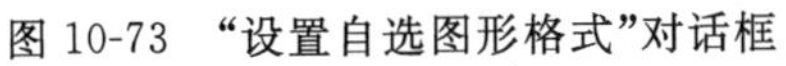

图 10-73 “设置自选图形格式”对话框

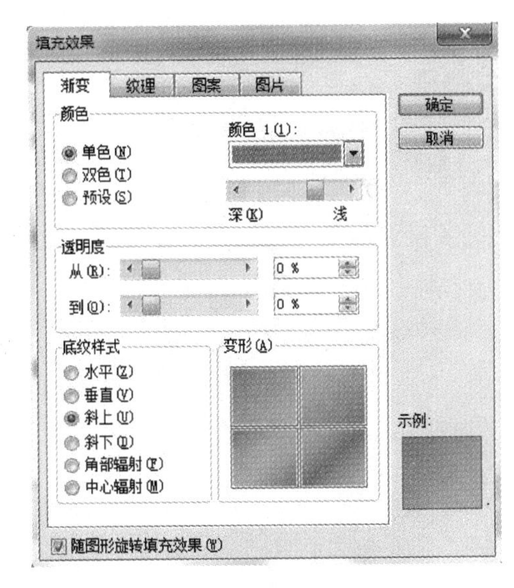

图 10-74 填充效果设置

单击圆形，选择“幻灯片放映”|“自定义动画”命令，打开“自定义动画”任务窗格，单击“添加效果”按钮，选择“进入”|“其他效果”命令，打开如图 10-76 所示的对话框，选择“切入”选项，单击“确定”按钮。然后在“自定义动画”任务窗格中设置“方向”为“自左侧”、“速度”为“快速”，如图 10-77 所示。

图 10-75　填充效果

图 10-76　添加进入效果

单击圆形，选择“幻灯片放映”|“自定义动画”命令，打开“自定义动画”任务窗格，单击“添加效果”按钮，选择“强调”|“其他效果”命令，打开如图 10-78 所示的对话框，选择“陀螺旋”选项，单击“确定”按钮。然后在右侧的“自定义动画”任务窗格中选择“开始”为“之前”，将“速度”设置为“快速(1 秒)”，如图 10-79 所示。再打开“计时”选项，将延迟设置为“0.5 秒”，如图 10-80 所示。

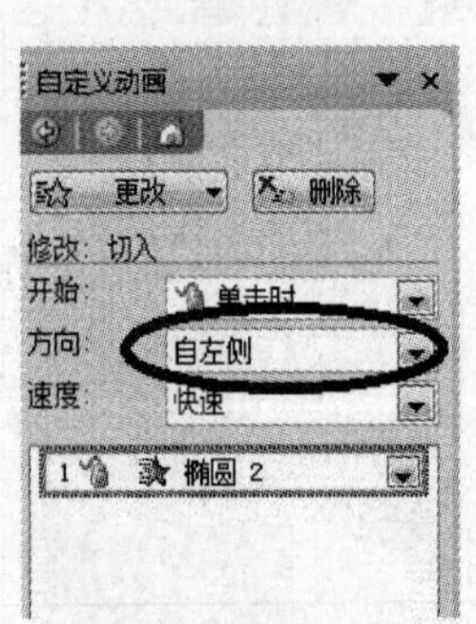

图 10-77　进入设置

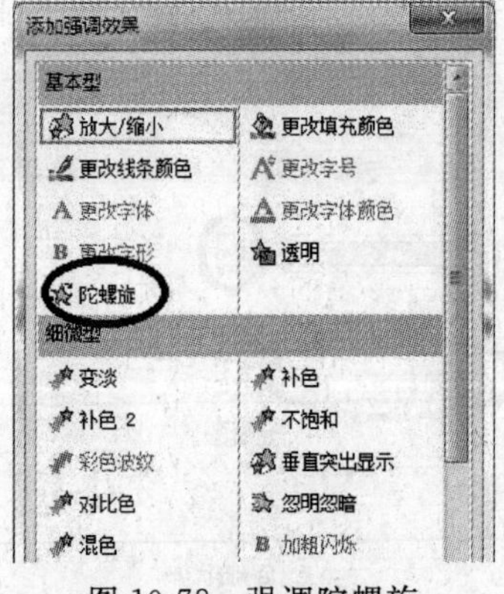

图 10-78　强调陀螺旋

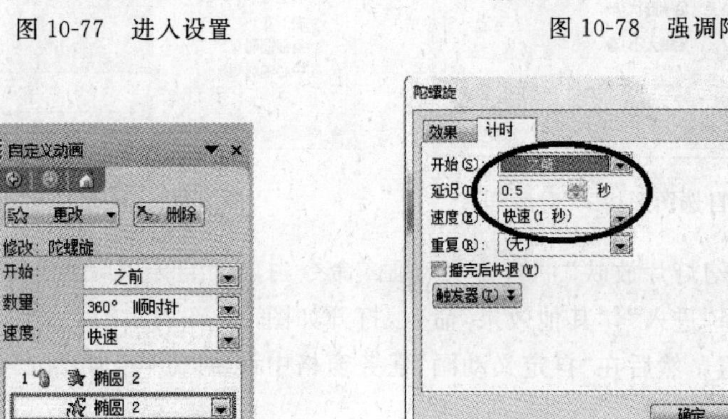

图 10-79　强调设置

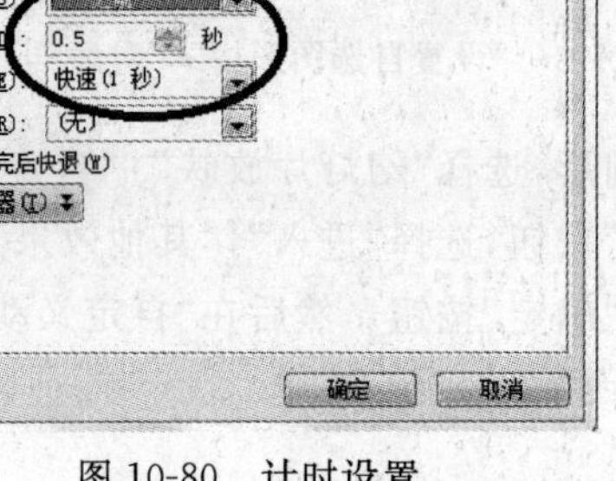

图 10-80　计时设置

再次单击圆形，选择“幻灯片放映”|“自定义动画”命令，打开“自定义动画”任务窗格，单击“添加效果”按钮，选择“动作路径”|“向右”命令，效果如图10-81所示。然后单击右侧的红色箭头，将其向右拖曳到文本框之外，如图10-82所示。

计 算 机 应 用 技 术

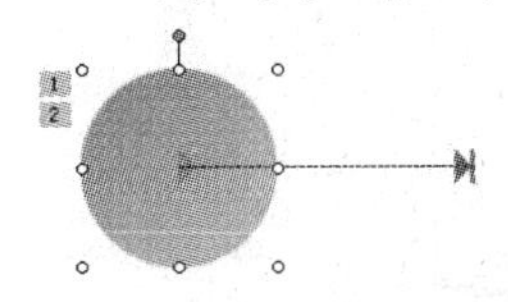

图10-81 动作路径

计 算 机 应 用 技 术

图10-82 调整动作路径

选择“计时”选项卡，将动作路径的“开始”设置成“之前”，将“延迟”设置成“0.5秒”，将“速度”设置成“中速(2秒)”，如图10-83所示。

单击圆形，选择“幻灯片放映”|“自定义动画”命令，打开“自定义动画”任务窗格，单击“添加效果”按钮，选择“退出”|“其他效果”命令，打开如图10-84所示的对话框，选择“切出”选项，单击“确定”按钮。在右侧的“自定义动画”任务窗格设置“开始”为“之前”、“方向”为“到右侧”、“速度”为“非常快”，如图10-85所示。再选择“计时”选项卡，将“延迟”设置成“2秒”，如图10-86所示。

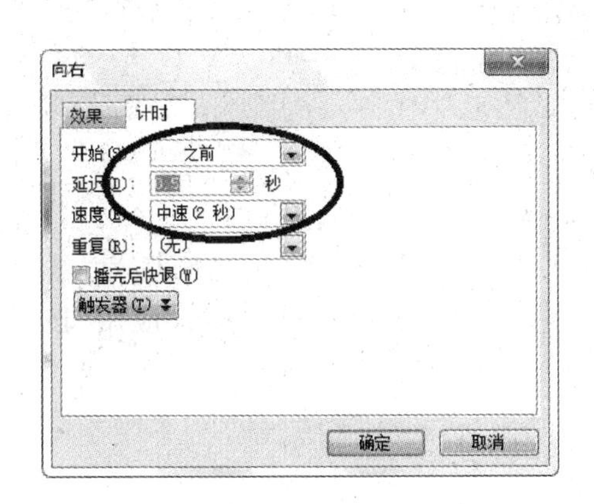

图10-83 计时设置

图10-84 添加退出效果

图10-85 退出设置

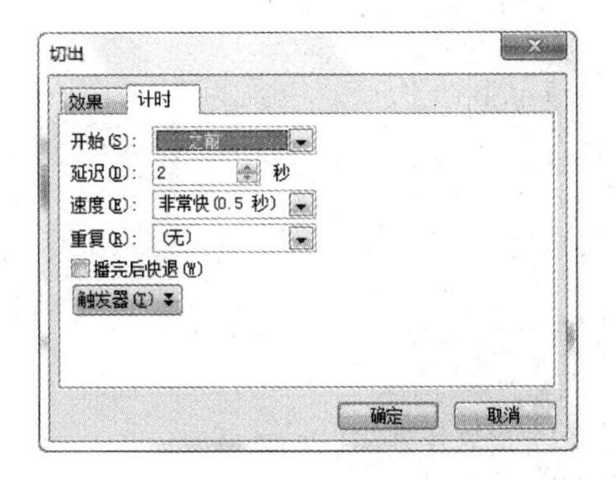

图10-86 计时设置

右击文本框，选择“叠放次序”|“置于顶层”命令，如图 10-87 所示。

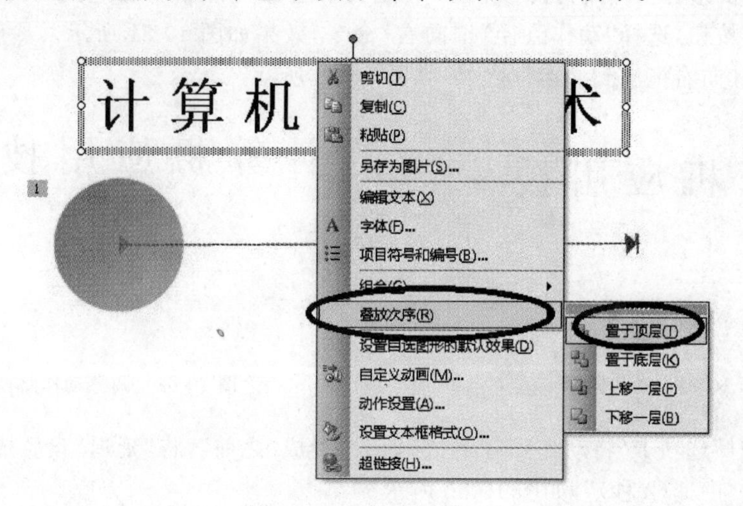

图 10-87 文本框设置

选中圆形的所有动作，将其上移到和文本框重合（用鼠标从圆外面左侧拖到右侧，即可全选动作），如图 10-88 所示。

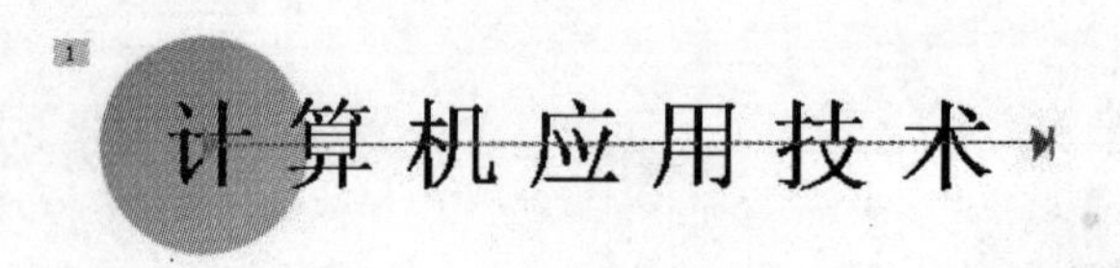

图 10-88 上移动作

在幻灯片空白处右击选择“背景”命令，打开“背景”对话框，设置颜色为“黑色”，如图 10-89 所示。这样做的目的是与文本框中的字体颜色保持一致，单击“应用”按钮得到如图 10-90 所示的最终效果。

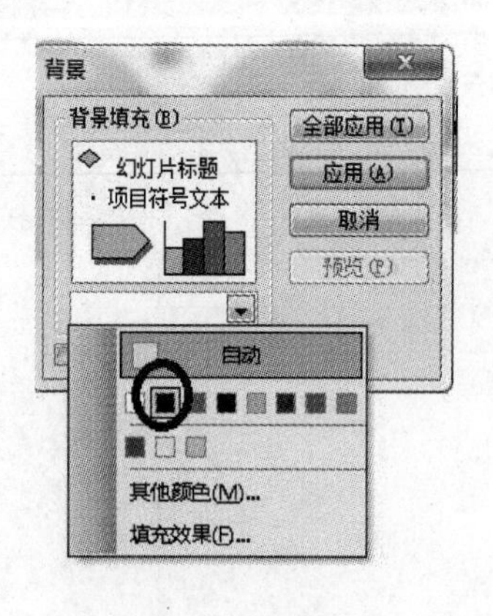

图 10-89 选择颜色

图 10-90 最终效果

至此，一个可以移动的灯光就设置完成了，观看效果即可。